"十四五"职业教育国家规划教材

机械制图

(少学时)

○主　编　陆燕冰　陈旻旻　吴振通
○副主编　刘海晶　刘美兰　纳　静
○参　编　梁枝雄

电子工业出版社
Publishing House of Electronics Industry
北京·BEIJING

内 容 简 介

本书根据"校企双制，工学结合"的人才培养模式要求，以岗位技能要求为标准，选取典型工作任务为教学内容进行编写，参照了教育部 2009 年 5 月颁布的《中等职业学校机械制图教学大纲》，以及最新的技术制图和机械制图国家标准。本书的主要内容有机械制图的基本知识、正投影基础、轴测图、立体的表面交线、组合体、尺寸注法、机件的表达方法、标准件与常用件、零件图、装配图共十个项目。本书突出职业教育的特点，强调实用性和先进性。全书概念清晰，通俗易懂，既便于教师组织课堂教学和实践，也便于学生自学。

本书内容与专业课联系密切，除注重基础理论知识外，在内容结构和形式上也力求符合职业教育的教学要求，以"项目引导任务"的教学模式组织内容，图文并茂，并给出典型例题；在内容的选取上，力求做到"有用、好用、实用"；在内容广度和深度的处理上，遵循"实用与够用"原则且兼顾了学生后续学习的需求，同时还将对学生职业素质的培养贯穿其中。

本书可作为职业院校"机械制图"课程的教材，也可作为相关工程技术人员的参考用书，还可作为岗位培训教材。

未经许可，不得以任何方式复制或抄袭本书之部分或全部内容。
版权所有，侵权必究。

图书在版编目（CIP）数据

机械制图：少学时 / 陆燕冰，陈旻旻，吴振通主编．—北京：电子工业出版社，2023.12 (2025.9 重印)
ISBN 978-7-121-34514-2

Ⅰ．①机… Ⅱ．①陆… ②陈… ③吴… Ⅲ．①机械制图－职业教育－教材 Ⅳ．①TH126

中国版本图书馆 CIP 数据核字（2018）第 127374 号

责任编辑：张　凌
印　　刷：三河市华成印务有限公司
装　　订：三河市华成印务有限公司
出版发行：电子工业出版社
　　　　　北京市海淀区万寿路 173 信箱　邮编：100036
开　　本：880×1 230　1/16　印张：17　字数：596 千字　黑插：52
版　　次：2023 年 12 月第 1 版
印　　次：2025 年 9 月第 6 次印刷
定　　价：59.00 元

凡所购买电子工业出版社图书有缺损问题，请向购买书店调换。若书店售缺，请与本社发行部联系，联系及邮购电话：（010）88254888，88258888。
质量投诉请发邮件至 zlts@phei.com.cn，盗版侵权举报请发邮件至 dbqq@phei.com.cn。
本书咨询联系方式：（010）88254583，zling@phei.com.cn。

前　言

党的二十大报告在"实施科教兴国战略，强化现代化建设人才支撑"部分内容中指出：

教育、科技、人才是全面建设社会主义现代化国家的基础性、战略性支撑。必须坚持科技是第一生产力、人才是第一资源、创新是第一动力，深入实施科教兴国战略、人才强国战略、创新驱动发展战略，开辟发展新领域新赛道，不断塑造发展新动能新优势。

我们要坚持教育优先发展、科技自立自强、人才引领驱动，加快建设教育强国、科技强国、人才强国，坚持为党育人、为国育才，全面提高人才自主培养质量，着力造就拔尖创新人才，聚天下英才而用之。

机械制图作为工程技术人员必须掌握的技术语言，是机械类专业的一门技术基础课程。学生绘图与识图能力关系到后续专业课程的学习效果及综合技能水平的提高。本书是结合编者多年的专业教学和企业工作实践经验编写而成的，内容以"必需、够用"为基准，突出绘图与识图能力的培养。所选内容紧密联系企业实际，以训练实例逐步强化学生的绘图和识图能力，为学生徒手绘制草图打好基本功，使学生掌握机械图样的绘制和阅读的基本方法，实现和岗位的"无缝对接"。

在教学内容编排上，除了理论知识介绍、典型实例训练，本书还专门安排了练习提高环节，以帮助学生在课堂上及时巩固所学内容。此外，为便于学生自学，本书在编写上力求做到内容通俗易懂、由浅入深、循序渐进、重点突出、理论联系实际，文字叙述着意通俗、详尽，插图力求清晰、醒目、美观；还特意增加了一些知识拓展的内容，以进一步帮助学生拓宽知识面；在行文适当处设置"想一想"等小栏目，增强了互动性；对学生学习时易犯的错误给出了正误对比图例，对较复杂的投影图采用了分解图或附加了立体图。

本书共十个项目，主要内容如下。

- 项目一　机械制图的基本知识。介绍与机械制图相关的基础知识及相关的国家标准。
- 项目二　正投影基础。介绍点、直线、平面和基本体的投影规律。
- 项目三　轴测图。介绍轴测投影的用途及画法。
- 项目四　立体的表面交线。介绍截交线和相贯线的画法。
- 项目五　组合体。介绍组合体的组合方式和投影规律，以及读组合体视图的方法。
- 项目六　尺寸注法。介绍基本体、截断体、相贯体和组合体的尺寸注法。
- 项目七　机件的表达方法。介绍使用各种视图来表达机械图样的基本方法和手段。

- 项目八 标准件与常用件。介绍螺栓、齿轮、键、销及滚动轴承等各类标准件与常用件的表达方法。
- 项目九 零件图。介绍零件图的读图方法和表达技巧。
- 项目十 装配图。介绍装配图的绘制方法和表达技巧。

每个项目包含以下经过特殊设计的结构要素。

- 项目目标：说明本项目的主要学习内容。
- 任务描述：明确具体需要完成的任务。
- 任务资讯：完成任务需要学习的知识。
- 任务实施：介绍重要的技巧和实用的方法。
- 练习提高：在每个任务的最后都准备了练习题，用以检验学生的学习效果。
- 任务评价：针对每个任务的完成情况，对学生的专业能力、方法能力、创新能力及解决问题的能力进行全面的评价。
- 任务总结：在完成每个任务以后，对本任务所涉及的基本知识点进行系统的总结。
- 项目小结：在每个项目的最后，对本项目所涉及的基本知识点进行系统的总结。

本书突出实用性，适合作为职业院校学生的教材，也可供读者自学使用。

本书由陆燕冰、陈旻旻、刘海晶担任主编，吴振通、刘美兰、梁枝雄担任副主编。正高级讲师谢晓红审阅了本书，并提出了许多宝贵意见和指导性建议，在此表示衷心感谢。

本书在编写过程中参考了一些同类著作，特向相关作者表示衷心感谢，具体书目已在参考文献中列出。由于编者水平有限，书中难免存在不足之处，敬请读者批评指正。

编　者

目 录

项目一　机械制图的基本知识..1

　　任务1　认识机械图样..1

　　任务2　绘图工具和用品的使用..4

　　任务3　制图国家标准的基本规定..10

　　任务4　基本作图方法..21

　　任务5　绘制平面图形..28

项目二　正投影基础..33

　　任务1　投影法的基本概念..33

　　任务2　三视图的形成及其投影规律..36

　　任务3　点、直线、平面的投影特性..40

　　任务4　基本体的三视图..51

项目三　轴测图..62

　　任务1　轴测图的基本知识..62

　　任务2　平面立体的正等轴测图..64

　　任务3　曲面立体的正等轴测图..69

　　任务4　斜二轴测图..73

项目四　立体的表面交线..77

　　任务1　截交线..77

　　任务2　相贯线..87

项目五　组合体..94

　　任务1　组合体的表面连接关系..95

　　任务2　组合体视图的画法..99

　　　　任务3　组合体的轴测图 106
　　　　任务4　看组合体视图的方法 108

项目六　尺寸注法 117
　　　　任务1　基本体的尺寸注法 118
　　　　任务2　截断体与相贯体的尺寸注法 120
　　　　任务3　组合体的尺寸注法 124

项目七　机件的表达方法 131
　　　　任务1　视图 132
　　　　任务2　剖视图 138
　　　　任务3　断面图 147
　　　　任务4　其他表达方法 152

项目八　标准件与常用件 160
　　　　任务1　螺纹 161
　　　　任务2　螺纹连接件 168
　　　　任务3　齿轮 174
　　　　任务4　键连接 180
　　　　任务5　销连接 183
　　　　任务6　滚动轴承 185
　　　　任务7　弹簧 189

项目九　零件图 194
　　　　任务1　认识零件图 194
　　　　任务2　零件上常见的工艺结构 197
　　　　任务3　零件图的视图选择 202
　　　　任务4　零件图的尺寸标注 204
　　　　任务5　零件图上的技术要求 210
　　　　任务6　识读零件图 220

项目十　装配图 230
　　　　任务1　认识装配图 230
　　　　任务2　常见的装配结构 238
　　　　任务3　绘制装配图 242
　　　　任务4　读装配图 248

附录A 256

参考文献 266

项目一

机械制图的基本知识

在现代工业生产中，无论是机器或仪器的设计、制造与维修，还是工程建筑的设计与施工，都需要图样。图样是工业生产中的重要技术文件，是技术思想交流的重要工具。图样被称为工程界的技术语言，凡是从事工程技术工作的人员都必须具备绘图和识图的本领。因此"机械制图"就是研究机械图样绘制与识读原理和方法的一门课程。

本书所研究的图样主要是机械图样，它可以准确地表达机件（机器或零部件）的形状、尺寸及制造和检验的技术要求。

本项目为学习"机械制图"的开篇，内容是绘制和识读机械图样必须了解、熟悉或掌握的基本知识。

 项目目标

1. 能够正确使用绘图工具。
2. 掌握"机械制图"国家标准中关于图纸幅面、比例、字体、图线等的相关规定。
3. 掌握常用几何图形的作图方法。
4. 能够正确绘制平面图形。
5. 初步养成良好的绘图习惯和一丝不苟的工作作风。
6. 课前观看《大国重器》《大国工匠》等视频，感受科技进步的力量，同时通过身边人、身边事的激励，感悟从事该专业必须具备精益求精、一丝不苟的工匠精神。
7. 逐步养成认真细致的职业素养和国家标准意识，守规矩，做国家标准的践行者。

任务1 认识机械图样

 **任务描述**

了解机械图样的定义，掌握机械图样的分类、作用及绘制机械图样的基本要求。

 任务资讯

一、机械图样的定义

根据投影原理、标准或有关规定，表示工程对象并有必要的技术说明的图，称为图样。

1

能够准确地表达机件（机器或零、部件）的形状和尺寸，以及制造和检验该机件时所需要的技术要求的图样即机械图样。设计者通过图样来表达设计意图；制造者根据图样进行制造与加工；使用者通过图样了解设备的构造与性能，掌握正确的使用和维护方法。

 想一想

机械图样与生活中常见的美术图有什么不同？

二、机械图样的种类

常见的机械图样有总装配图、部件装配图、零件图三种。

1．总装配图

总装配图（简称总图）是指表示整个机械设备的组成、主要部件间的相对位置，以及设备的布置、外表和安装尺寸等内容的图样。

2．部件装配图

部件装配图是指表示组成机器或部件中各零件间的连接方式和装配关系的图样，包括设计、制造、装配和使用等事项的相关信息。千斤顶装配图如图 1-1 所示（本书未标注单位数字的单位为 mm）。

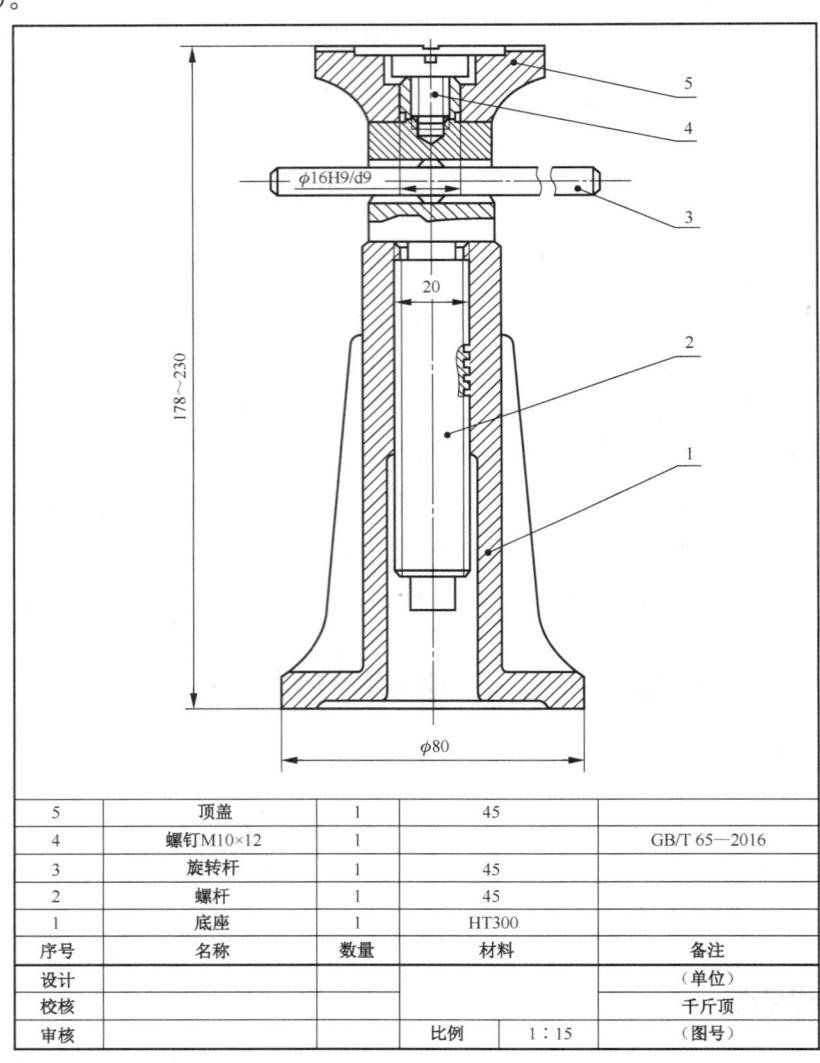

图 1-1　千斤顶装配图

3．零件图

零件图是表达零件结构形状、大小和技术要求的图样，它包括制造和检验零件的全部技术要求。千斤顶螺杆零件图如图 1-2 所示。

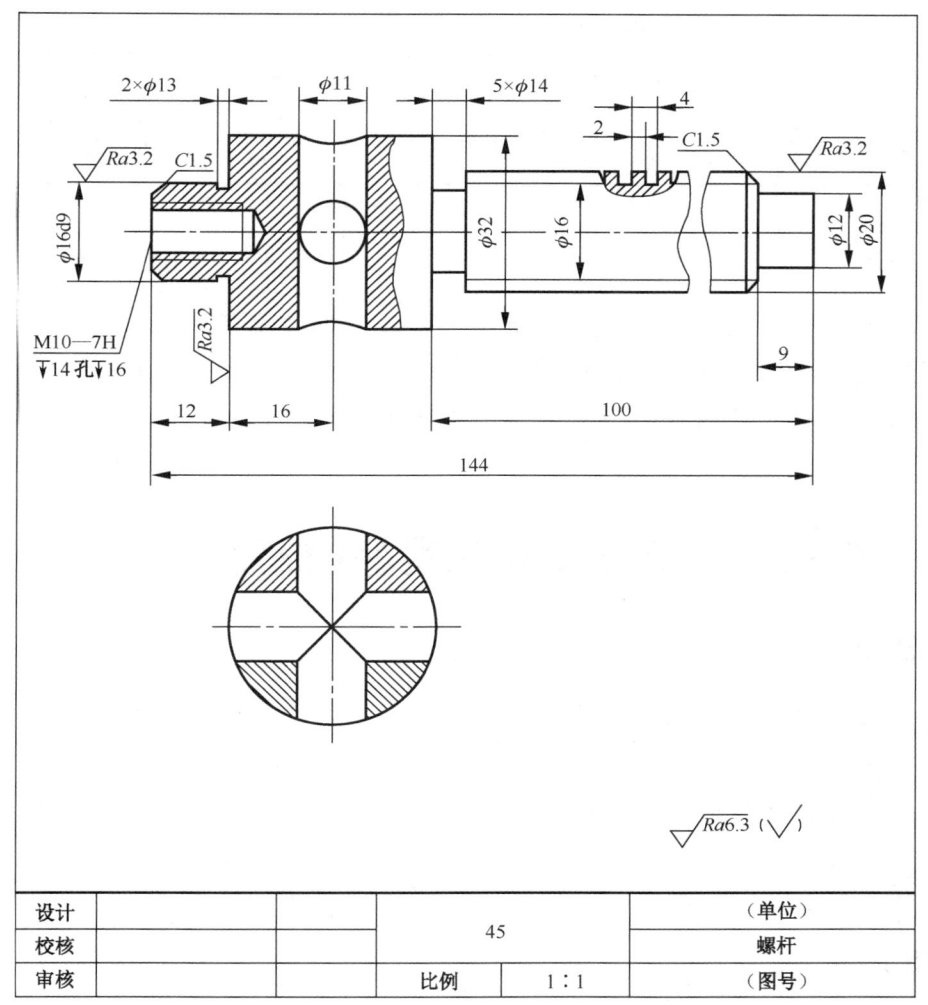

图 1-2　千斤顶螺杆零件图

三、工程实际对图样的基本要求

（1）图样须正确、清楚地表达空间形体（零部件）的形状、结构和大小。
（2）图样应符合国家标准（《技术制图》和《机械制图》系列标准）的有关规定。
（3）绘制的图样应识图方便、直观感强。
（4）图样中的技术要求应符合相关规定，简明易懂。

练习提高

机械图样有什么作用？

任务评价

本任务教学与实施的重点是让学生对零部件有初步的感性认识，认知图样的作用，明确本课程的综合任务,初步建立标准化观念。

本任务的实施结果,主要从能否掌握机械图样的分类、作用与基本内容方面进行评价。任务实施评价项目表如表1-1所示。

表1-1　任务实施评价项目表

序　号	评价项目	配分权重	实　得　分
1	能否正确区分零件图与装配图	70%	
2	能否正确描述机械图样的基本内容	30%	

本课程的性质是非机械类专业的一门基于工作过程的技术基础课。通过本任务的学习,学生首先应明确课程的综合任务是按机械制图国家标准规定,绘制及识读零件图与装配图;同时明确机械图样在生产过程中的重要作用,在绘制和阅读机械图样时必须贯彻执行机械制图国家标准。

任务2　绘图工具和用品的使用

任务描述

绘制工程图样通常有三种方法:尺规绘图、徒手绘图、计算机绘图。其中尺规绘图、徒手绘图属于手工绘图。本任务通过常用手工绘图工具的使用训练,使学生学会如何正确、熟练地使用手工绘图工具和仪器进行绘图。

任务资讯

一、绘图工具

1. 图板

图板是用来铺放和固定图纸的(见图1-3),图板工作面及左侧导边应光滑平直。绘图时,用胶带纸将图纸固定在图板上。使用时,应注意保持图板的整洁完好。

2. 丁字尺

丁字尺由尺头和尺身组成,尺头的内侧边和尺身的上边为工作边,绘图时必须使尺头的内侧边紧贴图板的导边,上下移动丁字尺,沿尺身工作边自左向右画一系列水平线,如图1-3所示。

3. 三角板

一副三角板由一块45°等腰直角三角板和一块30°直角三角板组成,它们与丁字尺配合可画出铅垂线,或画出与水平线成30°、45°、60°角的倾斜线,以及一些特殊角度(15°、75°、105°)等,如图1-4所示。

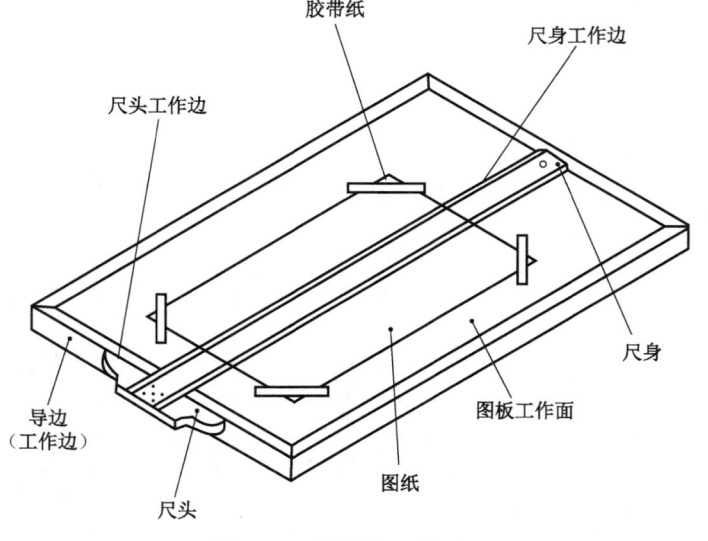

图 1-3　图板和丁字尺

图 1-4　倾斜线的画法

4．圆规

圆规用来画圆及圆弧，圆规的一条腿上装有两端形状不同的钢针，带台阶的尖端是画圆或圆弧时定圆心用的，带锥形的尖端可作分规使用；另一条腿上有肘形关节，可根据需要随时换装铅心插腿、带针插腿和鸭嘴插腿等，如图 1-5 所示。

5．分规

分规是用来截取尺寸、等分线段及圆周的，使用前应检查两针脚并拢后是否平齐。

6．比例尺

比例尺供绘制不同比例的图样时用，其形状常为三棱柱体，如图 1-6 所示。

当用分规从比例尺上量取尺寸时，应注意勿损尺面，以保持刻度的清晰和准确。比例尺只能用来量取尺寸，不可用来画线。

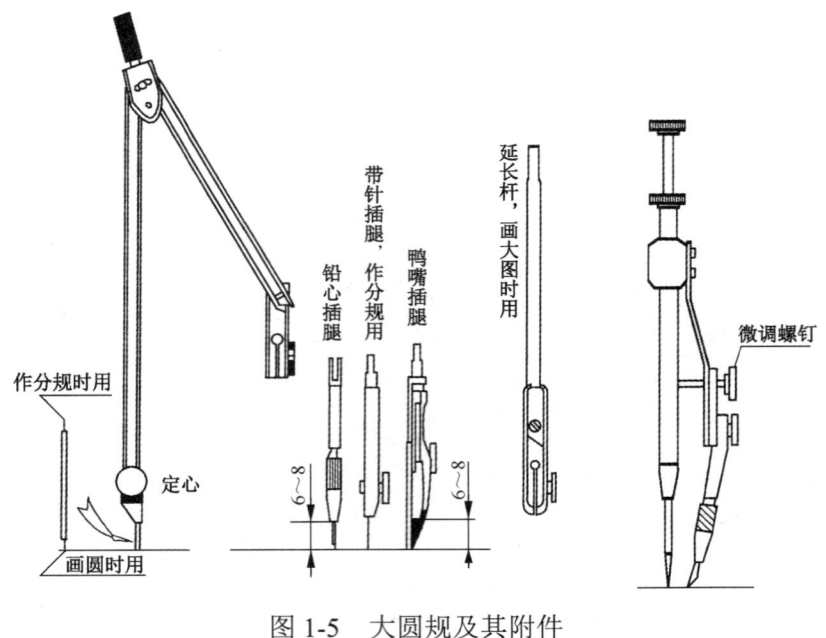

图 1-5　大圆规及其附件

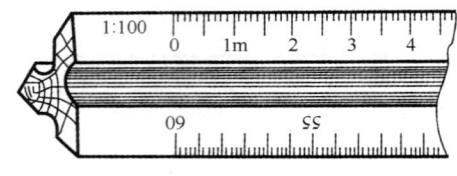

图 1-6　比例尺

7．曲线板

曲线板是用来绘制非圆曲线的。画图时，先将需要连接的各点徒手用铅笔轻轻地连成一条光滑的曲线轮廓，然后从一端开始，选择曲线板上与所画曲线曲率相吻合的部位逐步描绘，直到最后一段连成曲线。每段吻合的点至少要有 3 个。为保证所描绘的曲线光滑，应注意留出各段曲线末端的一小段不画，用于连接下一段曲线，如图 1-7 所示。

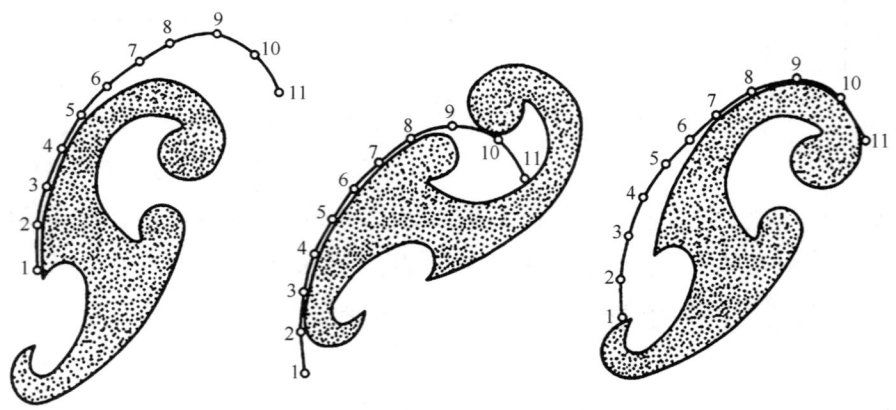

图 1-7　用曲线板连接曲线

二、绘图用品

1．铅笔

铅笔分硬、中、软三种，标号有 6H、5H、4H、3H、2H、H、HB、B、2B、3B、4B、5B、6B 共 13 种。6H 为最硬，HB 为中等硬度，6B 为最软。

绘制图形底稿时，建议采用 2H 或 3H 铅笔，并削成圆锥形；描黑底稿时，建议采用 HB、B 或 2B 铅笔，削成扁铲形。铅笔应从没有标号的一端开始使用，以便保留软硬的标号，如图 1-8 所示。

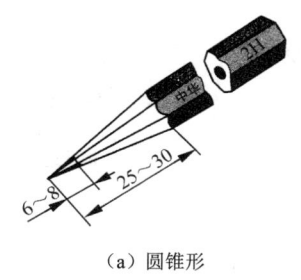 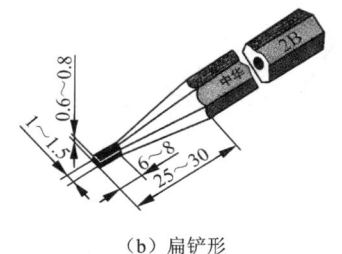

（a）圆锥形　　　　　　　　　　　　　　　（b）扁铲形

图 1-8　修削绘图铅笔

2．图纸

图纸的品种很多，一般以质地坚实、用橡皮擦拭时不易起毛者为宜。图纸分平光和粗糙两面，必须在平光面上画图。

三、其他绘图工具和用品

在绘图过程中，还要用到其他绘图工具和用品，如比例尺、橡皮、胶带纸、小刀和砂纸等。

 任务实施

训练 1　配合运用三角板、图板和丁字尺画线。

作图：

（1）丁字尺与图板配合使用，画一系列水平线。使用时用左手握住尺头，推动丁字尺沿图板左侧的导边上下移动，自左向右可画出一系列水平线，如图 1-9（a）所示。

（2）三角板与丁字尺配合使用，画出与水平线成 15°、30°、45°、60°、70°等角度的倾斜线，如图 1-9（b）所示。

（3）两块三角板与丁字尺配合使用，画出与水平线成 15°倍数的倾斜线，如图 1-9（b）所示。

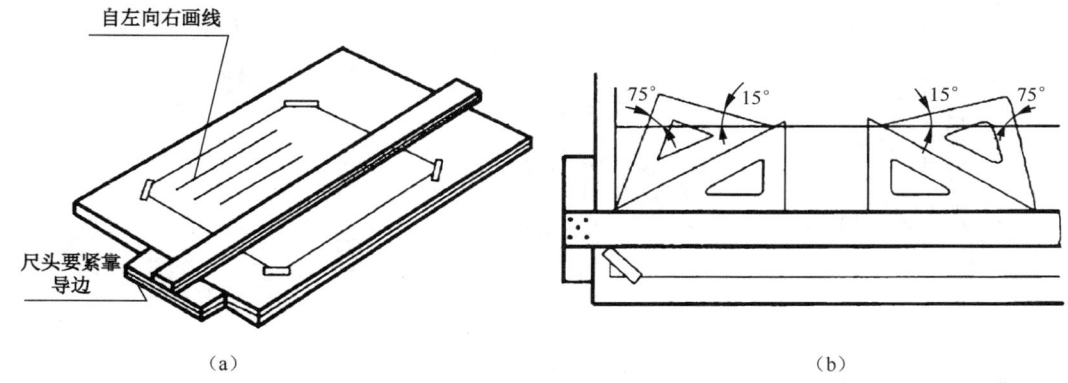

图 1-9　三角板、图板和丁字尺的配合使用

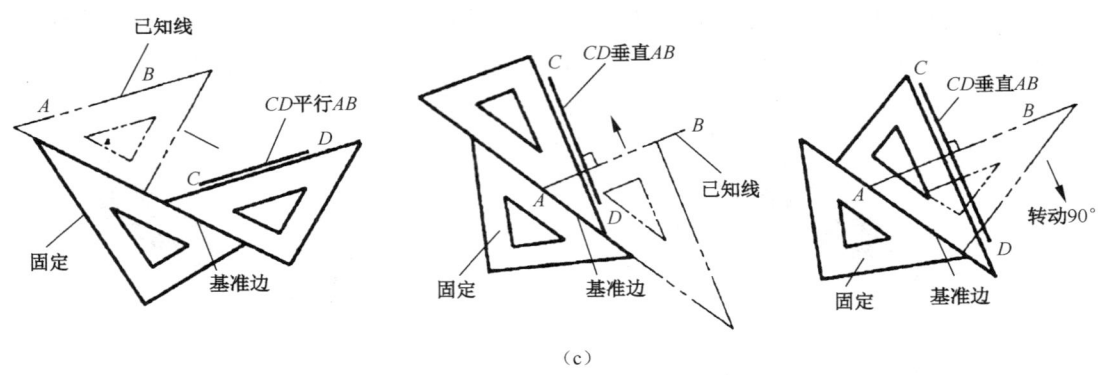

图 1-9 三角板、图板和丁字尺的配合使用（续）

（4）两块三角板互相配合使用，画出任意一条直线的平行线或垂直线，如图 1-9（c）所示。

训练 2 圆规与分规的运用。

作图：

1）运用圆规画圆或圆弧

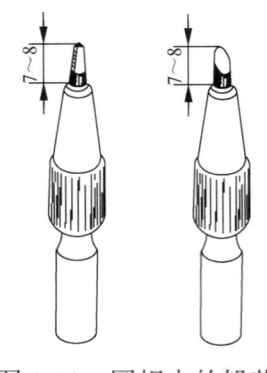

（1）绘图前先进行调整，圆规中铅芯的安装长度如图 1-10 所示；同时，使圆规的两腿并拢后，其针尖应略长于铅芯或鸭嘴笔尖端，画圆时，圆规的钢针应使用有台肩面的一端，针尖插入图纸后，使台肩面与铅芯尖平齐，如图 1-11（a）所示。

（2）画圆时，应根据圆的半径大小准确地调整圆规两腿的开度，并使钢针与铅芯接近平行，圆规两腿所在的平面应稍向画线方向倾斜，并用力均匀，转动平稳，如图 1-11（b）所示。

（3）画大圆时，圆规的两腿要与纸面垂直，如图 1-11（c）所示。

图 1-10 圆规中的铅芯

（4）画小圆时，圆规的肘关节向内弯，如图 1-11（d）所示。

（5）所画圆的半径很大时，要在肘关节插孔内装延伸杆，然后在延伸杆插孔内装铅心插腿，如图 1-11（e）所示。

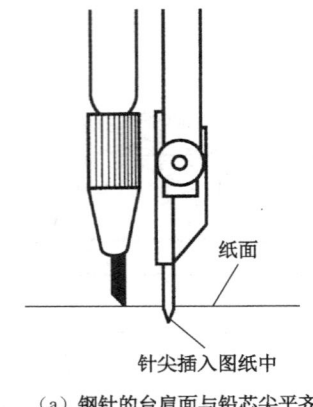

（a）钢针的台肩面与铅芯尖平齐

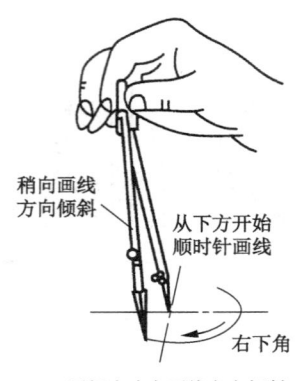

（b）圆规应略向画线方向倾斜

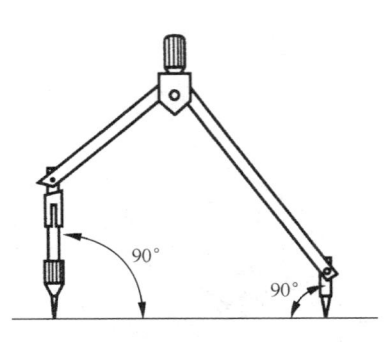

（c）圆规两脚应垂直于纸面

图 1-11 圆规的用法

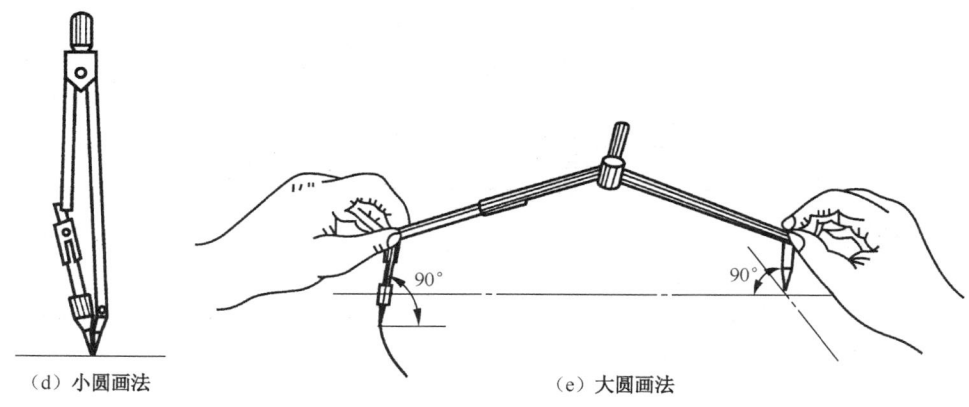

(d) 小圆画法　　　　　　　(e) 大圆画法

图 1-11　圆规的用法（续）

2）运用分规量取线段和等分线段

（1）运用分规截取或等分线段时，应先进行调整，使分规的两腿合拢时两针尖应重合于一点。

（2）在比例尺上量取长度时，切忌用针尖刺入尺面，如图 1-12（a）所示。

（3）量取若干段相等线段时，可令两个针尖交替地作为旋转中心，使分规沿着不同的方向旋转前进，如图 1-12（b）所示。

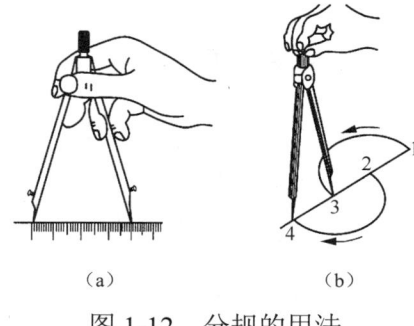

(a)　　　　　(b)

图 1-12　分规的用法

知识扩展

铅芯硬度的选用如表 1-2 所示。

表 1-2　铅芯硬度的选用

类别	铅笔					圆规铅芯			
铅芯软硬	2H	H	HB	HB	B	H	HB	B	2B
铅芯形式	（圆锥）			（扁铲）		（圆锥、圆柱斜切）		（四棱锥台）	
用途	画底稿线	描深细实线、点画线		写字、画箭头	描深粗实线	画底稿线	描深点画线、细实线、虚线等	描深粗实线	

练习提高

如何正确使用各种手工绘图工具和仪器？

任务评价

本任务教学与实施的目的是使学生掌握常用绘图工具和仪器的使用方法，并且培养学生细致耐心、严谨认真的绘图习惯。评价方式采用工作过程考核评价。任务实施评价项目表如表 1-3 所示。

表 1-3 任务实施评价项目表

序　号	评价项目	配分权重	实 得 分
1	能否正确使用手工绘图工具和仪器	70%	
2	作图实践中能否细致耐心、严谨认真	30%	

通过本任务的学习，使学生了解画图前应做好哪些准备工作，掌握正确使用绘图工具和仪器的方法，逐步养成认真负责的工作态度和一丝不苟的工作作风。

任务3　制图国家标准的基本规定

任务描述

通过对有关国家制图标准基本规定的学习，以及图纸图框和标题栏绘制、字体书写、尺标注等实际训练，初步树立标准化意识，熟练掌握机械制图国家标准中有关图纸幅面、格式、比例、字体、图线及尺寸注法等基本规定，并在绘图、读图中正确运用。

任务资讯

国家标准（《技术制图》与《机械制图》系列标准）是绘制与使用图样的准绳，我们必须认真学习和遵守有关规定。国家标准（简称国标）的代号是"GB"，而代号"GB/T"表示推荐性国家标准。

一、图纸幅面和格式（GB/T 14689—2008）

1．图纸幅面

为了使图纸幅面统一，便于装订和保管，以及符合缩微复制原件的要求，在绘制技术图样时，应按以下规定选用图纸幅面。

（1）应优先采用基本幅面（表 1-4）。基本幅面有 A0、A1、A2、A3、A4 五种，其尺寸关系如图 1-13 所示。

表 1-4　图纸幅面尺寸

幅面代号	B×L	e	c	a
A0	841×1189	20	10	25
A1	594×841	20	10	25
A2	420×594	10	10	25
A3	297×420	10	5	25
A4	210×297	10	5	25

注：e、c、a 为留边宽度，参见图 1-13 和图 1-14。

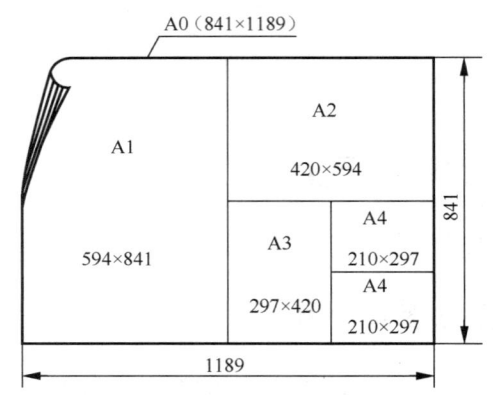

图 1-13　基本幅面的尺寸关系

（2）必要时，也允许选用加长幅面。但加长幅面的尺寸必须是由基本幅面的短边成整数倍增加后得出的。

2．图框格式

在图纸上必须用粗实线画出图框,用来限定绘图区域。其格式分为不留装订边（见图 1-14）和留有装订边（见图 1-15）两种,尺寸按表 1-2 的规定。但同一产品的图样只能采用一种格式。

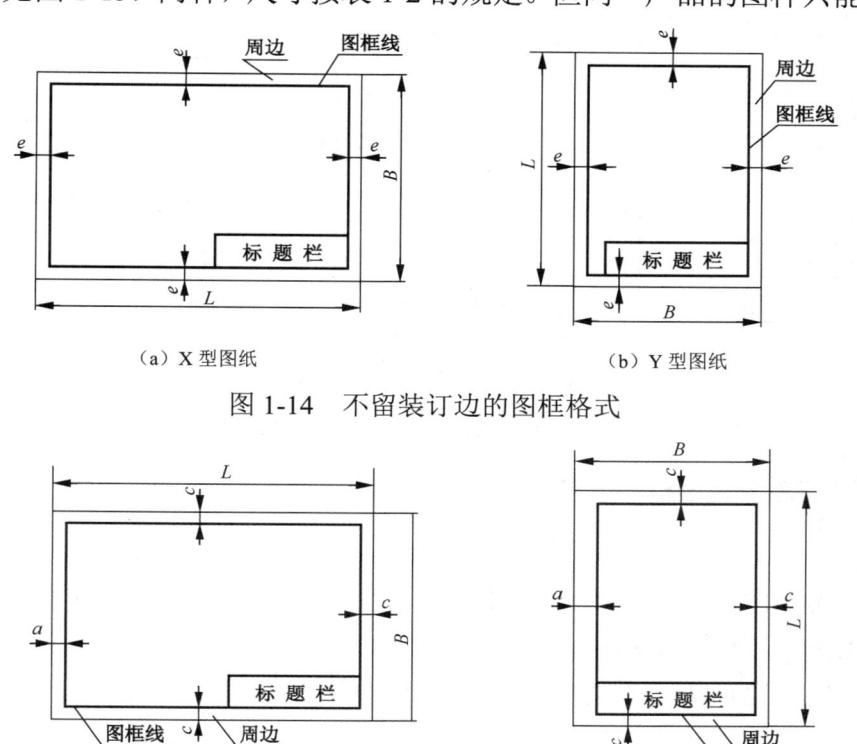

（a）X 型图纸　　　　　　　　　　（b）Y 型图纸

图 1-14　不留装订边的图框格式

（a）X 型图纸　　　　　　　　　　（b）Y 型图纸

图 1-15　留装订边的图框格式

3．标题栏的方位

每张图纸都必须画出标题栏。标题栏的格式和尺寸应按《技术制图　标题栏》（GB/T 10609.1—2008）的规定绘制,在制图作业中建议采用图 1-16 所示的标题栏格式。

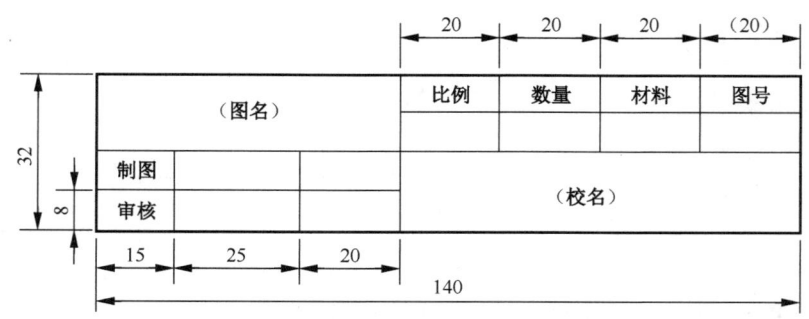

图 1-16　制图作业中推荐使用的标题栏格式

标题栏应位于图纸的右下角。若标题栏的长边置于水平方向并与图纸的长边平行,则构成 X 型图纸；若标题栏的长边与图纸的长边垂直,则构成 Y 型图纸,如图 1-14 和图 1-15 所示。在此情况下,看图的方向与看标题栏的方向一致。

为了使用预先印制好的图纸,允许将 X 型图纸的短边置于水平位置,或将 Y 型图纸的长边置于水平位置。此时，为了明确看图方向，应在图纸下边的对中符号处加画一个方向符号，对中符号用粗实线绘制，长度从纸边界开始至伸入图框内约 5mm，方向符号是用细实线绘制的等边三角形，如图 1-17 所示。

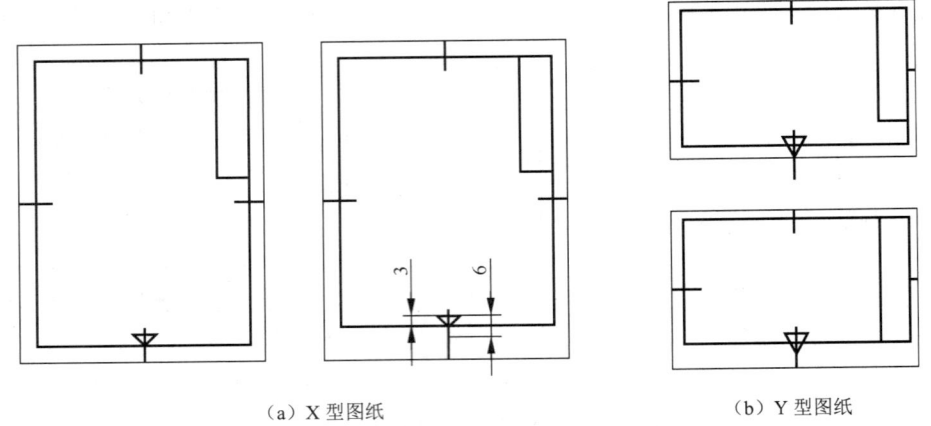

（a）X 型图纸　　　　　　　　　　（b）Y 型图纸

图 1-17　对中符号和方向符号

二、比例（GB/T 14690—1993）

1. 术语

（1）比例。图中图形与其实物相应要素的线性尺寸之比。

（2）原值比例。比值为 1 的比例，即 1∶1。

（3）放大比例。比值大于 1 的比例，如 2∶1 等。

（4）缩小比例。比值小于 1 的比例，如 1∶2 等。

2. 比例系列

绘制图样时，需根据所绘机件的大小及复杂程度，从表 1-5 所示的比例系列中选取适当的比例，必要时也允许选用加括号的比例。

表 1-5　比例系列

种类	定义	优先选择系列	允许选择系列
原值比例	比值为 1 的比例	1∶1	—
放大比例	比值大于 1 的比例	5∶1　　2∶1 $5\times10^n\colon 1$　$2\times10^n\colon 1$　$1\times10^n\colon 1$	4∶1　　2.5∶1 $4\times10^n\colon 1$　$2.5\times10^n\colon 1$
缩小比例	比值小于 1 的比例	1∶2　　1∶5　　1∶10 $1\colon 2\times10^n$　$1\colon 5\times10^n$　$1\colon 1\times10^n$	1∶1.5　1∶2.5　1∶3　1∶4　1∶6　$1\colon 1.5\times10^n$ $1\colon 2.5\times10^n$　$1\colon 3\times10^n$　$1\colon 4\times10^n$　$1\colon 6\times10^n$

注：n 为正整数。

为了从图样上直接反映出实物的大小，绘图时应尽量采用原值比例。因各种实物的大小与结构千差万别，绘图时，应根据实际需要选取放大比例或缩小比例。

3. 标注方法

（1）比例符号应以"∶"表示。比例的表示方法如 1∶1、1∶2、5∶1 等。

（2）比例一般应标注在标题栏的比例栏内。

不论采用何种比例，图形中所标注的尺寸数值必须是实物的实际大小，与图形的比例无关。用不同比例画出的图形如图 1-18 所示。

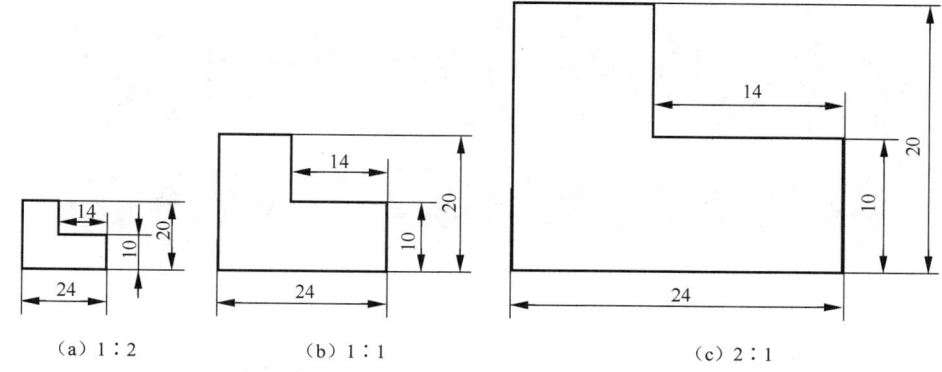

图 1-18　用不同比例画出的图形

三、字体（GB/T 14691—1993）

一张完整的图样上除了要有表达机件形状的一组图形，还要有表示机件大小的尺寸数字、用文字及相关符号说明的技术要求，以及标题栏的有关内容等。在图样中书写字体时必须做到：字体工整、笔画清楚、间隔均匀、排列整齐。字体的号数即字体的高度，用 h 表示，其公称尺寸系列为 1.8、2.5、3.5、5、7、10、14、20。如需书写更大的字，其字体高度应按照 $\sqrt{2}$ 的比例递增。

1．汉字

汉字应写成长仿宋体，并采用国家正式公布的简化字。汉字的高度 h 不应小于 3.5，其字宽 d 一般为 $h/\sqrt{2}$。长仿宋体的书写要领是：横平竖直、注意起落、结构均匀、填满方格。

2．字母和数字

字母和数字分为 A 型和 B 型。A 型字体的笔画宽度 d 为字高 h 的 1/14，B 型字体的笔画宽度 d 为字高 h 的 1/10。同一图样上，只允许选用一种形式的字体。字母和数字可写成直体和斜体两种，常用的是斜体，斜体字的字头向右倾斜，与水平基准线成 75°。

3．字体示例

（1）长仿宋体汉字示例。

10号字　字体工整　笔画清楚　间隔均匀　排列整齐

7号字　横平竖直　注意起落　结构均匀　填满方格

5号字　技术制图　机械电子　汽车船舶　土木建筑

3.5号字　螺纹齿轮　航空工业　施工排水　供暖通风　矿山港口

（2）斜体拉丁字母示例。

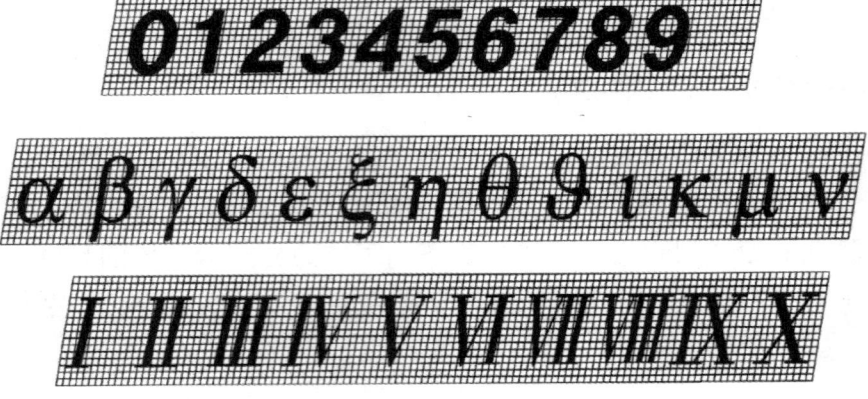

（3）斜体数字、希腊字母及罗马数字示例。

四、图线（GB/T 17450—1998、GB/T 4457.4—2002）

1. 图线的种类和用途

国家标准（《机械制图》系列标准）规定的图线的种类和主要用途及图线应用示例如表 1-6 和图 1-19 所示。图线画法正误对比如图 1-20 所示。

表 1-6　图线的种类和主要用途

图线名称	线型	图线宽度	一般应用
粗实线	———————	d	（1）可见轮廓线； （2）可见相贯线
细实线	———————	$d/2$	（1）尺寸线及尺寸界线； （2）剖面线； （3）过渡线
细虚线	– – – – – – –	$d/2$	（1）不可见轮廓线； （2）不可见相贯线
细点画线	— · — · — · —	$d/2$	（1）轴线； （2）对称中心线； （3）剖切线
波浪线	∿∿∿	$d/2$	（1）断裂处的边界线； （2）视图与剖视图的分界线
双折线	—⋀—⋀—	$d/2$	（1）断裂处的边界线； （2）视图与剖视图的分界线

续表

图线名称	线型	图线宽度	一般应用
细双点画线	—·· — ·· — ·· —	$d/2$	（1）相邻辅助零件的轮廓线； （2）可动零件极限位置的轮廓线； （3）成形前的轮廓线； （4）轨迹线
粗点画线	— · — · — · —	d	限定范围的表示线
粗虚线	— — — — —	d	允许表面处理的表示线

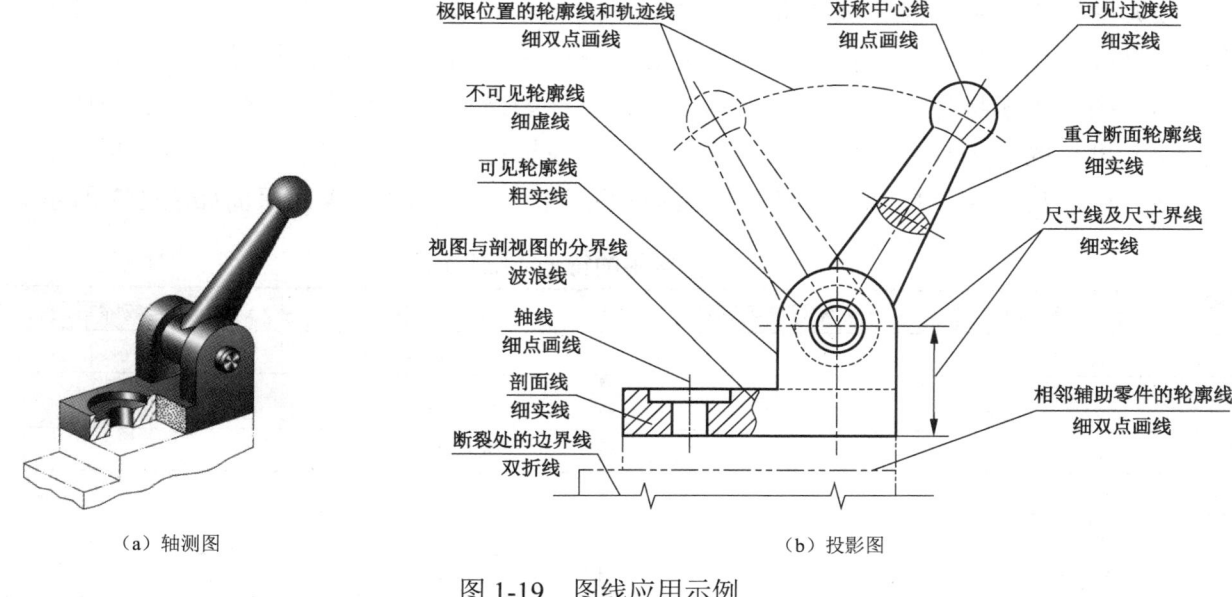

图 1-19 图线应用示例

图 1-20 图线画法正误对比

2. 图线的宽度

图线分为粗、细两种，粗线、细线的宽度比例为 2∶1（粗线为 d，细线为 $d/2$）。图线的宽度应按图的大小和复杂程度，在 0.13、0.18、0.25、0.35、0.5、0.7、1、1.4、2 这一数系中选取，粗线宽度一般采用 0.5 或 0.7。在同一图样中，同类图线的宽度应一致。

五、尺寸注法

图形只能表达机件的形状、结构及机件各组成部分的相互位置关系，而机件的大小则由所标注的尺寸确定。尺寸标注是一项极为重要的工作，应严格按照国家标准，认真细致，一丝不苟，力求做到正确、完整、清晰、合理。

1. 尺寸标注的基本规则

（1）机件的真实大小应以图样上所注的尺寸数值为依据，与图形的大小及绘图的准确度无关。

（2）图样中（包括技术要求和其他说明）的尺寸，以 mm（毫米）为单位时，不须标注单位符号或名称，如采用其他单位时，则必须注明相应的计量单位的符号或名称。

（3）图样中所标注的尺寸，为该图样所示机件的最后完工尺寸，否则应另加说明。

（4）机件的每一尺寸，一般只标注一次，并应标注在反映该结构最清晰的图形上。

（5）标注尺寸时，应尽可能使用符号或缩写词，常用的符号或缩写词如表 1-7 所示。

表 1-7 常用的符号或缩写词

名　　称	符号或缩写词	名　　称	符号或缩写词
直径	ϕ	45°倒角	C
半径	R	深度	↓
球直径	$S\phi$	沉孔或锪平	⊔
球半径	SR	埋头孔	∨
厚度	t	均布	EQS
正方形	□	—	—

2. 尺寸标注的基本要素

一个完整的尺寸应包括尺寸数字、尺寸线、尺寸界线三个基本要素，其标注示例如图 1-21 所示。图中的尺寸线终端可以有箭头和斜线两种形式（机械图样中一般采用箭头作为尺寸线的终端）。箭头的形式如图 1-22（a）所示，适用于各种类型的图样。图 1-22（b）所示箭头的画法均不符合要求。

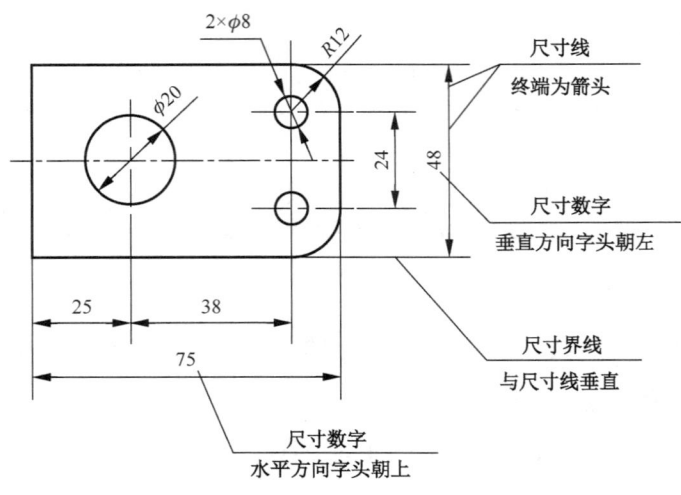

图 1-21 尺寸的标注示例

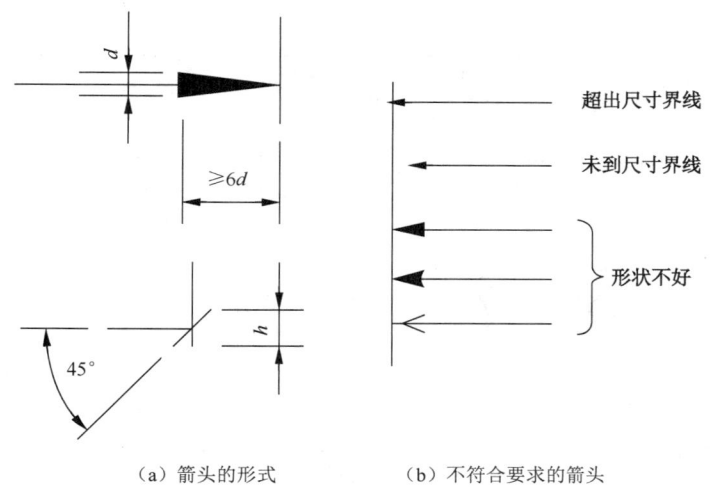

（a）箭头的形式　　　　（b）不符合要求的箭头

图 1-22　箭头的标注示例

3. 常见尺寸注法

常见尺寸注法示例见表 1-8。

表 1-8　常见尺寸注法示例

标注内容	示 例		说　明
线性尺寸	（角度方向标注图，数字 16、30°）	（倾斜图形中 16 的标注）	尺寸数字应按左图所示方向注写，并尽可能避免在 30°范围内标注尺寸，否则应按右图所示形式标注
圆弧	直径尺寸	（ø17 圆，ø30、ø22 半圆弧）	标注圆或大于半圆的圆弧时，尺寸线通过圆心，以圆周为尺寸界线，尺寸数字前应加注直径符号"ø"
	半径尺寸	（R18 圆弧）	标注小于或等于半圆的圆弧时，尺寸线自圆心引向圆弧，只画一个箭头，尺寸数字前加注半径符号"R"
大圆弧	（R100，10）	（R65）	当圆弧的半径过大或在图纸范围内无法标注其圆心位置时，可采用折线形式，若圆心位置不需注明，则尺寸线可只画靠近箭头的一段

续表

标注内容	示　例	说　明
小尺寸		对于小尺寸在没有足够的位置画箭头或注写数字时，箭头可画在外面，或用小圆点代替两个箭头；尺寸数字也可采用旁注或引出标注
球面		标注球面的直径或半径时，应在尺寸数字前分别加注符号"$S\phi$"或"SR"
角度		尺寸界线应沿径向引出，尺寸线画成圆弧，圆心是角的顶点。尺寸数字水平书写，一般注写在尺寸线的中断处，必要时也可按左图的形式标注
弦长和弧长		标注弦长和弧长时，尺寸界线应平行于弦的垂直平分线。弧长的尺寸线为同心弧，并应在尺寸数字上方加注符号"⌒"
只画一半或大于一半时的对称机件	对称尺寸的标注	尺寸线应略超过对称中心线或断裂处的边界线，仅在尺寸线的一端画出箭头

续表

标注内容	示　例	说　明
光滑过渡处的尺寸		在光滑过渡处必须用细实线将轮廓线延长，并从它们的交点引出尺寸界线
允许尺寸界线倾斜		尺寸界线一般应与尺寸线垂直，必要时允许倾斜

任务实施

训练 1　在方格中书写汉字，要求做到"横平竖直、注意起落、结构均匀、填满方格"。

训练 2　在空格中书写字母和数字，要求采用斜体字，字体右倾 75°。

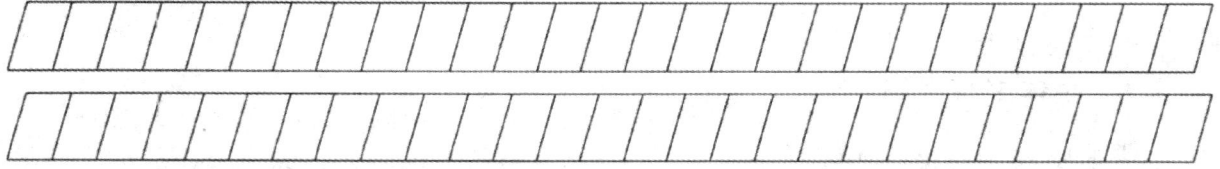

训练 3 准备一张 A4 空白图纸，绘制不留装订边的图框，再按照图 1-16 所示的制图作业中推荐使用的标题栏格式，绘制并填写标题栏。

作图：

（1）A4 图框的尺寸为 190×277，矩形边线至图纸边沿的距离均为 10。图框的线型为粗实线。

（2）按图 1-16 所示的制图作业中推荐使用的标题栏格式，在图框的右下角绘制标题栏。标题栏的线型要求外框线为粗实线，内部的图线全部为细实线。

字体要求："图名""校名"两栏采用 7 号字；其他各栏均采用 5 号字。字体按标准规定为长仿宋体。

练习提高

完成如图 1-23 所示的图线练习图形中左右对称的各种图线。

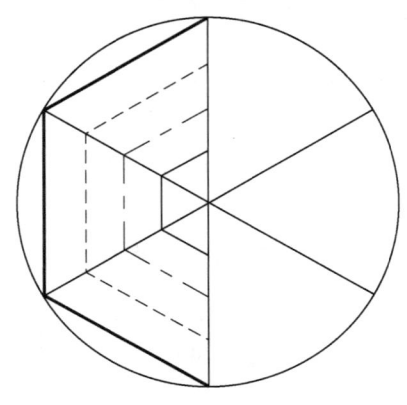

图 1-23　图线练习

任务评价

本任务教学与实施的目的是使学生掌握国家标准中有关图纸幅面、格式、比例、字体、图线及尺寸注法等的基本规定；要树立标准化意识，在作图时要严格遵守制图国家标准。评价方式采用工作过程考核评价和综合任务考核评价。任务实施评价项目表如表 1-9 所示。

表 1-9　任务实施评价项目表

序　号	评 价 项 目	配 分 权 重	实　得　分
1	图纸幅面、图框格式与标题栏位置是否正确、合理	15%	
2	字体书写的规范程度	15%	
3	图线是否正确绘制和运用	40%	
4	尺寸标注是否符合标准规定	30%	

任务总结

机械制图国家标准是我们绘图和读图的依据，在任务实施过程中必须严格遵守。

对于常用的图纸幅面，应了解它们之间的尺寸关系、图框格式及标题栏的格式和内容，在做制图作业时应能够正确画出。

比例的概念为图中图形与其实物相应要素的线性尺寸之比，要区分清楚缩小比例和放大比例，并能够正确选用。图形中标注的尺寸数值是零件的实际大小，与图形的比例无关。

图样上书写的汉字、数字和字母都必须做到字体工整、笔画清楚、间隔均匀、排列整齐。

各种图线的线型和规格要严格按照标准中的规定进行绘制，逐步掌握画法要领，并及时纠正画法上的错误。

图样中的图形只能表达物体的形状，图样中的尺寸才能反映出物体的大小。标注和识读图样中的尺寸，应严格遵守国家标准中的有关规定，掌握尺寸标注的基本规则，做到尺寸注写正确。

任务 4　基本作图方法

通过对等分线段、等分圆周、绘制正多边形、绘制并标注斜度和锥度、圆弧连接等基本几何作图知识的学习和练习，掌握几何作图的基本方法和技巧，具备机械制图的基本绘图技能。

一、等分作图

1. 等分线段

通常采用平行线法将已知线段进行 n 等分，图1-24所示为将线段 AB 五等分的方法。

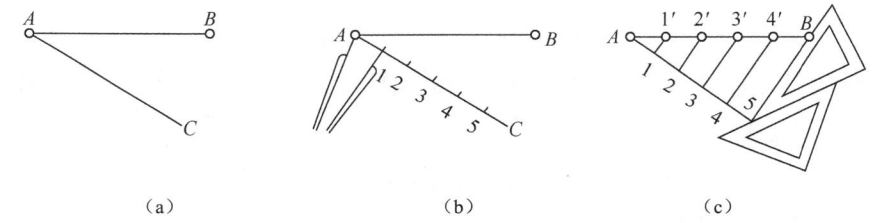

图1-24　平行线法等分线段

步骤：

（1）过端点 A 作辅助射线 AC，与已知线段 AB 成任意锐角；

（2）用分规在 AC 上以任意相等长度截得1、2、3、4、5共五个点；

（3）连接5、B，并过4、3、2、1各点作线段 $5B$ 的平行线，交 AB 得 $4'$、$3'$、$2'$、$1'$四个等分点，即完成对线段 AB 的五等分。

2. 等分圆周和作正多边形

（1）圆周的三、六、十二等分。

用圆规可直接在圆周上取三、六、十二等分点，将各等分点依次连线，即可分别作出圆的内接（或外切）正三角形、正六边形、正十二边形，其作图方法如图1-25所示。

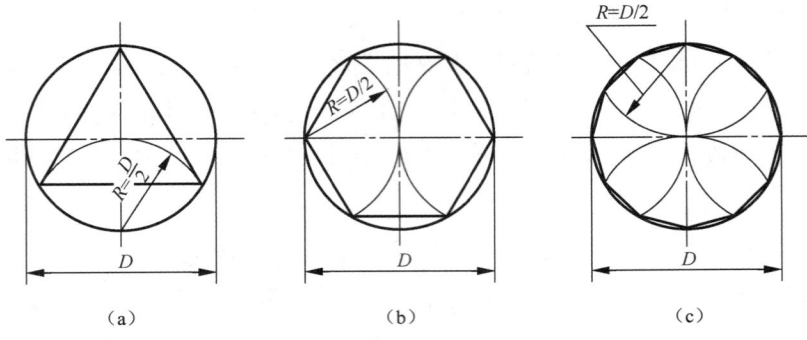

图 1-25 用圆规三、六、十二等分圆周

（2）圆周的四、八等分。

用 45°三角板与丁字尺配合，可直接作出圆的内接或外切正方形和正八边形。

在上述作图过程中，如需改变其正多边形的方位，可通过调整取等分点的起始位置或三角板放置的方法来实现。

（3）圆周的五等分。

其作图方法如图 1-26 所示。

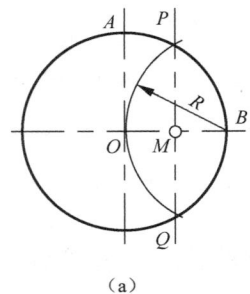 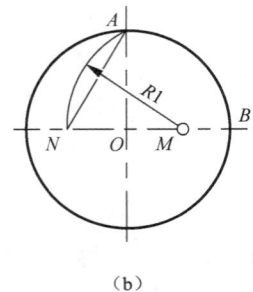 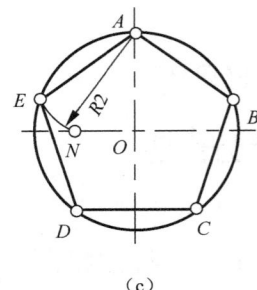

图 1-26 五等分圆周

① 以半径 OB 的端点 B 为圆心，OB 为半径作圆弧，交圆周于 P、Q 两点，连接 P、Q 与 OB 相交于点 M，如图 1-26（a）所示。

② 以点 M 为圆心，MA 为半径作圆弧，与 OB 的反向延长线交于点 N，连接 AN，线段 AN 的长度即该圆内接正五边形的边长，如图 1-26（b）所示。

③ 以 AN 为边长，点 A 为起点等分圆周，并依次连接各等分点，即完成该圆内接正五边形的绘制，如图 1-26（c）所示。

二、圆弧连接

用已知半径的圆弧光滑连接（相切）两条已知线段（直线或圆弧），称为圆弧连接。该已知半径的圆弧称为连接弧。

1. 圆弧连接的作图原理

下面介绍已知半径的圆弧与一条已知线段相切时，该圆弧圆心的轨迹和切点的求法。

（1）半径为 R 的圆弧与已知直线相切时，圆心的轨迹是与已知直线相距为 R 的两条平行线。当连接圆弧圆心为 O 时，由 O 向已知直线作垂线，垂足 K 即切点，如图 1-27（a）所示。

（2）半径为 R 的圆弧与已知圆弧（半径为 R_1）外切，圆心的轨迹是已知圆弧的同心圆，

其半径 $R_2=R+R_1$。当连接圆弧圆心为 O_1 时，连心线 OO_1 与已知圆弧的交点 K 即切点，如图 1-27（b）所示。

（3）半径为 R 的圆弧与已知圆弧（半径为 R_1）内切，圆心的轨迹是已知圆弧的同心圆，其半径 $R_2=R_1-R$。当连接圆弧圆心为 O_1 时，连心线 OO_1 与已知圆弧的交点 K 即切点，如图 1-27（c）所示。

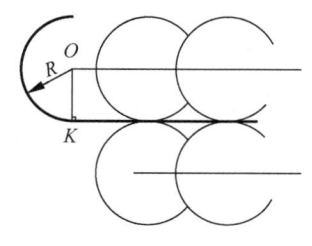 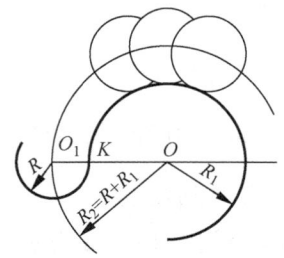 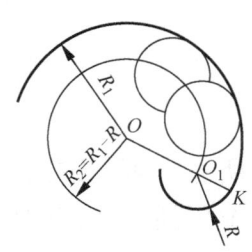

（a）与直线相切　　　　　　　（b）两圆弧外切　　　　　　　（c）两圆弧内切

图 1-27　圆弧连接的作图原理

2．用圆弧连接相交两直线

1）当两直线相交成钝角或锐角时（见图 1-28），其作图步骤如下。

（1）作与已知角两边分别相距为 R 的平行线，交点 O 即连接圆弧圆心。

（2）自 O 点分别向已知角两边作垂线，垂足 M、N 即切点。

（3）以 O 为圆心，R 为半径在两切点 M、N 之间画连接圆弧即所求。

2）当两直线相交成直角时（见图 1-29），其作图步骤如下。

（1）以角顶点为圆心，R 为半径画弧，交直角两边于 M、N 两点。

（2）以 M、N 为圆心，R 为半径画弧，相交得连接圆弧圆心 O。

（3）以 O 为圆心，R 为半径，在 M、N 两点间画连接圆弧，此圆弧即所求。

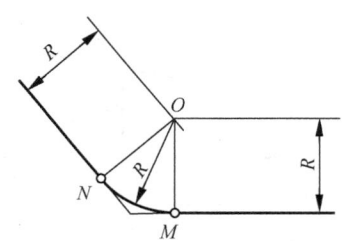 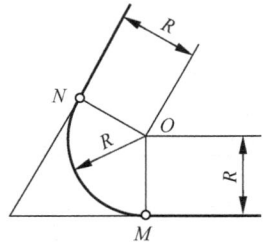 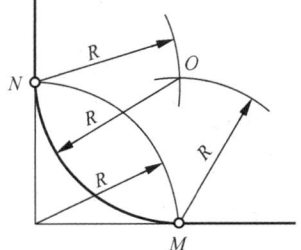

图 1-28　用圆弧连接相交两直线（一）　　　　图 1-29　用圆弧连接相交两直线（二）

3．用圆弧连接两已知圆弧

用圆弧连接两已知圆弧，如图 1-30 所示，用半径为 R 的圆弧连接两已知圆弧，半径分别为 R_1、R_2（其圆心分别为 O_1、O_2）。

当连接圆弧与两已知圆弧都外切时，为外连接；当连接圆弧与两已知圆弧都内切时，为内连接；当连接圆弧与一个已知圆弧外切，而与另一个已知圆弧内切时，为混合连接。具体作图步骤请自行分析。

😊 **需要强调的是**：求圆心时，若连接圆弧与已知圆弧外切，则将两者的半径相加；若内切，则半径相减。

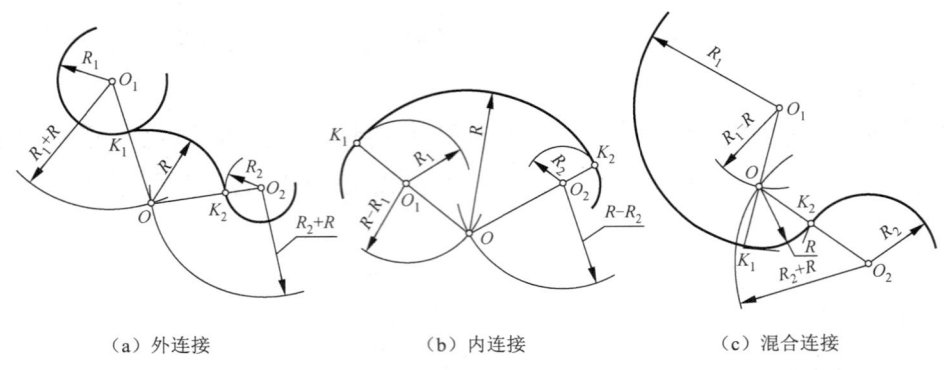

（a）外连接　　　　　　（b）内连接　　　　　　（c）混合连接

图 1-30　用圆弧连接两已知圆弧

综上所述，可归纳出圆弧连接的画图步骤。

（1）根据圆弧连接的作图原理，求出连接弧的圆心。

（2）求出切点。

（3）用连接弧半径画弧。

（4）描深。为保证连接光滑，一般应先描圆弧，后描直线。当几个圆弧相连接时，应依次相连，避免同时连接两端。

三、斜度和锥度

1. 斜度

斜度是指一条直线对另一条直线或一个平面对另一个平面的倾斜程度，在图样中常以 1：n 的形式标注，其大小用两直线或两平面间夹角的正切来表示，如图 1-31 所示。

斜度符号用细实线绘制，其倾斜边方向应与直线或平面倾斜的方向一致。

图 1-32（a）所示为斜度 1：6 的方斜垫圈的标注方法。其斜度 1：6 的绘制方法，如图 1-32（b）所示。

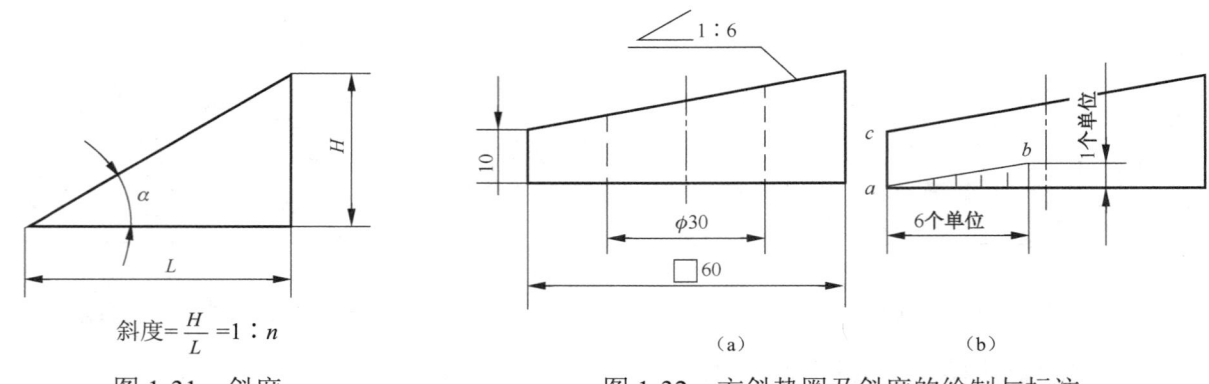

斜度 = $\dfrac{H}{L}$ = 1：n

图 1-31　斜度　　　　　　图 1-32　方斜垫圈及斜度的绘制与标注

2. 锥度

锥度是指正圆锥的底圆直径与圆锥高度之比。如果是锥台，则是两底圆直径之差与锥台高度之比，如图 1-33 所示。锥度计算公式如下。

$$C = \dfrac{D}{L} = \dfrac{D-d}{l} = 2\tan\dfrac{\alpha}{2}$$

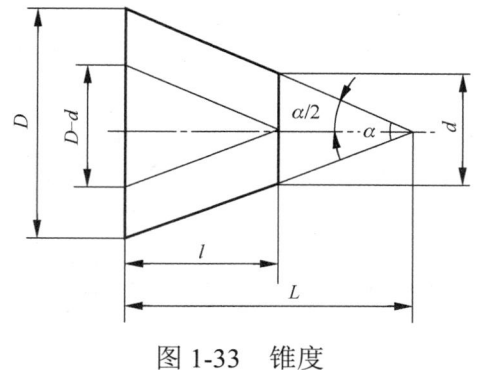

图 1-33 锥度

图 1-34（a）所示为锥度 1∶3 的塞规头的标注方法。其锥度 1∶3 的绘制方法如图 1-34（b）所示。

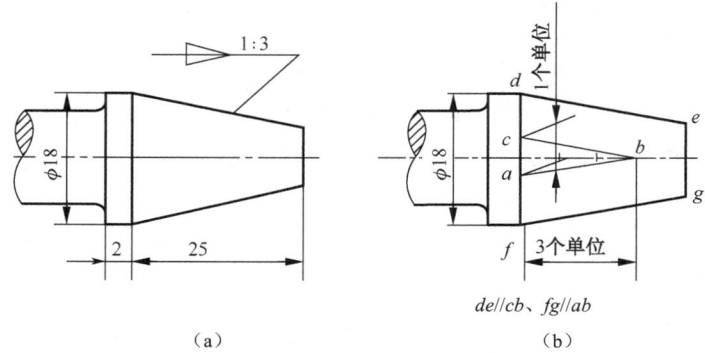

图 1-34 塞规头及锥度的绘制与标注

 任务实施

训练 1 绘制如图 1-35 所示的支撑座平面图。

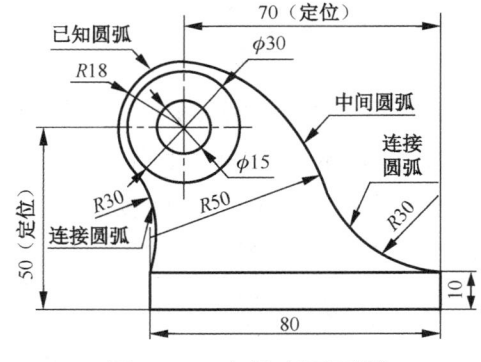

图 1-35 支撑座平面图

作图：

（1）根据给定的尺寸 50、80、10、70、$\phi30$、$\phi15$、$R18$，画出如图 1-36（a）所示的图形。

（2）作左侧 $R30$ 的圆弧。

① 找圆心：以点 A 为圆心，$R30$ 为半径作圆弧，另以半径为 $R18$ 的圆弧的圆心为圆心，$R48$（18＋30）为半径作圆弧，两圆弧交点 B 即 $R30$ 圆弧的圆心，如图 1-36（b）所示。

② 定切点：连接点 B 和半径为 $R18$ 的圆弧的圆心，与 $R18$ 圆弧的交点 C 即切点，如图 1-37（a）所示。

③ 圆弧连接：以点 B 为圆心，30 为半径画圆弧 AC，即完成 $R30$ 的圆弧连接。

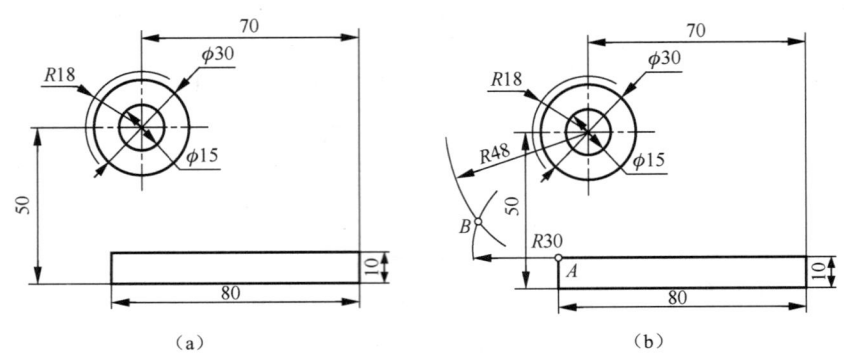

图 1-36 绘制支撑座 R30 的圆弧的圆心

（3）作 R50 的圆弧，如图 1-37（b）所示。

① 找圆心：以半径为 R18 圆弧的圆心为圆心，R32（50－18＝32）为半径作圆弧，交过点 A 的铅垂线于点 D，点 D 就是 R50 的圆弧的圆心。

② 定切点：连接点 D 和半径为 R18 的圆弧的圆心，交 R18 圆弧于点 E，即找到切点 E。

③ 圆弧连接：以点 D 为圆心，R50 为半径画圆弧，即完成 R50 的圆弧连接。

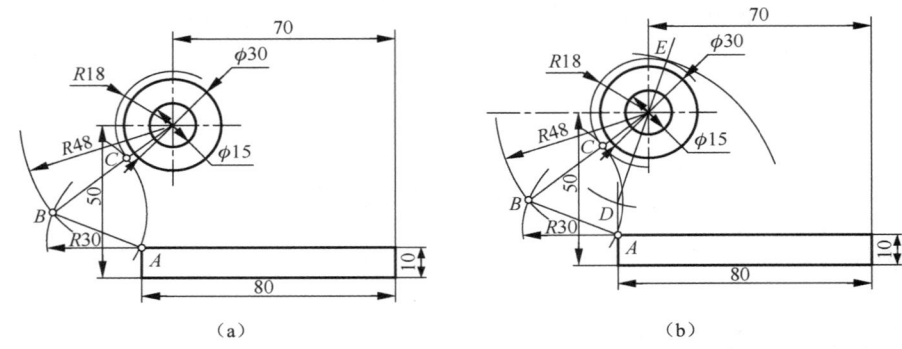

图 1-37 绘制支撑座 R30 的圆弧和 R50 的圆弧

（4）作右侧 R35 的圆弧，如图 1-38（a）所示。

① 找圆心：以点 D 为圆心，R85（50＋35）为半径作圆弧。以 G 点为圆心，R35 为半径作圆弧，两圆弧相交于点 F，点 F 就是 R35 圆弧的圆心。

② 定切点：连接 DF，交 R50 的圆周于点 H，即找到切点 H。

③ 圆弧连接：以点 F 为圆心，R35 为半径画圆弧，即完成 R35 的圆弧连接 GH。

（5）去除多余线条，检查无误后，加深描粗，并进行尺寸标注，如图 1-38（b）所示。

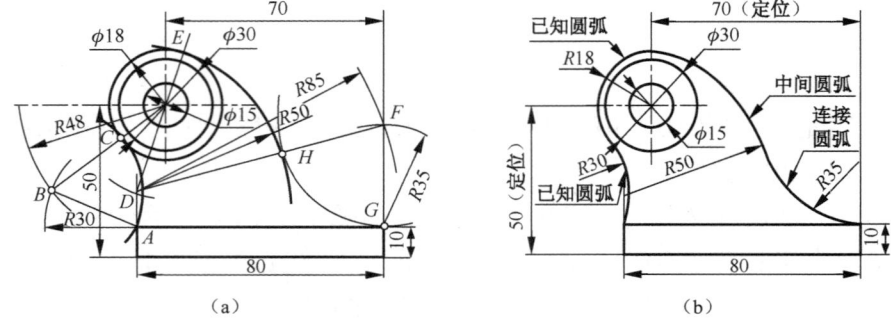

图 1-38 绘制支撑座 R35 的圆弧并加深描粗、完成全图

训练 2 角钢是工程机械中常用的制造材料，试完成图 1-39 所示的角钢平面图的绘制，并标注尺寸。

作图：

（1）根据所给的尺寸 10、60、12、24，完成如图 1-40（a）所示的图形。

（2）过点 K 作 1∶6 的斜度，如图 1-40（b）所示。

（3）根据尺寸 R10 和 R5，完成圆弧连接图，如图 1-40（c）所示。

（4）检查无误后，去除多余的图线，加深描粗图线并标注相关尺寸，完成角钢平面图的绘制，如图 1-40（d）所示。

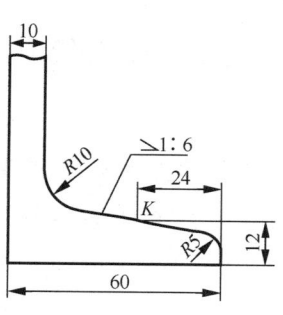

图 1-39　角钢平面图

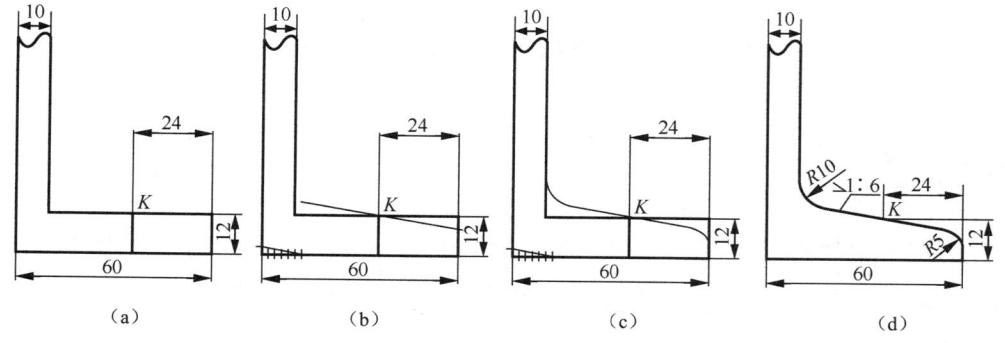

图 1-40　角钢平面图的绘制

练习提高

用给定的尺寸按 1∶1 完成图形（见图 1-41）。

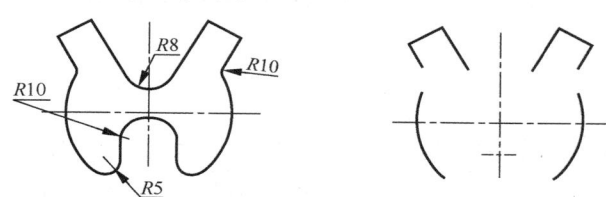

图 1-41　完成平面图形的绘制

任务评价

本任务教学与实施的目的是使学生掌握几何作图方法和技巧，具备机械制图的基本绘图技能。评价方式采用工作过程考核评价和综合任务考核评价。任务实施评价项目表如表 1-10 所示。

表 1-10　任务实施评价项目表

序　号	评价项目		配分权重	实　得　分
1	基本几何作图的正确性与熟练程度		35%	
2	图形分析的正确程度		25%	
	图形绘制的准确性与规范性	图线绘制与运用的正确程度	10%	
		尺寸标注的正确程度	10%	
		字体书写的规范程度	10%	
		图面的整洁、美观程度	10%	

任务总结

几何作图方法是我们绘图的基本技能，如等分线段和圆周、斜度和锥度的画法、圆弧连接的作图方法和步骤（找圆心、找切点、画连接圆弧）等。

在本任务实施过程中，应注意培养学生使用尺规绘图的能力和耐心、细心等工作作风。

任务5　绘制平面图形

任务描述

通过平面图形绘制的综合训练，掌握机械制图的基本绘图技能，能够正确绘制机件的平面图形。

任务资讯

平面图形是综合性的几何图形，尺寸和线段都比较多，需要经过一定的分析才能弄清它的画法。下面将讲述平面图形中尺寸和线段的分析方法及平面图形的画法。

一、尺寸分析

平面图形中的尺寸，按其作用可分为两类。

1. 定形尺寸

用于确定线段的长度、圆弧半径、圆的直径、角度大小等尺寸，如图1-42中的$\phi 5$、$\phi 20$、$R10$、$R15$、$R12$等。

2. 定位尺寸

用于确定线段在平面图形中所处位置的尺寸，如图1-42中的8、45、75等。

定位尺寸须从尺寸基准出发进行标注。确定尺寸位置的几何元素称为尺寸基准。在平面图形中，几何元素则指点和线。在图1-42中以右端线B作为左右（长度）方向的尺寸基准，以轴线作为上下（高度）方向的尺寸基准。

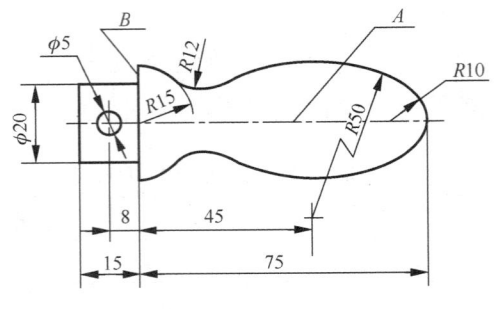

图1-42　手柄平面图

标注尺寸时，应首先确定图形长度方向和高度方向的基准，然后依次标注出各线段的定位尺寸和定形尺寸。

二、线段分析

对于平面图形中的线段，根据其定位尺寸的完整与否，可分为三类（因为直线连接的作图比较简单，所以此处只讲圆弧连接的作图问题）。

（1）已知圆弧。圆心具有两个定位尺寸的圆弧，如图 1-42 中的 $R10$。

（2）中间圆弧。圆心具有一个定位尺寸的圆弧，如图 1-42 中的 $R50$。

（3）连接圆弧。圆心没有定位尺寸的圆弧，如图 1-42 中的 $R12$。

作图时，由于已知圆弧的圆心具有两个定位尺寸，故可直接画出；中间圆弧的圆心虽然缺少一个定位尺寸，但它总是和一个已知线段相连接的，利用相切的条件便可画出；由于缺少两个定位尺寸，连接圆弧的圆心只能借助它和已经画出的两条圆弧的相切条件才能画出来。画图时，应先画已知圆弧，再画中间圆弧，最后画连接圆弧。

任务实施

训练　抄画图 1-43 所示的转动导架平面图形。

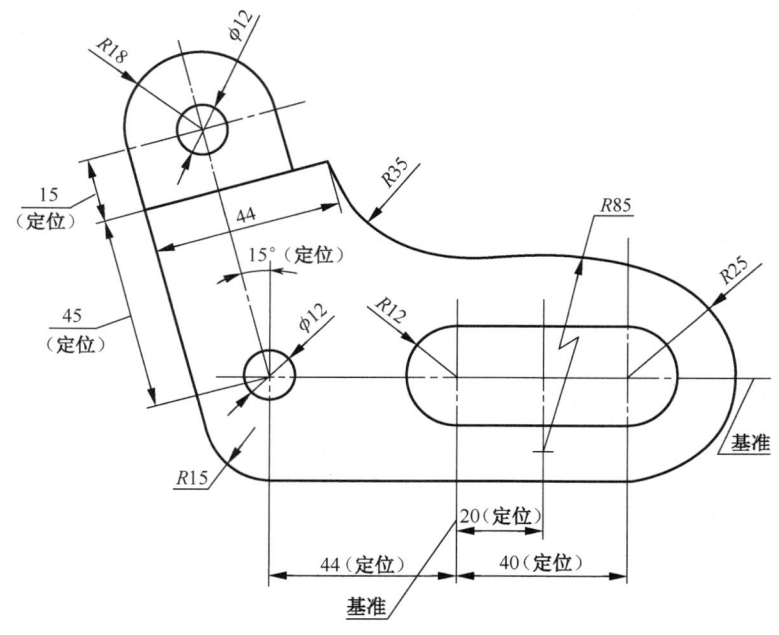

图 1-43　转动导架平面图形

作图：

1．准备工作

画图前，应先对平面图形中的尺寸和线段进行分析，拟定出具体的作图顺序，然后确定比例，选定图幅，固定好图纸。

2．绘制底稿

绘制底稿时要用 2H 或 3H 铅笔，将铅芯修磨成圆锥形。底稿线要画得轻而细，作图力求准确。该图形的具体作图步骤如下。

（1）画基准线，并根据各个定位尺寸画定位线，以确定平面图形在图纸上的位置和各线段间的相对位置，如图 1-44（a）所示。

（2）画已知线段，如图1-44（b）所示，画出了R12、R25圆弧，两个φ12圆，R18圆弧。

（3）画中间线段，如图1-44（c）所示，画出了R85圆弧，与R25、R18分别相切的两直线，确定长为44的斜线。

（4）画连接线段，如图1-44（d）所示，画出了R15、R35圆弧和两条与R12圆弧相切的直线。

3．描深底稿

要用HB或B铅笔描深各种图线，顺序如下。

（1）先粗后细。一般应先描深全部粗实线，再描深全部虚线、点画线及细实线等，这样既可提高作图效率，又可保证同一线型在全图中粗细一致，不同线型之间的粗细也符合比例关系。

（2）先曲后直。在描深同一种线型（特别是粗实线）时，应先描深圆弧和圆，然后描深直线，以保证连接圆滑。

（3）先水平、后垂斜。先用丁字尺自上而下画出全部相同线型的水平线，再用三角板自左向右画出全部相同线型的垂直线，最后画出倾斜的直线。

（4）其余事项。画箭头，填写尺寸数字、标题栏等（此步骤可在将图纸从图板上取下来之后再进行）。

完成的平面图形如图1-44（e）所示。

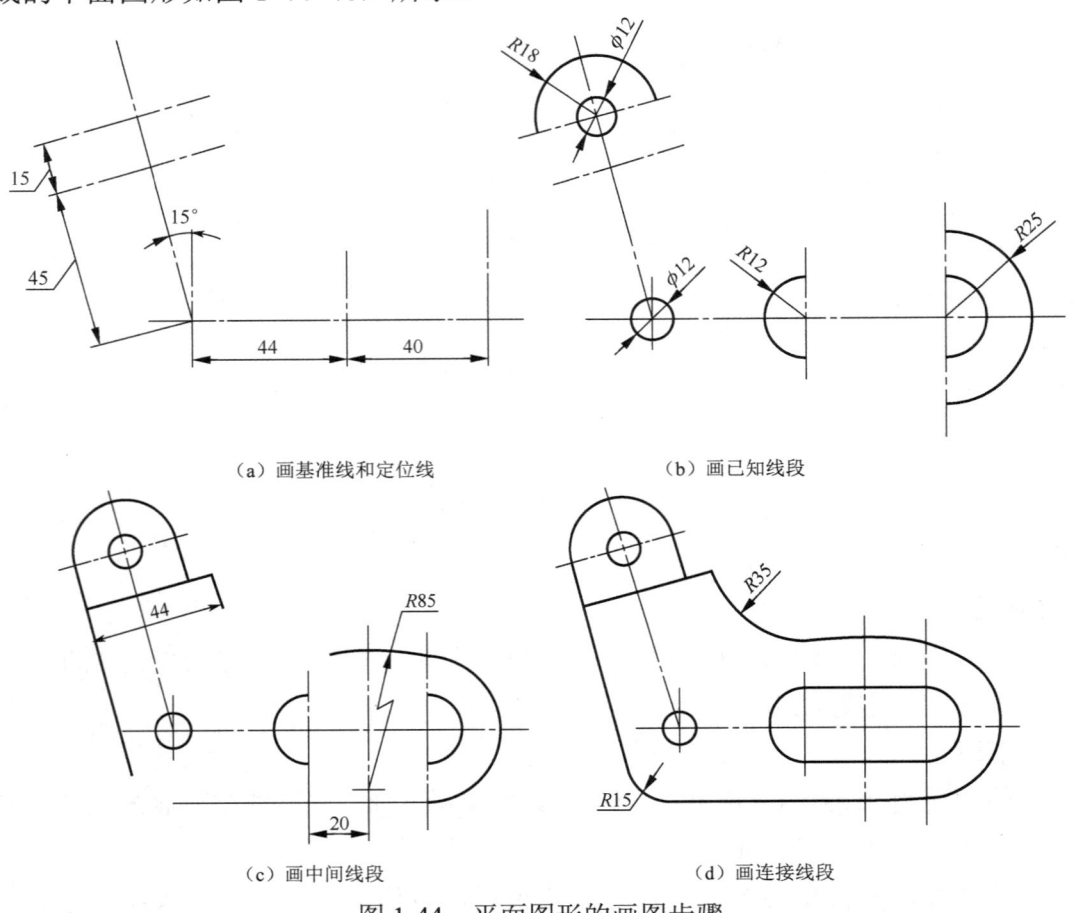

图1-44 平面图形的画图步骤

(e)整理描深

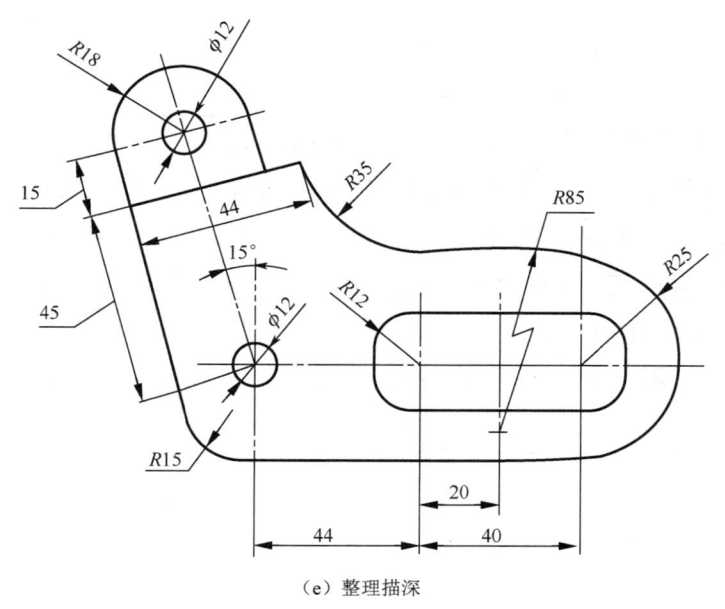

图 1-44 平面图形的画图步骤（续）

练习提高

抄画图 1-41 所示的手柄。

任务评价

本任务教学与实施的目的是使学生能分析识读并正确绘制机件的平面图形。评价方式采用工作过程考核评价和综合任务考核评价。任务实施评价项目表如表 1-11 所示。

表 1-11 任务实施评价项目表

序 号	评价项目		配分权重	实 得 分
1	平面图形分析的正确程度		25%	
2	平面图形绘制的准确性与规范性	图形绘制的准确性	35%	
		图线绘制与运用的正确程度	10%	
		尺寸标注的正确程度	10%	
		字体书写的规范程度	10%	
		图面的整洁、美观程度	10%	

任务总结

在平面图形的画法中，主要应掌握尺寸分析和线段分析的目的与方法，找出图形中的已知线段、中间线段和连接线段，以确定正确合理的绘图步骤。

具备对平面图形尺寸和线段的分析能力及使用绘图工具的能力，并按照国家标准的有关规定进行绘图，则图面的质量和绘图的效率就有了基本的保证。在本任务实施过程中，应注意培养学生使用尺规绘图的能力和耐心、细心等工作作风。

项目小结

　　本项目介绍了机械制图的基本知识，包括机械图样的定义和分类、绘图工具和用品的使用、机械制图的国家标准、基本几何作图方法等内容。

　　学习机械制图必须严格遵守机械制图国家标准的有关规定，树立标准化的观念。

　　工程技术人员必须养成良好的绘图习惯，并能正确、熟练地使用绘图工具和仪器，能绘制出图面质量较好的工程图样。

　　熟练掌握绘制几何图形的方法和步骤，尤其要掌握带有圆弧连接的较复杂平面图形的画法。

项目二

正投影基础

机械图样用什么方法绘制？在绘制过程中又要遵循哪些规律和要求？本项目将介绍绘制机械图样的方法——正投影法（见图2-1），构成立体的几何元素——点、线、面的投影规律，以及基本体的三视图，为学习后面的内容奠定基础。

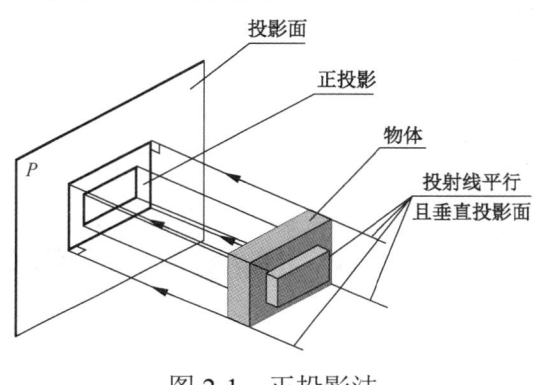

图 2-1　正投影法

项目目标

1. 了解投影的基本概念，掌握正投影的特性，掌握三视图的形成及投影规律。
2. 掌握空间点位置的确定、标记及三面投影规律。
3. 掌握各种位置直线的投影特性，并能正确作出其三面投影。
4. 掌握各种位置平面的投影特性，并能正确作出其三面投影。
5. 掌握常见基本体的三视图及从立体表面上取点的方法。
6. 培养由点到面的认知规律，全面认识事物。

任务1　投影法的基本概念

任务描述

通过对投影法的概念、种类和正投影的原理及基本性质等知识的学习，为后续课程的学习打下基础。

一、投影法的概念

在日常生活中，灯光或日光照射物体时，在地面和墙面上就会出现物体的影子，这就是一种投影现象（见图 2-2）。人们在长期的生产实践中，积累了丰富的经验，找出了物和影子的几何关系，建立了投影法。我们把光线称为投射线，地面和墙面称为投影面，影子就称为物体在投影面上的投影。

投影法是指投射线通过物体向选定的面投射，并在该面上得到图形的方法。

二、投影法的种类

1．中心投影法

投射线汇交于一点的投影法，称为中心投影法，如图 2-3 所示。

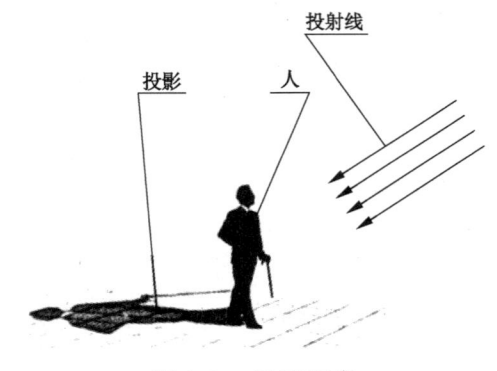

图 2-2　投影现象

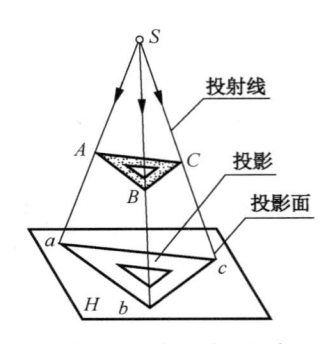

图 2-3　中心投影法

该投影法的特点是：当物体距离投影面的距离不同时，得到的投影大小也不同。因此，中心投影法不能真实地反映物体的形状和大小，所以机械制图不采用这种投影法绘制。

2．平行投影法

投射线相互平行的投影法，称为平行投影法，如图 2-4 所示。

根据投射线与投影面垂直与否，平行投影法又分为两种。

（1）斜投影法——投射线与投影面倾斜的平行投影法，如图 2-4（a）所示。

（2）正投影法——投射线与投影面垂直的平行投影法，如图 2-4（b）所示。

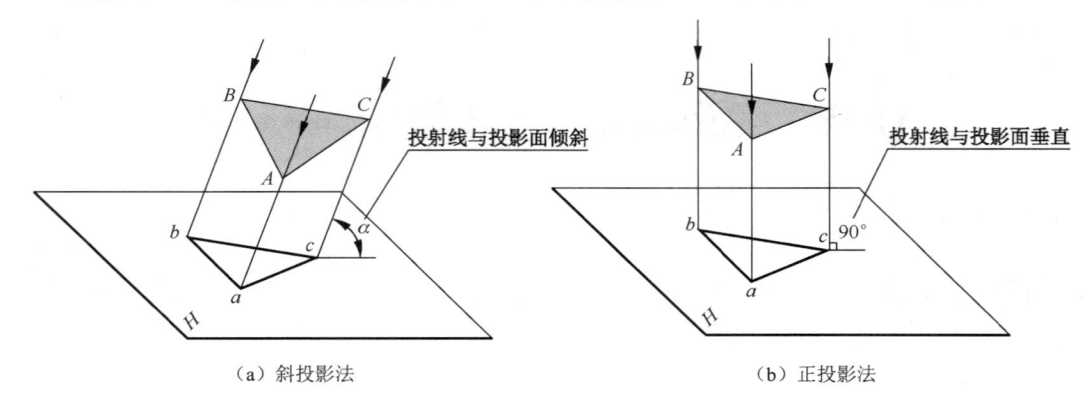

（a）斜投影法　　　　　　　　　　　（b）正投影法

图 2-4　平行投影法

正投影法因其度量性好、作图方便，在工程中得到了广泛应用。机械制图就是用正投影法绘制的，正投影的基本理论是机械制图的基础，这是我们学习中的一个重点。

三、正投影的基本性质

1．显实性

当直线或平面与投影面平行时，直线的投影反映实长，平面的投影反映实形的性质，称为显实性，如图 2-5（a）所示。

2．积聚性

当直线或平面与投影面垂直时，直线的投影积聚成一点，平面的投影积聚成一条直线的性质，称为积聚性，如图 2-5（b）所示。

3．类似性

当直线或平面与投影面倾斜时，其直线的投影长度变短、平面的投影面积变小，但投影的形状仍与原来的形状相似，这种投影性质，称为类似性，如图 2-5（c）所示。

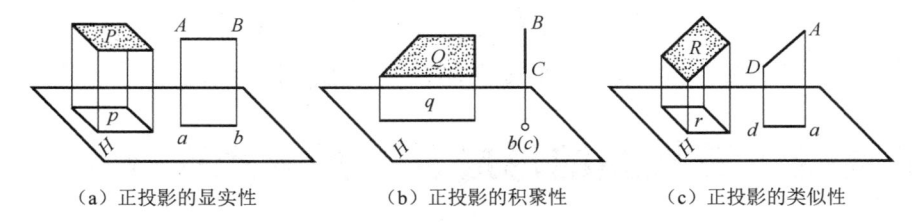

（a）正投影的显实性　　（b）正投影的积聚性　　（c）正投影的类似性

图 2-5　正投影的基本性质

任务实施

训练　图 2-6 中的平面在投影面上的投影属于正投影的哪种性质？

分析：

（1）如图 2-6（a）所示，由于平面平行于投影面，所以其投影具有显实性。

（2）如图 2-6（b）所示，由于平面垂直于投影面，所以其投影具有积聚性。

（3）如图 2-6（c）所示，由于平面倾斜于投影面，所以其投影具有类似性。

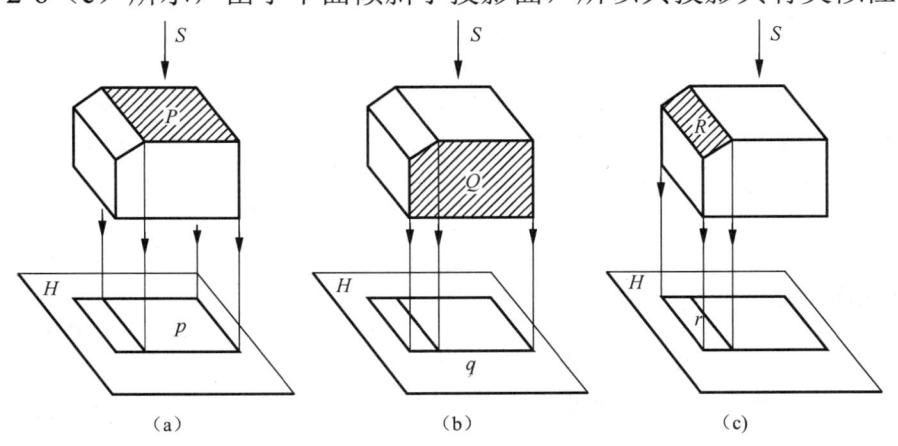

图 2-6　平面的投影特性

练习提高

投影法分为哪两类？正投影法具有哪些基本性质？

任务评价

本任务教学与实施的目的是，学生通过对正投影基本原理的学习，能掌握正投影的基本性质，具备一定的空间想象和思维能力。

本任务实施结果的评价主要从投影法的分类和正投影法的基本性质两个方面进行。评价方式采用工作过程考核评价，任务实施评价项目表如表2-1所示。

表2-1 任务实施评价项目表

序 号	评 价 项 目	配 分 权 重	实 得 分
1	能否正确理解正投影法	40%	
2	能否掌握正投影的基本性质	60%	

任务总结

在任务实施过程中，要注重培养学生的空间概念，通过本次任务的学习，学生应明确正投影法是投射线相互平行且与投影面垂直的投影法，是绘制机械图样所采用的方法。

任务2 三视图的形成及其投影规律

任务描述

通过对视图的基本概念、三视图的形成及三视图之间的关系等知识的学习，掌握投影规律，明确方位关系，初步具备一定的空间思维和分析想象能力，为后续画图、看图的学习打下基础。

任务资讯

一、视图的基本概念

用正投影法绘制出的物体的图形，称为视图。

必须指出，视图并不是观察者看物体所得到的直觉印象，而是把物体放在观察者和投影面之间，将观察者的视线视为一组相互平行且与投影面垂直的投射线，对物体进行投射所获得的正投影图，其投射情况如图2-7所示。

二、三视图的形成

一般情况下，一面视图不能完全确定物体的形状和大小。因此，为了将物体的形状和大小表达清楚，工程上常用三面视图。

1. 三投影面体系的建立

三投影面体系由三个相互垂直的投影面组成，如图2-8所示。它们分别为：正立投影面，简称正面，

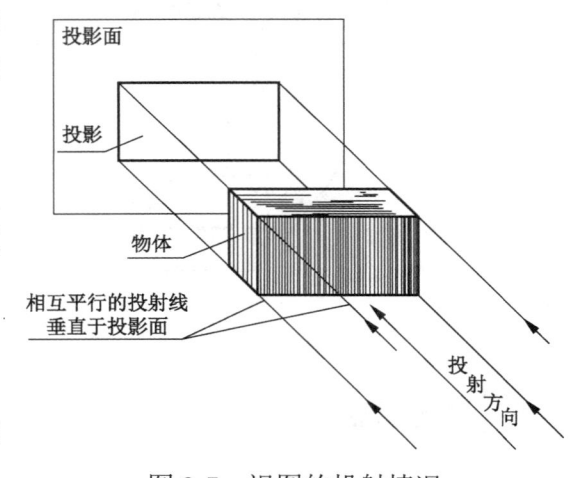

图2-7 视图的投射情况

用 V 表示；水平投影面，简称水平面，用 H 表示；侧立投影面，简称侧面，用 W 表示。

相互垂直的投影面之间的交线，称为投影轴。它们分别是：OX 轴，简称 X 轴，是 V 面与 H 面的交线，它代表物体的长度方向；OY 轴，简称 Y 轴，是 H 面与 W 面的交线，它代表物体的宽度方向；OZ 轴，简称 Z 轴，是 V 面与 W 面的交线，它代表物体的高度方向。

三根投影轴相互垂直，其交点 O 称为原点。

2．物体在三投影面体系中的投影

将物体放置在三投影面体系中，按正投影法向各投影面投射，即可分别得到物体的正面投影、水平面投影和侧面投影，如图 2-9（a）所示。

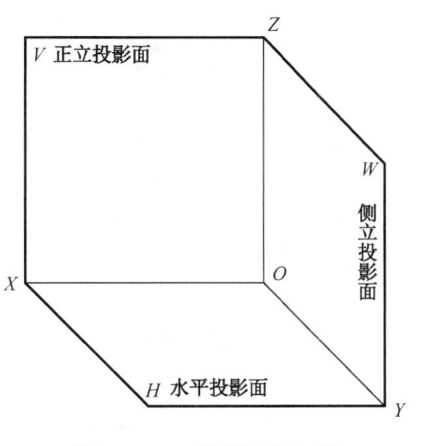

图 2-8 三投影面体系

3．三投影面的展开

为了画图方便，需将相互垂直的三个投影面摊平在同一个平面上，规定：正立投影面不动，将水平投影面绕 OX 轴向下旋转 90°，将侧立投影面绕 OZ 轴向右旋转 90°[见图 2-9（b）]，分别重合到正立投影面上（这个平面就是图纸），如图 2-9（c）所示。应注意，水平投影面和侧立投影面旋转时，OY 轴被分为两处，分别用 OY_H（在 H 面上）和 OY_W（在 W 面上）表示。

物体在正立投影面上的投影，也就是由前向后投射所得的视图，称为主视图；物体在水平投影面上的投影，也就是由上向下投射所得的视图，称为俯视图；物体在侧立投影面上的投影，也就是由左向右投射所得的视图，称为左视图，如图 2-9（c）所示。以后画图时，不必画出投影面的范围，因为它的大小与视图无关，这样三视图更为清晰，如图 2-9（d）所示。

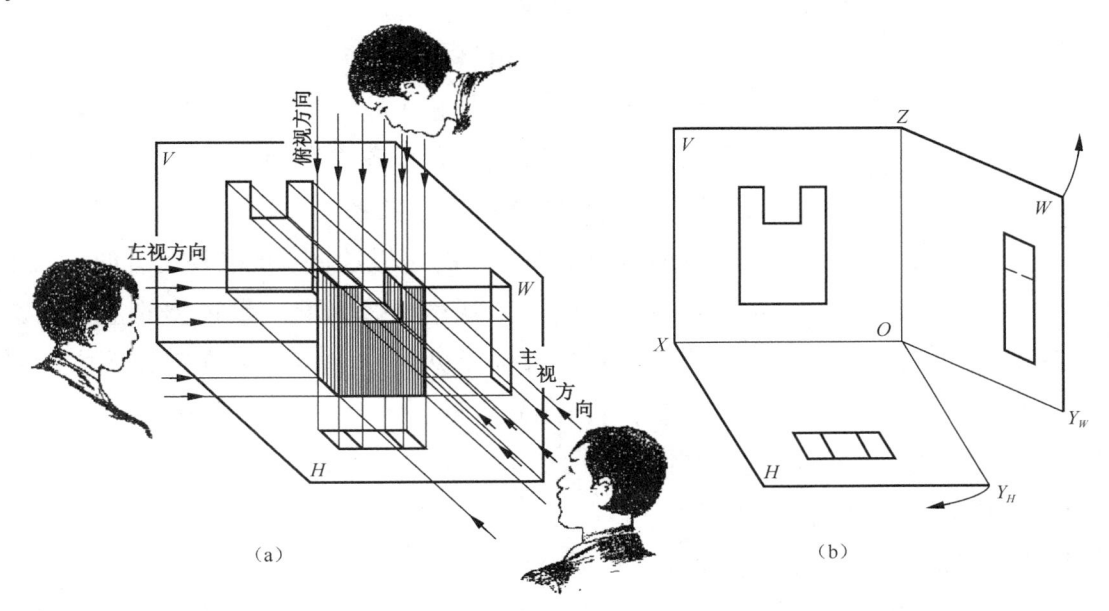

图 2-9 三视图的形成过程

（c） （d）

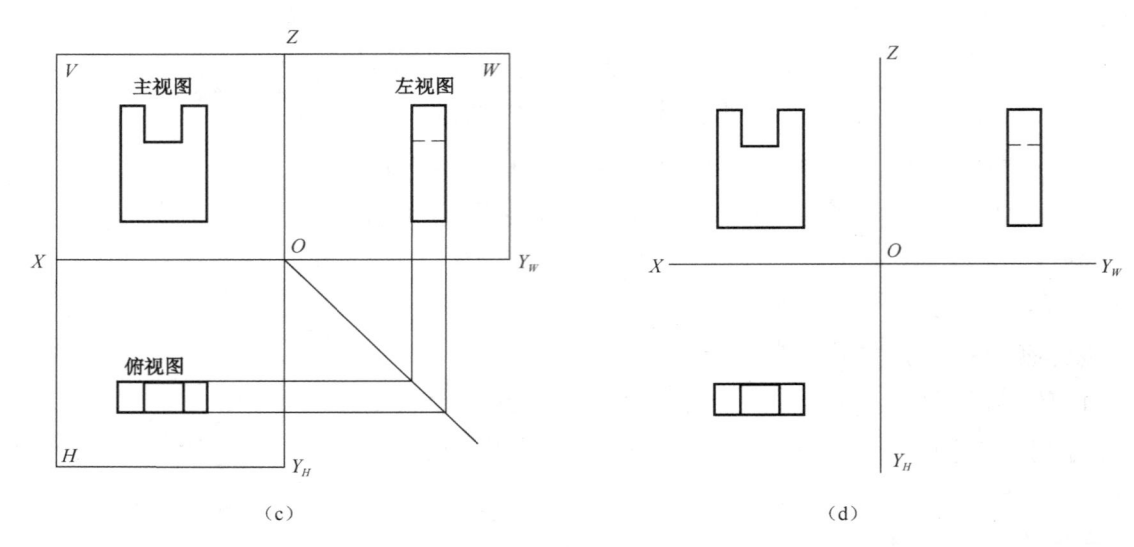

图 2-9 三视图的形成过程（续）

三、三视图之间的关系

1．三视图间的位置关系

以主视图为准，俯视图在它的正下方，左视图在它的正右方。

2．三视图间的投影关系

从三视图（见图 2-10）的形成过程可以看出：主视图反映物体的长度（X）和高度（Z）；俯视图反映物体的长度（X）和宽度（Y）；左视图反映物体的高度（Z）和宽度（Y）。

由此归纳得出：

主、俯视图长对正（等长）；

主、左视图高平齐（等高）；

俯、左视图宽相等（等宽）。

应当指出，无论是整个物体或物体的局部，其三面投影都必须符合"长对正、高平齐、宽相等"的"三等"规律。

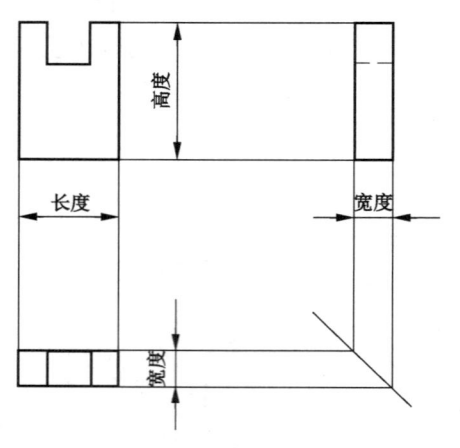

图 2-10 三视图间的投影关系

3．视图与物体的方位关系

所谓方位关系，指的是以绘图（或看图）者面对正面（主视图的投影方向）来观察物体为准，看物体的上、下、左、右、前、后六个方位［见图 2-11（a）］在三视图中的对应关系，如图 2-11（b）所示。

主视图反映物体的上、下和左、右；

俯视图反映物体的左、右和前、后；

左视图反映物体的上、下和前、后。

由图 2-11 可知，俯、左视图靠近主视图的一边（里边），均表示物体的后面；远离主视图的一边（外边），均表示物体的前面。

(a)

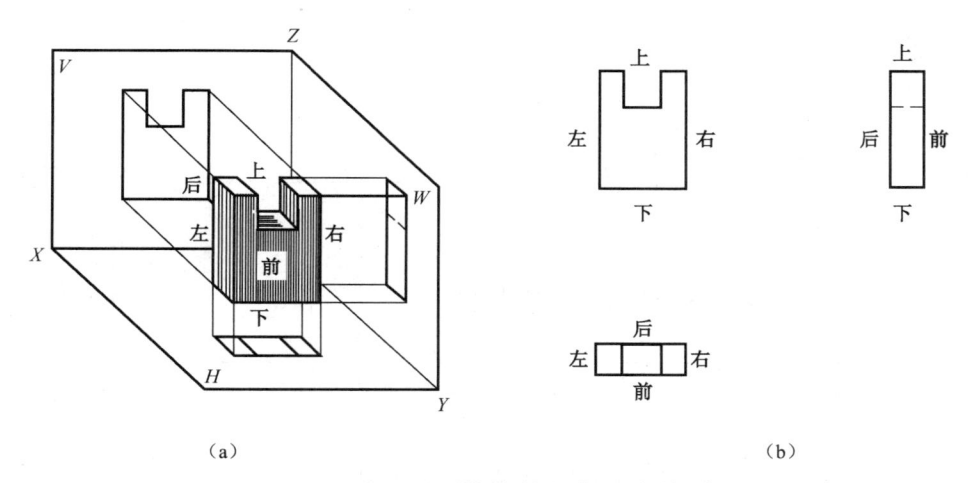

(b)

图 2-11 视图和物体的方位对应关系

任务实施

训练 如图 2-12（a）所示，简单体由底板和立板组成，立板的上方切燕尾槽，求作该简单体的三视图。

分析作图：

（1）将简单体摆正（使其主要表面与投影面平行），选好主视图的投影方向，再确定绘图比例。

（2）分析其结构形状，想象将简单体拆分成若干组成部分。

（3）根据"长对正、高平齐、宽相等"的投影规律，从主视图入手，依次画出每个组成部分的三视图，如图 2-12（b）、（c）、（d）所示（物体上不可见的轮廓线，需用细虚线表示）。

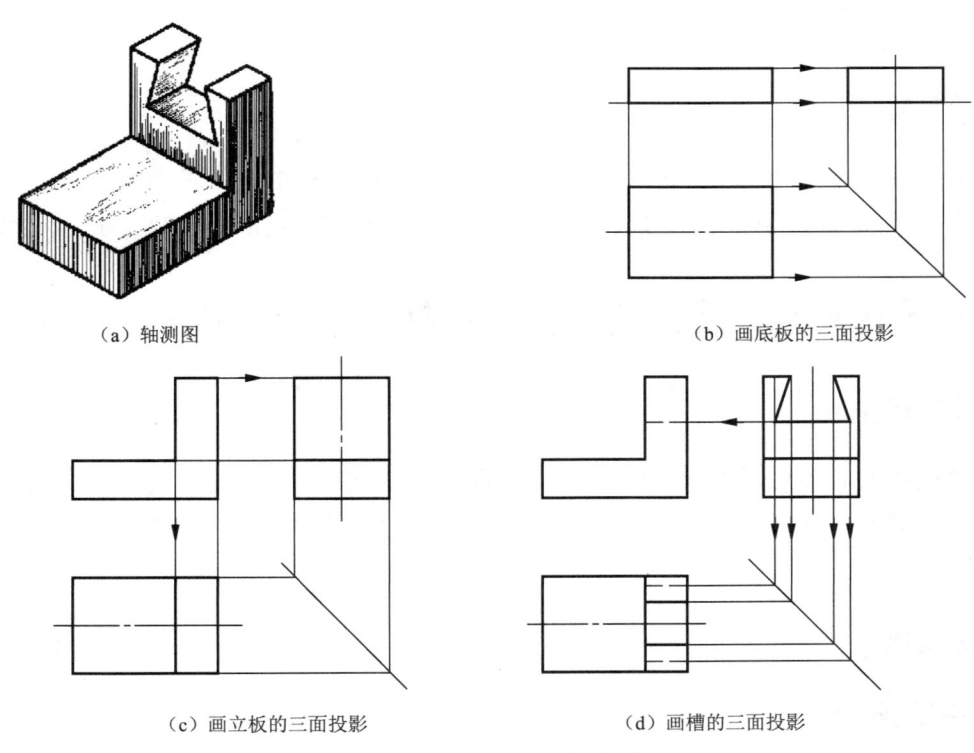

（a）轴测图　　　　　　　　　　（b）画底板的三面投影

（c）画立板的三面投影　　　　　（d）画槽的三面投影

图 2-12 三视图的画图方法与步骤

练习提高

1. 由_____向_____投射所得的视图，称为_____；由_____向_____投射所得的视图，称为_____；由_____向_____投射所得的视图，称为_____。

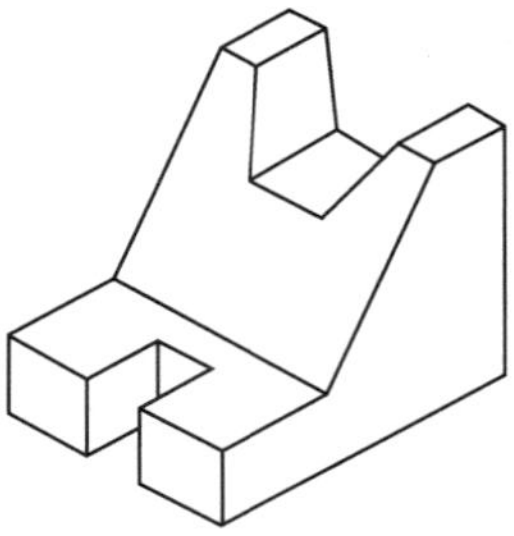

2. 主、俯视图_____，主、左视图_____，俯、左视图_____。

3. 主视图反映物体的_____和_____，俯视图反映物体的_____和_____，左视图反映物体的_____和_____。俯、左视图，远离主视图的一边，表示物体的_____面，靠近主视图的一边，表示物体的_____面。

4. 根据简单体的轴测图（见图 2-13）作出其三视图（比例 1∶1）。

图 2-13　轴测图

任务评价

本任务教学与实施的目的是，学生通过对三视图的形成及投影规律的学习，能正确绘制三视图，具备一定的空间想象和思维能力。

本任务实施结果的评价主要从三视图的形成及三视图的投影规律两个方面进行。评价方式采用工作过程考核评价，任务实施评价项目表如表 2-2 所示。

表 2-2　任务实施评价项目表

序　号	评价项目	配分权重	实　得　分
1	能否掌握三视图之间的关系	30%	
2	能否掌握三视图的作图方法与步骤	35%	
3	三视图绘制的准确性与规范性	35%	

任务总结

在任务实施过程中，要注重培养学生的空间概念。通过本次任务的学习，学生应明确三视图间的三等关系和六向方位关系，能掌握三视图的作图方法与步骤，正确绘制三视图。

任务3　点、直线、平面的投影特性

任务描述

通过对点的投影规律的学习及点、直线和平面的三面投影的作图训练，建立三面投影体系的概念，正确分析判断各种位置的直线和平面及其投影特性，初步具备一定的空间思维和分析想象能力。

任务资讯

一、点的投影

点是最基本、最简单的几何元素之一。掌握点的投影规律，能为顺利理解直线、平面的投影特性，正确表达物体的形状奠定必要的理论基础。

1．点的三面投影

如图 2-14（a）所示，在三面投影体系中，有一点 A，求点 A 的三面投影，可过点 A 分别向三个投影面作垂线（投射线），则垂足 a、a′、a″为点 A 在三个投影面上的投影。

为了区别空间点和该点的投影，规定空间点用大写字母标记，如 A、B、C、…，它们在 H 面上的投影用相应的小写字母标记，如 a、b、c、…，在 V 面上的投影用相应的小写字母加一撇标记，如 a′、b′、c′、…，在 W 面上的投影用相应的小写字母加两撇标记，如 a″、b″、c″、…。将投影面按图 2-14（b）所示的方式展开摊平在一个平面上，省略投影面边框线，可得到点 A 的三面投影，如图 2-14（c）所示。

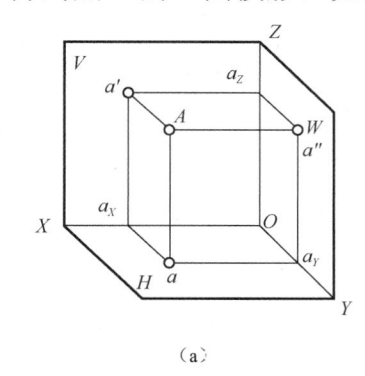

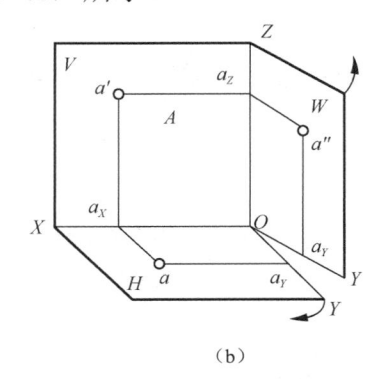

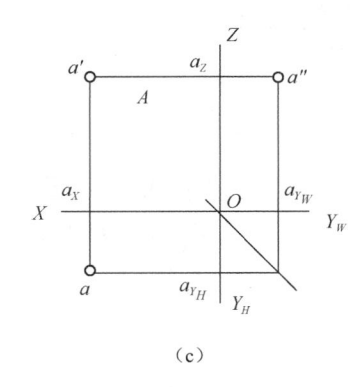

（a） （b） （c）

图 2-14 点 A 的三面投影

2．点的三面投影规律

从图 2-14 可以看出，点的投影仍然是点，具有以下规律。

（1）点的两面投影的连线必定垂直于投影轴，即：

点的正面投影和水平投影的连线垂直于 OX 轴；

点的正面投影和侧面投影的连线垂直于 OZ 轴。

（2）点的投影到投影轴的距离，等于空间点到相应的投影面的距离，即：

点的水平投影到 OX 轴的距离，等于其侧面投影到 OZ 轴的距离，二者都反映点 A 到 V 面的距离；

点的侧面投影到 OY 轴的距离，等于点的正面投影到 OX 轴的距离，二者都反映点 A 到 H 面的距离；

点的水平投影到 OY 轴的距离，等于点的正面投影到 OZ 轴的距离，二者都反映点 A 到 W 面的距离。

3．点的投影与直角坐标的关系

点的空间位置也可用其直角坐标来确定，如图 2-15 所示，即把投影面当作坐标面，投影轴当作坐标轴，O 即坐标原点，则点 A 的 x 坐标等于点 A 到 W 面的距离；点 A 的 y 坐标等于点 A 到 V 面的距离；点 A 的 z 坐标等于点 A 到 H 面的距离。

点 A 坐标的规定书写形式为：$A(x, y, z)$。

（a） （b）

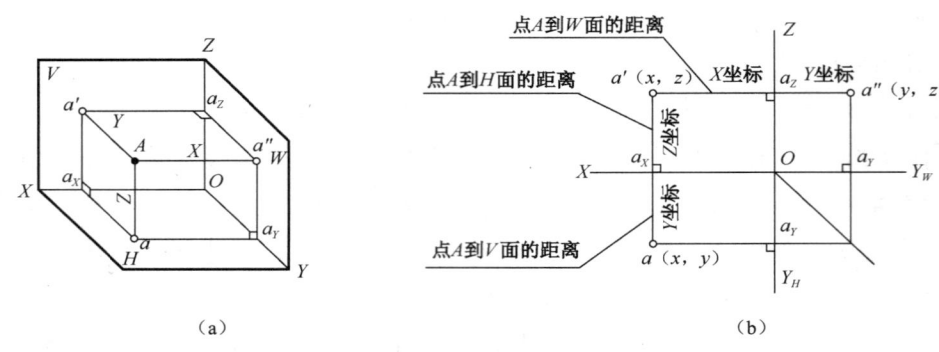

图 2-15 点的投影与直角坐标的关系

想一想

若点的一个坐标值为零，则空间点在哪里？若两个坐标值为零，则又如何？若三个坐标值均为零呢？

4．两点的相对位置

（1）两点的相对位置由两点的同名坐标值的差来确定，如图 2-16 所示。

两点左右相对位置由 x 值确定，若 $x_A > x_B$，则点 A 在点 B 的左方；

两点前后相对位置由 y 值确定，若 $y_A < y_B$，则点 A 在点 B 的后方；

两点上下相对位置由 z 值确定，若 $z_A < z_B$，则点 A 在点 B 的下方。

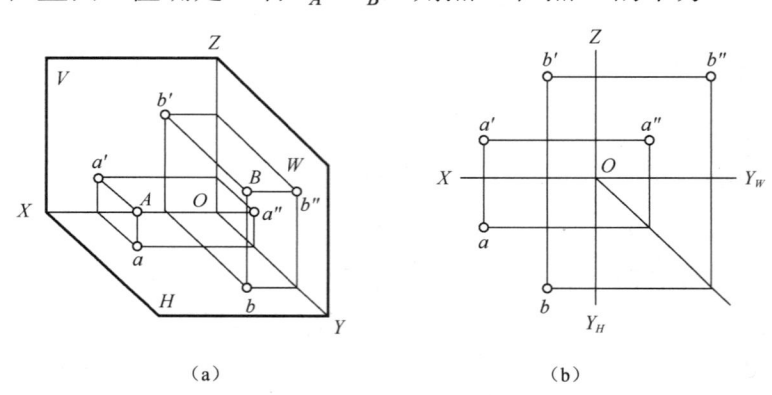

（a） （b）

图 2-16 两点的相对位置

（2）重影点。

当空间两点的某两个同名坐标值相等时，则两点肯定处于某一投影面的同一投射线上，它们在该投影面上的投影必定重合为一点，我们称之为对该投影面的重影点，如图 2-17 所示。

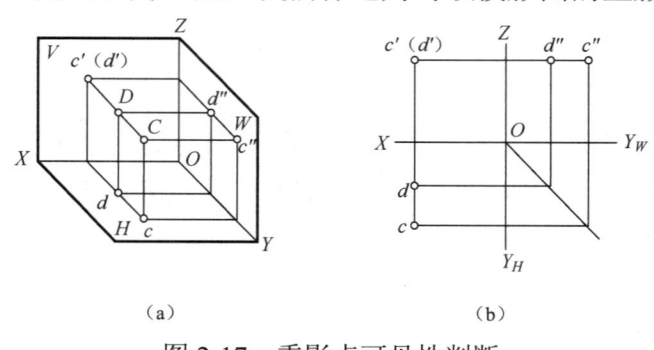

（a） （b）

图 2-17 重影点可见性判断

若沿着其投影方向观察，则一点为可见，另一点为不可见（加圆括号表示）。其可见性可根据这两点不重影投影的坐标值大小来判断，即当两点的 V 面投影重合时，则 y 坐标值大者为前面的可见点；当两点的 H 面投影重合时，则 z 坐标值大者为上面的可见点；当两点的 W 面投影重合时，则 x 坐标值大者为左边的可见点。

二、直线的投影

1. 直线的三面投影

因为直线可以由线上的两点确定，所以只要作出直线上任意两点（一般为线段两端点）的投影，再将它们的同面投影相连，即直线的投影，如图 2-18 所示。

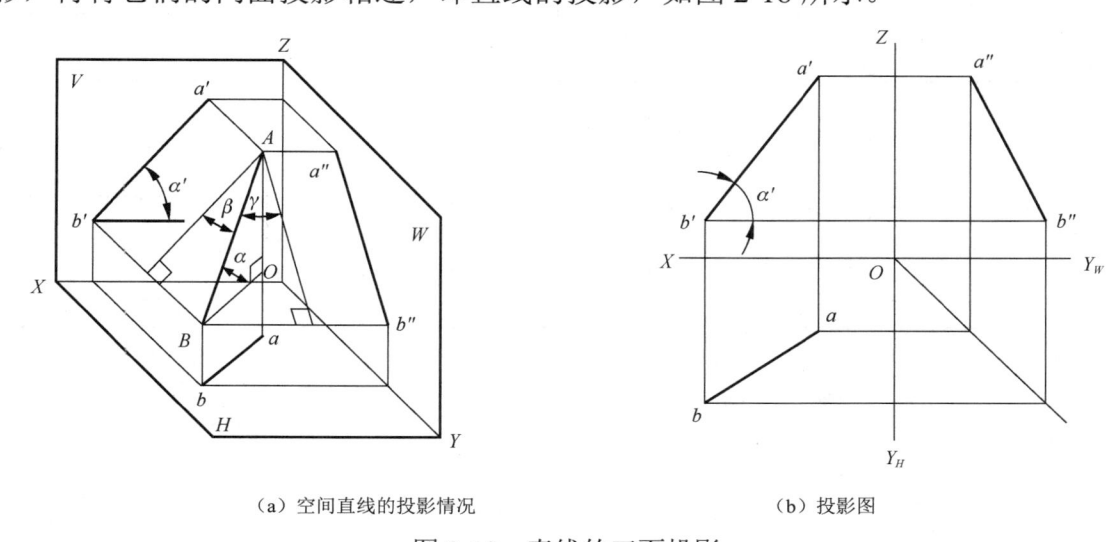

（a）空间直线的投影情况　　　　（b）投影图

图 2-18　直线的三面投影

2. 各种位置直线的投影特性

直线相对于投影面的位置共有三种情况：垂直、平行、倾斜。随着位置的不同，直线的投影就各有不同的特性，如图 2-19 所示。

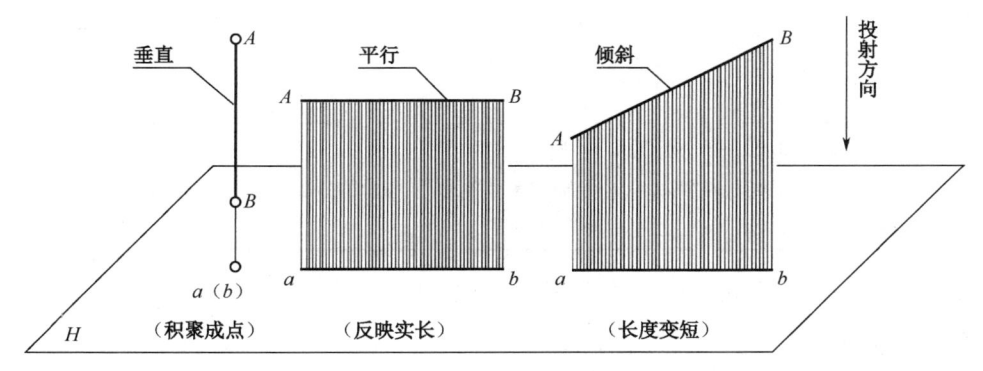

图 2-19　直线对投影面的三种位置

1）特殊位置直线

（1）投影面垂直线。

垂直于一个投影面，同时与其他两个投影面平行的直线称为投影面垂直线。垂直于 V 面的直线称为正垂线，垂直于 H 面的直线称为铅垂线，垂直于 W 面的直线称为侧垂线。它们的投影图及投影特性如表 2-3 所示。

表 2-3 投影面垂直线的投影图及投影特性

名称	铅垂线（⊥H，∥V 和 W）	正垂线（⊥V，∥H 和 W）	侧垂线（⊥W，∥H 和 V）
实例			
轴测图			
投影图			
投影特性	1. 水平投影积聚成一点 $a(b)$； 2. $a'b' = a''b'' = AB$，且 $a'b' \perp OX$，$a''b'' \perp OY_W$	1. 正面投影积聚成一点 $c'(d')$； 2. $cd = c''d'' = CD$，且 $cd \perp OX$，$c''d'' \perp OZ$	1. 侧面投影积聚成一点 $e''(f'')$； 2. $ef = e'f' = EF$，且 $ef \perp OY_H$，$e'f' \perp OZ$
小结	1. 在所垂直的投影面上投影积聚成点。 2. 其他两面投影反映空间线段实长，且分别垂直于直线所垂直的投影面上的两根投影轴。 ——"一点两等长"		

从表 2-3 中总结出投影面垂直线的投影特性如下：

① 在其所垂直的投影面上的投影，积聚成一个点；

② 在另外两个投影面上的投影，反映线段的实长，并且分别垂直于相应的投影轴。

（2）投影面平行线。

平行于一个投影面，同时与其他两个投影面倾斜的直线称为投影面平行线。平行于 H 面的直线称为水平线，平行于 V 面的直线称为正平线，平行于 W 面的直线称为侧平线。它们的投影图及投影特性如表 2-4 所示。

表 2-4 投影面平行线的投影图及投影特性

名称	水平线（//H，倾斜 V 和 W）	正平线（//V，倾斜 H 和 W）	侧垂线（//W，倾斜 H 和 V）
实例			
轴测图			
投影图			
投影特性	1. ab = AB，即反映空间直线 AB 实长； 2. a'b'//OX，a"b"//OY_W，均比空间直线短； 3. ab 与 OX 轴和 OY_H 轴的夹角 β、γ 等于直线 AB 对 V、W 面的倾角	1. c'd' = CD，即反映空间直线 CD 实长； 2. cd//OX，c"d"//OZ，均比空间直线短； 3. c'd'与 OX 轴和 OZ 轴的夹角 α'、γ' 等于直线 CD 对 H、W 面的倾角	1. e"f" = EF，即反映空间直线 EF 实长； 2. ef//OY_H，e'f'//OZ，均比空间直线短； 3. e"f"与 OY_W 轴和 OZ 轴的夹角 α"、β" 等于直线 EF 对 H、V 面的倾角
小结	1. 在所平行的投影面上的投影为斜线，反映线段实长，与投影轴的夹角为空间直线与其他两个投影面相应的实际倾角。 2. 其他两面投影比空间直线短，且分别平行于所平行的投影面上的两根投影轴。 ——"一斜两直"		

从表 2-4 中总结出投影面平行线的投影特性如下：

① 其所平行的投影面上的投影，反映线段的实长；

② 在另外两个投影面上的投影，平行于相应的投影轴，长度变短。

2）一般位置直线

对三个投影面都倾斜的直线称为一般位置直线。其三面投影都与投影轴倾斜，三个投影的长度都小于实长，具有收缩性，如表 2-5 所示的直线 AB。

3）直线的投影形式

直线的投影形式可以概括为以下三句话。

① 垂直线的投影形式为：一个点和两条直线（指与轴平行或垂直的直线）。

② 平行线的投影形式为：两条直线和一条斜线（指对轴倾斜的直线）。

③ 一般位置直线的投影形式为：三条斜线。

表 2-5　一般位置直线

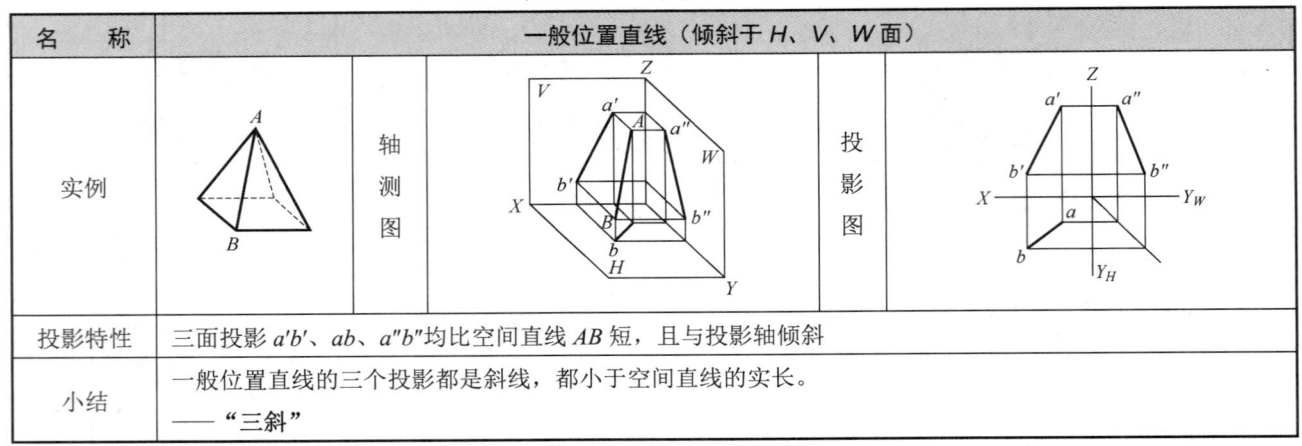

名　称	一般位置直线（倾斜于 H、V、W 面）				
实例	(图示三棱锥AB)	轴测图	(轴测投影图)	投影图	(三面投影图)
投影特性	三面投影 a'b'、ab、a"b" 均比空间直线 AB 短，且与投影轴倾斜				
小结	一般位置直线的三个投影都是斜线，都小于空间直线的实长。——"三斜"				

为了便于记忆，现将直线的投影形式总结成表 2-6。

表 2-6　直线的投影形式

直线的位置		正面投影	水平投影	侧面投影
垂直线	正垂线	·	∣	—
	铅垂线	∣	·	∣
	侧垂线	—	—	·
平行线	正平线	／(＼)	—	∣
	水平线	—	／(＼)	—
	侧平线	∣	∣	／(＼)
一般位置直线		／(＼)	／(＼)	／(＼)

三、平面的投影

1. 平面的三面投影

平面图形的投影就是组成此平面图形各线段的投影的集合，如图 2-20（a）所示。由直线的作图方法，可推导出平面图形的作图方法。

（1）求出平面图形各顶点的投影，如图 2-20（b）所示。

（2）顺次连接各顶点的同面投影，即得平面图形的投影，如图 2-20（c）所示。

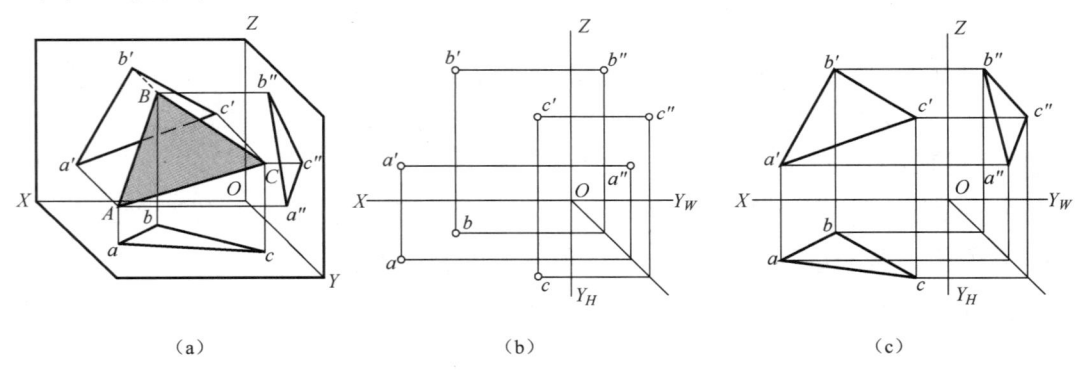

图 2-20　平面图形的三面投影

2. 各种位置平面的投影特性

平面相对于投影面的位置共有三种情况：平行于投影面、垂直于投影面、倾斜于投影面。位置不同，则平面的投影的特性不同，如图 2-21 所示。

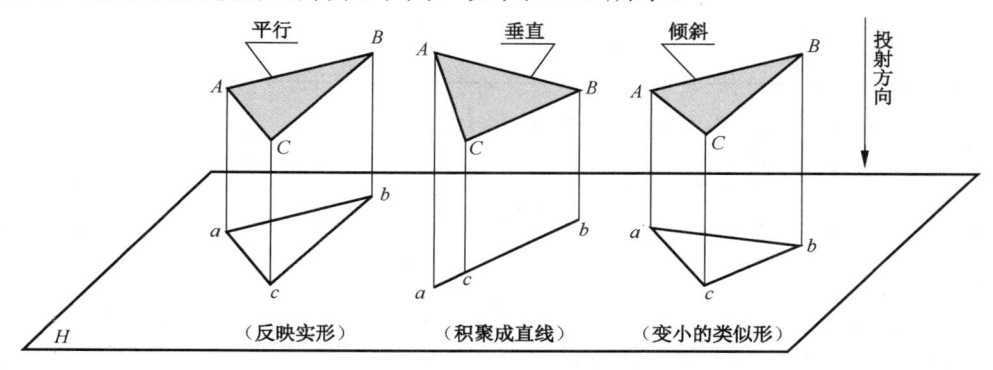

图 2-21 各种位置平面的投影特性

1) 特殊位置平面

（1）投影面平行面。

平行于一个投影面，同时垂直于另两个投影面的平面称为投影面平行面：平行于 V 面的平面称为正平面，平行于 H 面的平面称为水平面，平行于 W 面的平面称为侧平面。它们的投影图及投影特性如表 2-7 所示。

表 2-7　投影面平行面的投影图及投影特性

名称	水平面（$//H$，$\perp V$ 和 W）	正平面（$//V$，$\perp H$ 和 W）	侧平面（$//W$，$\perp H$ 和 V）
实例			
轴测图			
投影图			
投影特性	1. H 面投影反映实形； 2. V、W 面投影积聚为直线，且分别平行于 OX 轴和 OY_W 轴	1. V 面投影反映实形； 2. H、W 面投影积聚为直线，且分别平行于 OX 轴和 OY_H 轴	1. W 面投影反映实形； 2. V、H 面投影积聚为直线，且分别平行于 OZ 轴和 OY_H 轴

续表

名称	水平面（//H，⊥V和W）	正平面（//V，⊥H和W）	侧平面（//W，⊥H和V）
小结	1. 在所平行的投影面上的投影反映实形。 2. 其他两面投影积聚为直线，且分别平行于所平行的投影面上的两根投影轴。 ——"一框两直"		

从表2-7中总结出投影面平行面的投影特性如下：

① 在其所平行的投影面上的投影，反映实形；

② 在另外两个投影面上的投影，分别积聚成直线，并且分别平行于相应的投影轴。

（2）投影面垂直面。

垂直于一个投影面，与其他两投影面倾斜的平面称为投影面垂直面。垂直于H面的平面称为铅垂面，垂直于V面的平面称为正垂面，垂直于W面的平面称为侧垂面。它们的投影图及投影特性如表2-8所示。

表2-8 投影面垂直面的投影图及投影特性

名称	铅垂面（⊥H，倾斜V、W）	正垂面（⊥V，倾斜H、W）	侧垂面（⊥W，倾斜H、V）
实例			
轴测图			
投影图			
投影特性	1. H面投影积聚为一斜线，与OX轴、OY_H轴的夹角反映平面与V、W面的倾角； 2. V面和W面的投影均是比原形小的类似形	1. V面投影积聚为一斜线，与OX轴、OZ轴的夹角反映平面与H、W面的倾角； 2. H面和W面的投影均是比原形小的类似形	1. W面投影积聚为一斜线，与OZ轴、OY_W轴的夹角反映平面与H、V面的倾斜； 2. V面和H面的投影均是比原形小的类似形
小结	1. 所垂直的投影面上的投影积聚为斜线，与两投影轴的夹角反映平面对其他两投影面的倾角。 2. 其他两面投影为平面图的类似形。 ——"一斜两框"		

从表2-8中总结出投影面垂直面的投影特性如下：

① 在其所垂直的投影面上的投影，积聚成一条直线；

② 在另外两个投影面上的投影为平面图形的类似形，并且面积缩小。

2）一般位置平面

与三个投影面都倾斜的平面称为一般位置平面。其三面投影都是比原形小的类似形，具有类似性，如图2-22所示的△ABC。

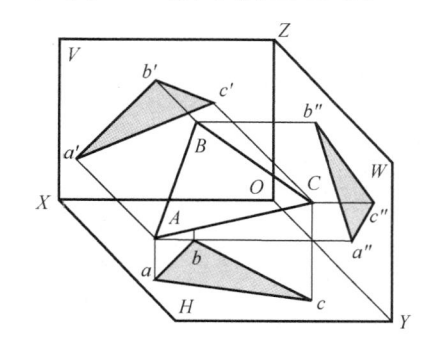

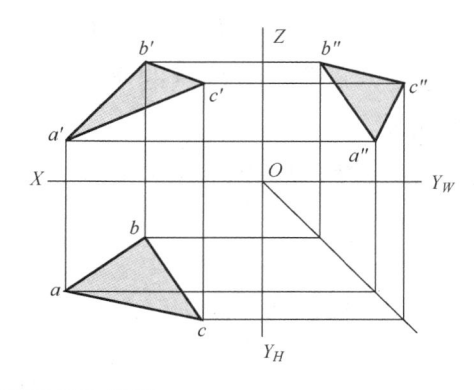

图2-22 一般位置平面的投影

3）平面的投影形式

平面的投影形式可以概括为以下三句话。

① 垂直面的投影形式为：一条斜线（指对轴倾斜的直线）和两个线框。

② 平行面的投影形式为：两条直线（指与轴平行的直线）和一个线框。

③ 一般面的投影形式为：三个线框。

为了便于记忆，现将平面的投影形式总结成表2-9。

表2-9 平面的投影形式

直线的位置		正 面 投 影	水 平 投 影	侧 面 投 影
垂直面	铅垂面	□	/（\）	□
	正垂面	/（\）	□	□
	侧垂面	□	□	/（\）
平行面	正平面	□	—	│
	水平面	—	□	—
	侧平面	│	│	□
一般位置直线		□	□	□

注：□—表示反映实形；□—表示不反映实形。

任务实施

训练1 已知点A的坐标为（15，10，20），求作其三面投影图。

分析：从点A的三个坐标值可知，点A到W面的距离为15，到V面的距离为10，到H面的距离为20。根据点的投影规律和点的三面投影与其三个坐标的关系，可求得点A的三个投影。作图步骤如图 2-23 所示。

作图：

（1）画出投影轴，并标出相应的符号，如图 2-23（a）所示。

（2）先自原点 O 沿 OX 轴向左量取 $x = 15$，得 a_X；然后过 a_X 作 OX 轴的垂线，由 a_X 沿该垂线向下量取 $y = 10$，即得点的水平投影 a；向上量取 $z = 20$，即得点的正面投影 a'，如图 2-23（b）所示。

（3）根据点的投影规律，可求出侧面投影 a''，如图 2-23（c）所示。

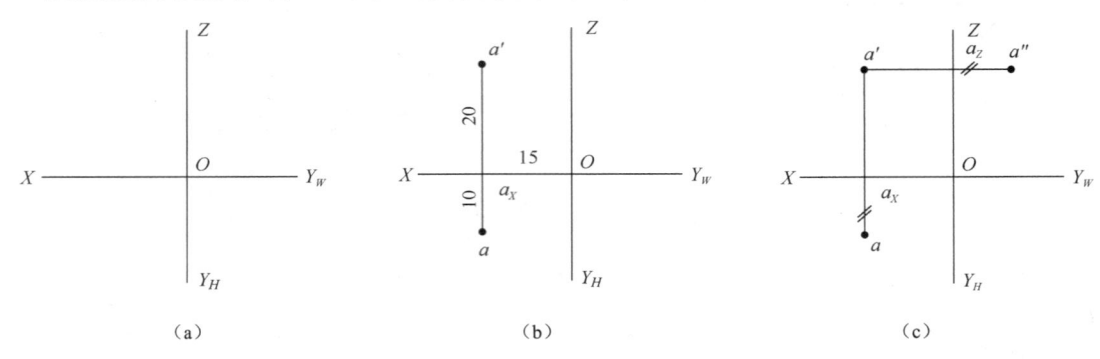

图 2-23　求点的三面投影

训练 2　已知点 E 的三面投影，如图 2-24（a）所示，试过点 E 作一长度为 10 的正垂线 EF，且点 F 在点 E 的正前方。

分析： 根据投影面垂直线的投影特性可知，正垂线的正面投影积聚为一点，水平投影垂直于 OX 轴且反映实长，再由投影关系求出侧面投影，即得正垂线 EF 的三面投影。

作图：

（1）作正垂线 EF 的正投影 $(e')f'$。

（2）作 $ef \perp OX$，在点 E 的水平投影下方量取 $ef = 10$，得点 F 的水平投影。

（3）由 EF 的正面投影 $(e')f'$ 和水平投影 ef 作出侧面投影 $e''f''$，如图 2-24（b）所示。

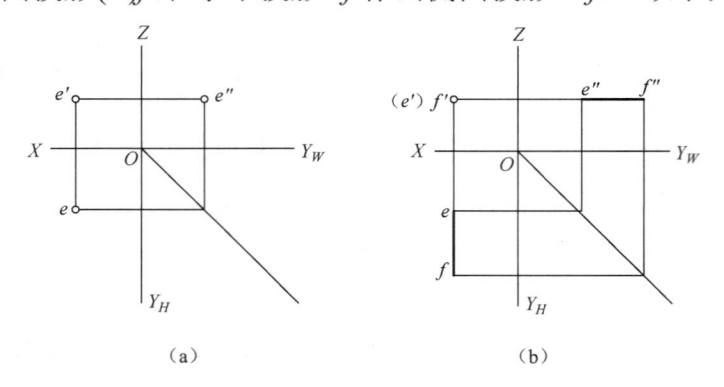

图 2-24　求直线 EF 的三面投影

练习提高

求侧垂线 EF 的三面投影（见图 2-25），已知侧垂线 EF 长为 15，距 V 面 12，距 H 面 18，端点 E 距 W 面 25。

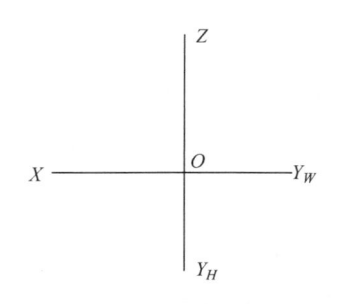

图 2-25　求作侧垂线 EF 的三面投影

任务评价

本任务教学与实施的目的是，通过对点、直线和平面的投影规律的学习及三面投影作图训练，使学生掌握各种位置点、直线和平面的投影特性，具备一定的空间思维和分析想象能力。

本任务实施结果的评价主要从点、直线和平面投影作图的正确性和熟练程度两个方面进行。评价方式采用工作过程考核评价和作业质量考核评价，任务实施评价项目表如表 2-10 所示。

表 2-10　任务实施评价项目表

序　号	评 价 项 目	配 分 权 重	实 得 分
1	点、直线和平面投影读图的正确性和熟练程度	40%	
2	点、直线和平面投影作图的正确性和熟练程度	60%	

任务总结

在任务实施过程中，要求学生应能熟练掌握并运用点的投影规律进行投影作图；直线按其与投影面的位置关系分为投影面垂直线（正垂线、铅垂线和侧垂线）、投影面平行线（正平线、水平线和侧平线）和一般位置直线三大类；平面按其与投影面的位置关系分为投影面垂直面（正垂面、铅垂面、侧垂面）、投影面平行面（正平面、水平面、侧平面）和一般位置平面三大类。要求学生应重点掌握其概念和投影特性，做到会作图、会辨认。

任务 4　基本体的三视图

任务描述

通过进行常见基本体投影及其面上取点的作图训练，能熟练地分析和绘制常见基本体的三面投影图，初步具备一定的空间思维和分析想象能力。

任务资讯

任何复杂的物体都可以看成是由基本体组成的。基本体可分为平面立体和曲面立体两大类。

一、平面立体

表面全部是平面的立体称为平面立体，如棱柱、棱锥等。常见的棱柱、棱锥等平面立体均由若干个多边形平面围成。其各表面的交线称为棱线，棱线的交点称为顶点。绘制平面体的投影，可归结为绘制其各表面的投影，或归结为绘制其各棱线及各顶点的投影。作图时，应判别可见性，将可见棱线的投影画成粗实线，不可见棱线的投影画成细虚线。

1．棱柱

棱柱的特点是组成棱柱的各侧棱相互平行，且上、下底面相互平行。

下面以正六棱柱为例，说明棱柱的投影特性。

如图 2-26（a）所示，正六棱柱由六个相同的矩形侧面和上、下两个相同的正六边形底面围成。将其前后两侧面平行于 V 面且上下两底面平行于 H 面放置，进行三面正投影。

上、下底面为水平面，则其水平投影重合且反映正六边形实形，正面投影和侧面投影分别积聚为一条平行于 OX 轴和 OY 轴的线段。

前、后两侧面为正平面，其正面投影重合并反映实形，水平投影和侧面投影分别积聚成一条平行于 OX 轴和 OZ 轴的线段。

其余侧面均为铅垂面，其水平投影积聚成一条倾斜线段，并与正六边形的边重合，正面投影、侧面投影均为矩形的类似形。

因此，正六棱柱的水平投影为一正六边形，正面投影为三个可见的矩形，侧面投影为两个可见的矩形，如图 2-26（b）所示。

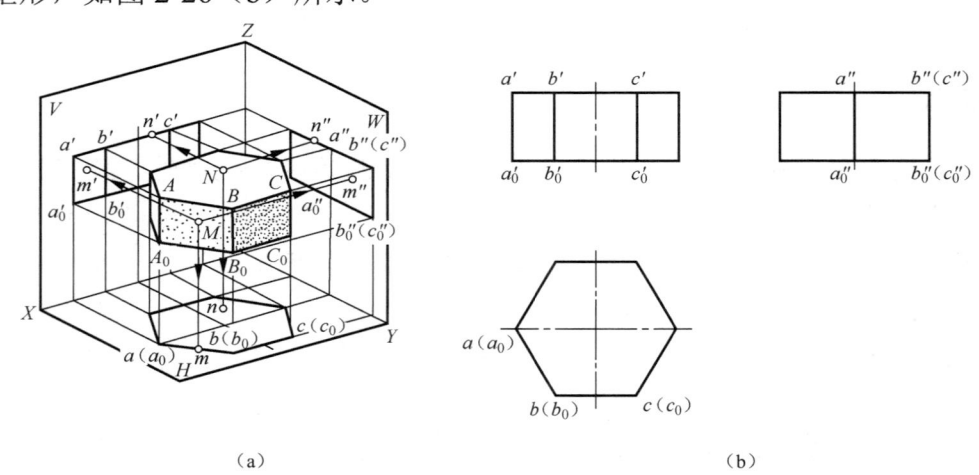

图 2-26　正六棱柱的投影

正六棱柱的作图步骤如下：

（1）画各投影的对称中心线，确定图形位置，如图 2-27（a）所示。

（2）画反映底面实形的水平投影，再按投影关系画正面投影和侧面投影，如图 2-27（b）所示。

（3）将上下底面重影点的同面投影连接起来，即得棱线投影，如图 2-27（c）所示。

综上所述：在平面立体上取点，首先要确定点在立体的哪个平面上；然后利用积聚性，求出平面积聚投影上的点的投影。

判别点的可见性时，若平面可见，则该平面上点的同面投影为可见；反之，为不可见。在平面积聚投影上的点的投影，不须判断可见性。（图 2-26 中点 M 和点 N 的求法和可见性，请自行分析。）

(a)   (b)   (c)

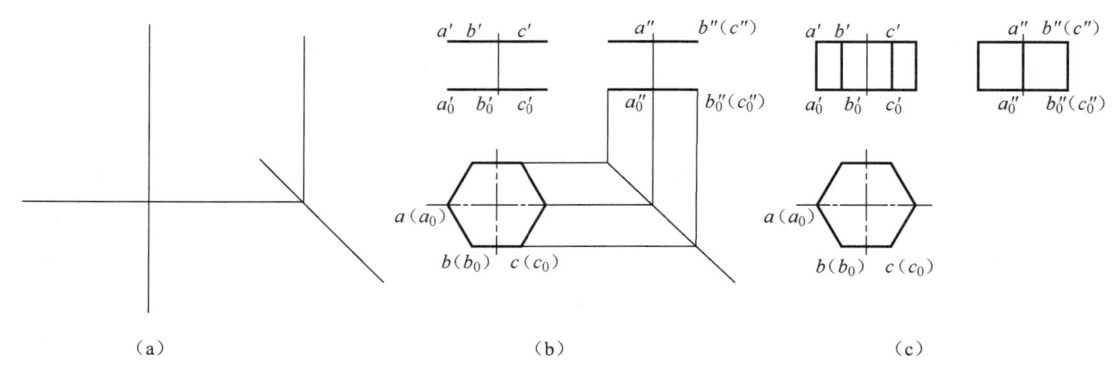

图 2-27 正六棱柱的投影作图步骤

2. 棱锥

棱锥由一个底面和若干个三角形侧面围成，其相邻两侧面的交线称为棱线，所有侧面及棱线均汇交于锥顶（S）。

下面以正三棱锥为例，说明棱锥的投影特性。

图 2-28（a）所示为正三棱锥，它由一个等边三角形底面和三个相同的等腰三角形侧面围成。将底面平行于 H 面且一个侧面（如△SAC）垂直于 W 面放置，进行三面正投影。

底面△ABC 为水平面，则其水平投影△abc 反映实形，正面投影和侧面投影分别积聚为平行于 OX 轴和 OY 轴的线段。

侧面△SAB 和△SBC 为一般位置平面，故三个投影均为缩小的类似三角形，且侧面投影重合。侧面△SAC 为侧垂面，故侧面投影积聚为倾斜线段 $s''a''(c'')$，正面投影和水平投影为缩小的类似三角形，如图 2-28（b）所示。

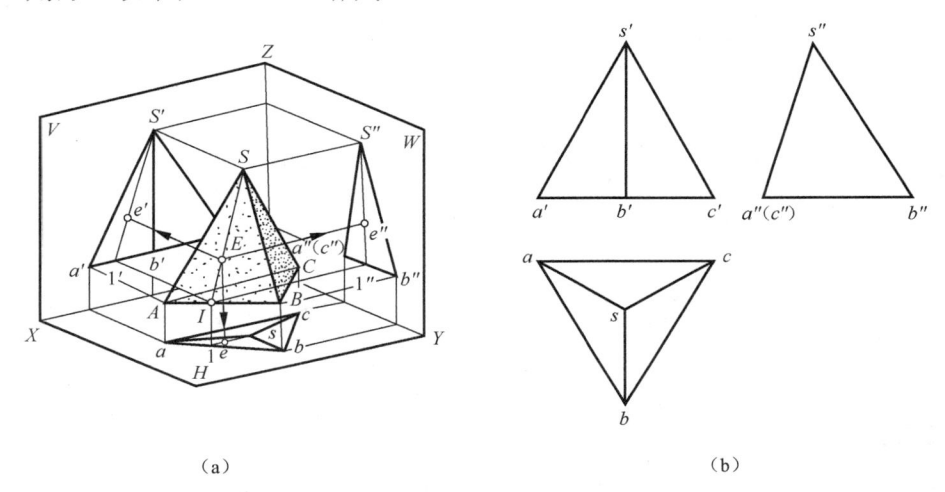

(a)   (b)

图 2-28 正三棱锥的投影

正三棱锥的作图步骤如下：

（1）画各投影的对称中心线，确定图形位置，如图 2-29（a）所示。

（2）先画反映底面实形的水平投影，再画其具有积聚性的正面和侧面投影，如图 2-29（b）所示。

（3）画锥顶的三个投影，将锥顶和底面三个顶点的同面投影连接起来，即得正三棱锥的三面投影，如图 2-29（c）所示。

（a） （b） （c）

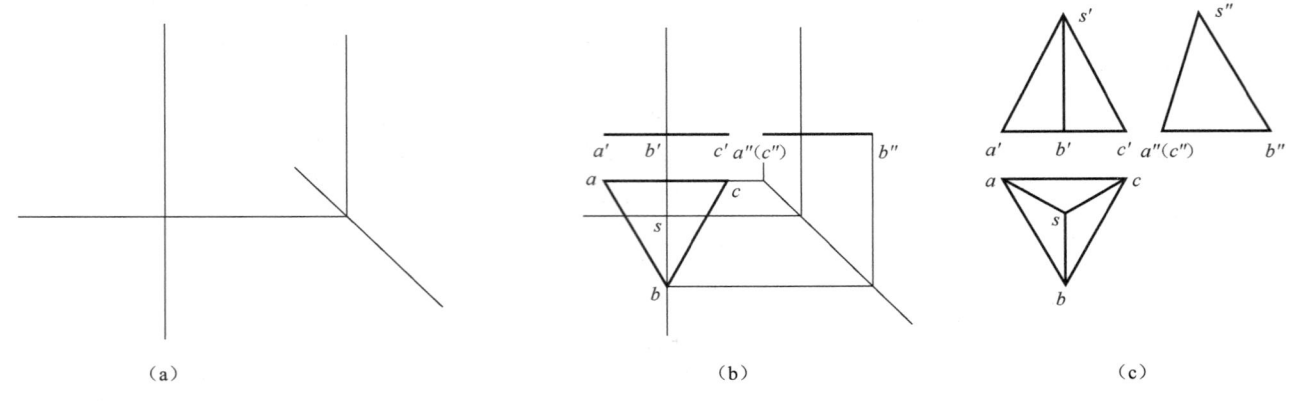

图 2-29　正三棱锥的投影作图步骤

在棱锥表面上取点时，对棱锥特殊位置表面上点的投影，可利用投影的积聚性直接求出；而一般位置表面上点的投影，则利用在平面上作辅助线的方法求得。[图 2-28 中点 E 的求法和可见性，可参考图 2-28（a）自行分析。]

3．棱台

棱台是用平行于底面的平面截去棱锥锥顶而形成的，如图 2-30 所示。棱台的形体特征、投影特性、作图步骤可参照棱锥进行分析。

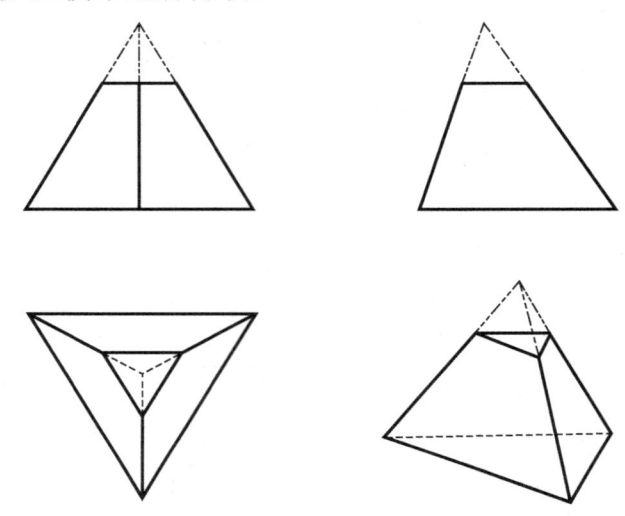

图 2-30　正三棱台的三视图和立体图

二、曲面立体

表面为曲面或曲面与平面的立体称为曲面立体。由一条母线围绕轴线回转而形成的表面称为回转面。由回转面或回转面与平面所围成的立体称为回转体，常见的回转体有圆柱、圆锥、球、圆环等，回转体是比较常见的曲面立体。母线在回转面上任一位置时称为素线。母线上任一点的轨迹是垂直于轴线的圆，称为纬圆。

1．圆柱

圆柱是由圆柱面和两端圆平面围成的。圆柱面可看作是一条直母线绕与其平行的轴线旋转而成的，如图 2-31（a）所示。

如图 2-31（b）、(c) 所示，圆柱的轴线垂直于 H 面，两端圆平面平行于 H 面，圆柱面垂直于 H 面。两端圆平面的水平投影反映实形，而圆柱面的水平投影积聚为一个圆，且与两端面圆周轮廓线重合。圆柱的正面投影为矩形，矩形的上、下两条边为两端圆平面的正面投影，左、右两条边 $a'a'_0$ 和 $b'b'_0$ 为圆柱面的最左和最右素线（AA_0 和 BB_0）的正面投影。圆柱的侧面投影是与正面投影相同的矩形，上、下两条边为两端圆平面的侧面投影，前、后两条边 $c''c''_0$、$d''d''_0$ 为圆柱面的最前和最后素线（CC_0 和 DD_0）的侧面投影。

作圆柱投影图时，应先画出各投影的对称中心线和轴线，再画反映两端圆平面实形的投影及其另外两投影，最后画圆柱面最左和最右、最前和最后素线的另外两投影，如图 2-31（c）所示。

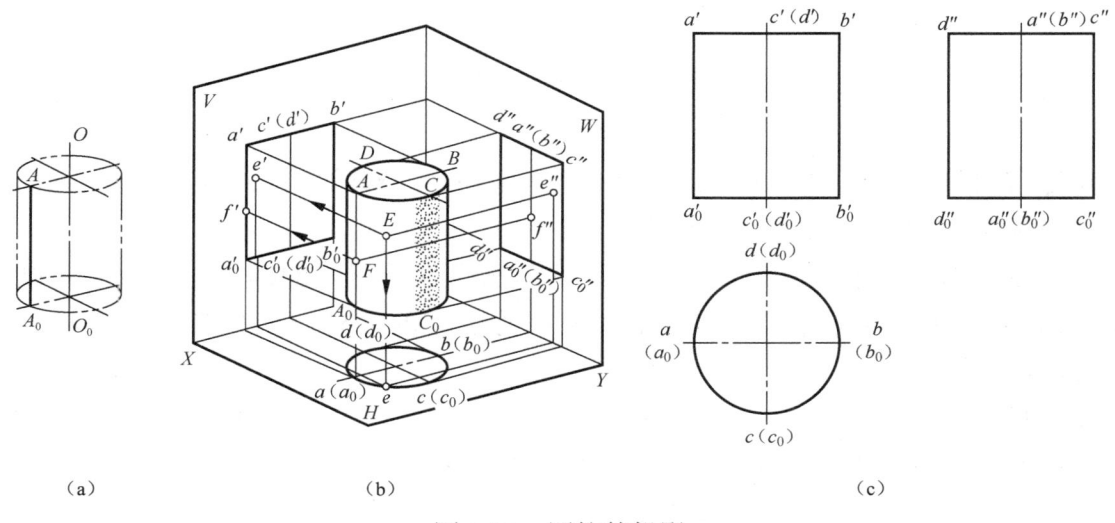

图 2-31 圆柱的投影

在圆柱表面上取点，可利用圆柱面和两端圆平面投影的积聚性作图。（图 2-31 中点 E 和点 F 的求法和可见性，请自行分析。）

2. 圆锥

圆锥是由圆锥面和底圆平面围成的。圆锥面可以看作是一条直母线绕与它相交的轴线旋转而成的。母线与轴线的交点称为锥顶 S，如图 2-32（a）所示。

如图 2-32（b）、(c) 所示，圆锥轴线垂直于 H 面，底圆平面平行于 H 面，故底圆平面的水平投影反映实形。圆锥面没有积聚性，但其水平投影为圆，且与底圆平面的投影重合，整个圆锥面的水平投影可见。圆锥的正面投影和侧面投影是全等的等腰三角形，等腰三角形底边是圆锥底面的积聚性投影，两等腰三角形的两腰 $s'a'$、$s'b'$ 和 $s''c''$、$s''d''$ 分别为圆锥面转向轮廓线 SA、SB 和 SC、SD 的投影。

画图时，应先画出各投影的对称中心线和轴线，然后画反映为圆的投影及其另外两投影，最后按圆锥的高度画出顶点的投影和圆锥面转向轮廓线的另外两投影。

在圆锥表面上取点时，由于底圆平面具有积聚性，所以其上的点可以直接求出；而圆锥面没有积聚性，其上的点需要用辅助线（素线或纬圆）才能求出。（图 2-32 中点 E 和点 F 的求法和可见性，请自行分析。）

(a)　　　　　　　　(b)　　　　　　　　(c)

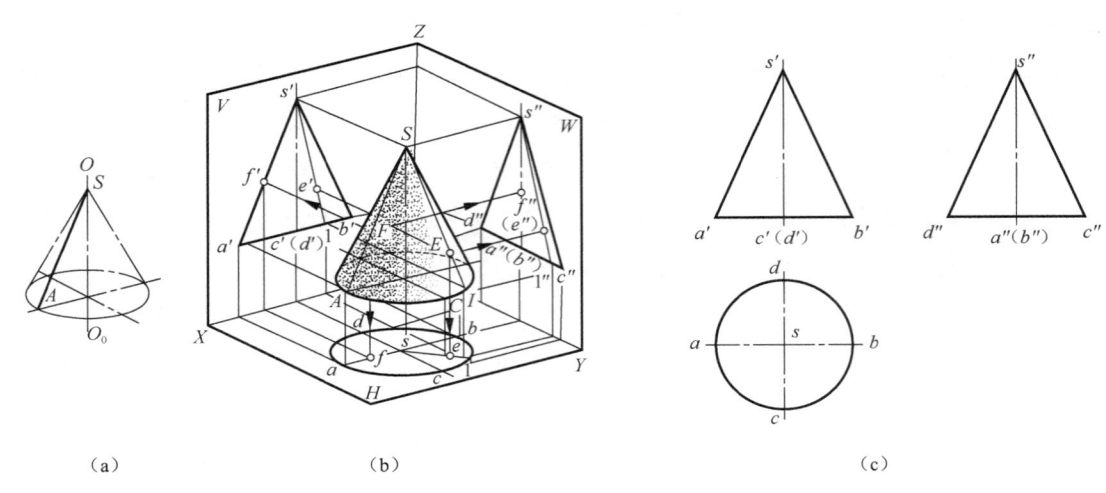

图 2-32　圆锥的投影

3．圆球

圆球是由圆球面围成的。圆球面可看作是由圆母线绕其过圆心且与圆平面共面的轴线 OO_1 旋转而形成的，如图 2-33（a）所示。

如图 2-33（b）所示，圆球的三个投影均是与圆球等直径的圆，它们分别是圆球面上平行于相应投影面的转向轮廓圆的投影。转向轮廓圆的另外两面投影均落在相应中心线上，不必画出。

画圆球的三面投影时，先画出三个投影的中心线，交点即球心的三个投影，再以球心为圆心，分别画出三个与圆球直径相等的圆，如图 2-33（c）所示。

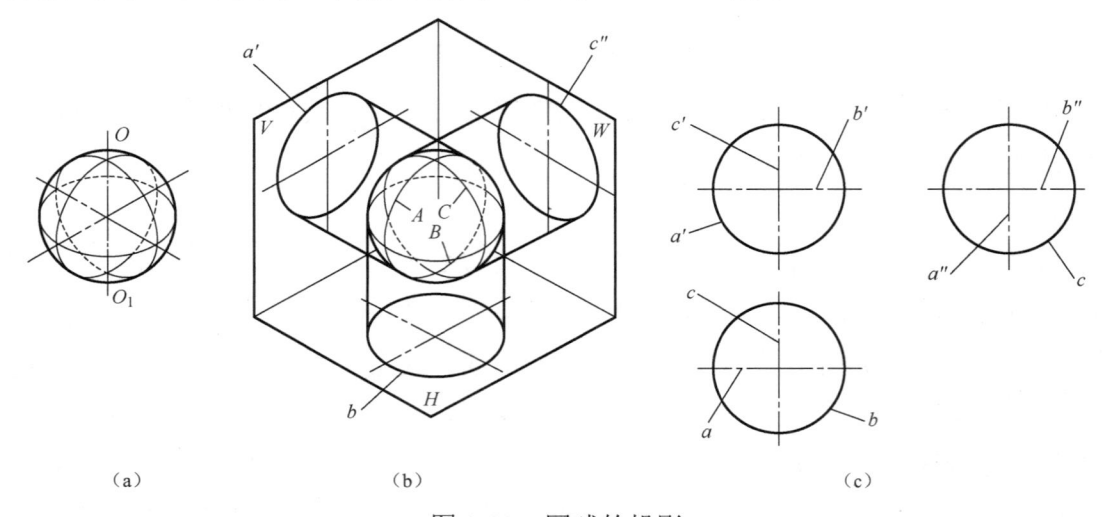

(a)　　　　　　　　(b)　　　　　　　　(c)

图 2-33　圆球的投影

在圆球表面上取点时，由于圆球面的投影没有积聚性，故只能用纬圆法。

任务实施

训练 1　绘制正五棱柱的三面投影图。点 A 和点 B 分别是五棱柱顶面和侧面上的点，已知点 A 的水平投影 a 和点 B 的正投影 b'，求作点 A 和点 B 的另两个投影，如图 2-34 所示。

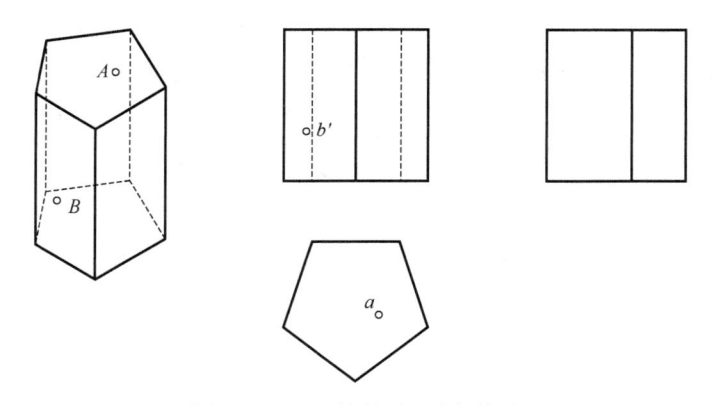

图 2-34 五棱柱表面上的点

作图：

正五棱柱三面投影图的作图过程参照图 2-27 所示的正六棱柱的投影作图步骤，请自行绘制。这里仅进行棱柱面上取点的作图。首先确定点 A 和点 B 在五棱柱的哪个平面上。点 A 在五棱柱的顶面上，因此其正面投影 a′ 必在顶面积聚成的直线上，根据 a、a′可确定侧面投影 a″。点 B 在五棱柱的侧面上，利用侧面水平投影的积聚性可以确定水平投影 b，根据 b、b′可以确定侧面投影 b″，因点 B 所在侧面的侧面投影可见，则侧面投影 b″可见。作图过程如图 2-35 所示。

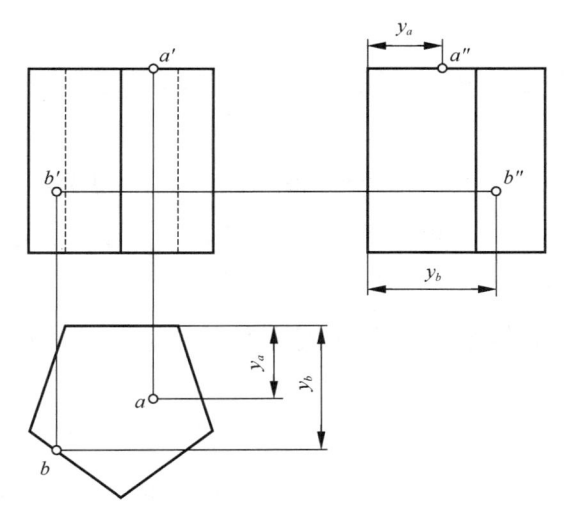

图 2-35 作五棱柱表面上的点

训练 2 绘制正三棱锥三面投影图。已知正三棱锥表面上点 E 的正面投影 e′和点 F 的水平投影 f，求作它们的另两个投影。

分析：根据正三棱锥三面投影图的作图步骤，自行绘制，这里仅进行棱锥面上取点的作图。由于点 E 在一般位置平面△SAB 上，故可以利用在平面内取直线的方法先求出点 E 的另一投影 e，再求出 e″。

作图：

方法一：过点 E 和棱锥顶 S 作辅助直线 SI，点 I 在底边 AB 上，其正面投影 s′1′必过 e′，求出 SI 的水平投影 s1，则点 E 的水平投影 e 必在 s1 上，根据点 E 的水平投影 e 和正面投影 e′可求出其侧面投影 e″（见图 2-36）。

方法二：过点 E 作底棱 AB 的平行线 ⅡⅢ，则 2'3' // a'b'且通过 e'，求出 ⅡⅢ 的水平投影 23（23//ab），则点 E 的水平投影 e 必在 23 上，根据点 E 的水平投影 e 和正面投影 e'可求出其侧面投影 e"（见图 2-36）。

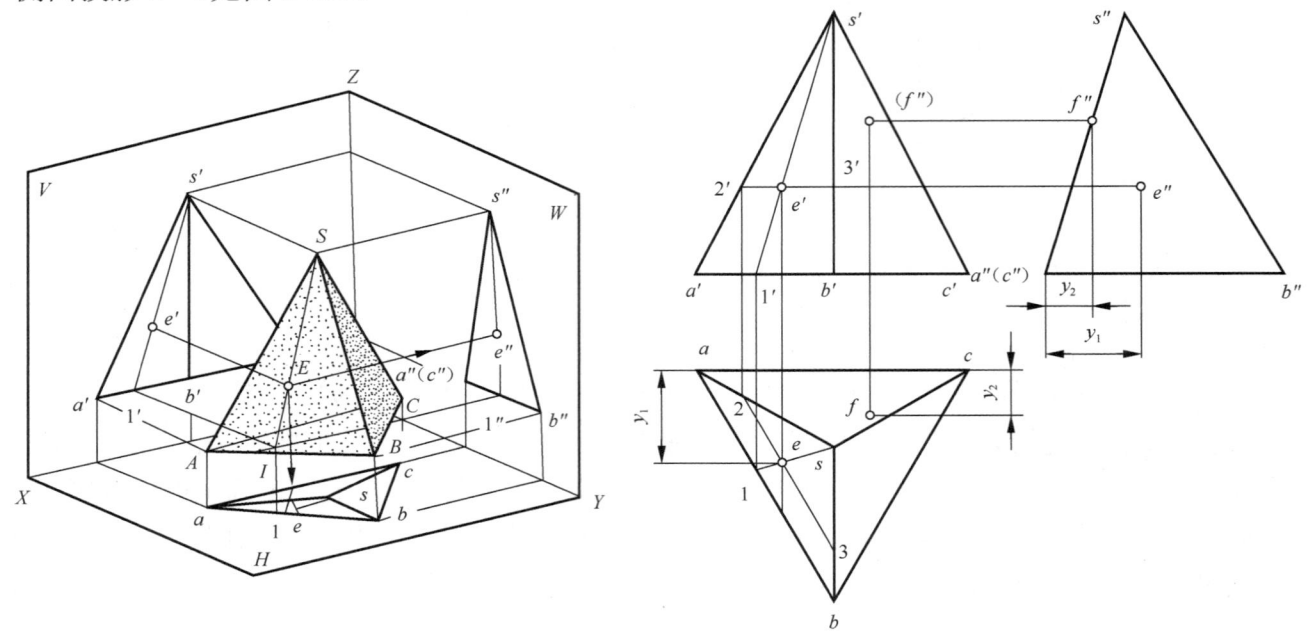

图 2-36 作正三棱锥上的点

判断可见性，由于侧面△SAB 在左边，其侧面投影可见，所以点 E 的侧面投影 e"可见；由于侧面△SAB 水平投影可见，所以点 E 的水平投影 e 可见。

点 F 在侧面△SAC 上，侧面△SAC 为侧垂面，故利用积聚性，可直接在该侧面的积聚投影 s"a"(c")上求出点 F 的投影 f"，再由 f 和 f"求出 f'。由于侧面△SAC 的正面投影不可见，故点 F 的正面投影 f'不可见。

训练 3 绘制圆柱的三面投影图。已知圆柱面上点 E、F、G 的正面投影 e'、f'和(g')，试分别求出它们的另两个投影。

作图：

自行绘制圆柱的三面投影图。这里仅进行圆柱面上取点的作图。

（1）求 e、e"。由于 e'为可见的，则点 E 在前半圆柱面上，作图时利用圆柱面有积聚性的投影，在前半圆周上先求出水平投影 e，再由 e'和 e 求出侧面投影 e"。因为点 E 在左半圆柱面上，所以 e"可见（见图 2-37）。

（2）求 f、f"。由于点 F 在圆柱最左素线上，故其另两个投影均可直接求出。其水平投影 f 在圆柱面水平投影（圆）的最左点上，其侧面投影 f"在最左素线的侧面投影（与轴线的侧面投影重合）上，且 f"可见（见图 2-37）。

（3）求 g、g"。由于 g'为不可见，则点 G 在后半圆柱面上，作图时利用圆柱面有积聚性的投影，在后半圆周上先求出水平投影 g，再由 g'和 g 求出侧面投影 g"。因为点 G 在右半圆柱面上，所以 g"不可见（见图 2-37）。

训练 4 绘制圆锥的三面投影图。已知圆锥面上点 E、F 的正面投影 e' 和 f'，求其另两面投影。

作图：

圆锥的三面投影图，请自行绘制。这里仅进行圆锥面上取点的作图，先求点 E 的投影。

方法一：用素线法，连接圆锥顶 S 和点 E 并延长，延长线与锥底圆交于 I，求出素线 SI 的三面投影，则 E 点的三面投影在 SI 的同面投影上。过 e' 作 $s'1'$，再求出 $s1$ 和 $s''1''$，根据直线上点的投影特性由 e' 求出 e 和 e''。因圆锥面水平投影可见，故水平投影 e 可见；又因 E 点在圆锥面右部，故侧面投影 e'' 不可见（见图 2-38）。

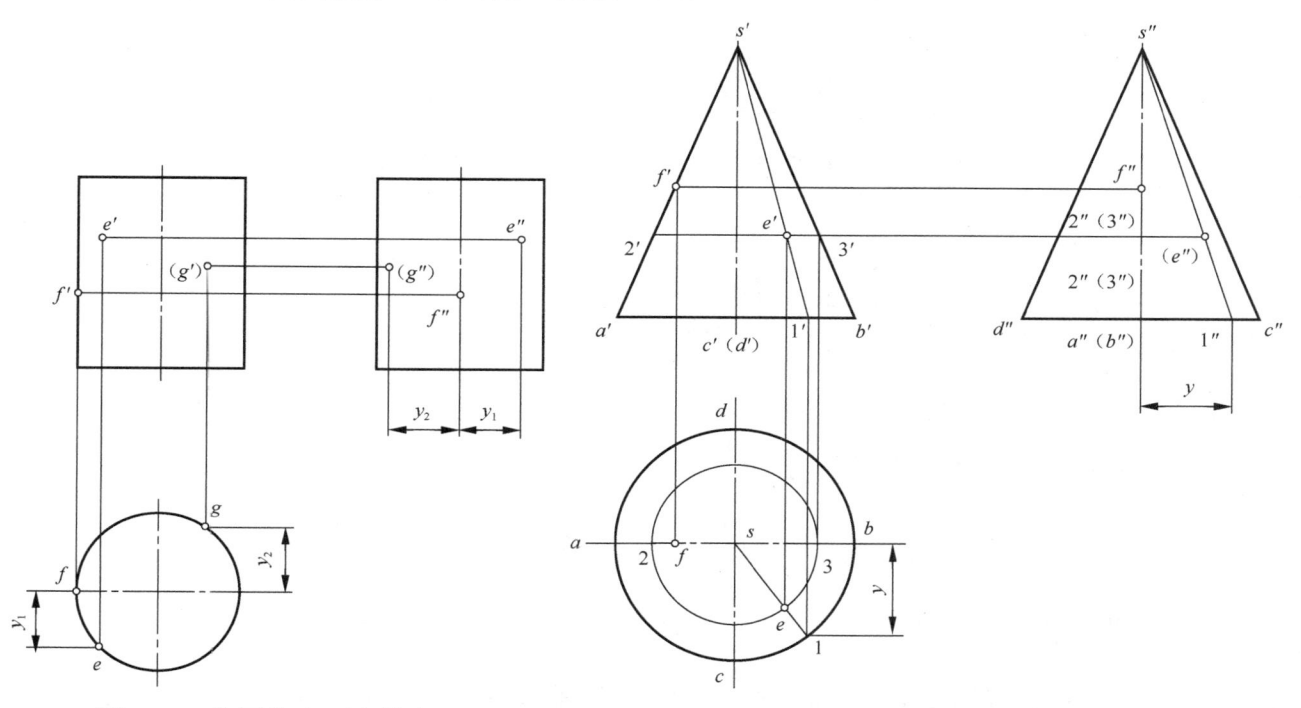

图 2-37 作圆柱表面上的点　　图 2-38 作圆锥表面上的点

方法二：用纬圆法过点 E 作垂直于轴线的纬圆，则点 E 的投影必在该纬圆的同面投影上。过点 e' 作水平线 $2'3'$，线段 $2'3'$ 为纬圆的正面投影。由 $2'$ 求出 2，以 s 为圆心，以 $s2$ 为半径画圆，即纬圆的水平投影。过 e' 作铅垂线交纬圆水平投影于 e，再由 e'、e 求出 e''（见图 2-38）。

再求 F 点投影：图中的点 F 在最左素线 SA 上，由正面投影 f' 可直接求出 f 和 f''。因 f' 在 $s'a'$ 上，则 f 必在 sa 上，f'' 必在 $s''a''$ 上，且 f、f'' 均为可见（见图 2-39）。

训练 5 已知圆球面上点 E、F 和 G 的正面投影 e'、f' 和 g'，求其另两个面上的投影。

作图：

自行绘制圆球的三面投影图。这里仅进行圆球面上取点的作图（见图 2-39）。

（1）求 e、e''。由于点 E 为圆球面上一般位置的点，且 e' 可见，故可作辅助纬圆（如正平圆、水平圆和侧平圆）求解。例如，过 e' 作水平线，与圆球正面投影交于 $1'$、$2'$，作出以 $1'2'$ 为直径的水平圆的水平投影。由 e' 在水平圆投影上求出 e，再由 e、e' 求出 e''。因点 E 位于上半圆球面上，故 e 可见；又因点 E 在左半球面上，故 e'' 也可见。

（2）求 f、f'' 和 g、g''。由于点 F、G 是圆球面上特殊位置的点，故可直接作图求出。由于 f' 可见且在圆球正面轮廓圆的投影上，故水平投影 f 在水平中心线上，侧面投影 f'' 在垂直中心线上。因点 F 在上半球面上，故 f 可见，又因点 F 在右半球面上，故 f'' 为不可见。由于 g' 在垂直中心线上且不可见，故点 G 在后面圆球的侧面轮廓圆上，可由 g' 先求出 g''，再求出 g，因 G 点在下半球面上，故 g 不可见。

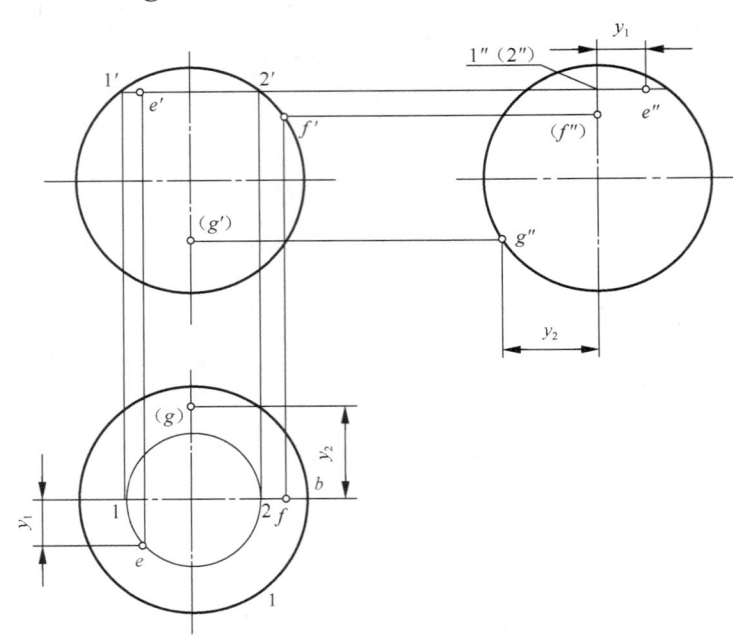

图 2-39　作圆球表面上的点

练习提高

已知圆柱表面上点、线的一面投影，求作另两面投影（见图 2-40）。

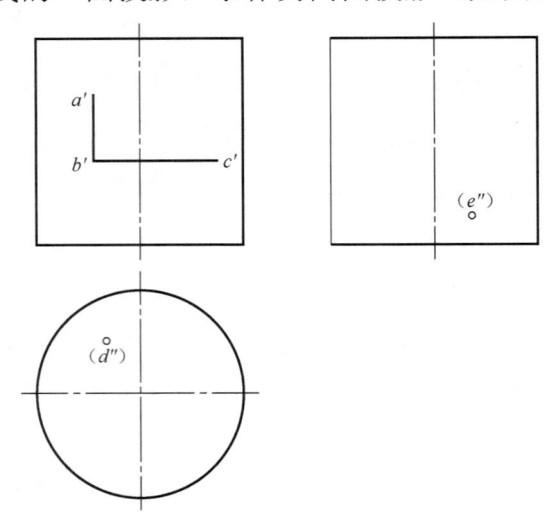

图 2-40　求作圆柱表面上的点、线

任务评价

本任务教学与实施的目的是，通过对常见基本体投影及其面上取点的作图训练，使学生能熟练分析绘制常见基本体三面投影图及进行面上取点，具备一定的空间思维和分析想象能力。

本任务实施结果的评价主要从基本体三面投影图识读与绘制的正确性与熟练程度，以及基本体面上取点的正确性与熟练程度这几个方面进行。评价方式采用工作过程考核评价和作业质量考核评价，任务实施评价项目表如表 2-11 所示。

表 2-11 任务实施评价项目表

序 号	评 价 项 目	配分权重	实 得 分
1	基本体三面投影图识读与绘制的正确性与熟练程度	60%	
2	基本体面上取点的正确性与熟练程度	40%	

任务总结

绘制平面立体的投影，首先要注意使得平面立体的主要表面、棱线处于与投影面平行或垂直的位置，以便简化作图；其次尽量使棱线、棱面的投影可见。作图时，只要先画出各顶点的投影，再依次连接其同面投影即得棱线的投影，最后判别可见性，并分别用粗实线、细虚线表示即可。

平面立体表面上取点，关键要确定点在立体的哪个表面上。在有积聚性投影的表面上取点时，可直接利用其积聚性作图，在一般位置表面上的点，应通过作辅助线的方法来求作其投影。判别点的可见性时，若平面可见，则平面上点的同面投影可见；反之，为不可见。在平面积聚性投影上点的投影，不用判别可见性。

绘制回转体的投影，就是画出回转面的转向轮廓线、底面的投影及轴线的投影。在回转体表面取点时，若点在回转体的特殊位置表面上，可直接求其投影；在一般位置表面上的点，常用纬圆法、素线法求出。点的可见性判别与平面立体上的点类似。

项目小结

本项目介绍了投影法的基本概念，三视图的形成及其投影规律，点、直线、平面的投影特性，基本体的三视图等内容。三视图的形成及其投影规律是本项目的核心，也是工程制图的重要基础，必须熟练掌握。点、直线、平面的投影特性，重点是弄清特殊位置直线和平面的投影，建议用铅笔或细杆作直线，用三角板或硬纸片等作平面，将各种位置直线和平面模拟一遍，以加深对其投影特性的理解，并逐步熟记。基本体的投影特性及其表面上取点、取线的作图方法，是求截交线、相贯线的重要基础，必须熟练掌握。

项目三

轴 测 图

图 3-1（a）所示为形体的三视图，图 3-1（b）所示为同一形体的轴测图。

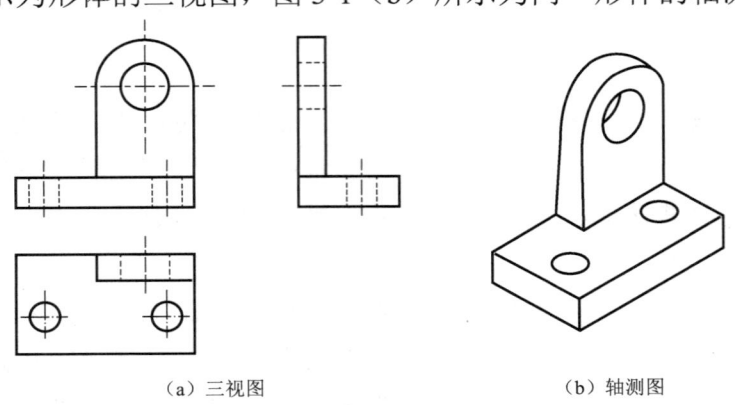

（a）三视图　　　　　　　　　（b）轴测图

图 3-1　三视图与轴测图的比较

经比较可知，三视图能够准确地表达形体形状，作图简便，但直观性差，需要受过专门训练才能看懂。轴测图的立体感比较强，但度量性差，作图烦琐。因此工程上经常将轴测图作为一种辅助图样，来弥补正投影图直观性差的缺点。

项目目标

1. 掌握轴测图的形成原理及其特性。
2. 明确轴测图的类型及应用范围。
3. 掌握正等轴测图的特性及其绘制方法。
4. 了解斜二轴测图的特性及其绘制方法。
5. 形成全面认识事物的思想，以哲学的角度看待事物。
6. 通过学习形成化繁为简、各个突破的能力和思维方式，进一步体会部分和整体、小我和大我、个人和国家的关系。

任务1　轴测图的基本知识

任务描述

通过绘制平面体、回转体和简单形体的正等轴测图的训练，以及绘制简单形体斜二轴测图的训练，掌握正等轴测图和斜二轴测图的特点、应用及绘图方法，能较熟练地运用轴测图来表达机件的形状结构。

任务资讯

一、轴测图的形成

物体沿着平行于其空间位置的直角坐标系的任一坐标的方向作平行投影法中的正投影，可以得到主、俯、左视图，如图 3-2 所示。这样的单一图形不能同时反映出长、宽、高，立体感不强烈。

但是，如果物体沿着不平行于任一坐标的方向，并且连同物体的空间直角坐标系一起用平行投影法（正投影、斜投影皆可）将其投影到单一轴测投影面 P 上，这样得到的投影就能同时反映出长、宽、高三个方向的形状，因此具有立体感，如图 3-3 所示。这种投影称为轴测投影，得到的图形称为轴测图。

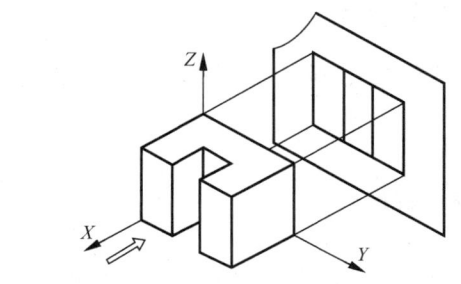

图 3-2　物体沿着平行于任一坐标的方向作投影得到视图

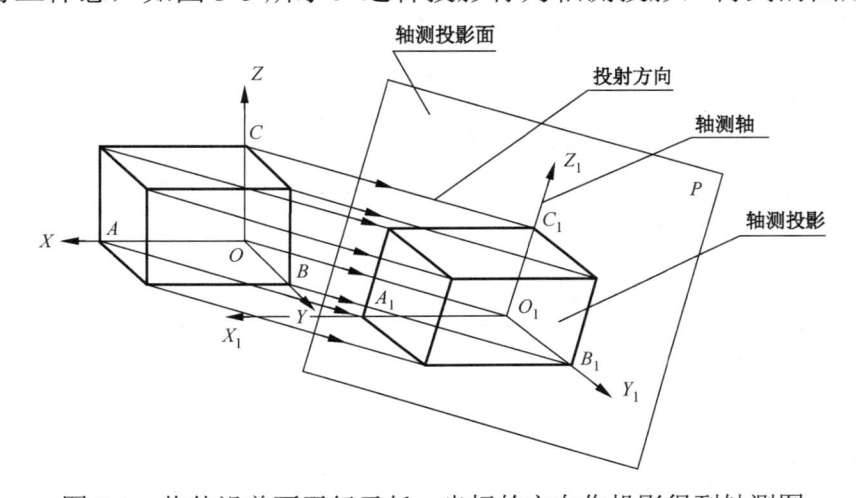

图 3-3　物体沿着不平行于任一坐标的方向作投影得到轴测图

二、轴测图的基本概念

1. 轴测轴

空间直角坐标系的三根坐标轴 OX、OY、OZ 在轴测投影面 P 上的投影 O_1X_1、O_1Y_1、O_1Z_1 被称为轴测轴，分别表示长、宽、高三个方向，如图 3-3 所示。

2. 轴间角

在轴测图上，任意两根轴测轴之间的夹角，称为轴间角，如图 3-3 中的 $\angle X_1O_1Z_1$、$\angle X_1O_1Y_1$、$\angle Y_1O_1Z_1$。

3. 轴向伸缩系数

轴测轴上的线段与空间直角坐标轴上对应线段长度的比值，称为轴向伸缩系数，如图 3-3 中的 O_1A_1 与 OA 之比。该系数反映的是沿轴方向的线段（表示长、宽、高的线段）在投影后伸长或缩短的程度。

O_1X 轴、O_1Y 轴、O_1Z_1 轴上的轴向伸缩系数分别用 p_1、q_1、r_1 表示。为了便于绘图，常把轴向伸缩系数简化，采用简单的数值，分别用 p、q、r 表示。

三、轴测图的基本性质

（1）物体上与坐标轴平行的线段，它的轴测投影必与相应的轴测轴平行。

（2）物体上相互平行的线段，它们的轴测投影也相互平行。

四、轴测图分类

轴测图有很多种，常用的有正等轴测图（简称正等测）及斜二轴测图（简称斜二测）两种。

练习提高

轴测图的基本性质包括哪几个方面？

任务评价

本任务实施结果的评价主要从轴测图的基本概念、基本性质和分类这几方面进行。评价方式采用工作过程考核评价，任务实施评价项目表如表3-1所示。

表 3-1　任务实施评价项目表

序　号	评 价 项 目	配 分 权 重	实　得　分
1	能否了解轴测图的基本概念	20%	
2	能否掌握轴测图的基本性质	50%	
3	能否掌握常用轴测图的分类	30%	

任务总结

通过本任务的学习，学生能够明确轴测图的重要作用，对轴测图有初步的感性认识，了解轴测图的基本概念，掌握轴测图的基本性质与分类。

任务2　平面立体的正等轴测图

任务描述

通过绘制简单平面立体的正等测的训练，掌握正等测的特点、应用及画法。

任务资讯

正等轴测图，所谓"正"是指正投影，所谓"等"是指三根轴测轴的轴向伸缩系数相等，所谓"轴测"是指可沿轴向测量。

正等测的投影特点如下：

（1）正等测中的轴间角均为120°，其中 Z_1 轴规定画成铅垂方向，如图 3-4 所示。

（2）正等测中的轴向伸缩系数 $p = q = r = 1$。作图时，所有与坐标轴平行的线段，长度可以直接量取实长。

事实上，根据理论分析可计算出 $p_1 = q_1 = r_1 = 0.82$，但轴向伸缩系数不为整数会给我们作图带来很多不便。因此，实际绘图时都采用简化的轴向伸缩系数，即 $p = q = r = 1$。这样画出来的图会比实际投影稍大一些，但形状和直观性都不发生变化，如图 3-5 所示。

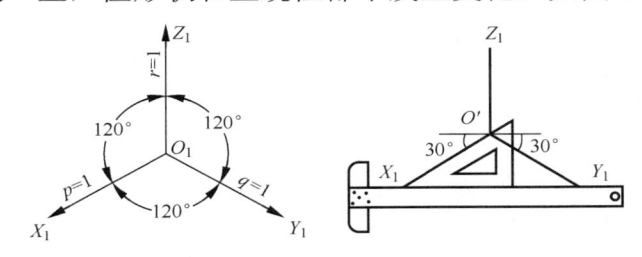

图 3-4　正等测轴间角、轴向伸缩系数和轴测轴的画法

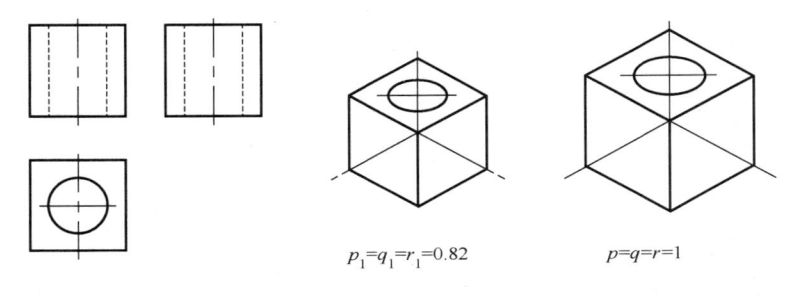

图 3-5　轴向伸缩系数不同的两种正等测的比较

任务实施

训练 1　绘制图 3-6（a）所示的长方体的正等测。

分析：坐标法是画轴测图的基本方法，即沿坐标轴测量，先按坐标画出各顶点的轴测图，再依次连接各点。

作图：

（1）绘制正等测的轴测轴，如图 3-6（b）所示。

（2）绘制长方体底面轴测图，如图 3-6（c）所示。将长方体底面的一个角点放置在坐标原点 O_1 上。在 O_1X_1 轴、O_1Y_1 轴上分别度量长度 40 和宽度 30 找到两个角点。通过这两个角点作 O_1X_1 轴、O_1Y_1 轴的平行线，两条平行线相交出第四个角点。

（3）绘制长方体的高度，如图 3-6（d）所示。在已画好的四个底面角点上沿 O_1Z_1 轴平行方向绘制长方体的高度 20，得到长方体上表面的四个角点。

（4）连接长方体上表面的四个角点，如图 3-6（e）所示。

（5）擦除作图线和被遮挡的轮廓线，加深图线，完成长方体的正等测，如图 3-6（f）所示。

(a)　　　　　　　　　　　　(b)

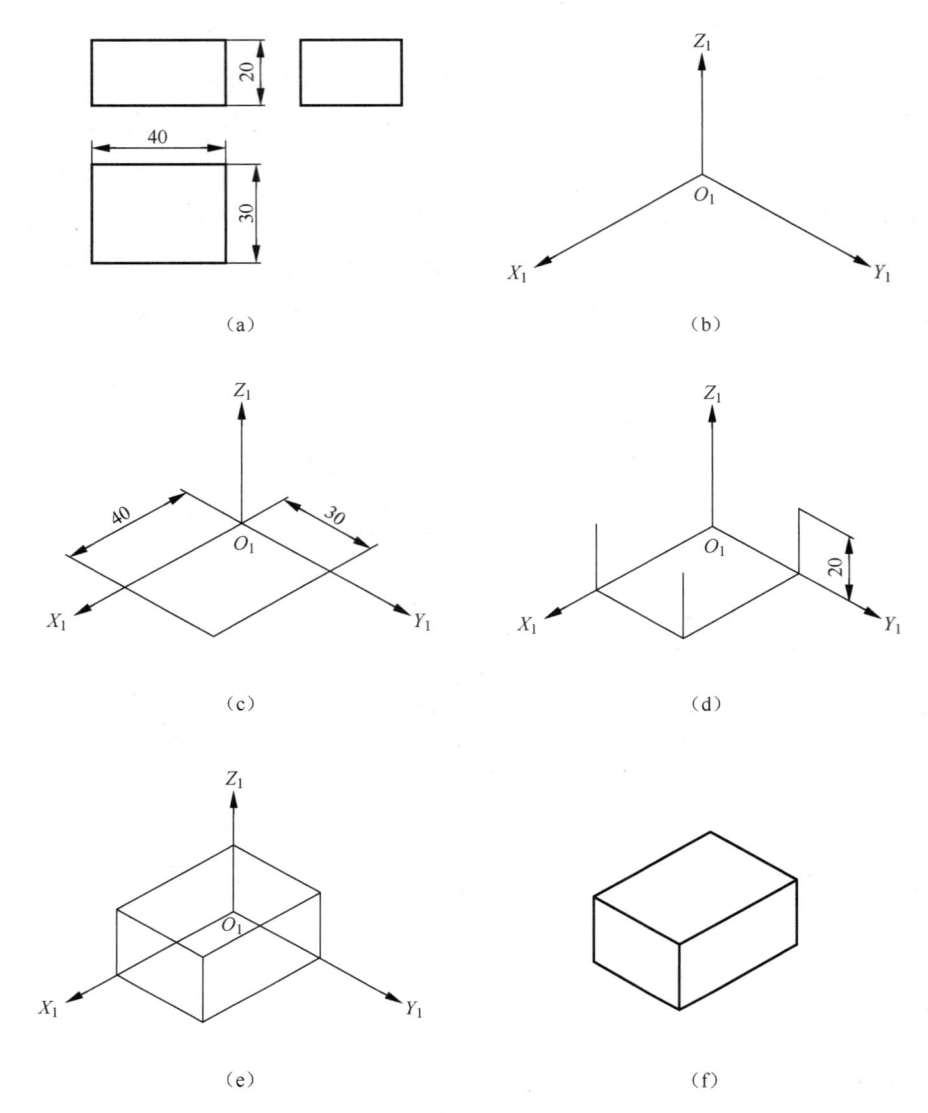

(c)　　　　　　　　　　　　(d)

(e)　　　　　　　　　　　　(f)

图 3-6　用坐标法绘制长方体的正等测

画图时，轴测轴的位置可根据需要选择，如图 3-7 所示。

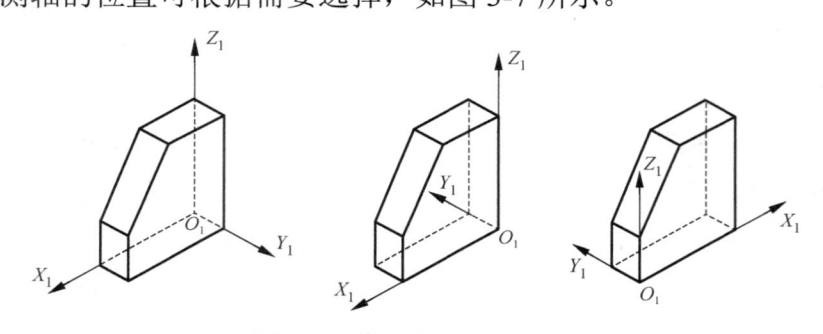

图 3-7　轴测轴位置的选择

训练 2　根据图 3-8（a）所示的棱柱体的三视图，求作其正等测。

分析：该棱柱体的正面为特征面，宽度一致，可使用特征面延伸法。特征面延伸法是指在绘制柱体的轴测图时，可先用坐标法绘出特征面的轴测图，再拉伸特征面，绘出厚度。

作图：

（1）绘制正等测的轴测轴，如图 3-8（b）所示。

（2）用坐标法绘制特征面的轴测图，如图 3-8（c）所示。取该棱柱正面投影作为特征面，为方便作图，将特征面的轴测图绘制在 $X_1O_1Z_1$ 平面内。需要注意的是，只有平行于坐标轴方向的尺寸才可以直接度量，斜线不可直接度量。

（3）延伸特征面，如图 3-8（d）所示。将绘制好的特征面沿平行于 O_1Y_1 轴的反方向延伸 30。要注意，为了避免画虚线，可以按从前往后、从上往下和从左往右的规则画。

（4）依次连接延伸后的端点，如图 3-8（e）所示。

（5）擦除作图线和被遮挡的轮廓线，加深图线，完成轴测图，如图 3-8（f）所示。

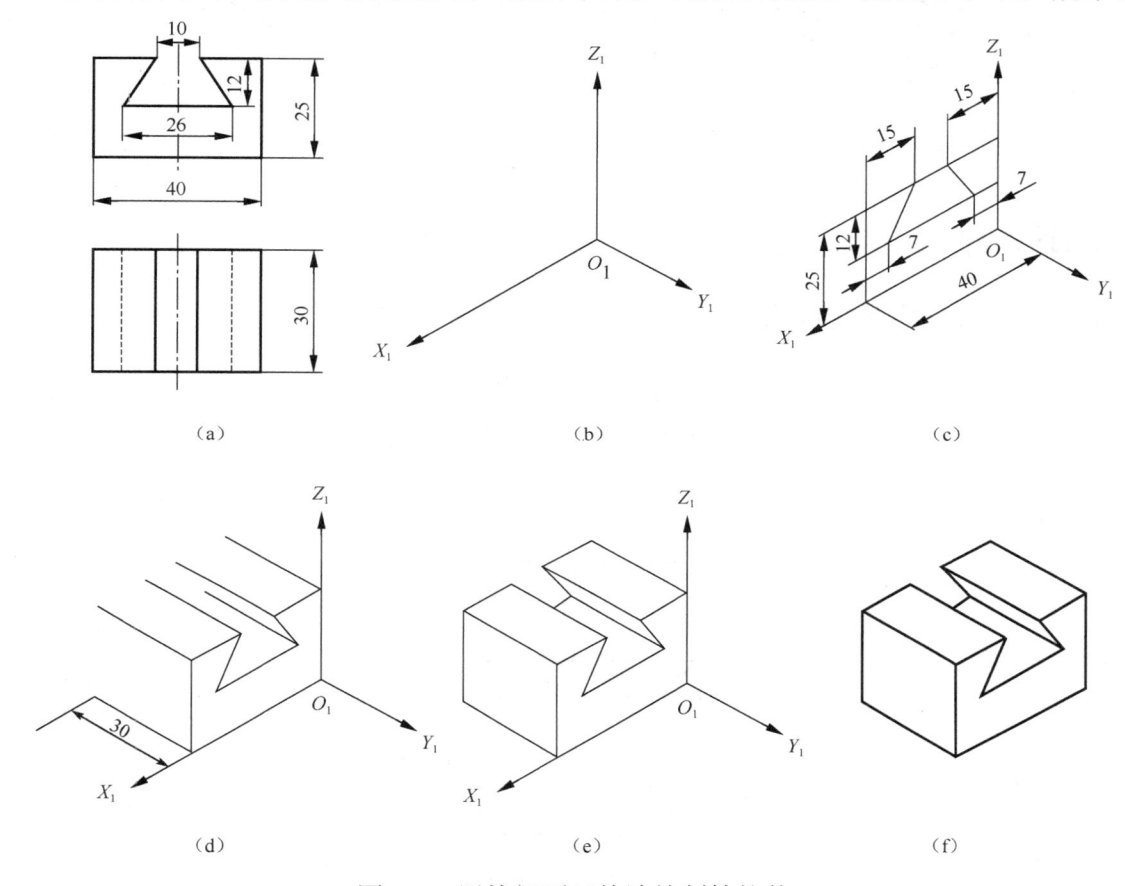

图 3-8 用特征面延伸法绘制棱柱体

训练 3 绘制图 3-9（a）所示形体的正等测。

分析：对一些以叠加为主的平面立体可先用形体分析法将其分成若干基本体，然后逐一将基本体组合在一起，此法称为叠砌法。

作图：

（1）画出轴测轴，再以轴测轴为基准画出底板的轴测图，如图 3-9（b）所示。

（2）在底板上绘制立板轴测图，如图 3-9（c）所示。

（3）绘制侧板轴测图，如图 3-9（d）所示。

（4）擦除被遮挡的轮廓线及作图线，加深图线，完成轴测图，如图 3-9（e）所示。

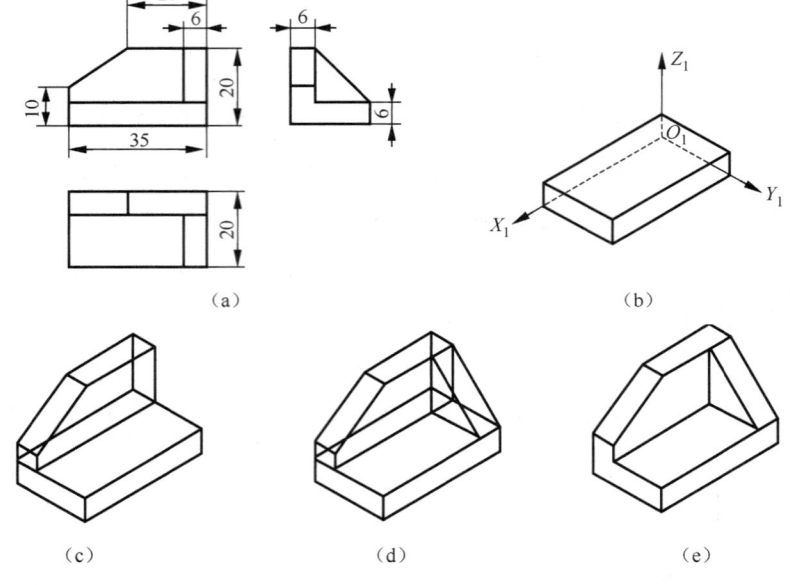

图 3-9 用叠砌法绘制形体

练习提高

绘制图 3-10 所示的四棱台的正等测，尺寸从图上度量。

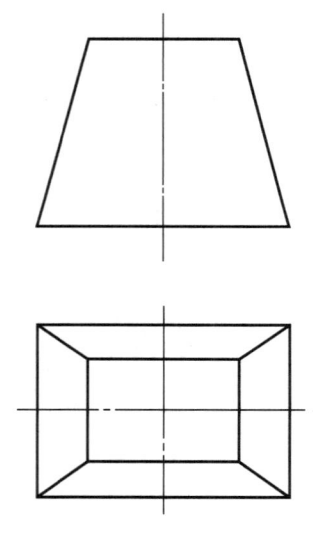

图 3-10 四棱台的正等测

任务评价

本任务实施结果的考核评价主要包括平面立体正等测绘制的正确性与熟练程度。评价方式采用工作过程考核评价和作业质量考核评价。任务实施评价项目表如表 3-2 所示。

表 3-2 任务实施评价项目表

序 号	评价项目	配分权重	实 得 分
1	平面立体正等测绘制的正确性	60%	
2	平面立体正等测绘制的熟练程度	40%	

任务总结

通过本任务的学习，学生能够掌握正等测的特点及平面立体正等测的绘制方法。正等测的投影特点如下。

（1）正等测中的轴间角均为120°，其中 Z_1 轴规定画成铅垂方向。

（2）正等测中的轴向伸缩系数 $p=q=r=1$。作图时，所有与坐标轴平行的线段，长度可以直接量取实长。

任务3　曲面立体的正等轴测图

任务描述

通过绘制简单曲面立体的正等测的训练，进一步掌握正等测的特点、应用及作图方法。

任务资讯

简单的曲面立体有圆柱、圆锥（台）、圆球和圆环等，它们的端面或断面均为圆。因此，关键要掌握圆的正等测画法。

一、圆的正等测画法

在正等测中，由于三个轴间角与轴向伸缩系数均相等，故三个坐标面内圆的轴测投影均为相同的椭圆，称为轴测椭圆。轴测椭圆的画法相同，只是长、短轴的方向不同而已。绘制轴测椭圆常采用四心圆弧近似法，现以水平面轴测椭圆为例，说明其画法。

作图步骤：

（1）作已知圆的外切正方形，产生四个切点 a、b、e、f，如图3-11（a）所示。

（2）画正等轴测轴 O_1X_1、O_1Y_1，在 O_1X_1 轴、O_1Y_1 轴上以圆的半径取点 A_1、B_1、E_1、F_1，过这四点做 O_1X_1 轴、O_1Y_1 轴的平行线，相交成菱形。该菱形即步骤（1）中外切正方形的正等测图，菱形的对角线分别为椭圆的长、短轴，如图3-11（b）所示。

（3）连接菱形短对角线的顶点与 A_1、B_1，在长轴上得到两个交点，加上短轴上的顶点构成椭圆的四个近似圆心，如图3-11（c）所示。

（4）用短轴上的两个圆心画大圆弧，用长轴上的两个圆心画小圆弧，四条圆弧构成椭圆，如图3-11（d）所示。

用同样的方法可以画出其余平行于坐标面的圆的轴测椭圆，如图3-12所示。

① 平行于水平面的轴测椭圆呈水平位置。

② 平行于正面的轴测椭圆是将水平位置的椭圆逆时针旋转60°得到的。

③ 平行于侧面的轴测椭圆是将水平位置的椭圆顺时针旋转60°得到的。

(a)　　　　　　　　　　(b)

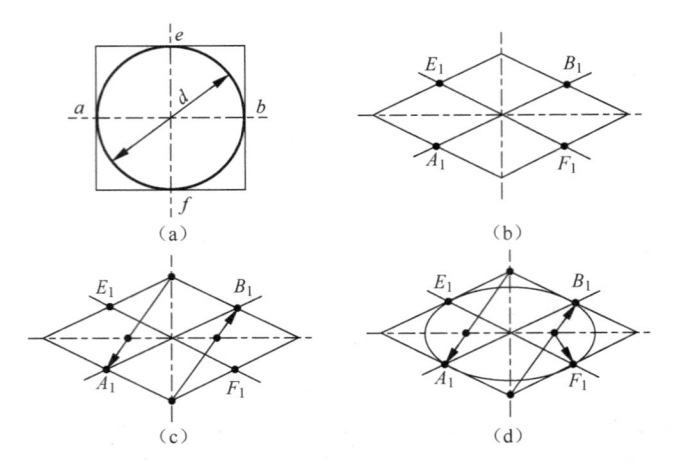

(c)　　　　　　　　　　(d)

图 3-11　四心圆弧近似法绘制轴测椭圆

（a）平行于水平面的轴测椭圆　　（b）平行于正面的轴测椭圆　　（c）平行于侧面的轴测椭圆　　（d）平行于各面的轴测椭圆

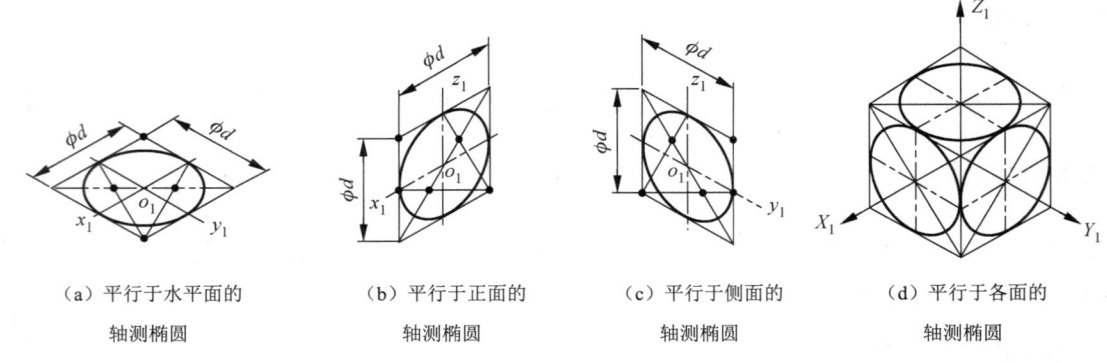

图 3-12　平行于坐标面的轴测椭圆

二、圆角的正等测画法

圆角的正等测实际上就是四心圆弧近似法中的四条弧线，如图 3-13 所示。利用这个关系，我们来学习圆角的正等测画法。

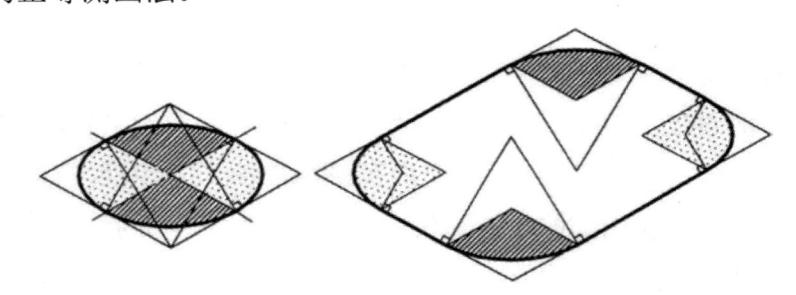

图 3-13　圆角的正等测和轴测椭圆的关系

已知平板三视图［见图 3-14（a）］，其圆角的作图步骤为：

（1）画出平板不带圆角时的正等测，如图 3-14（b）所示。

（2）根据圆角半径 R 在平板表面找出切点 1、2、3、4，过这四点分别作相应边的垂线，得到交点 O_1、O_2，如图 3-14（c）所示。

（3）以 O_1、O_2 为圆心，以 $O_11 = O_12$、$O_23 = O_24$ 为半径作圆弧，即得到平板上表面圆角的正等测，如图 3-14（d）所示。

（4）将圆心 O_1、O_2 下移平板高度 H，得到平板下表面圆角圆心。再分别用相同的半径画圆弧，即得到下表面圆角的正等测，如图 3-14（e）所示。

（5）做上、下表面小圆弧的公切线，得到圆角的正等测，如图 3-14（f）所示。

（a）已知平板三视图

（b）

（c）

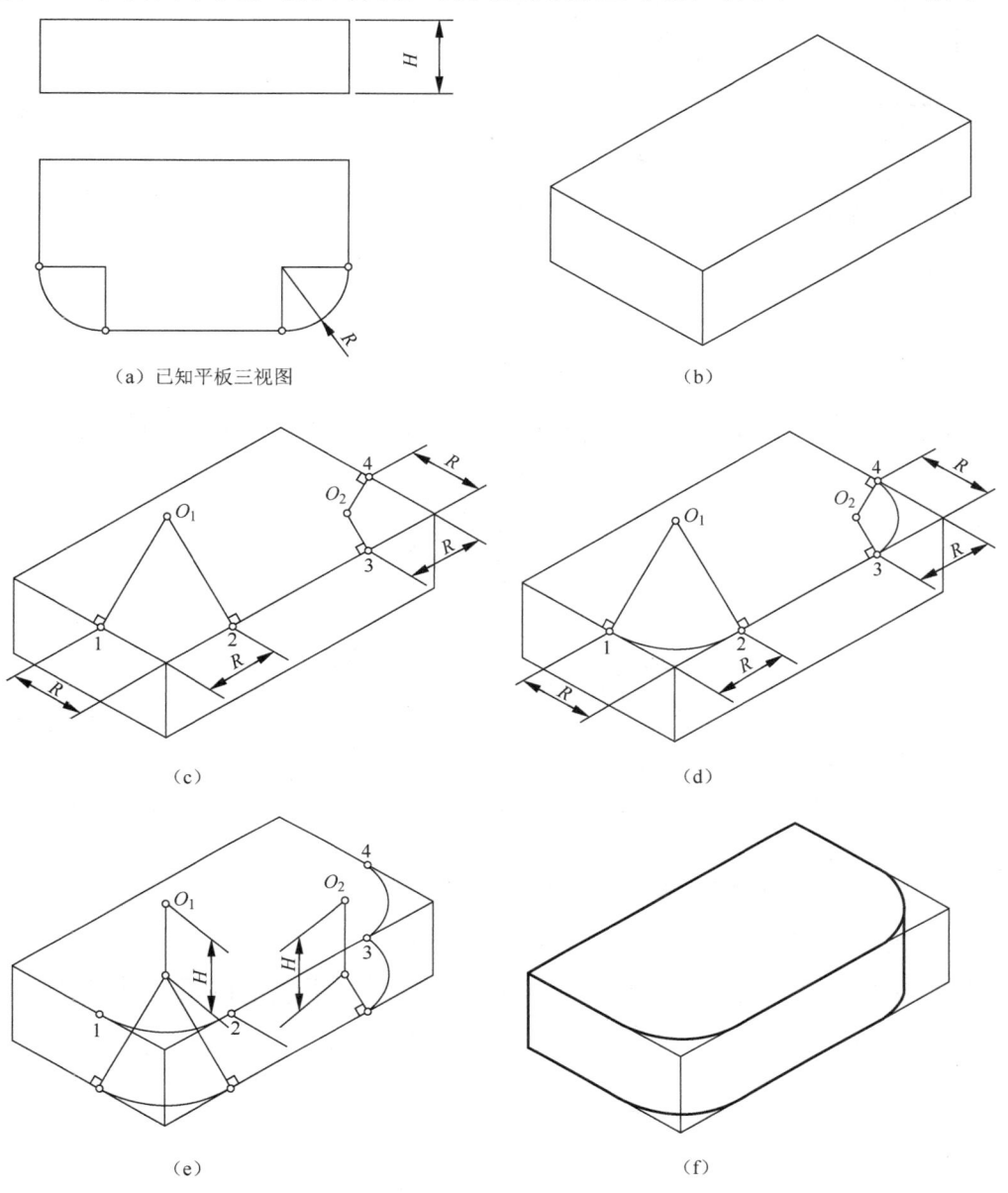

（d）

（e）

（f）

图 3-14 圆角的正等测画法

任务实施

训练 1 绘制图 3-15（a）所示圆柱体的正等测。

分析：圆柱体的中心轴线为 O_1Z_1 轴，上下两圆为平行于水平面的圆，其正等测为轴测椭圆。先将顶面和底面的轴测椭圆画好，再作轴测椭圆两侧的公切线。

作图：

（1）画出轴测轴，定出上下两圆的圆心，画出上下两圆，如图 3-15（b）所示。

（2）利用公切线，作出两边轮廓线，如图 3-15（c）所示。

（3）擦去被遮挡轮廓线及作图线，加深图线，完成作图，如图 3-15（d）所示。

(a)　　　　　(b)　　　　　(c)　　　　　(d)

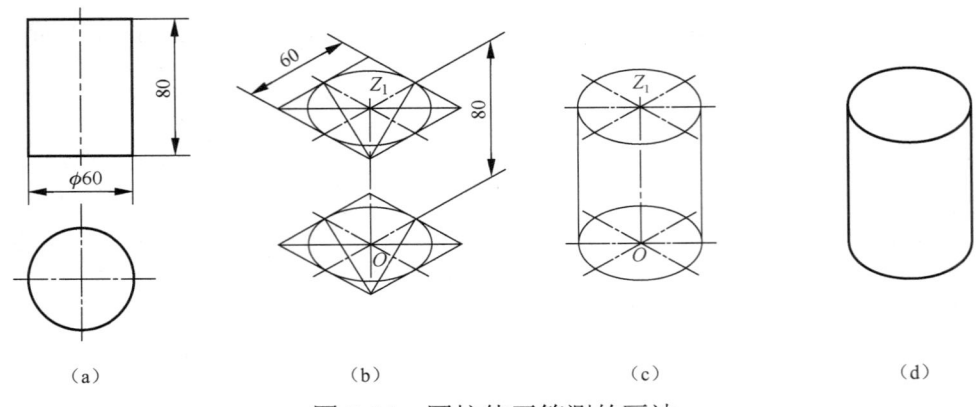

图 3-15　圆柱体正等测的画法

用相同的方法可以作出底圆平行于各坐标面的圆柱体的正等测，如图 3-16 所示。

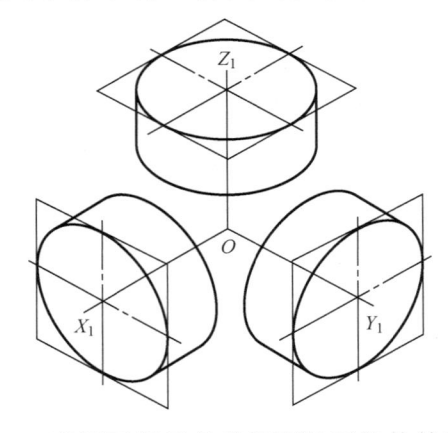

图 3-16　底圆平行于各坐标面的圆柱体的正等测

训练 2　作如图 3-17（a）所示圆台的正等测。

分析：横放圆台的中心轴线为 O_1X_1 轴，两端圆为平行于侧面的圆，其轴测图均为轴测椭圆，圆台曲面轮廓线为两轴测椭圆的外公切线。

(a)

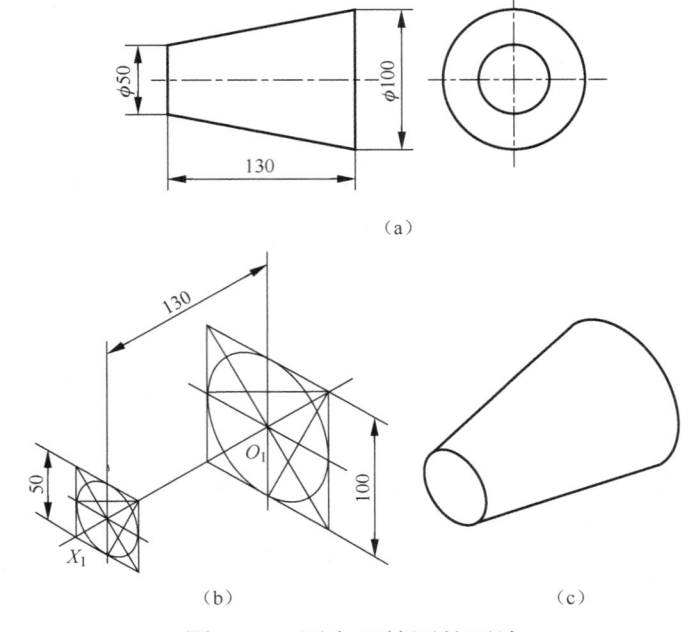

(b)　　　　　(c)

图 3-17　圆台正等测的画法

作图：

（1）画出左右两端的轴测椭圆，两轴测椭圆沿 O_1X_1 轴分布，如图 3-17（b）所示。

（2）画出两轴测椭圆的公切线，擦除被遮挡轮廓线及作图线并加深图线，完成作图，如图 3-17（c）所示。

练习提高

按 1∶1 比例绘制图 3-18 所示形体的正等测。

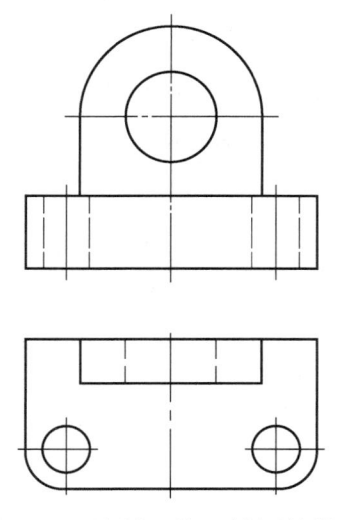

图 3-18　绘制形体正等测的练习

任务评价

本任务实施结果的考核评价主要包括曲面立体正等测绘制的正确性与熟练程度。评价方式采用工作过程考核评价和作业质量考核评价。任务实施评价项目表如表 3-3 所示。

表 3-3　任务实施评价项目表

序　号	评 价 项 目	配分权重	实　得　分
1	曲面立体正等测绘制的正确性	60%	
2	曲面立体正等测绘制的熟练程度	40%	

任务总结

通过本任务的学习，学生能够掌握曲面立体正等测的绘图方法。简单的曲面立体的端面或断面均为圆，因此绘制曲面立体的正等测，关键是掌握圆的正等测画法。

任务 4　斜二轴测图

任务描述

通过绘制简单形体的斜二测的训练，掌握斜二测的特点、运用及绘图方法，能较熟练地利用斜二测表达机件形状。

任务资讯

斜二轴测图，"斜"指斜投影，"二"指两根轴的轴向伸缩系数相等，常简称为斜二测。

斜二测能反映物体正面的实形，常用于绘制正面形状复杂和正面有较多圆或圆弧的机件，这是由斜二测的投影特点决定的。

斜二测的投影特点如下。

（1）斜二测的轴间角 $\angle X_1O_1Z_1 = 90°$，$\angle X_1O_1Y_1 = \angle Y_1O_1Z_1 = 135°$，其中 O_1Z_1 轴为铅垂方向，如图3-19（a）所示。

物体上平行于正面的平面，其斜二测都反映实形，这是斜二测最大的优点，因此常用斜二测来绘制正面有圆的机件，如图3-19（b）所示。

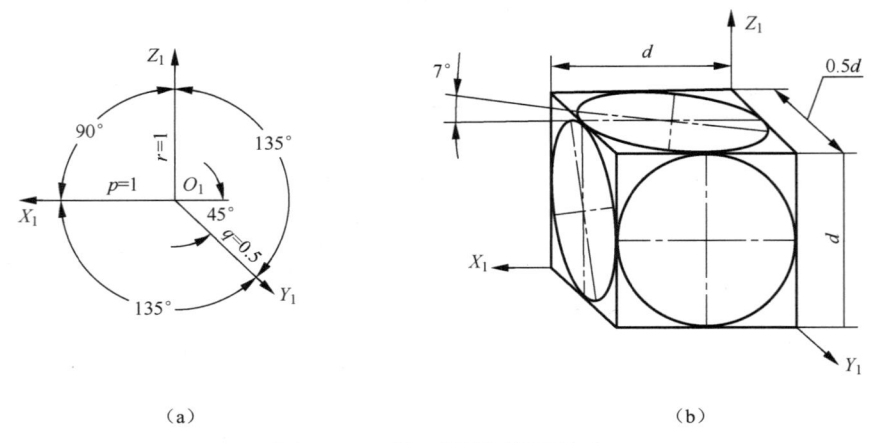

图3-19 斜二测的投影特点

必须强调：只有平行于 $X_1O_1Z_1$ 坐标面的圆的斜二测投影才反映实形，仍然是圆。而平行于 $X_1O_1Y_1$ 坐标面和平行于 $Y_1O_1Z_1$ 坐标面的圆的斜二测投影都是轴测椭圆，其画法比较复杂，本书不做讨论。

（2）斜二测的轴向伸缩系数 $p = r = 1$，$q = 0.5$。

斜二测的长度、高度可以直接量取实长，但宽度要压缩一半。

任务实施

训练1 绘制如图3-20（a）所示的四棱台的斜二测。

分析：斜二测的画法与正等测相似，只是轴间角不同，并且沿 O_1Y_1 轴方向（宽度方向）的尺寸取实际尺寸的一半。

作图：

（1）绘制轴测轴，作顶面和底面矩形轴测图。矩形的长取实长30和50；宽度取一半，即15和25；高取实长60 [见图3-20（b）]。

（2）连接四条棱线，擦除被遮挡的轮廓线及作图线，描深图线，完成作图 [见图3-20（c）]。

（a） （b） （c）

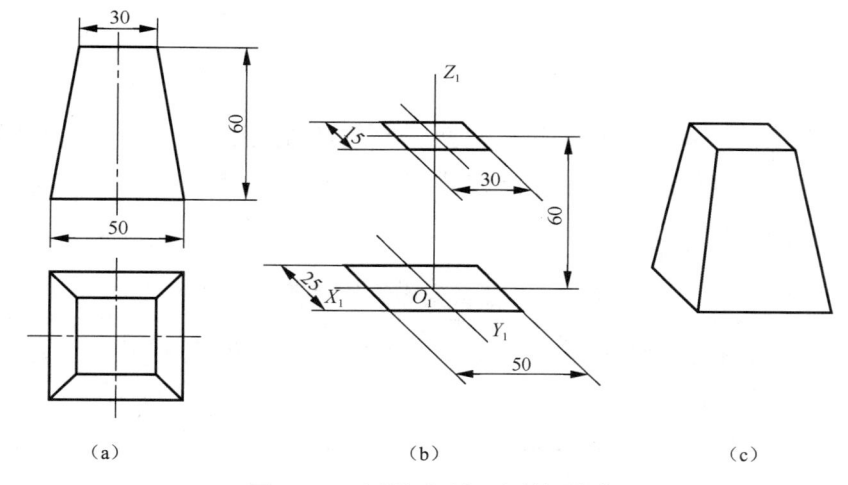

图 3-20 四棱台斜二测的画法

训练 2 绘制如图 3-21（a）所示形体的斜二测。

分析：形体的正面有圆和圆弧，用斜二测绘制时正面可直接画实形。

作图：

（1）绘制轴测轴，按照正面实形绘制正面的轴测图［见图 3-21（b）］。

（2）沿 O_1Y_1 轴方向延伸厚度，厚度取实际厚度的一半，即 8［见图 3-21（c）］。

（3）连接并擦除被遮挡的轮廓线与作图线，描深图线，完成作图［见图 3-21（d）］。

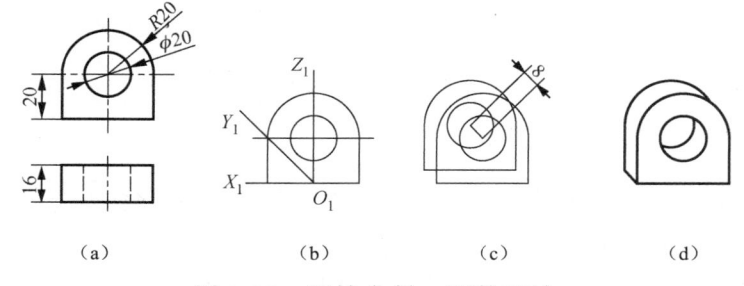

（a） （b） （c） （d）

图 3-21 四棱台斜二测的画法

练习提高

按 1∶1 比例绘制图 3-22 所示形体的斜二测。

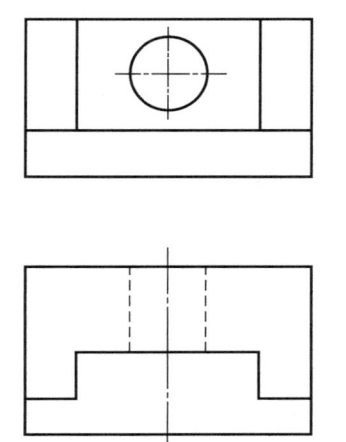

图 3-22 绘制形体斜二测的练习

任务评价

本任务教学与实施的目的是使学生掌握斜二测的绘制方法，实施结果的考核评价主要包括绘制斜二测的正确性与熟练程度。评价方式采用工作过程考核评价和作业质量考核评价。任务实施评价项目表如表 3-4 所示。

表 3-4　任务实施评价项目表

序　号	评 价 项 目	配 分 权 重	实 得 分
1	绘制斜二测的正确性	60%	
2	绘制斜二测的熟练程度	40%	

任务总结

通过本任务的学习，学生应掌握斜二测的特点及绘制方法。斜二测的投影特点如下。

（1）斜二测的轴间角 $\angle X_1O_1Z_1 = 90°$，$\angle X_1O_1Y_1 = \angle Y_1O_1Z_1 = 135°$，其中 O_1Z_1 轴为铅垂方向。

（2）斜二测的轴向伸缩系数 $p = r = 1$，$q = 0.5$。斜二测的长度、高度可以直接量取实长，但宽度压缩一半。

项目小结

　　本项目主要介绍轴测图画法，包括了解轴测图的基本知识，掌握绘制正等轴测图和斜二轴测图的方法。

　　轴测图是用轴测投影的方法画出的一种富有立体感的图形，它接近人们的视觉习惯，在生产和学习中常用它作为辅助图样，帮助人们想象和构思。

　　画轴测图要切记两点，一是利用平行性质作图，这是提高作图速度和准确度的关键；二是沿轴向度量，这是作图正确的关键。

项目四

立体的表面交线

在机件中常会见到一些立体表面的交线，如图 4-1 所示。有些是平面与立体表面相交产生的，称为截交线，有些是两立体表面相交形成的，称为相贯线。为了正确地表达机件的形状结构，对机件进行形体分析，就需要掌握这些交线的性质和画法。

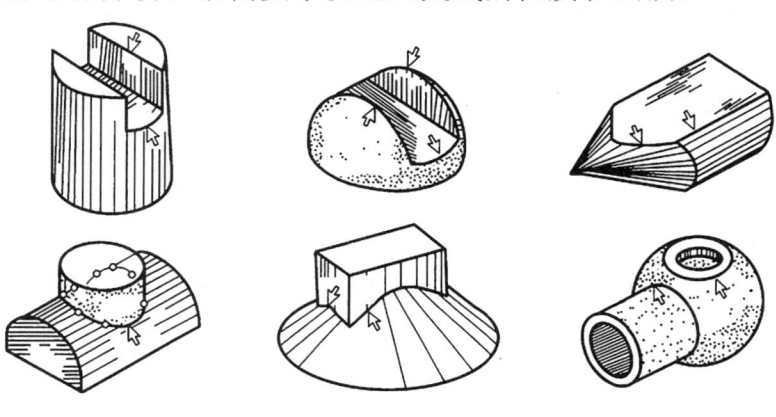

图 4-1 常见的立体表面交线

项目目标

1. 熟练掌握各种基本体被截切的基本形式、截交线的基本形状及求截交线投影的方法。
2. 掌握相贯线的各种相贯形式及求相贯线投影的方法。
3. 熟练掌握正交圆柱相交的基本形式和相贯线的变化趋势，熟练运用简化画法绘制相贯线的投影，较快地绘制相交立体的投影。
4. 注意贯彻机械制图国家标准的规定，培养不畏困难、艰苦奋斗的精神和爱国主义情怀。
5. 培养从不同角度、不同方向观察事物，透过现象看本质的思想。

任务1 截交线

任务描述

通过用平面截切平面立体得到截交线的训练，掌握平面立体截交线的求作方法，学会求作切口、开槽、穿孔形式的平面立体截交线，为识读和绘制复杂组合体三视图打下基础。

一、截交线的概念及性质

基本体被平面切割后的每一部分都称为截断体，截切基本体的平面称为截平面，截平面与基本体表面的交线称为截交线，由截交线围成的平面称为截断面，如图4-2所示。

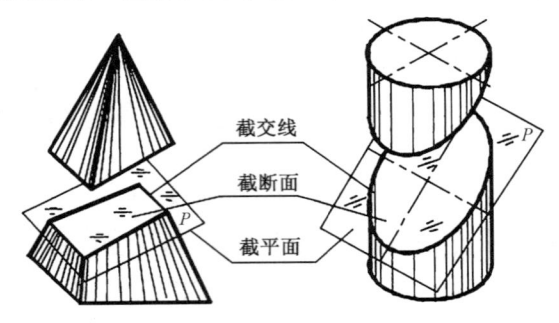

图4-2 截交线的概念

截交线的形状与基本体表面性质和截平面的位置有关，且任何截交线都具有以下两种性质。

（1）共有性。截交线是截平面与基本体表面的共有线，截交线既在截平面上，又在基本体表面上。

（2）封闭性。截交线所围成的面是一个封闭的平面图形（由平面折线、平面曲线或折线与曲线组合而围成）。

由以上性质可知，求取截交线的实质即求取截平面和基本体表面上的一系列共有点。

> **想一想**
>
> 要想正确地作出截交线，必须要明确以下一些问题。
>
> （1）被截立体是哪种基本体，并掌握它的投影形式。
>
> （2）截平面有几个，是什么位置平面，投影特性是什么，从而可确定截交线是一个或两个投影。
>
> （3）立体上有哪些表面被截，从而确定截交线的数目。
>
> （4）确定截平面与截平面之间的交线。
>
> 只有明确了上述几个问题，才能正确地作出截交线的投影。

二、平面立体截交线的解题方法

平面截切平面立体时，截交线是由直线围成的封闭平面多边形。此多边形的各顶点是截平面与平面立体各棱线的交点，多边形的各边是截平面与平面立体各表面的交线。因此，求平面立体的截交线，可归结为求截平面与平面立体各表面的交线，或截平面与平面立体各棱线的交点，并判别各投影的可见性，然后再依次连线，即可得截交线的投影。

掌握截交线的画法，关键是抓住基本内容，即重点掌握单个截平面与基本体的截交线的画法。单个截平面截切基本体时，其截交线的形状取决于平面立体的形状及截平面与平面立体的相对位置。对于平面立体，其截交线是平面多边形，边数取决于截平面与平面立体的多少个平面相交。

求平面立体截交线的步骤如下。

（1）认清平面立体。

根据已知投影，结合各种平面立体的投影特性，确定平面立体的空间几何形状。

（2）空间及投影分析。

首先分析截平面与平面立体的相对位置，确定截断面的形状；其次分析截平面与投影面的相对位置，确定截断面的投影特性。

（3）画出截断面的投影。

求出截平面与被截棱线的交点。判断可见性并依次连接各顶点形成多边形。

（4）完善轮廓。

1．棱柱的截交线

用平面去截棱柱，其交线是封闭的折线。当用一个平面去截棱柱时，产生的截交线是平面的折线；当用多个不同位置的平面去截棱柱时，产生的截交线是空间折线。在棱柱的截交线中，一段折线上的端点又是下一段折线的起点。

2．棱锥的截交线

用平面去截棱锥，其交线也是封闭折线。当用一个平面去截棱锥时，其截交线是平面折线；当用多个不同位置的平面去截棱锥时，其截交线是空间折线。

三、曲面立体截交线的特点及解题方法

截平面与曲面立体相交时，截交线一般是封闭的平面曲线，但有时是直线和曲线围成封闭的平面图形。求曲面立体截交线的过程，其实质就是求截平面与曲面立体上被截各素线的交点，然后依次光滑连接的过程。

求曲面立体截交线的步骤如下。

（1）空间及投影分析。

分析曲面立体的形状及截平面与曲面立体轴线的相对位置，确定截交线的形状；分析截平面与投影面的相对位置（如积聚性、类似性等），确定截交线的投影特性，并且找出截交线的已知投影，预见未知投影。

（2）画出截交线的投影。

截交线的投影为非圆曲线时，首先找特殊点（外形素线上的点和极限位置点）；其次补充一般点；再次光滑连接各点，并判断截交线的可见性；最后完善轮廓。如果截交线的投影为圆或圆弧，则找到该圆的半径即可画出。

1．圆柱的截交线

由于截平面与圆柱轴线的相对位置不同，平面截切圆柱形成的截交线有三种形状，如表4-1所示。

2．圆锥的截交线

由于截平面与圆锥轴线的相对位置不同，平面截切圆锥形成的截交线有五种形状，如表4-2所示。

表 4-1 平面截切圆柱形成的截交线

截平面的位置	与轴线平行	与轴线垂直	与轴线倾斜
立体图			
投影图			
截交线形状	矩形	圆	椭圆

表 4-2 平面截切圆锥形成的截交线

截平面的位置	通过锥顶	与轴线垂直	与轴线倾斜且与所有素线相交（θ>ψ）	与某一素线平行（θ=ψ）	与轴线平行或与轴线倾斜（θ=ψ）
立体图					
投影图					
截交线形状	等腰三角形	圆	椭圆	抛物线	双曲线

3. 圆球的截交线

平面与圆球相交，不论截平面处于何种位置，其截交线都是圆。圆的大小由截平面与球心之间的距离来确定。截平面距球心越近，截交线（圆）的直径越大；反之，越小。当截平面通过球心时，所得截交线（圆）的直径最大。

平面与圆球的截交线是圆。当截平面平行于某一投影面时，截交线在该投影面上的投影为圆（反映实形），在另两个投影面上的投影积聚为直线。当截平面垂直于某一投影面，而与另外两个投影面倾斜时，截交线在该投影面上的投影积聚为直线，在另外两个投影面上的投影为椭圆。平面截切圆球形成的截交线如表 4-3 所示。

表 4-3　平面截切圆球形成的截交线

截平面的位置	截平面为水平面	截平面为正平面	截平面为侧平面	截平面为正垂面
立体图				
投影图				

任务实施

训练 1　求正六棱柱被侧垂面截切后的截交线［见图 4-3（a）］。

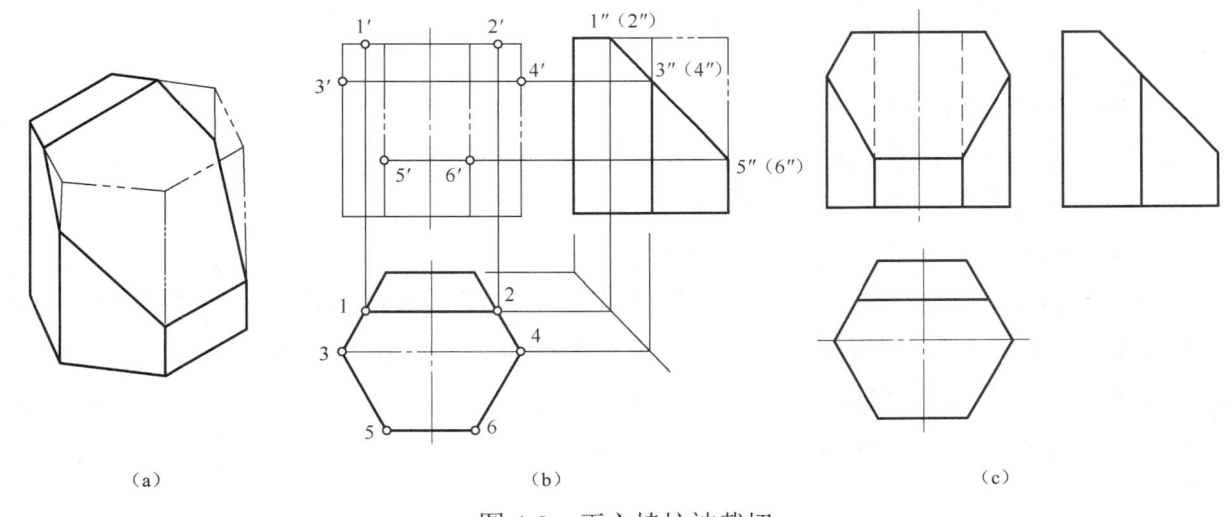

（a）　　　　　　　　　　（b）　　　　　　　　　　（c）

图 4-3　正六棱柱被截切

分析：截平面与正六棱柱的上表面和五个棱面相交，因此截交线形状为一个六边形，截交线的侧面投影重合在侧垂面上，由它可求出水平投影。作图步骤如图 4-3（b）所示。

作图：

（1）先确定截交线的侧面投影。利用积聚性确定侧面投影各点 1″、2″、3″、4″、5″、6″。

（2）求截交线的水平投影。利用积聚性确定水平投影各点 1、2、3、4、5、6。

（3）求截交线的正面投影。利用点的三面投影规律确定正面投影 1′、2′、3′、4′、5′、6′。

（4）判断可见性，依次连接各点的同面投影。

（5）描深可见线段，擦去多余作图线［见图 4-3（c）］。

训练 2 求正三棱柱被正垂面和侧平面截切后的截交线［见图 4-4（a）］。

分析：两个截面的正面投影均有积聚性。侧平面的正面投影和水平投影积聚为直线，侧面投影反映实形。正垂面的正面投影积聚为直线，水平投影、侧面投影为类似三边形。根据点投影的规律，可以作出这些端点的水平投影和侧面投影，进而连接成线。作图步骤如图 4-4（b）所示。

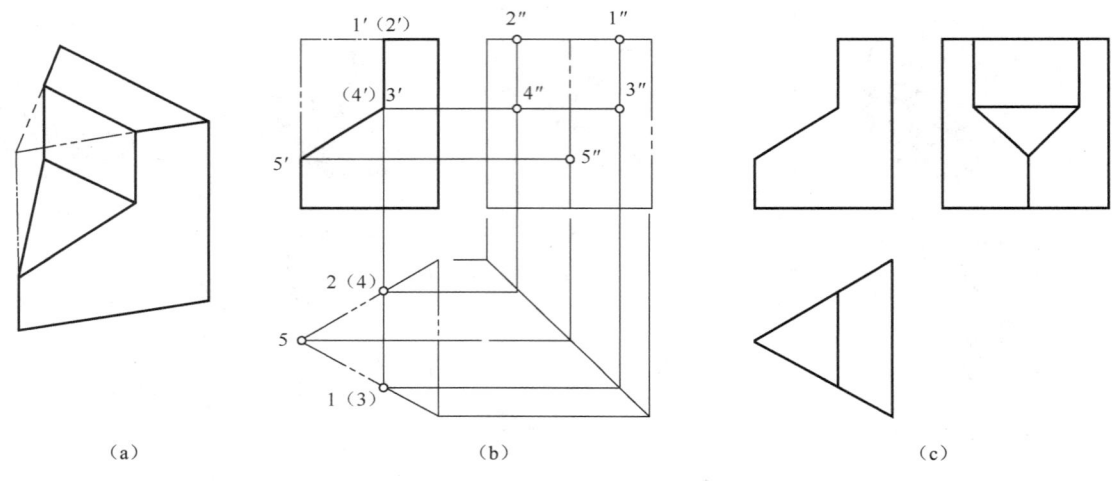

图 4-4 正三棱柱被截切

作图：

（1）先画出完整的正三棱柱的侧面投影。

（2）求截交线的水平投影。

（3）求截交线的侧面投影。

（4）判断可见性，依次连接各点的同面投影。

（5）描深可见线段，擦去多余作图线［见图 4-4（c）］。

训练 3 求正三棱锥被正垂面截切后的截交线［见图 4-5（a）］。

分析：从主视图可知，截平面与三个棱面相交，故截断面为三角形。截平面垂直于 V 面，在主视图上，截断面的投影积聚成与水平方向倾斜的直线，故截断面为正垂面。正垂面的水平投影和侧面投影都具有类似性，因此该截断面在俯视图和左视图上的投影都应是截断面的类似形——三角形。作图步骤如图 4-5（b）所示。

作图：

（1）先画出完整的正三棱锥的侧面投影。

（2）求取截平面与棱线的交点。

（3）判断可见性，依次连接各点，完善轮廓。

（4）描深可见线段，擦去多余作图线［见图 4-5（c）］。

训练 4 根据圆柱的正面投影完成水平投影，并补画侧面投影［见图 4-6（a）］。

图 4-6（a）是一个被侧平面与水平面所截的圆柱体。现已知截后的主视图，求作其俯

视图和左视图。由于侧平面与圆柱轴线平行，所以截圆柱的交线是两条素线。由于截平面的正面投影有积聚性，所以其交线的正投影是确定的，即1′3′和2′4′，交线的水平投影有积聚性，按投影规律可作出其侧投影。水平面与圆柱的轴线垂直，故截交线是圆弧。由于截平面的正面投影有积聚性，故其正面投影也是确定的，即3′5′4′，其水平投影反映实形，即354，根据点投影规律可作出其侧投影，进而连接成线。最后作两截平面交线的投影 34、3′4′和3″4″。以上我们仅讨论了左边两个平面截切圆柱体的投影，按左右对称的方式，再作出右边两个平面截切圆柱体的投影。作图过程如图 4-6（b）所示。最后作出的视图如图 4-6（c）所示。

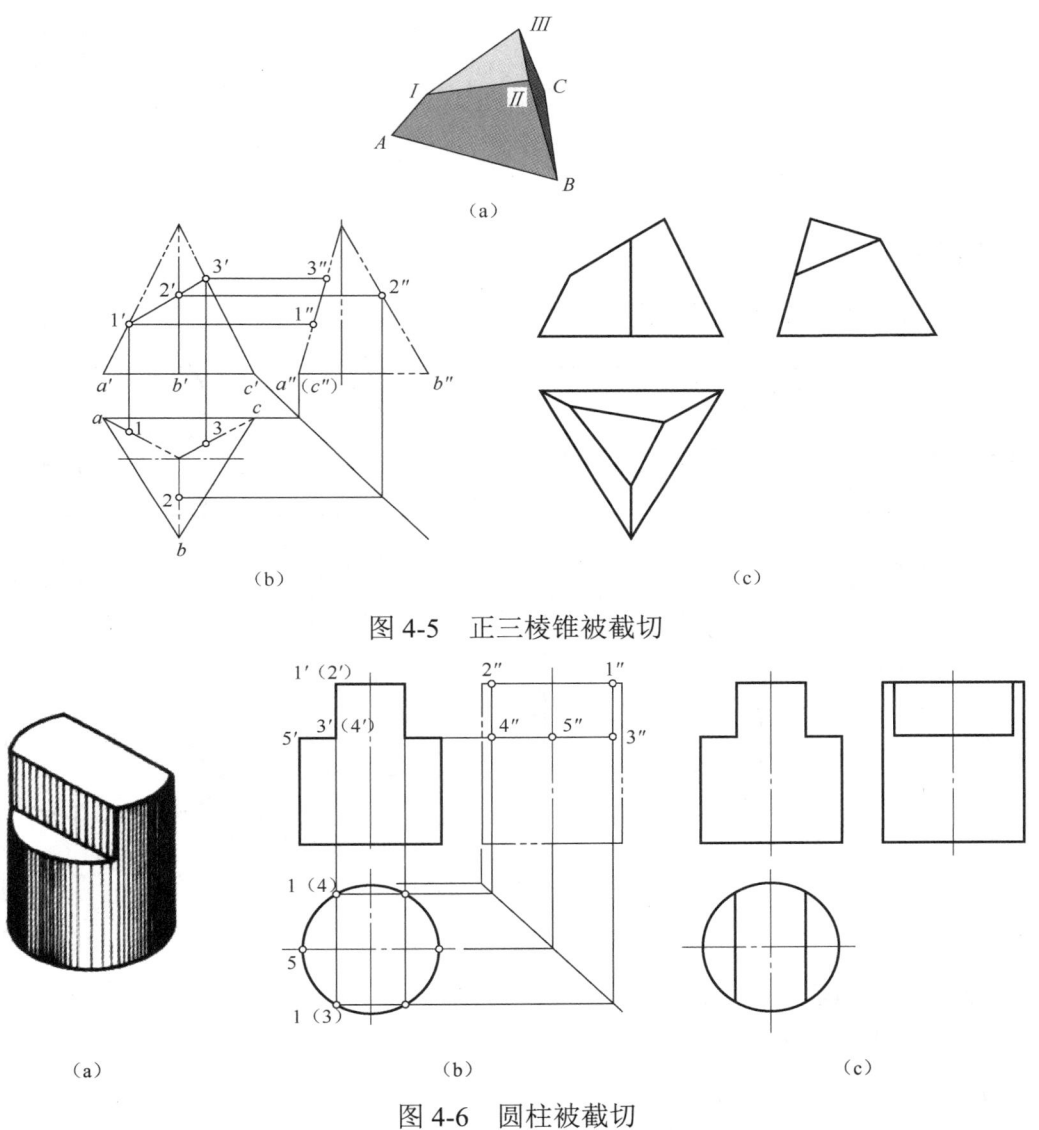

图 4-5 正三棱锥被截切

图 4-6 圆柱被截切

训练 5 根据圆柱的正面投影完成水平投影，并补画侧面投影［见图 4-7（a）］。

分析：Q 平面（侧平面）截切圆柱表面的交线为前后两段素线，Q 平面与顶平面和 P 平面（正垂面）相交的交线为两段正垂线，其截断面为矩形。正面投影重合在 Q 平面的正面投影上，水平投影积聚为直线，侧面投影反映实形。P 平面截切圆柱表面的截交线为椭圆弧，其正面投影积聚在 P 平面的正面投影上，水平投影重合在圆柱的水平投影上，侧面投影为椭圆弧。作图步骤如图 4-7（b）、（c）所示。作图结果如图 4-7（d）所示。

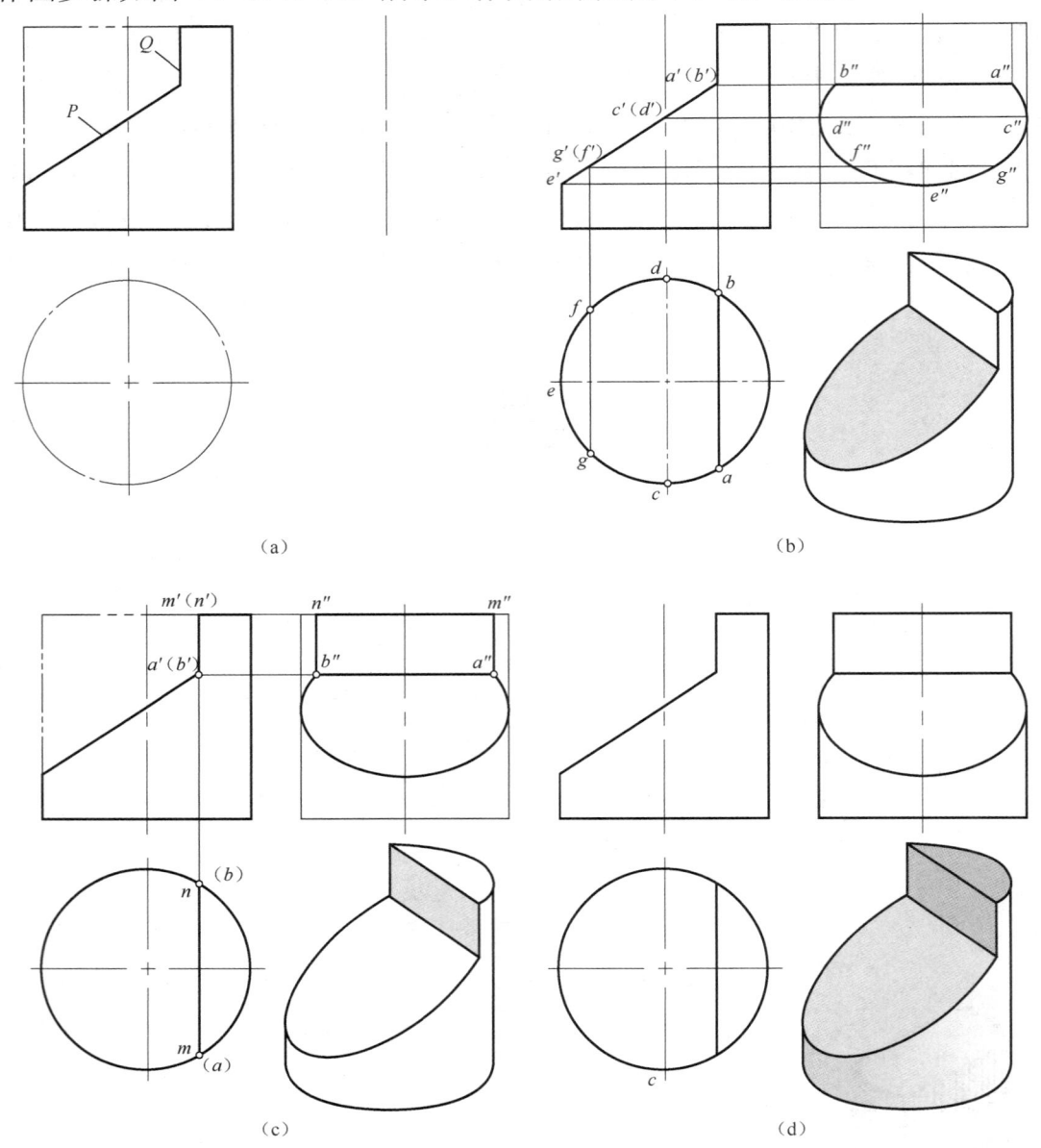

图 4-7 圆柱被截切

作图：

（1）求 Q 平面的投影。

（2）求 P 平面截圆柱表面的截交线。

（3）完成外部轮廓的侧面投影。

训练 6　已知半圆球的正面投影，补画其水平投影和侧面投影［见图 4-8（a）］。

分析： 由于半圆球被两个对称的侧平面和一个水平面所截切，所以两个侧平面与球面的截交线各为一段平行于侧面的圆弧，而水平面与球面的截交线为两段水平的圆弧。

作图：

首先画出完整半圆球的三视图，再根据槽宽和槽深尺寸依次画出正面、水平面和侧面的投影，作图的关键在于确定圆弧半径 R_1 和 R_2，具体的作图方法如图 4-8（b）和图 4-8（c）所示。

(a)   (b)   (c)

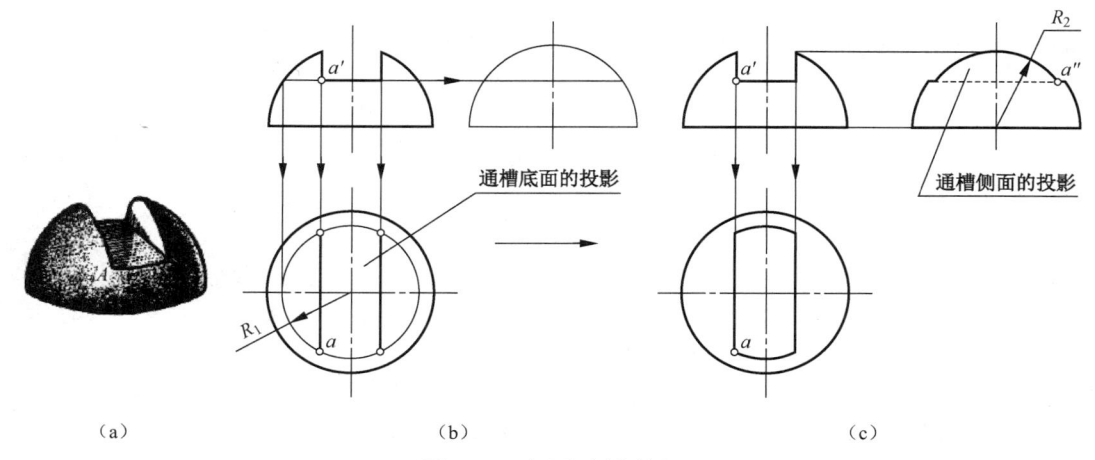

图 4-8 半圆球被截切

作图时，应注意以下两点：①因半圆球的最前、最后素线均在开槽部位被切去一段，故左视图的外轮廓线在开槽部位向内"收缩"，其收缩程度与槽宽有关；②注意区分槽底侧面投影的可见性，槽底是由两段直线、两段圆弧构成的平面图形，其侧面投影积聚为一条直线，中间部分是不可见的，画成细虚线。

知识扩展

看平面切割体三视图的步骤：①根据轮廓为正多边形的视图，确定被切立体的原始形状；②从反映切口、开槽、穿孔的特征部位入手，分析截交线的形状及其三面投影，尤应注意分析视图中"斜线"的投影含义；③将想象中的切割体形状，用轴测草图的形式加以验证，提高徒手绘图的能力。

练习提高

1. 根据给出的视图，补画左视图，完成三视图（见图 4-9）。

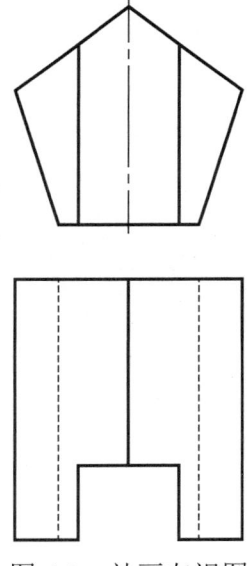

图 4-9 补画左视图

2. 在三分钟时间内你能完成图 4-10 中的俯视图吗？

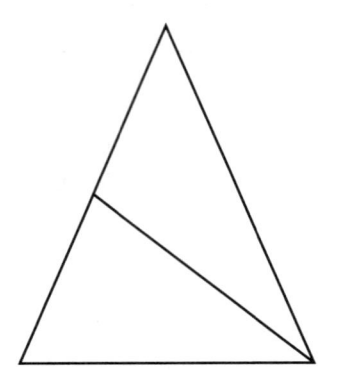

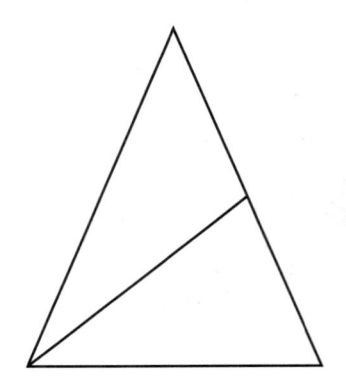

图 4-10　补画视图

任务评价

本任务教学与实施的目的是使学生掌握截交线的性质、特点和作图方法。评价方式采用工作过程考核评价和作业质量考核评价。任务实施评价项目表如表 4-4 所示。

表 4-4　任务实施评价项目表

序　号	评价项目	配分权重	实得分
1	平面体截交线作图的正确性	40%	
2	回转体截交线作图的正确性	40%	
3	可见性判断的正确性	20%	

任务总结

在任务实施过程中，注意加强直观性、示范性教学，精讲多练，注重投影分析的引导。讲清截交线的性质、特点和区别，注重截交线作图训练，使学生掌握作图方法。

平面立体的截交线是平面多边形，多边形的每一个顶点都是截平面与立体棱线的交点。求其截交线就是求截平面与平面立体表面的一系列共有点，然后判别可见性并按顺序依次连接各共有点。

曲面立体的截交线是截平面与曲面立体表面的共有线，截交线上的点是截平面与曲面立体表面上的共有点。求作曲面立体的截交线就是求出截平面与曲面立体上被截各素线的交点，然后依次光滑连接各交点。

任务2 相贯线

任务描述

通过两平面立体表面相交的训练，掌握两平面立体表面相交的相贯线的作图方法，学会求作这种类型的相贯线，为识读和绘制复杂组合体三视图打下基础。

任务资讯

一、相贯线的概念及性质

两立体相交称为相贯，其表面相交产生的交线称为相贯线，两立体相交后形成的立体称为相贯体。常见的相贯类型有平面体与平面体相贯，如图4-11（a）所示；平面体与回转体相贯，如图4-11（b）所示；回转体与回转体相贯，如图4-11（c）所示。

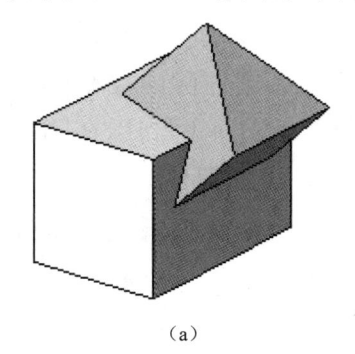

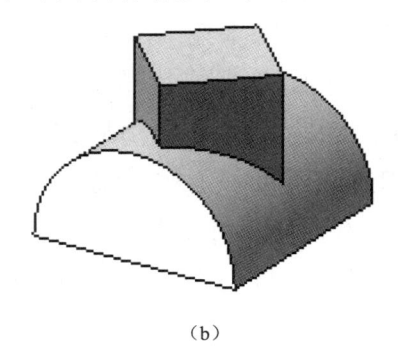

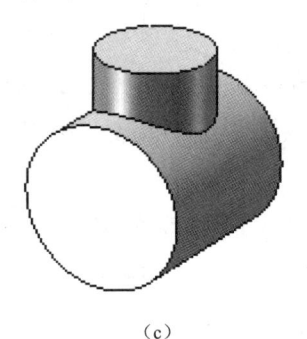

图 4-11　常见的相贯类型

由于相交两立体的形状、大小和相对位置不同，其相贯线的形状也不一样，但相贯线都具有以下基本性质。

（1）表面性。相贯线位于两立体表面。

（2）封闭性。相贯线一般为封闭的空间曲线，特殊情况下可能是平面曲线或直线。

（3）共有性。相贯线是两立体表面的共有线，相贯线上的任何点都是两立体表面的共有点。相贯线也是相交两立体表面的分界线。

从上述性质可知，相贯线是由两立体表面一系列的共有点组成的，因此求相贯线实际上就是求两立体表面上一系列共有点。

本任务仅讨论两回转体相交的相贯线画法。

二、立体表面的相贯线画法

求相贯线常采用"表面取点法"和"辅助平面法"。作图时，首先应根据两立体的相交情况分析相贯线的大致伸展趋势，依次求出特殊点和一般点，再判别可见性，最后将求出的各点光滑地连接成曲线。

1. 表面取点法

当圆柱的轴线垂直于某一投影面时，圆柱面在这个投影面上的投影具有积聚性，因而相贯线的投影与其重合，根据这个已知投影，就可用表面取点法求出其他投影。

求作相贯线上的这些点时，与求作截交线一样，应先作出一些在相贯线上的特殊点（能确定相贯线的投影范围和变化趋势的点，如相贯体转向轮廓线上的点，以及最高点、最低点、最左点、最右点、最前点、最后点等），再按需要求作一些在相贯线上的一般点，然后连接得到相贯线的投影，并标明可见性。

判别可见性时，当两相贯立体的表面在某一投影面上的投影均为可见时，其相贯线为可见；否则相贯线为不可见。若相贯线的投影位于有积聚性的表面上，则不必判别其可见性。

当圆柱与其他回转体相交时，若圆柱的轴线为投影面垂直线，可利用圆柱面的积聚性投影，运用在立体表面上取点的方法，求出两回转体表面若干共有点的投影，依次连接各点即得相贯线。

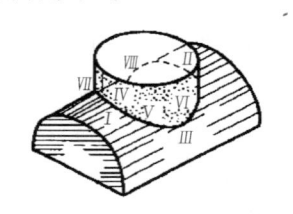

两圆柱垂直正交如图 4-12 所示。正交两圆柱表面的相贯线是一种最典型的实例。两圆柱表面的相贯线为一条封闭的空间曲线。因为两圆柱的轴线分别垂直于水平面和侧面，故相贯线的水平投影重合在小圆柱的水平投影圆周上，侧面投影重合在大圆柱侧面投影圆周的一段圆弧上。因此，相贯线的两面投影可视为已知，再利用在圆柱表面上取点的方法就可求出相贯线上一系列点的正面投影。

图 4-12 两圆柱垂直正交

两圆柱轴线垂直相交的情况，在工程上十分常见。其相贯线除两个实心圆柱相贯外，还有在实心圆柱上打圆孔、在空心圆柱上打圆孔、空心圆柱与实心圆柱相贯、空心圆柱与空心圆柱相贯等情况，如图 4-13 所示。

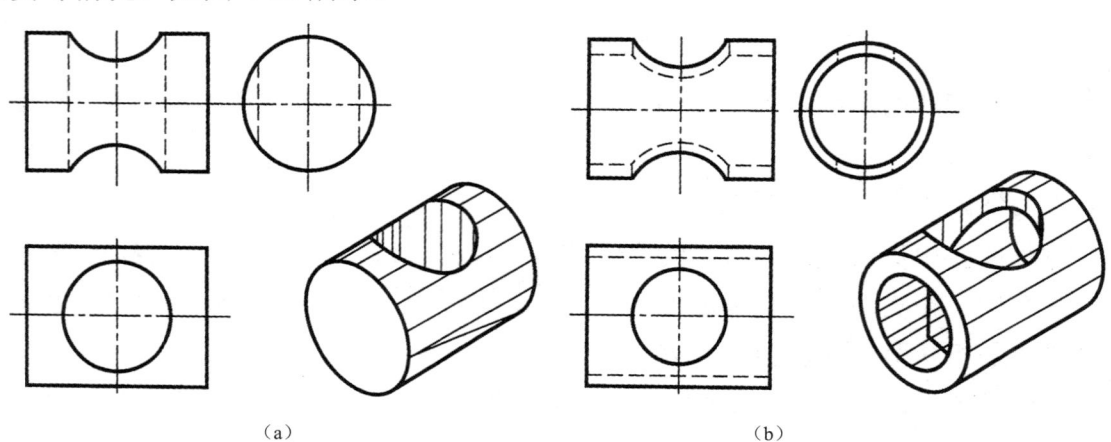

（a） （b）

图 4-13 两圆柱相贯的形式

2. 辅助平面法

辅助平面法就是利用辅助平面求出辅助平面与两相贯立体表面共同交点的方法。

它的理论依据是根据三面共点的原理。三面共点——即相贯线上的点，这些所求点同时在辅助平面、两相贯立体表面上，利用辅助平面求出两回转体表面上若干共有点，从而求出相贯线的投影。

选择辅助平面的原则。

（1）所选辅助平面与两曲面立体表面的截交线投影应是简单易画的直线或圆。

（2）辅助平面应位于两曲面立体的共有区域内，否则得不到共有点。

具体作图方法：假想用一个恰当的辅助平面同时截切两回转体，在两回转体上分别求出截交线。这两条截交线的交点，既在辅助平面上，又在两回转体表面上，因而是相贯线上的点。

为了作图简便，辅助平面一般应选用投影面平行面或投影面垂直面，使之与两回转体表面的截交线简单易画。

平面截切正交圆柱和圆锥如图 4-14 所示，求圆柱和圆锥正交的相贯线时，采用辅助水平面 P_{II} 同时截切两回转立体，其截交线分别为水平圆和两直线，两个交点 V、VI 是相贯线上的一般位置点。

作图时根据形体相贯的特点，先直接找出相贯线上的特殊点（最高点、最低点）的投影，再利用辅助平面法求出一些一般点的投影，最后将这些点光滑连接起来即可。

三、相贯线的简化画法

在工程设计中，在不引起误解的情况下，相贯线可以采用以下简化画法。

（1）图 4-15 所示为两个正交圆柱相贯线的简化画法。

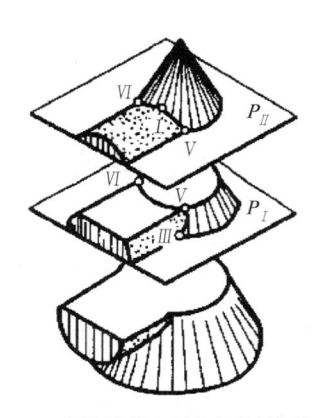

图 4-14　平面截切正交圆柱和圆锥 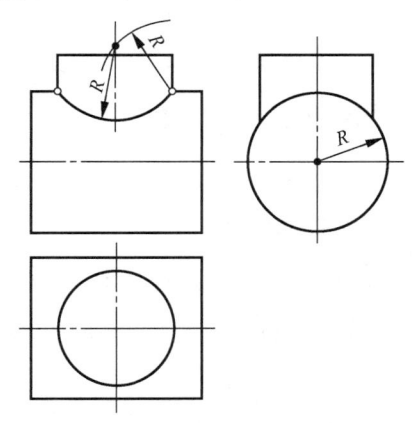　　　图 4-15　两个正交圆柱相贯线的简化画法

（2）轴线正交两圆柱在圆柱直径发生变化时，相贯线的形状、位置也随之发生变化，如图 4-16 所示。

（3）轴线正交两圆柱相贯线的三种表现形式：圆柱和圆柱相贯、圆柱和内孔相贯及内孔和内孔相贯，如表 4-5 所示。

无论是哪一种形式，相贯线的形状和画法都相同，但需要判断相贯线的可见性。

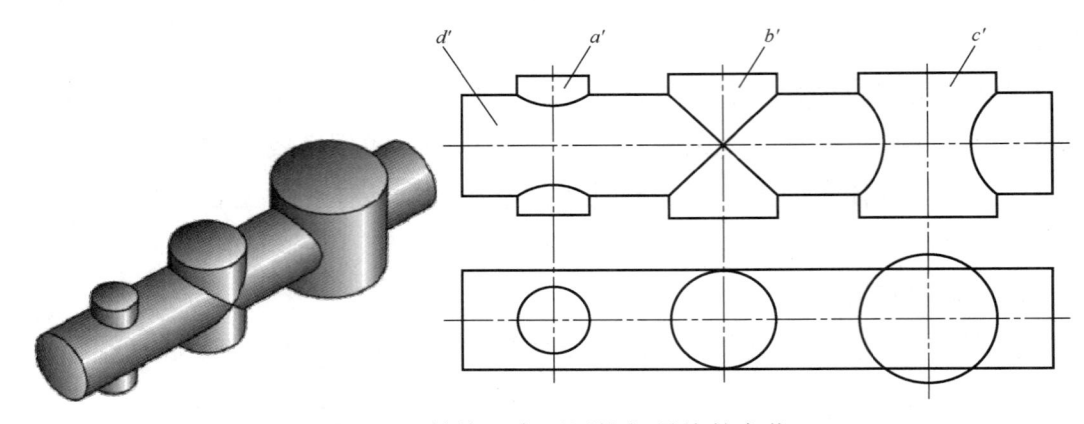

图 4-16　轴线正交两圆柱相贯线的变化

表 4-5　轴线正交两圆柱相贯线的三种表现形式

相贯的形式	圆柱和圆柱相贯	圆柱和内孔相贯	内孔和内孔相贯
投影图			
立体图			（剖切后）

四、相贯线的特殊情况

在一般情况下，两回转体的相贯线是封闭的空间曲线，但以下几种情况，两回转体的相贯线为平面曲线或直线。

（1）同轴回转体相交时，相贯线一定是垂直于轴线的平面曲线——圆。如果轴线垂直于某投影面，相贯线在该投影面上的投影为圆；在与轴线平行的投影面上的投影为直线，如图 4-17 所示。

（2）两回转体轴线相交且公切于同一球面时，相贯线为平面曲线——椭圆。如果两轴线同时平行于某投影面，则这两个椭圆在该投影面上的投影为两条相交直线，如图 4-18 所示。

（3）轴线平行的两圆柱相贯时，相贯线为直线；共锥顶的两圆锥相贯时，相贯线亦为直线，如图 4-19 所示。

图 4-17 相贯线的特殊情况（一）

图 4-18 相贯线的特殊情况（二）

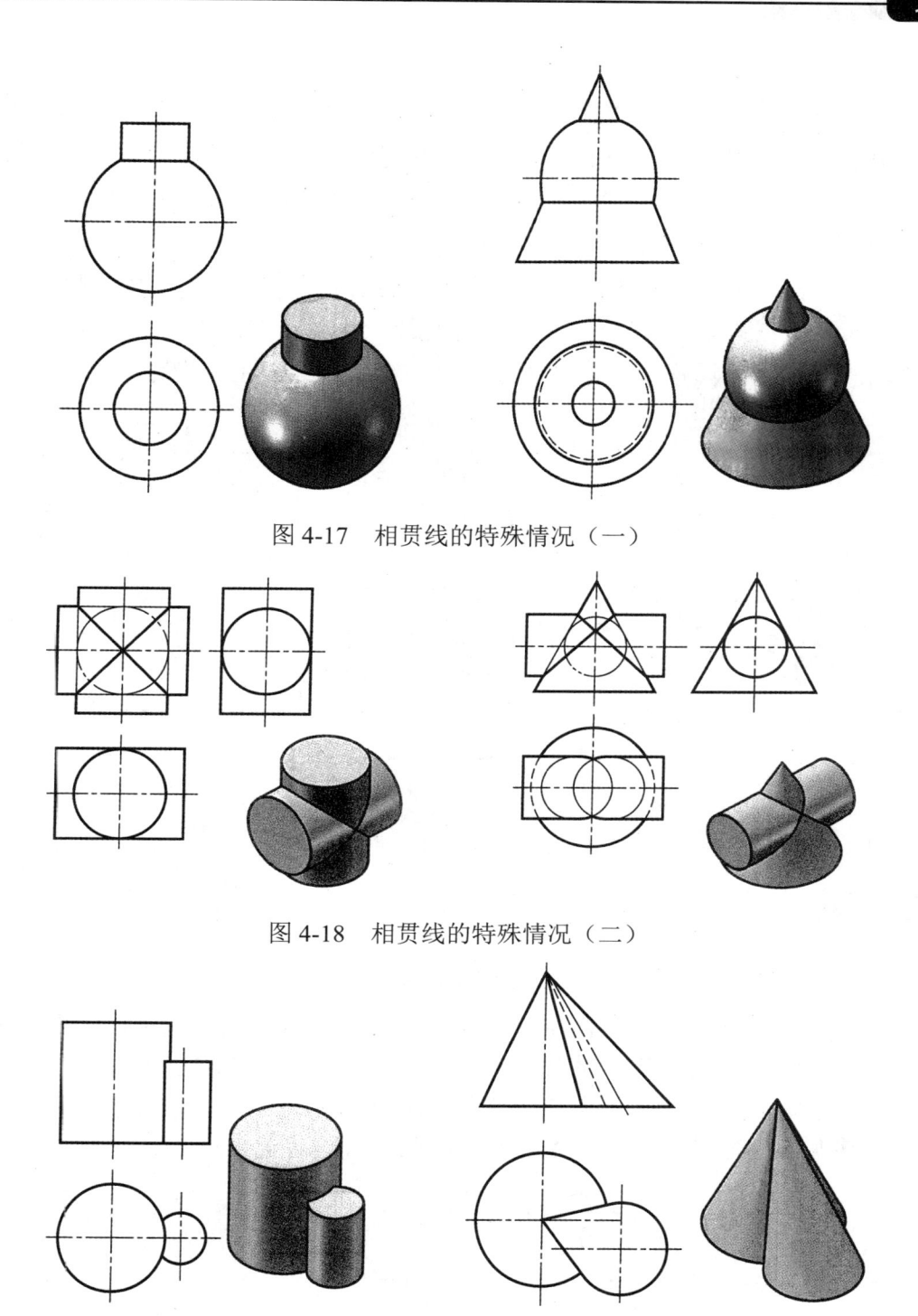

图 4-19 相贯线的特殊情况（三）

任务实施

训练 求正交两圆柱表面的相贯线［见图 4-20（a）］。

分析：两圆柱表面的相贯线为一条封闭的空间曲线。因为两圆柱的轴线分别垂直于水平面和侧平面，故相贯线的水平投影重合在小圆柱的水平投影圆周上，侧面投影重合在大圆柱侧面投影圆周的一段圆弧上。因此，相贯线的两面投影可视为已知，再利用在圆柱表面上取点的方法就可求出相贯线上一系列点的正面投影。作图步骤如图 4-20（b）所示。

作图：

（1）先求特殊点。点 I 和点 II 是最左、最右点，也是最高点，还是相贯线正面投影可见与不可见的分界点；点 III，IV 是最前、最后点，也是最低点，还是相贯线侧面投影可见与不可见的分界点。根据水平投影 1、2、3、4，可求出其侧面投影 1″、2″、3″、4″；再按投影规律可求出其正面投影 1′、2′、3′、4′。

（2）再求一般点。为了使相贯线光滑准确，需要求一些一般点。由水平投影 5、6、7、8 和对应的侧面投影 5″、6″、7″、8″，可求出正面投影 5′、6′、7′、8′。

（3）将所求各点的正面投影依次光滑连接，即得相贯线的正面投影。

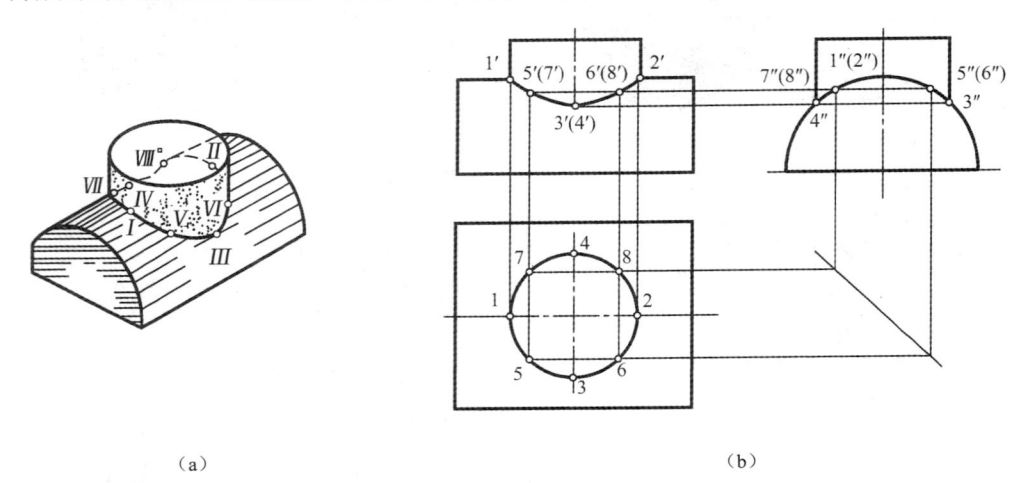

（a） （b）

图 4-20 两圆柱垂直正交

知识扩展

相贯线的模糊画法

图形中的相贯线还可以采用模糊画法，如图 4-21 所示。所谓模糊画法，是指一种不太完整、不太清晰、不太准确的关于相贯线的抽象画法。该方法以模糊图示观点为基础，在绘制相贯线（过渡线）时，一方面要求表示出几何体相交的概念，另一方面却不具体画出相贯线的某些投影。实质上，它是以模糊为手段的一种相贯线的近似画法。

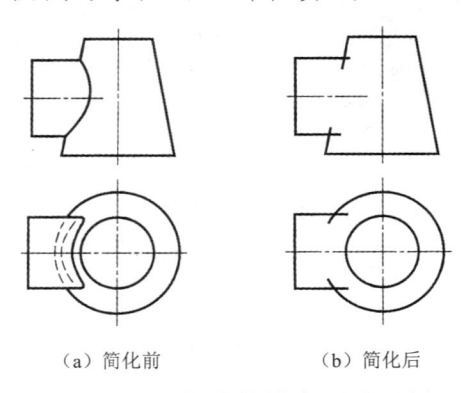

（a）简化前　　（b）简化后

图 4-21 相贯线的模糊画法示例

练习提高

根据给出的视图，补画缺线，完成三视图（见图 4-22）。

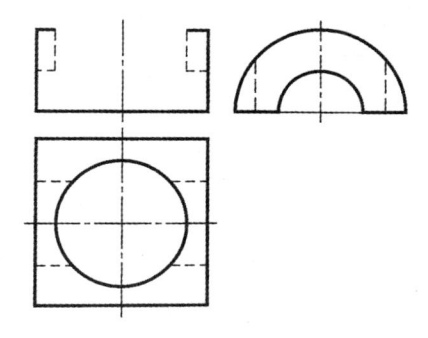

图 4-22 补画缺线

任务评价

本任务教学与实施的目的是使学生掌握相贯线的性质、特点和作图方法。评价方式采用工作过程考核评价和作业质量考核评价。任务实施评价项目表如表 4-6 所示。

表 4-6 任务实施评价项目表

序 号	评 价 项 目	配 分 权 重	实 得 分
1	两回转体相交相贯线作图的正确性	70%	
2	可见性判断的正确性	30%	

任务总结

在任务实施过程中，注意加强直观性、示范性教学，精讲多练，注重投影分析的引导。讲清相贯线的性质、形状特点和区别，注重求作相贯线的作图训练，使学生掌握作图方法。

相贯线是两立体表面的共有线，相贯线上的点是两立体表面上的共有点，求相贯线的实质就是求两立体表面的一系列共有点。求两回转体相交相贯线的方法有积聚性法和辅助平面法。注意选择辅助平面的原则是辅助平面与两立体表面交线的投影应为直线或圆。

项目小结

本项目主要讲解立体表面交线的截交线和相贯线的画法。

1. 截交线

（1）理解截交线的概念、性质。

（2）掌握平面立体截交线的画法（交点法）。

（3）掌握曲面立体截交线的画法，重点是圆柱截交线的作图方法。

用多平面截割基本体是学习的重点。

2. 相贯线

（1）理解相贯线的概念、性质。

（2）掌握两圆柱相贯的相贯线画法（利用积聚性法、辅助平面法、相贯线简化画法），其中相贯线简化画法是学习的重点。

项目五

组 合 体

任何复杂物体都可以看成是由一些基本体组合而成的,这些基本体包括棱锥、棱柱等平面立体和圆柱、圆锥、圆球、圆环等曲面立体。由两个或两个以上基本体所组成的物体,称为组合体。任何一个复杂的物体,从形体角度来看,都可以把它分解成一些基本体来认识。图 5-1 所示为支架,可以把它分解成直立空心圆柱、底板、肋板、耳板和水平空心圆柱五部分,它就是由基本体组成的组合体。

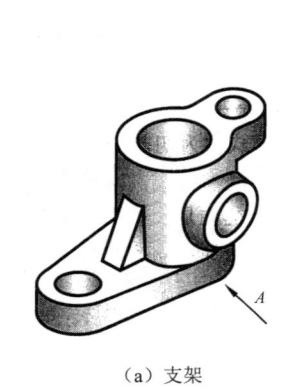

（a）支架　　　　　　　　　　（b）支架的形体分析

图 5-1　支架

按照形体特征,假想把一个复杂的物体分解成若干个基本体来分析的方法称为形体分析法。形体分析法是画图和读图的基本方法。

项目目标

1. 掌握形体分析法的用途和用法。
2. 学会根据轴测图画组合体的三视图。
3. 学会根据组合体的三视图画轴测图。
4. 学会用形体分析法并辅以线面分析法读懂组合体视图。
5. 掌握由组合体的两个视图画出第三视图及补全缺线的方法。
6. 从二维的平面三视图出发,构建组合体的三维空间实物,学会用联系的、发展的观点看事物。
7. 在绘图时体会严谨认真、一丝不苟的学习态度和工匠精神,并把所学的科学精神、工匠精神运用在日常学习和生活中,严格要求自己。

任务1 组合体的表面连接关系

任务描述

通过补线训练，学生掌握了组合体的组合形式和表面连接关系，为识读组合体三视图打下了基础。

任务资讯

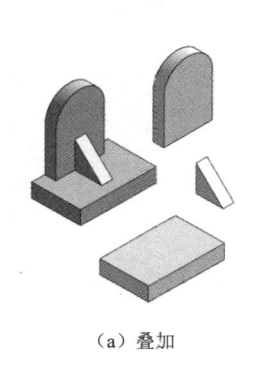

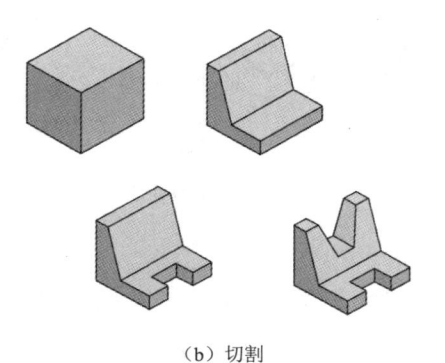

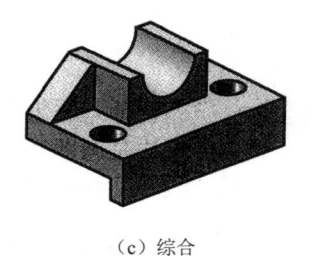

一、组合体的组合形式

组合体的组合形式有叠加、切割和综合三种。

1．叠加

一个组合体往往可以看成是由若干基本体按照一定的要求叠加而成的。如图 5-2（a）所示的轴承座，可以认为它是由 3 块基本体叠加而成的。这种组合形式称为叠加。

2．切割

一个组合体也可以看成是从一个形体上切去若干基本体而成的。这个作为基础进行切割的形体，称为基础体。基础体可以是一个基本体，也可以是一个简单组合体。如图 5-2（b）所示的形体就是由基础体经切割而形成的。这种组合形式称为切割。

3．综合

一个组合体单纯地由叠加或切割的一种方式来构成是很少的，往往是由叠加和切割两种方式共同构成的。这种组合形式称为综合。综合构成时，既可以先叠加后切割，也可以先切割后叠加，如图 5-2（c）所示。

（a）叠加　　　　　（b）切割　　　　　（c）综合

图 5-2　组合体的组合形式

二、组合体的表面连接关系

1．平齐或不平齐

当两基本体表面共面（在同一个表面上）时，相接处不画分界线；当两基本体表面不共面时，相接处应画出分界线（见图 5-3 和图 5-4）。

2．相切

当两基本体表面相切（平面与曲面相切，曲面与曲面相切）时，在相切处不画分界线。图 5-5 中的组合体由底板和圆筒组成，底板的侧面与圆柱面相切，在相切处形成光滑的过渡，因此主视图和左视图中相切处不应画线。

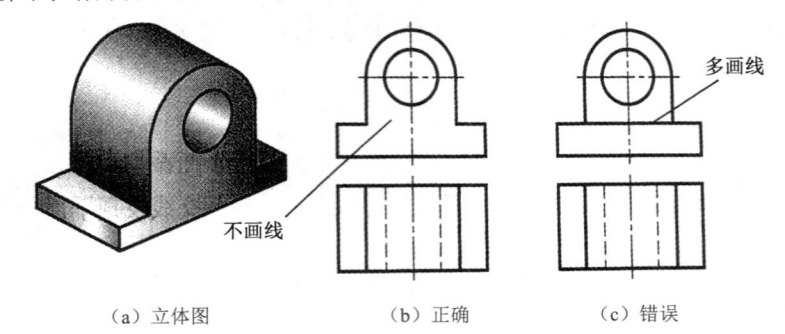

(a) 立体图　　(b) 正确　　(c) 错误

图 5-3　表面平齐的画法

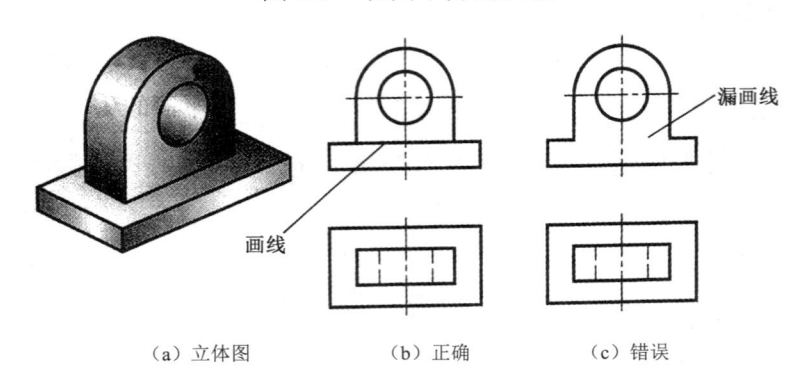

(a) 立体图　　(b) 正确　　(c) 错误

图 5-4　表面不平齐的画法

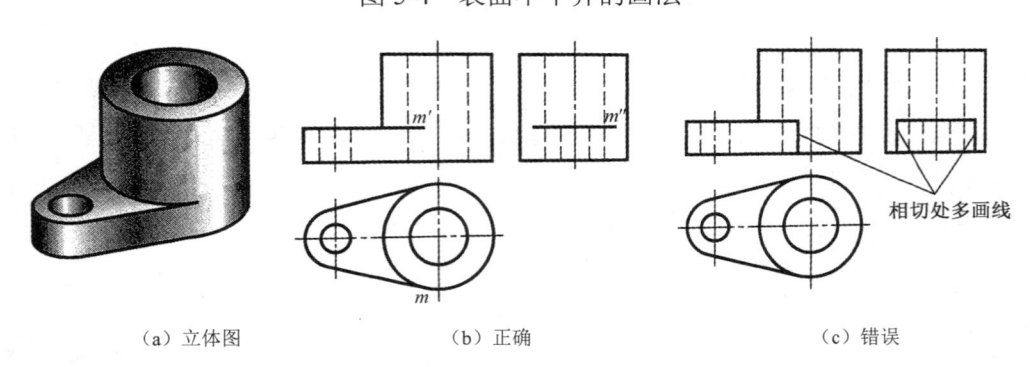

(a) 立体图　　(b) 正确　　(c) 错误

图 5-5　表面相切的画法

3．相交

当两基本体表面相交时，在相交处应画出分界线。图 5-6 中的组合体底板的侧面与圆柱面是相交关系，故在主视图和左视图中相交处应画出交线。

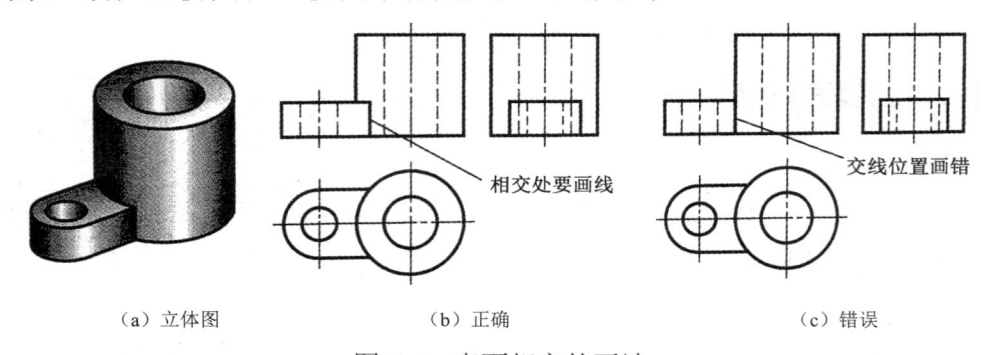

(a) 立体图　　(b) 正确　　(c) 错误

图 5-6　表面相交的画法

项目五

任务实施

训练 补画主视图中所缺的图线（见图 5-7）。

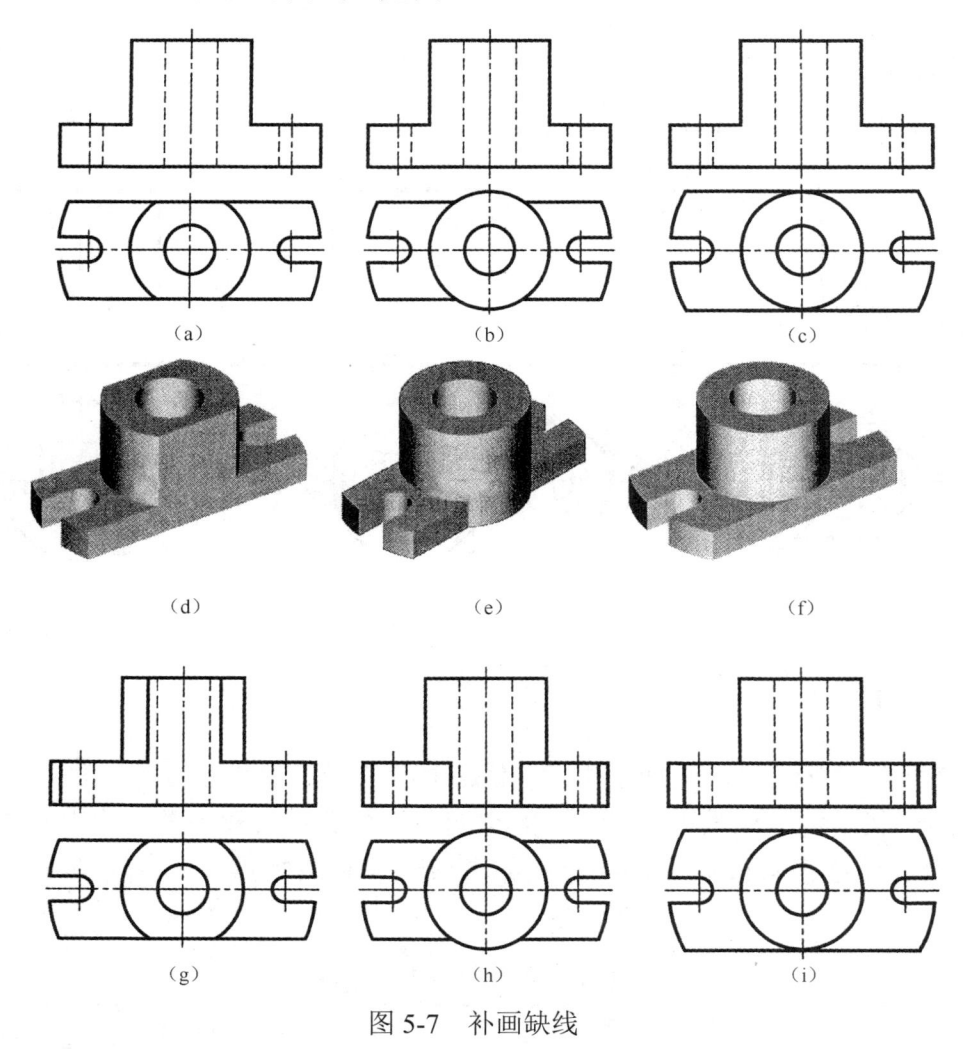

图 5-7 补画缺线

分析：

（1）如图 5-7（a）所示，该组合体是两共轴线圆柱体被前后两正平面截切而形成的。其空间形状如图 5-7（d）所示。主视图中缺少两正平面与两圆柱体表面的四段截交线及下方圆柱体顶平面的部分投影。

（2）如图 5-7（b）所示，该组合体为一竖立圆柱体，左右对称叠加了两块底板，底板前后端面与竖立圆柱面截交，有截交线，底板前后端面与底板左右两侧的圆柱面相交，也有截交线，主视图中缺少四段截交线及底板顶平面的部分投影。其空间形状如图 5-7（e）所示。

（3）如图 5-7（c）所示，该组合体是左右两端为圆柱面中间为长方体的底板上叠加了一圆柱体。底板前后端面与左右两端圆柱面截交有截交线，底板前后端面与叠加圆柱体的表面相切于最前、最后素线，故主视图遗漏了截交线及底板顶平面的积聚投影。其空间形状如图 5-7（f）所示。

97

作图：

由俯视图按对应关系即可补画出主视图中所缺的图线。如图 5-7 中的（g）、（h）、（i）所示。

练习提高

补画主视图中所缺的图线（见图 5-8）。

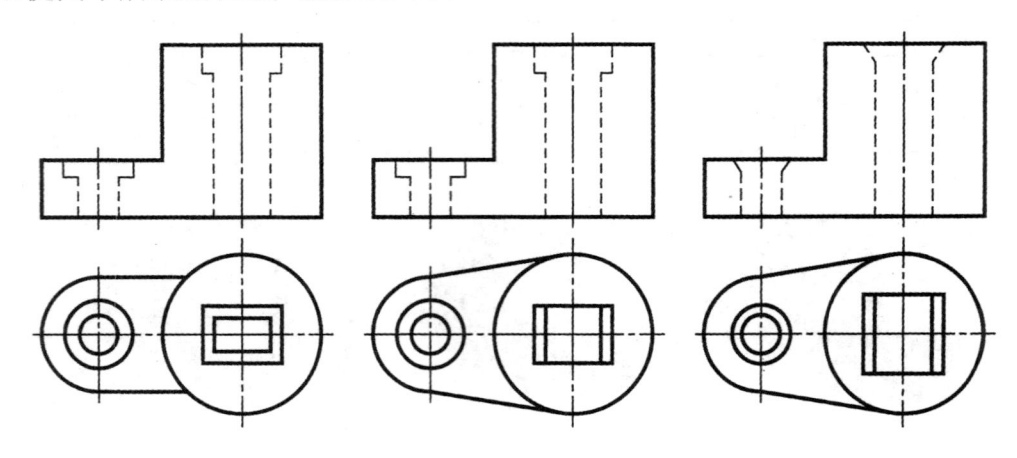

图 5-8 补画缺线

任务评价

本任务教学与实施的目的是使学生能熟练进行组合体三视图的绘制，能准确识读三视图所表达物体的形状结构，使学生具备一定的空间分析想象能力和制图表达空间物体的能力。评价方式采用工作过程考核评价、综合任务考核评价和教师点评。任务实施评价项目表如表 5-1 所示。

表 5-1 任务实施评价项目表

序 号	评 价 项 目	配 分 权 重	实 得 分
1	三视图绘制的正确性、规范程度	30%	
2	看懂视图所表达物体结构的正确性	35%	
3	补线训练中视图所表达物体结构的正确性	35%	

任务总结

在任务实施过程中，应注重精讲多练，要反复进行由平面到空间和由空间到平面的读画相结合的三视图作图训练，熟练掌握形体间表面的共面、相错、相切、相交四种连接关系及其画法，熟练运用"长对正、高平齐、宽相等"的三视图投影规律和形体分析法进行绘图和看图。

形体分析法就是假想把组合体分解成由若干个基本体组成，并弄清各个基本体的形状及其相对位置、组合形式和表面连接关系，以达到了解整体的目的。它是画图、看图和标注尺寸的基本方法，用它可以将复杂的形体简化为若干个基本体。

任务 2　组合体视图的画法

任务描述

通过绘制组合体三视图的训练，学生能熟练进行组合体三视图的绘制，具有空间分析想象能力和制图表达空间物体的能力。

任务资讯

绘制组合体的三视图就是根据组成组合体的各基本体之间的相对位置，在正确处理各基本体表面之间连接关系的基础上，画出它们的投影的过程。

绘制组合体三视图的基本方法是形体分析法。在绘图之前，先假想将组合体分解成若干个基本体，分析它们的形状、相对位置和组合形式，以及表面之间的连接方式，再逐个画出每一个基本体的三视图，最后再综合处理各表面之间的连接关系，完成整个组合体的投影。这是形体分析法画图的基本要求，必须牢固掌握。

一、画组合体三视图的步骤

1．形体分析

应用形体分析法和线面分析法对要表达的组合体进行分析，对其整体形状和构成方式有比较完整的认识。

2．画三视图

根据表达组合体的构成情况，采用相应的方法和步骤绘制组合体的三视图。

二、叠加式组合体视图的画法

1．形体分析法

假想将叠加式组合体分解为若干个基本体，分析各基本体的形状、在组合体中的相对位置、形体间的表面连接关系，从而弄清组合体的结构形状，这种分析方法称为形体分析法。图 5-9（a）所示的轴承座可分解成图 5-9（b）所示的五个部分。

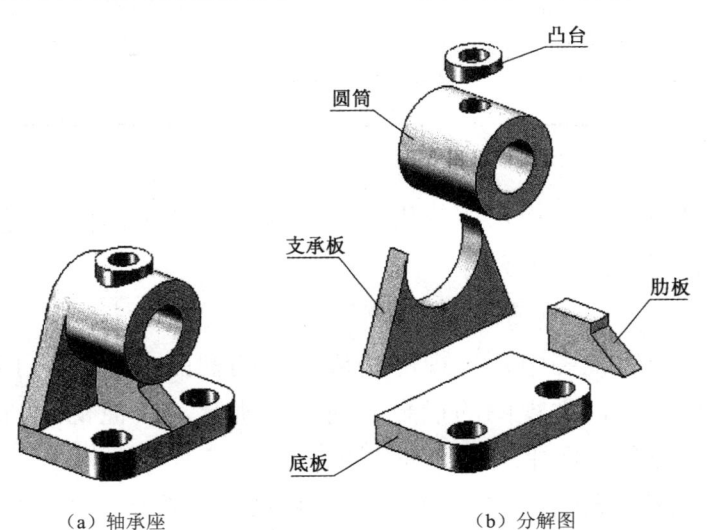

（a）轴承座　　　　　　　　　　（b）分解图

图 5-9　轴承座的形体分析

2．叠加式组合体的画法步骤

以图 5-9（a）所示的轴承座为例进行说明（见表 5-2）。

表 5-2　轴承座的绘图步骤

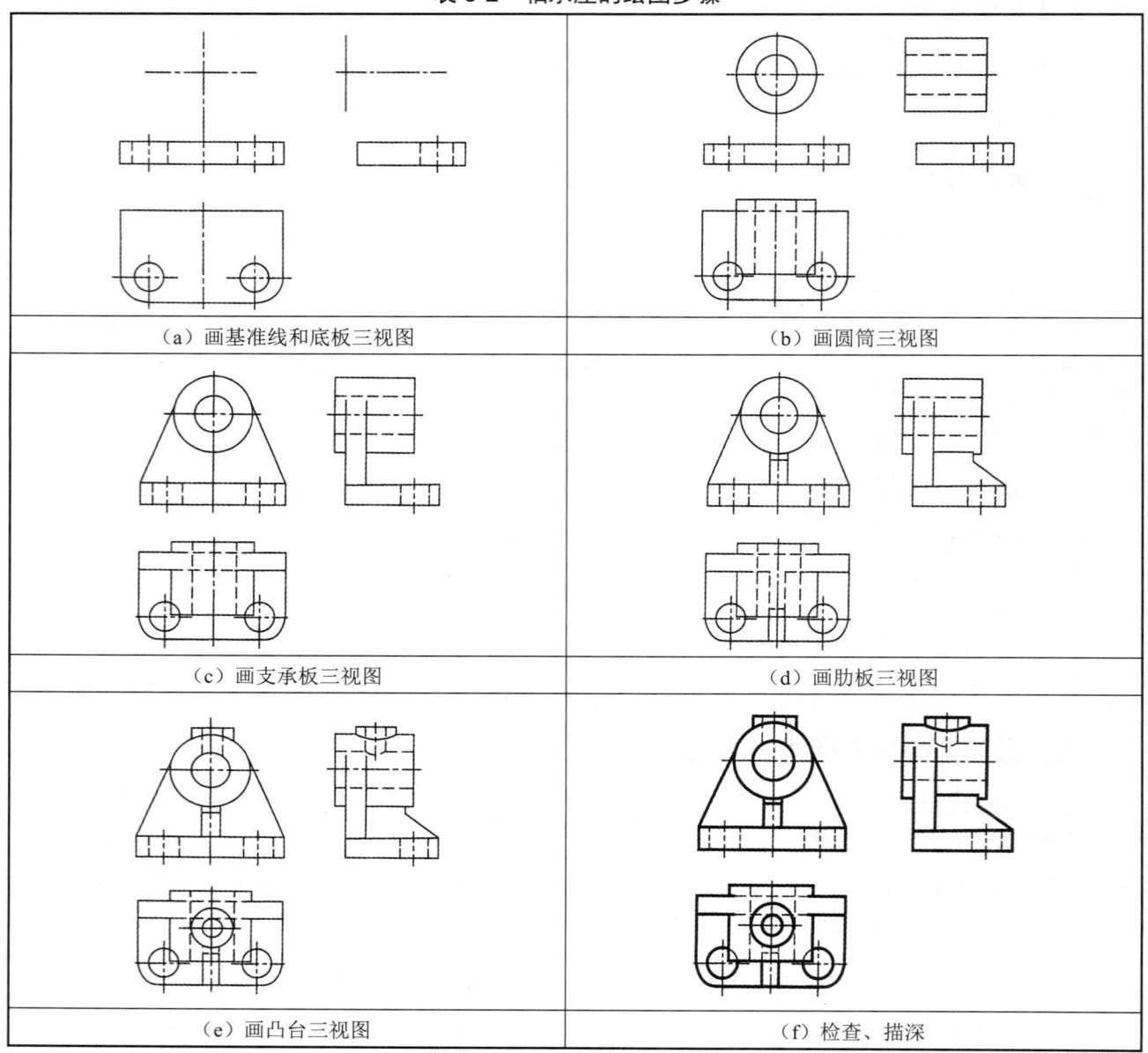

（a）画基准线和底板三视图	（b）画圆筒三视图
（c）画支承板三视图	（d）画肋板三视图
（e）画凸台三视图	（f）检查、描深

（1）形体分析。

画图前，首先应对组合体进行形体分析，分析该组合体是由哪些基本体组成的，基本体之间的相对位置及表面间的连接关系。

（2）选择主视图。

在表达物体形状的一组视图中，主视图是最重要的视图，它反映了物体主要的形状特征和位置特征。在画三视图时，主视图的投影方向一旦确定，其他视图的投影方向也就被确定了。因此，主视图的选择是绘图中的一个重要环节。

选择主视图时，一般选择最能反映组合体形体特征和位置特征的视图作为主视图，此外还应考虑物体的安放位置，尽量使其主要平面和轴线与投影面平行或垂直，以便使投影反映实形。

（3）确定比例和图幅。

主视图确定后，要根据物体的尺寸大小，选择适当的比例与图幅。选择的图幅要留有足够的空间以便于标注尺寸和画标题栏等。

（4）画图框和标题栏。

（5）画基准线。

画基准线是绘制视图的前提，是布置视图的重要手段。画基准线时，应画出每一个视图相互垂直的两根基准线，如果物体对称，还要画对称中心线。

（6）绘制视图。

按照组成物体的基本体，逐一画出每一部分的三视图。画法要点如下。

① 先主后次，先画主要组成部分，后画次要组成部分。

② 先实后虚，先画看得见的部分，后画看不见的部分。

③ 先曲后直，先画主要的圆和圆弧，后画直线。

④ 三个视图同时画，为保证三视图之间的投影关系，应尽可能把同一基本体的三面投影联系起来作图，并依次完成各组成部分的三面投影。不要孤立地先完成一个视图，再画另一个视图。

⑤ 先画特征视图，再画其他视图。

⑥ 注意各部分之间的相互位置关系和表面连接关系。

（7）检查、描深。

☺ 画图时应注意以下几个问题。

（1）利用投影关系，按投影规律逐个绘制每一个基本体的三视图。不应单独地画完组合体的一个视图后再画其他视图。这样既能保证各基本体之间的投影关系和相互位置，又提高了绘图速度。

（2）先画截交线有积聚性的投影，再根据投影关系画出截交线的其他投影。

（3）各形体之间的表面过渡关系要表示正确。如表5-2中的（c）所示，支承板侧面与圆筒相切，其左视图中相切处无转向线，表示侧面的转向线画至相切处；肋板侧面与圆筒相交，交线应与圆筒自身的侧面转向线区分开来。同时应考虑到肋板与圆筒相接处的实体内部无线，故该段圆筒外表面转向线投影不存在，如表5-2中的（d）所示。

（4）相贯线的投影通常最后画出，如表5-2中的（d）所示。

三、切割式组合体视图的画法

1. 切割式组合体的形体分析

确定组合体在切割之前是什么基本体；分别切去哪几部分，先切去什么，再切去什么。

2. 切割式组合体的画法步骤

（1）形体分析法。

切割式组合体的形体分析如图5-10所示。注意切割的先后顺序不是唯一的，但顺序不同，画图的难易程度不同。

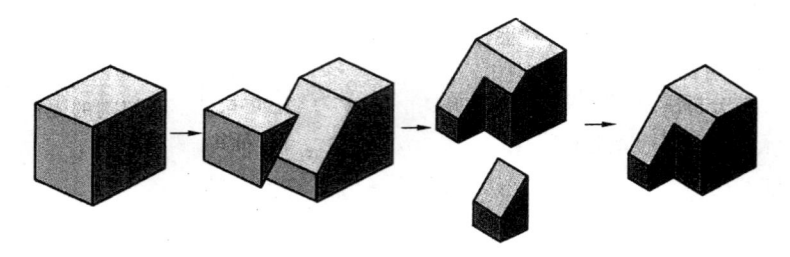

图 5-10 切割式组合体的形体分析

（2）确定主视图。

（3）选择比例、确定图幅。

（4）画基准线。

（5）画图过程见表 5-3。

表 5-3 切割式组合体的绘图步骤

序 号	模 型	三 视 图	画法说明
① 画物体切割之前的基本体的三视图			该物体在切割前是长方体
② 画切割每一部分后的三视图。切去某一部分时，先画缺口，再画切割后产生的截交线，画图时注意对应的投影关系			用正垂面切割长方体
			用正平面和侧平面切割长方体
③ 利用平面的投影规律进行检查			分析正垂面的投影，利用类似性判断画法是否正确

任务实施

训练 1 根据组合体的轴测图和两个视图，补画其左视图［见图 5-11（a）］。

分析：根据给出的两视图上对应的封闭线框，可以看出该物体是由长方形底板Ⅰ、竖板Ⅱ和拱形板Ⅲ叠加后组成的。其中竖板立在底板上，后面平齐；拱形板立在底板上，与竖板前面接触贴合，整体左右对称；后面切去一个长方形凹槽，并钻有一个圆孔，如图 5-11（b）所示。

作图：

按投影规律，补画左视图的作图步骤如图 5-11（c）所示。

（1）先画底板。

（2）根据相对位置关系，画竖板。

（3）画拱形板。

（4）画后面的通槽（虚线）。

（5）最后画通孔（虚线）。

（6）检查、擦去多余图线，加深。

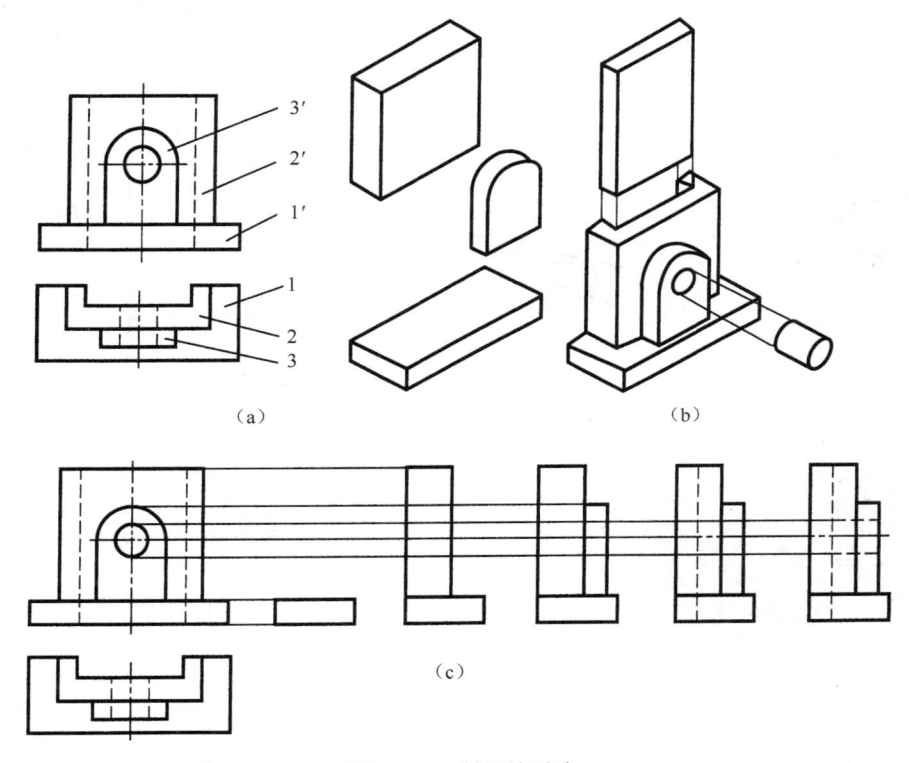

图 5-11 补画视图

训练 2 根据组合体的轴测图，画其三视图［见图 5-12（g）］。

分析： 图 5-12（g）所示的组合体是由基础体［由该组合体的最大轮廓范围确定为一个长方体，如图 5-12（a）所示］被切去形体Ⅰ、Ⅱ、Ⅲ而形成的。

作图：

（1）先画出基础体的视图（基础体由最大轮廓范围确定），如图 5-12（a）和图 5-12（b）所示。

（2）作平面 P、Q 切割基础体，切去形体Ⅰ，应先画其左视图，以便确定其余视图，如图 5-12（c）和图 5-12（d）所示。

（3）作平面 R 切去形体Ⅱ，如图 5-12（e）所示，应先画其主视图，以便确定其余视图，注意平面 R 的其余两个投影（r'' 与 r）的形状应类似，如图 5-12（f）所示。

（4）作平面 S 切去形体Ⅲ，如图 5-12（g）所示，应先画俯视图，以便确定其余视图，作其余投影时仍应注意其余两投影（s'与s''）的形状应类似，如图5-12（h）所示。

（5）检查、加深。检查时应注意：除检查形体的投影外，还要检查面形的投影，特别是检查复杂斜面投影对应的类似形。图5-12中平面R及S的投影形状应类似，如果此类平面上的交线画错，可以从平面投影的类似形中查出。

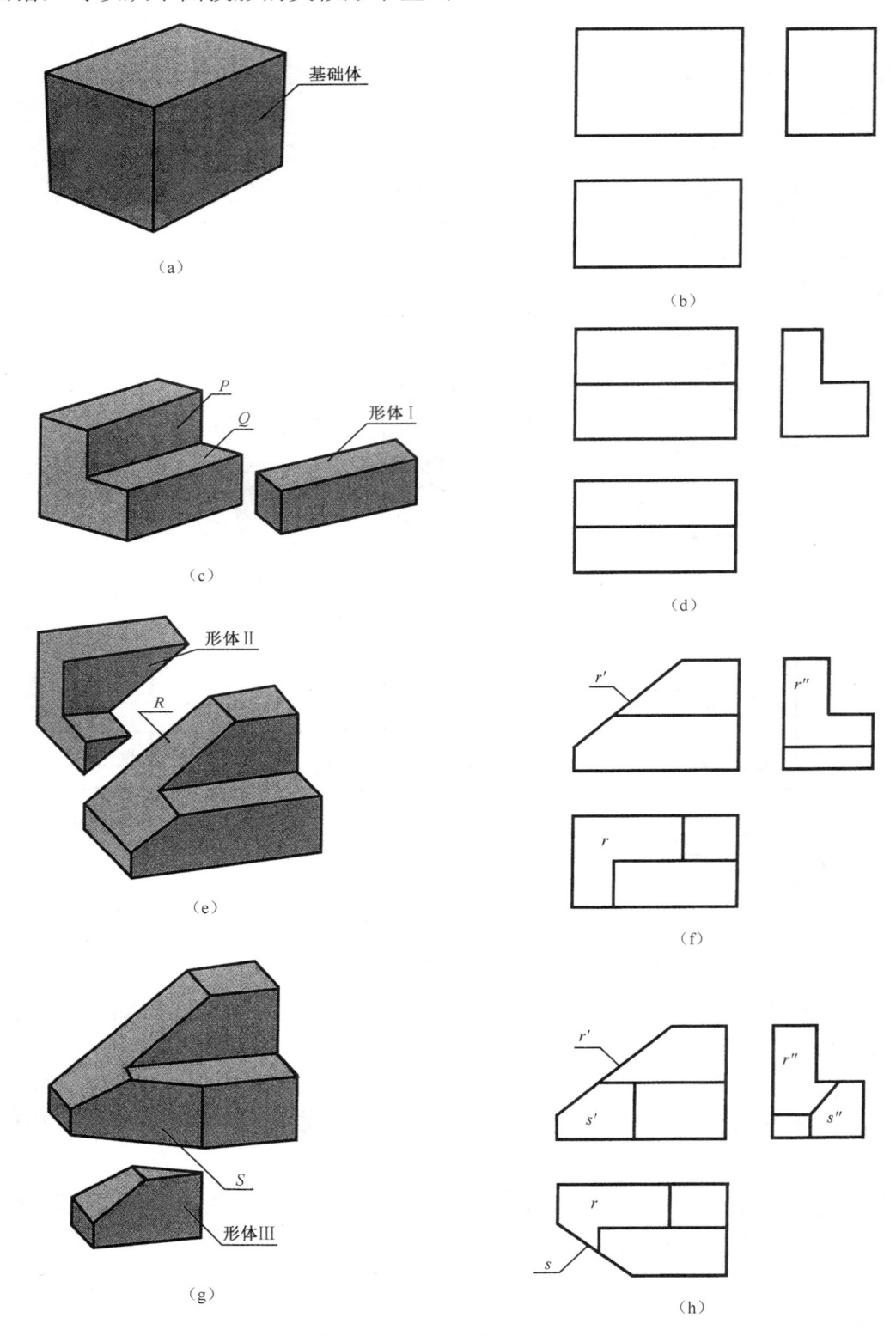

图 5-12　画组合体三视图

练习提高

1. 根据轴测图和主、左视图，补画俯视图（见图 5-13 和图 5-14）。

2. 在三分钟时间内你能完成左视图吗？（图 5-15）

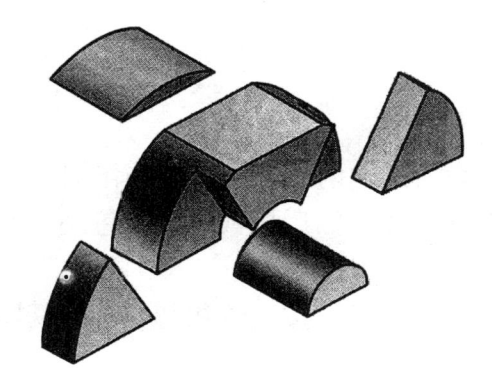

图 5-13 轴测图

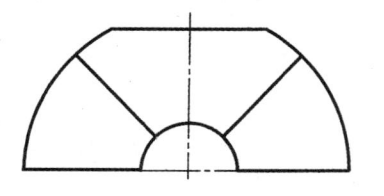

图 5-14 补画俯视图

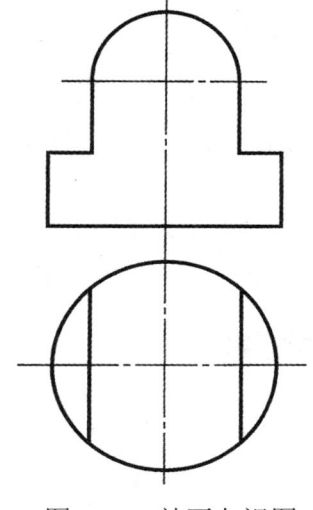

图 5-15 补画左视图

任务评价

本任务教学与实施的目的是使学生能熟练进行组合体三视图的绘制，能准确识读三视图所表达物体的形状结构，使学生具备一定的空间分析想象能力和制图表达空间物体的能力。评价方式采用工作过程考核评价、综合任务考核评价和教师点评。任务实施评价项目表如表 5-4 所示。

表 5-4 任务实施评价项目表

序 号	评 价 项 目	配 分 权 重	实 得 分
1	三视图绘制的正确性、规范程度	30%	
2	根据立体绘制的三视图中物体结构的正确性	35%	
3	补图训练中看懂视图所表达物体结构的正确性	35%	

任务总结

在画组合体三视图时，首先要恰当选择主视图的投影方向，其原则是要选择最能反映组合体各部分形状特征和相对位置的方向作为主视图的投影方向，并且要使其他视图中的虚线较少。

三视图的画图步骤是：先画出主要形体，后画细节；先画可见的图线，后画不可见的图线；每个形体应先从具有积聚性或反映实形的视图入手，然后画其他投影；要三个视图同时绘制，注意各形体间的相对位置和表面连接关系。

任务3 组合体的轴测图

任务描述

通过组合体正等轴测图和斜二等轴测图的训练，能较熟练地运用轴测图来表达机件的形状结构。

任务资讯

组合体轴测图的画法：画组合体的轴测图，常用叠加法、切割法、综合法作图。

对于叠加式的组合体，先将组合体分解成若干个基本体，然后按其相对位置逐个画出各基本体的轴测图，进而完成整体的轴测图，称为叠加法。

对于切割式的组合体，先画出完整的几何体的轴测图，然后按其结构特点逐个切除多余的部分，进而完成形体的轴测图，称为切割法。

对于既有叠加又有切割的组合体，可综合采用上述两种方法画轴测图，称为综合法。

任务实施

训练1 根据三视图（见图5-16），画出支架的正等轴测图。

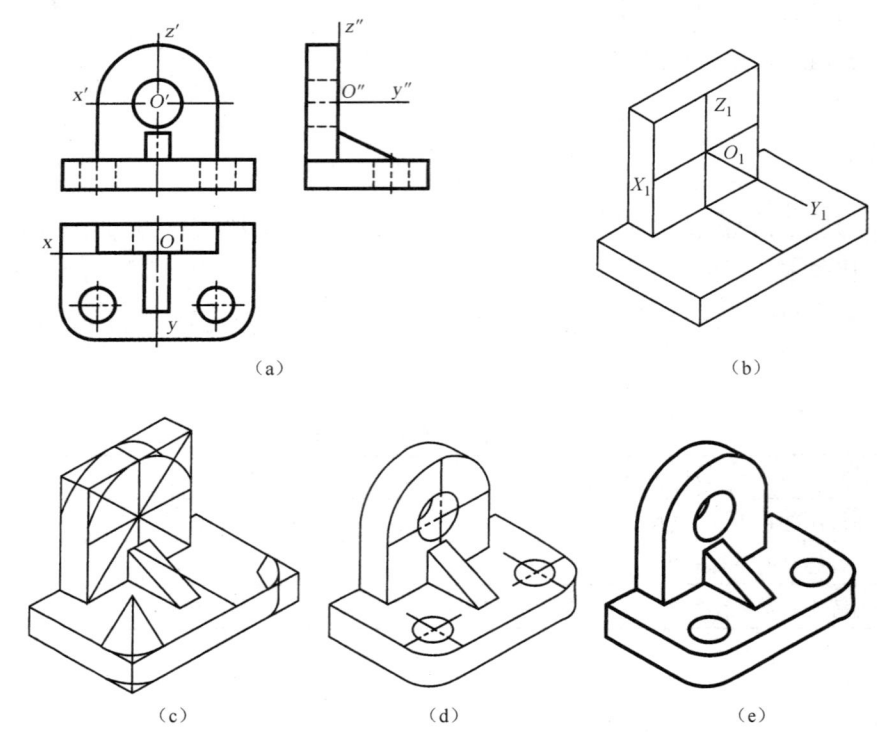

（a）
（b）
（c）
（d）
（e）

图5-16 支架的正等轴测图

分析：根据支架的结构特点，建立直角坐标系如图5-16（a）所示，这样便于作图。

作图：

（1）设立直角坐标系，作轴测轴，画竖板、底板主要轮廓线，如图5-16（b）所示；

（2）画肋板和圆角，如图5-16（c）所示；

（3）画通孔，如图5-16（d）所示；

（4）擦去作图线，并加深，如图5-16（e）所示。

训练2　根据主、俯两视图（见图5-17），画出压盖的斜二轴测图。

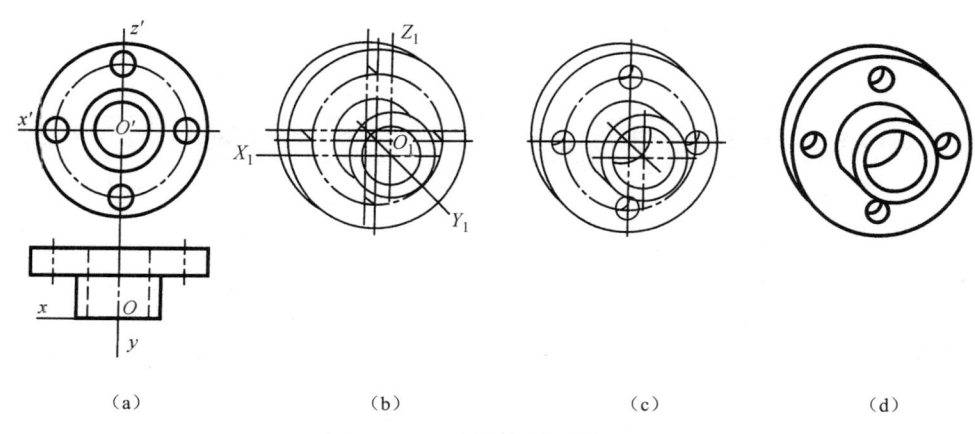

（a）　　　　　　（b）　　　　　　（c）　　　　　　（d）

图5-17　压盖的斜二轴测图

分析：此压盖基本由同轴圆柱体构成，故选用正面斜二轴测图将特征面平行于轴测投影面，使这个面的投影反映实形。

作图：

（1）在正投影图中选压盖前端面的中心为直角坐标原点，如图5-17（a）所示；

（2）作轴测轴，从前到后定各圆心的位置，画出各个圆，如图5-17（b）所示；

（3）画出轮廓线及4个均布小孔，如图5-17（c）所示；

（4）擦去作图线，并加深，如图5-17（d）所示。

练习提高

根据三视图，画出物体的正等轴测图（见图5-18）。

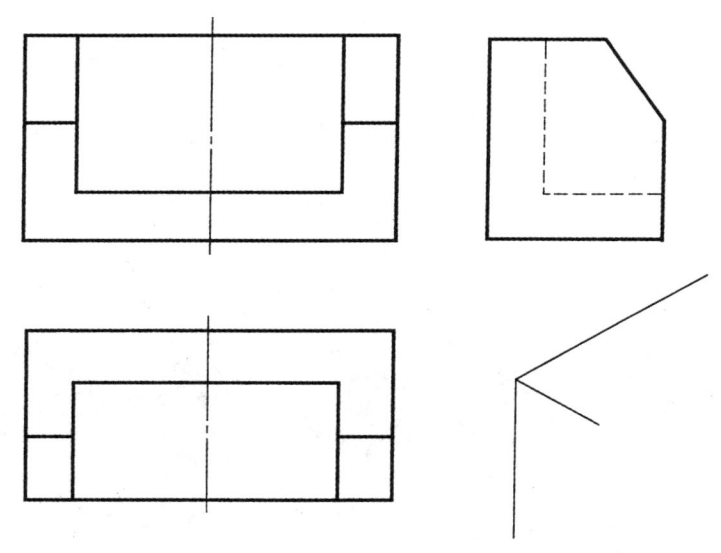

图5-18　画出物体的正等轴测图

任务评价

本任务教学与实施的目的是使学生能熟练进行组合体轴测图的绘制，使学生具备一定的空间分析想象能力和制图表达空间物体的能力。评价方式采用工作过程考核评价、综合任务考核评价和教师点评。任务实施评价项目表如表 5-5 所示。

表 5-5 任务实施评价项目表

序 号	评 价 项 目	配 分 权 重	实 得 分
1	组合体轴测图绘制的正确性、规范程度	30%	
2	选择组合体轴测图表达方法的正确性、合理程度	20%	
3	组合体轴测图所表达物体结构的正确性	50%	

任务总结

画组合体轴测图的基本方法是叠加法、切割法、综合法，在已经掌握了轴测图知识的基础上，做到绘制正确、规范，帮助我们想象和构思。

任务 4 看组合体视图的方法

任务描述

通过识读三视图的补图和补线训练，学生掌握组合体三视图的读图方法，为识读和绘制零件图打下基础。

任务资讯

一、读图的基本要领

1. 几个视图联系起来分析

（1）一个视图只能反映物体一个方向的形状，因此不能全面表达物体的结构。如图 5-19 所示，一个视图可以反映多个不同物体的形状（对于形状简单的物体，如圆球，可用一个视图并借助尺寸 $S\phi$ 表达其形状）。

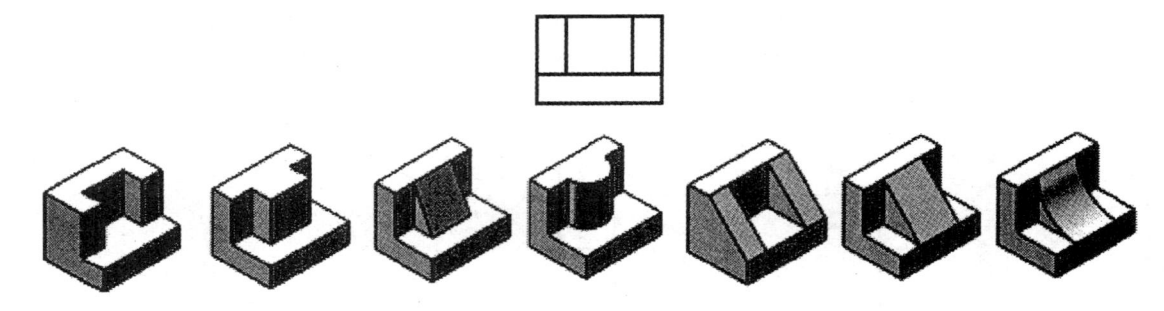

图 5-19 一个视图可以反映多个不同物体的形状

（2）两个视图不一定能确定物体的形状。如图 5-20 所示的三个物体，它们具有相同的主视图和俯视图，左视图却不同。这属于一题多解的情形。

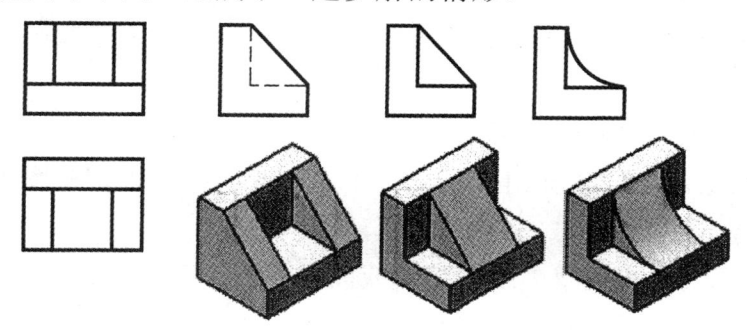

图 5-20 两个视图相同的不同物体

（3）三个视图表达物体。一般来说用三个视图来表达物体是确定的，这是因为每个视图都反映了物体某一方向上的形状特征，三个视图结合起来能较全面地反映物体的形状特征。因此，看图时要将几个视图联系起来。但也有例外，如图 5-21 所示的三视图表达的物体不确定实例。

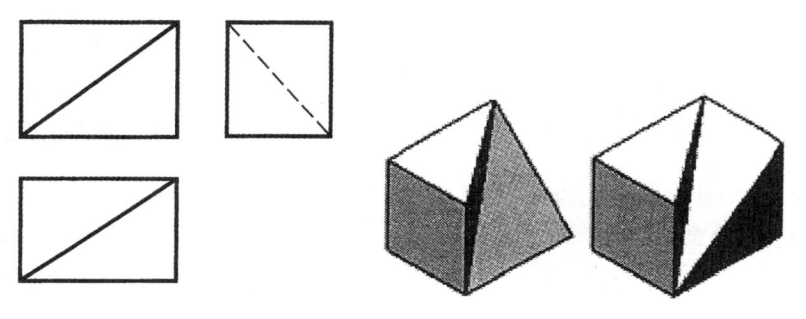

图 5-21 三视图所表达的物体不确定实例

2. 注意抓特征视图

1）形状特征视图

反映物体形状特征最多的视图称为形状特征视图。因为每个视图都反映了物体某一方向（或某一部分）的形状特征，而有的视图反映的形状特征多一些。如图 5-20 中的左视图就是形状特征视图。

2）位置特征视图

最能反映物体位置特征的视图称为位置特征视图。在如图 5-22 所示的三视图中，左视图是位置特征视图。

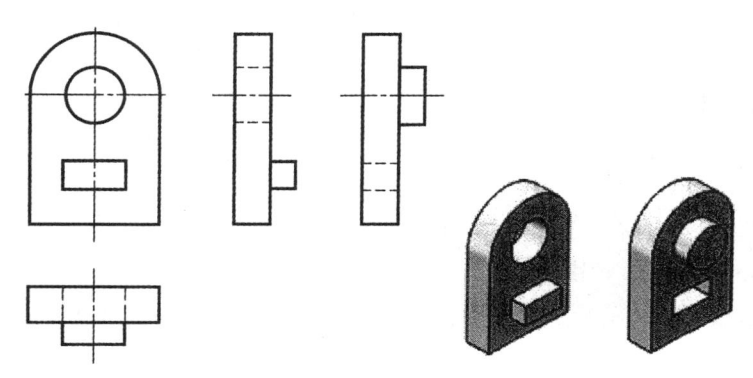

图 5-22 左视图反映形体的位置特征

反映物体形状特征或相对位置最充分的视图称为特征视图。一般而言，主视图较多地反映物体的形状特征和位置特征，因此看图时要从主视图入手，根据投影关系，将三个视图结合起来。

3．认清视图中线条和线框的含义

视图是由线条组成的，线条又组成了一个个封闭的线框。识别视图中线条及线框的空间含义，也是读图的基本知识。

① 视图中的轮廓线（实线或虚线，直线或曲线）可以有 3 种含义，如图 5-23 所示。
② 视图中的封闭线框可以有 4 种含义，如图 5-24 所示。

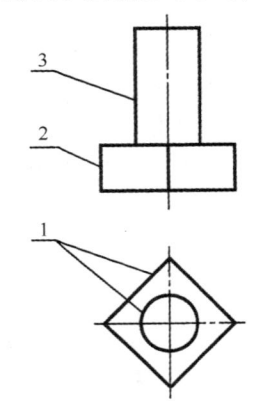

1—表示物体上具有积聚性的平面或曲面；
2—表示物体上两个表面的交线；3—表示回转体的轮廓线。

图 5-23　视图中轮廓线的含义

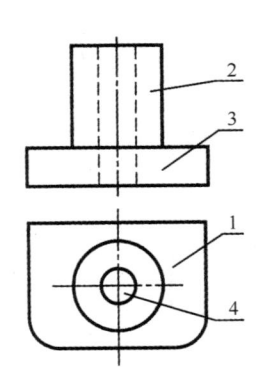

1—表示 1 个平面；2—表示 1 个曲面；
3—表示平面与曲面相切的组合面；4—表示 1 个空腔。

图 5-24　视图中封闭线框的含义

4．要注意利用细虚线来分析物体的形状、结构及相对位置

细虚线和粗实线的含义一样，也用于表达物体上轮廓线的投影，只是因为其不可见而画成细虚线，如图 5-25 所示。

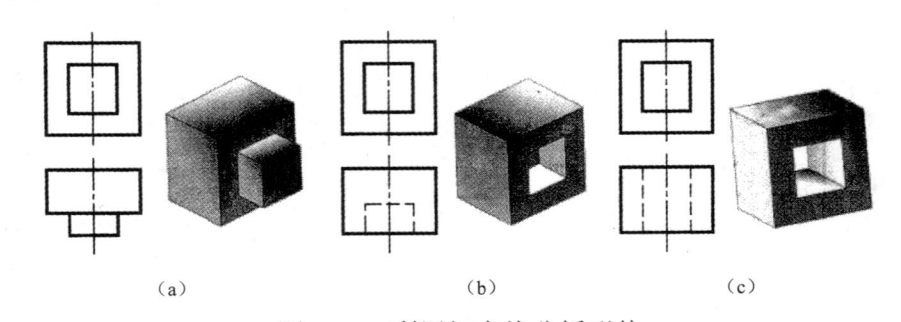

（a）　　　　　　（b）　　　　　　（c）

图 5-25　利用细虚线分析形体

二、形体分析法读图

1．形体分析法的读图原理

从反映形体特征的视图入手，将视图划分为若干封闭线框，从而将组合体分解成若干组成部分，通过投影，先分别找出各组成部分的另外两个视图，然后弄清各组成部分的形状结构、相对位置关系、组合形式及表面连接关系，最后综合起来想象整体形状。

2．形体分析法读图的一般步骤

现以图 5-26 所示的形体分析法读图的步骤为例进行说明。

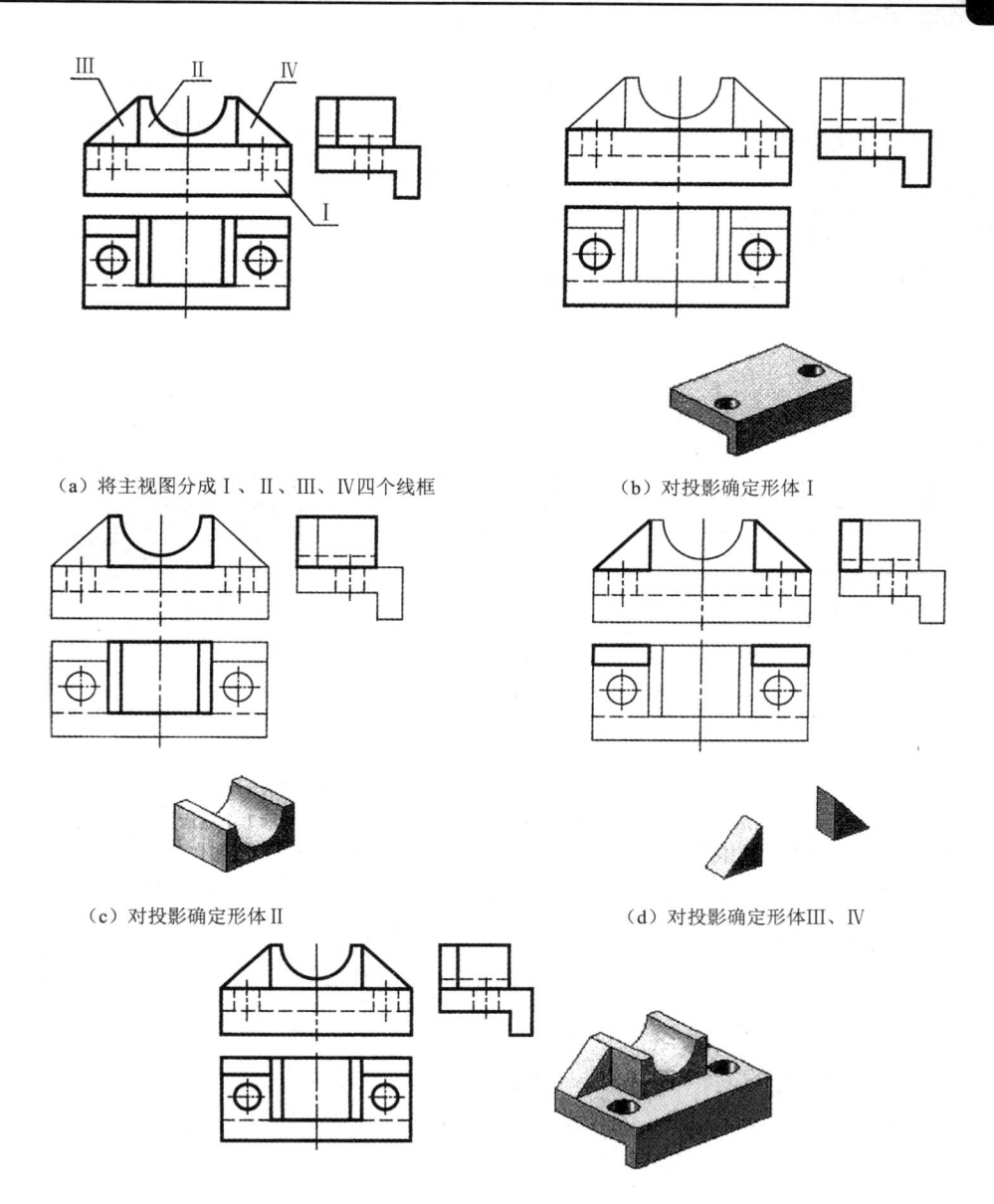

(a）将主视图分成Ⅰ、Ⅱ、Ⅲ、Ⅳ四个线框　　　　（b）对投影确定形体Ⅰ

(c）对投影确定形体Ⅱ　　　　（d）对投影确定形体Ⅲ、Ⅳ

(e）综合起来想出整体

图 5-26　形体分析法读图的步骤

（1）看视图，在三视图中抓特征，主视图较多地反映了组合体的形状特征和位置特征，故从主视图入手进行看图。

（2）分解形体，将主视图分成Ⅰ、Ⅱ、Ⅲ、Ⅳ四个封闭线框，从而将组合体分解成四个组成部分。根据"长对正、高平齐、宽相等"的投影规律，由封闭线框Ⅰ、Ⅱ、Ⅲ、Ⅳ，分别找出各部分的另外两个投影，想象各部分的结构形状。

（3）综合起来想整体，在明确各个组成部分的形状后，按相对位置关系，将各部分组合起来，从而想象组合体的整体形状。

形体分析法读图特别适用于叠加式组合体。

三、线面分析法读图

1．线面分析法的读图原理

切割式组合体在运用形体分析法的同时，人们还常用线面分析法来分析组合体的局部形状。用线面分析法看图，就是利用线面的投影规律分析组合体视图中轮廓线与线框的含义，从而分析物体表面的名称和空间位置，想象物体的形状。理解视图中轮廓线与线框的含义是线面分析法看图的基础。

2．线面分析法读图步骤

现以图 5-27 所示的切割式组合体为例，说明线面分析法读图的步骤。

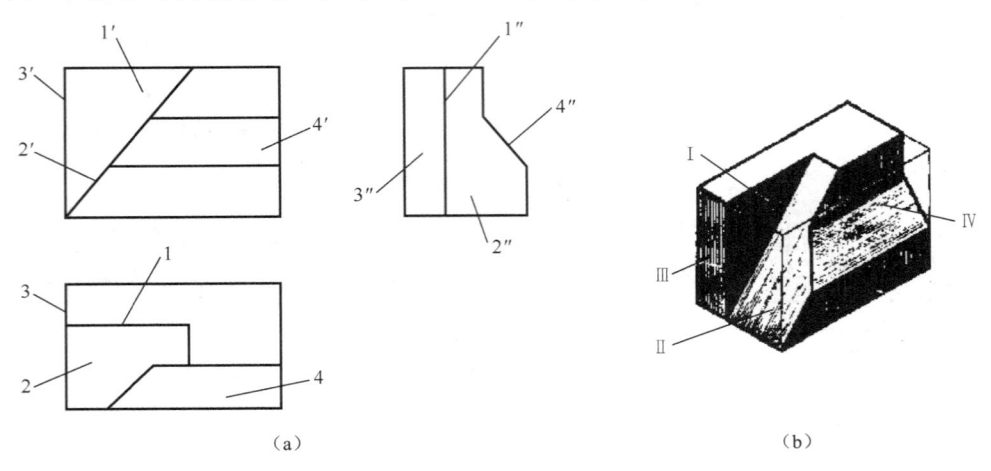

图 5-27　利用线面分析法看图

（1）分线框、定位置。在视图中分线框、定位置是为了识别"面"的形状和空间位置。

凡是"一框对两线"，则表示投影面平行面；"一线对两框"，则表示投影面垂直面；"三框相对应"，则表示一般位置平面。熟记其特点，便可以很快地识别出面的形状和空间位置。

分线框可从平面图形入手，如从三角形 1′ 入手，找出对应投影 1 和 1″（一框对两线，表示Ⅰ为正平面）；也可从视图中较长的"斜线"入手，如从 2′ 入手，找出 2 和 2″（一线对两框，表示Ⅱ为正垂面）。同样，从长方形 3″ 入手，找出 3 和 3′（表示侧平面），从斜线 4″ 入手，找出 4 和 4′（表示侧垂面）。其中，尤其应注意视图中的长斜线（特征明显），它们一般为投影面垂直面的投影，抓住其投影的积聚性和另两面投影均为平面原形类似形的特点，便可很快地分出线框，判定出"面"的位置。

（2）综合起来想整体。切割式组合体往往是由几何体经切割而形成的，因此在想象整个物体的形状时，应先以几何体的原形为基础，以视图为依据，再将各个表面按其相对位置综合起来，即可想象出整个物体的形状，如图 5-27（b）所示。

四、组合体综合应用

补画视图和补画缺线是培养学生看图、画图能力和检验是否看懂视图的一种有效手段。其基本方法是形体分析法和线面分析法。无论补画视图、补画缺线还是看三视图，都可按以下三个步骤进行。

（1）抓住特征，分部分。
（2）对准投影，想形状。
（3）综合归位，想整体。

1．补画视图

由已知两面视图补画第三面视图，其答案一般是确定的，但有时也可能有多种答案。为了分析视图所表达的物体结构形状是否正确，必要时，可以通过采用橡皮泥等材料制作模型或用画轴测图的方法来帮助想象或验证。

补画视图的主要方法是形体分析法，要点如下。

（1）在由已知两个视图补画第三视图时，可根据每一封闭线框的对应投影，按照基本体的投影特性，分析出已知线框的空间形体，从而补画出第三投影。

（2）对于不能明确确定的问题，可以运用线面分析方法，补出其中的线条或线框，从而达到正确补画第三视图的要求。

补图的一般顺序是先画外形，再画内腔；先画叠加部分，再画挖切部分。

2．补画缺线

补画缺线主要是利用形体分析法和线面分析法分析已知视图并补全图中遗漏的图线，使视图表达完整、正确的方法。补画视图中的缺线是读图训练的有效途径。补画缺线时，先明确一点：给出的视图虽然缺线，但所示物体的形状通常是确定的，因此补线可分两步进行。

（1）根据已知视图，想出物体形状。

（2）依据投影关系，按部分找投影、补画缺线。具体如下。

① 从视图中形状、位置特征明显处出发，在另两个视图中分别找出其对应投影，缺一处，补一处。

② 注意区分相邻两形体间衔接处的投影，漏一处，补一处。

③ 补线时要将三个视图反复地对照，因为缺线的视图不只是一个，有时是两个或三个。

任务实施

训练1 已知组合体的主、俯视图，补画左视图［见图5-28（a）］。

分析：由已知视图划分线框，按投影规律分析，该组合体由形体Ⅰ、左右对称的肋板Ⅱ及前凸台Ⅲ组成。形体Ⅰ由上小下大的两四棱柱叠加而成，前后表面平齐，且在其中央挖去了一个四棱柱凹槽。左右对称的两肋板与主体叠加。凸台是由半圆柱和长方体组成的一个柱体，切去一个通孔后叠加在形体Ⅰ的前方。其组合体的空间形状如图5-28（b）所示。该组合体的主视图和俯视图如图5-28（c）所示。

作图：

（1）按投影规律补画挖切后的形体Ⅰ的侧面投影，如图5-28（d）所示。

（2）分别补画肋板、凸台和通孔的侧面投影，如图5-28（e）所示。

（3）完成组合体的左视图，如图5-28（f）所示。

训练2 补画图5-29（a）所示的三视图所缺图线。

分析：由主、左视图可知，该组合体为切割式，原来的整体形状为长方体。由主视图左上角所缺部分可知，长方体的左上角被水平面P和正垂面R截切，又由左视图的缺口可知，长方体又被前后对称的侧垂面S和水平面M切割，由主、左视图的对应关系可知，P、M、S三个平面均为四边形，R平面为八边形，其组合体的空间形状如图5-29（b）所示。

作图：

（1）补画水平面 P 的俯视图，如图 5-29（c）所示。

（2）补画正垂面 R 的俯视图。由 R 平面八边形的左视图 r'' 及主视图 r' 即可画出正垂面 R 的俯视图。如图 5-29（c）所示。

（3）补画水平面 M、侧垂面 S 及顶平面的俯视图，如图 5-29（d）所示。

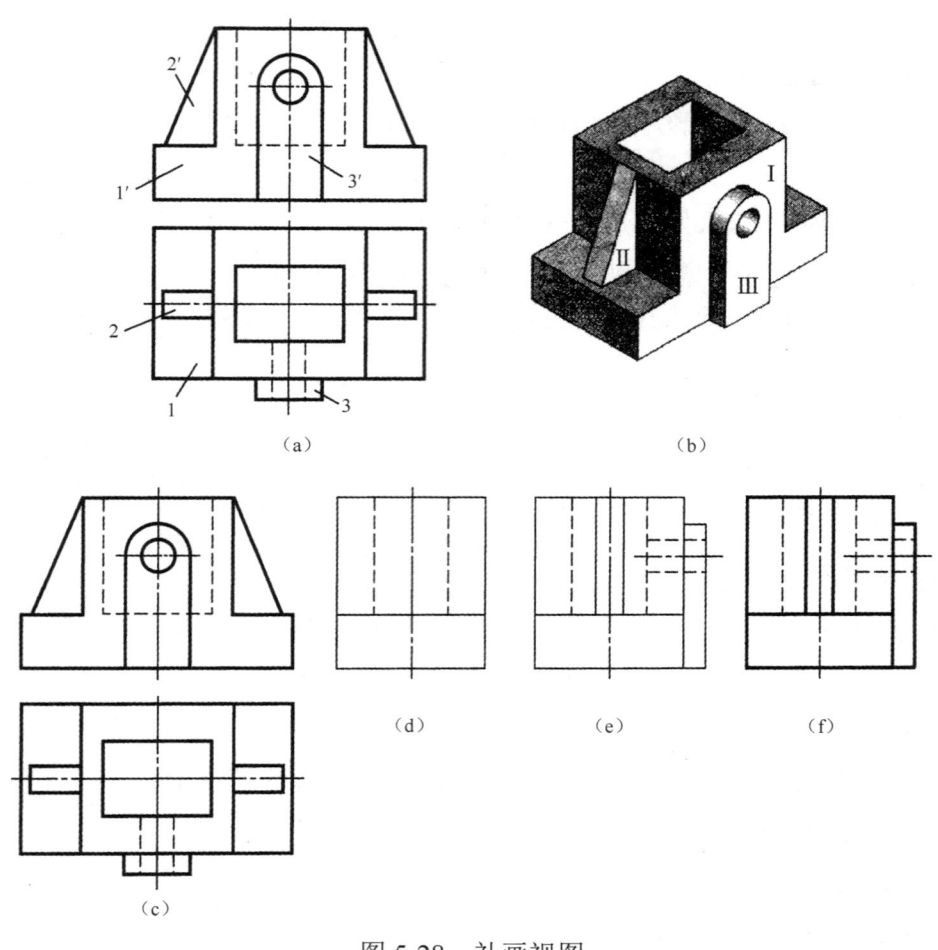

图 5-28　补画视图

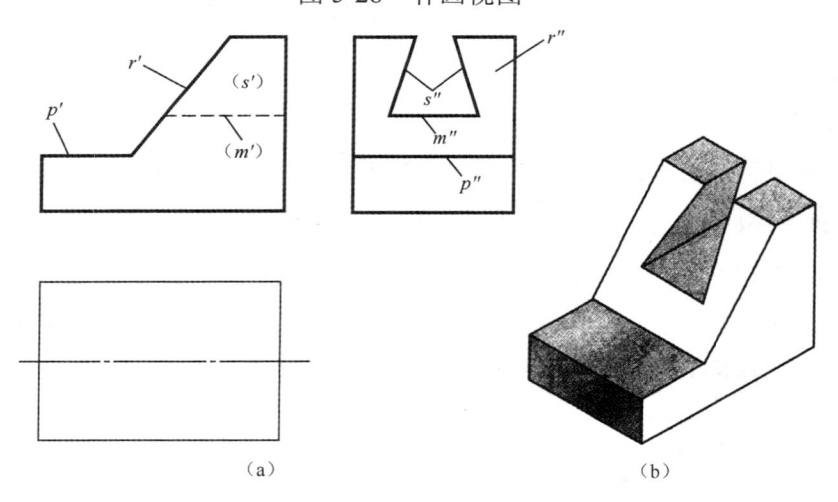

图 5-29　补画缺线

(c)

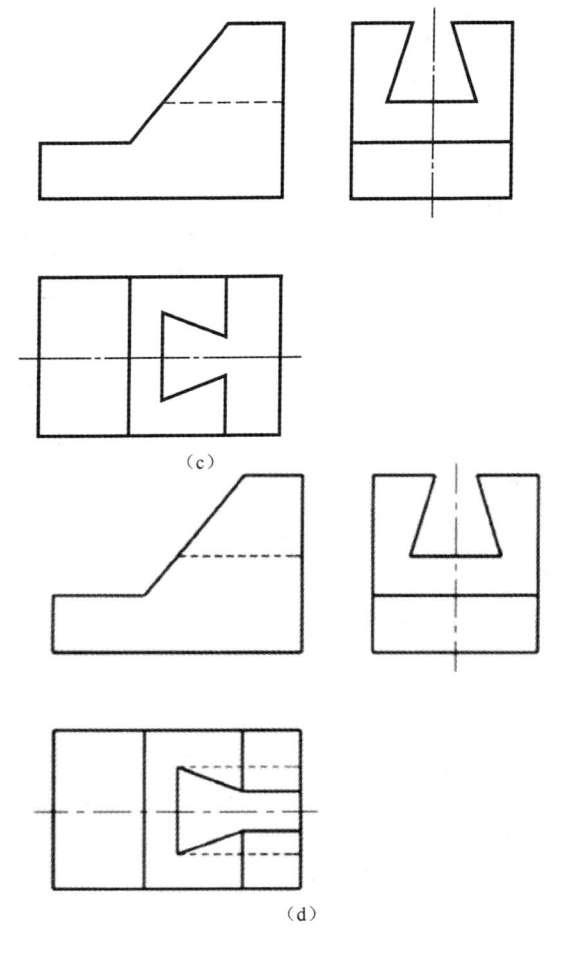

(d)

图 5-29 补画缺线（续）

练习提高

1. 补画左视图（见图 5-30）。
2. 补画视图中所缺的图线（见图 5-31）。

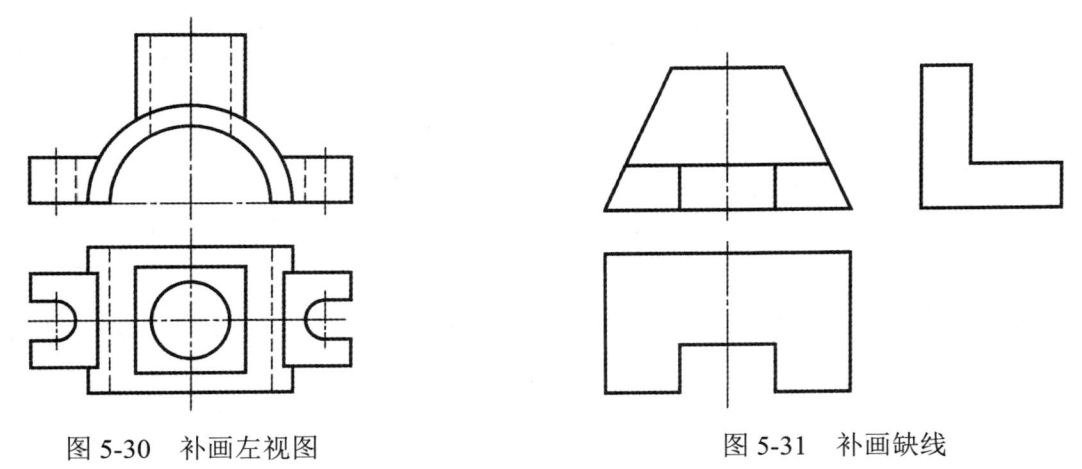

图 5-30 补画左视图　　　　图 5-31 补画缺线

任务评价

本任务教学与实施的目的是使学生能准确识读三视图所表达物体的形状结构，使学生具备一定的空间分析想象能力和制图表达空间物体的能力。评价方式采用工作过程考核评价、综合任务考核评价和教师点评。任务实施评价项目表如表 5-6 所示。

表 5-6　任务实施评价项目表

序 号	评 价 项 目	配 分 权 重	实 得 分
1	三视图绘制的正确性、规范程度	30%	
2	在补图训练中看懂视图所表达物体结构的正确性	35%	
3	在补线训练中看懂视图所表达物体结构的正确性	35%	

任务总结

看组合体视图的基本方法是形体分析法和线面分析法，通常二者要配合使用。当组合体形状较复杂时，可用形体分析法分部分识别组成的各形体，而各形体的具体形状和细节，则需用线面分析法才能分析清楚。

看组合体视图的步骤：首先看视图、分线框；其次对投影、识形体；最后综合起来想形体。

项目小结

本项目介绍了组合体的概念、种类及表面连接关系，叠加式、切割式组合体画法，读组合体视图的方法（形体分析法、线面分析法）及综合应用。

学习本章应把握以下三个方面的知识点。

（1）**两个过程**：画图和读图，前者根据立体图画三视图，由空间到平面转换；而后者根据三视图想象立体图，由平面到空间转换。

（2）**两个方法**：形体分析法和线面分析法，两个方法要结合使用。

（3）**三种题型**：选择正确视图、补画漏线、补画第三视图。三种题型综合考查学生画图和读图的能力。应多加练习、反复思考，掌握画图和读图的要领。

项目六

尺寸注法

视图只能表达物体的形状，而物体的大小必须由标注的尺寸来确定，如图 6-1 所示。

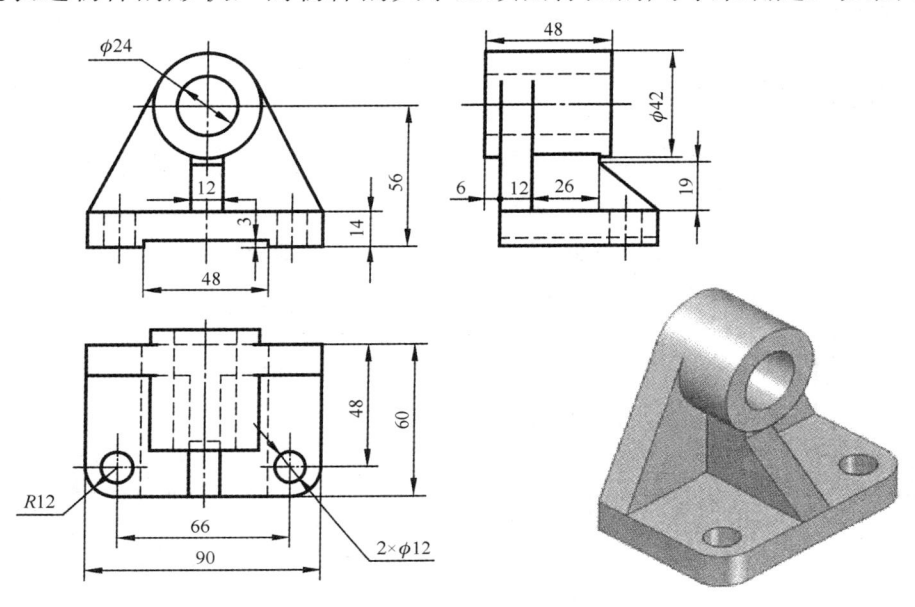

图 6-1　尺寸注法

标注尺寸的基本要求如下：

（1）正确。尺寸注法符合国家标准《机械制图　尺寸注法》（GB/T 4458.4—2003）、《技术制图　简化表示法　第 2 部分：尺寸注法》（GB/T 16675.2—2012）的规定。

（2）完整。尺寸标注必须齐全，所注尺寸能唯一确定物体的形状大小和各部分的相对位置，但不能有多余、重复尺寸，也不能遗漏尺寸。

（3）清晰。尺寸布局整齐、清晰，标注在视图适当的地方，便于读图。

标注尺寸还有合理性要求，合理性是指所注尺寸既能保证设计要求，又符合加工、装配、测量等要求。

项目目标

1. 熟练掌握各种基本体的尺寸注法。
2. 掌握截断体与相贯体的尺寸注法。
3. 了解尺寸基准和尺寸种类的相关知识，熟练掌握组合体的尺寸注法。

4. 要有大局意识，明白尺寸是机械制图中重要的一环，设计时还需考虑后续的加工工艺，培养学生的全局观。

5. 培养严谨认真、一丝不苟的工匠精神。

任务1 基本体的尺寸注法

任务描述

通过本任务的学习，学生应能掌握基本体、二分之一几何体和四分之一几何体的尺寸标注方法。

任务资讯

一、平面立体的尺寸注法

（1）对于平面立体，一般要标注长、宽、高三个方向的尺寸，如图 6-2（a）所示。

（2）三棱柱不标注三角形斜边长，如图 6-2（b）所示。

（3）四棱台只标注上、下两个底面尺寸和高度尺寸，如图 6-2（c）所示。

（4）标注正方形结构尺寸时，可采用简化注法，如图 6-2（d）所示。

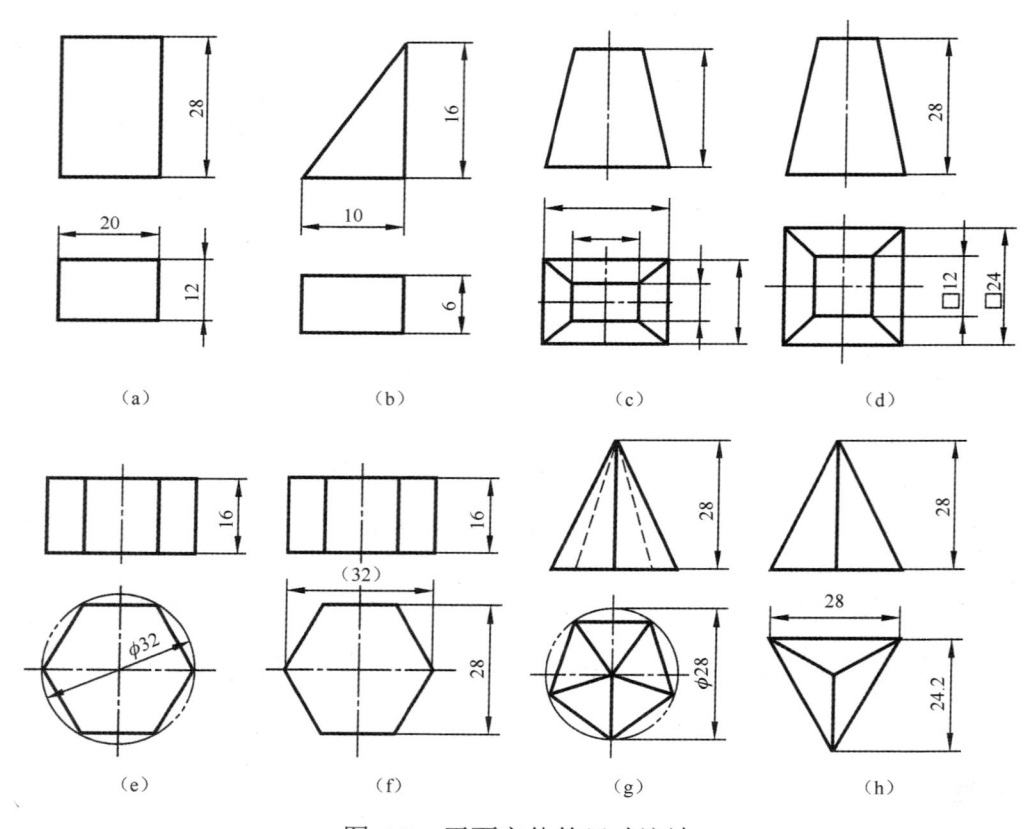

图 6-2 平面立体的尺寸注法

（5）正六棱柱的上、下底面是正六边形时不标注边长，而是标注外接圆直径和柱高，如图 6-2（e）所示，或标注对面距（或对角距）和柱高，如图 6-2（f）所示（加括号的尺寸称为参考尺寸）。

（6）五棱锥的底面是圆内接正五边形时，可标注出底面外接圆直径和高度尺寸，如图 6-2（g）所示，也可根据需要注成其他形式，如图 6-2（h）所示。

二、曲面立体的尺寸注法

（1）圆柱、圆锥（或圆台）等回转体应注出高和底圆直径，并且应在直径数字前加注 ϕ，常注在其投影为非圆的视图上，如图 6-3（a）、（b）、（c）所示。

（2）圆环应注出素线圆和中心圆直径，如图 6-3（d）所示。

（3）标注球面的直径或半径时，应在 ϕ 或 R 前加注 S，如图 6-3（e）、（f）所示。

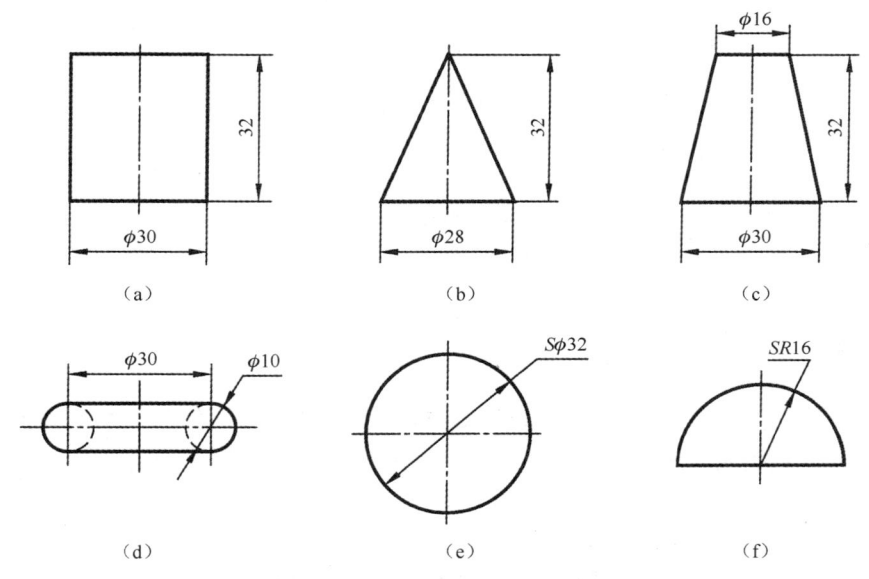

图 6-3 曲面立体的尺寸注法

任务实施

训练 标注图 6-4 所示形体的尺寸。

此形体为四分之一圆柱体，主视图投影形状为四分之一圆，标注半径为 R30，此半径可表达四分之一圆柱体的长度和高度，因此只要在俯视图中再标注其宽度尺寸 25 即可，如图 6-4 所示。

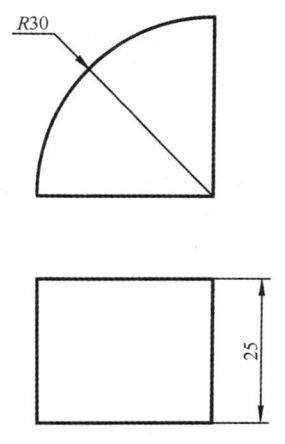

图 6-4 四分之一圆柱体

练习提高

完成图 6-5 所示的二分之一圆台的尺寸标注。

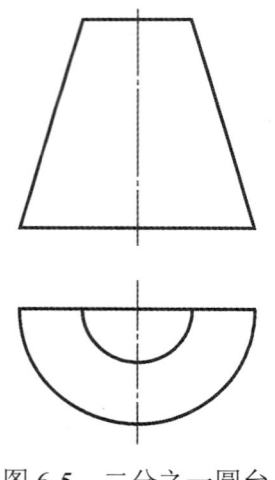

图 6-5　二分之一圆台

任务评价

本任务教学与实施的目的是使学生熟悉、掌握国家标准中有关尺寸注法的基本规定；要树立标准化意识，在学习时要严格遵守制图国家标准。评价方式采用工作过程考核评价和综合任务考核评价。任务实施评价项目表如表 6-1 所示。

表 6-1　任务实施评价项目表

序　号	评价项目	配 分 权 重	实 得 分
1	基本体尺寸标注是否符合标准规定	30%	
2	尺寸标注是否齐全	30%	
3	尺寸布局是否整齐、清晰	40%	

任务总结

图样中的图形只能表达物体的形状，图样中的尺寸才能反映出物体的大小。标注和识看图样中的尺寸，应严格遵守国家标准中的有关规定，掌握尺寸标注的基本规则、尺寸要素和常用尺寸的注法，做到尺寸注写正确。

任务 2　截断体与相贯体的尺寸注法

任务描述

本任务主要学习截断体与相贯体的尺寸注法，通过学习，学生应能够掌握这些形体的尺寸注法，同时应注意到"截交线、相贯线不须标注尺寸"这个要点。

一、截断体的尺寸注法

截断体除了应注出基本体的长、宽、高尺寸，还应注出确定截平面位置的尺寸，如图 6-6 所示。当截平面在形体上的相对位置确定后，截交线即被唯一确定，因此截交线就不需要标注尺寸了（图中有×的尺寸不应注出）。

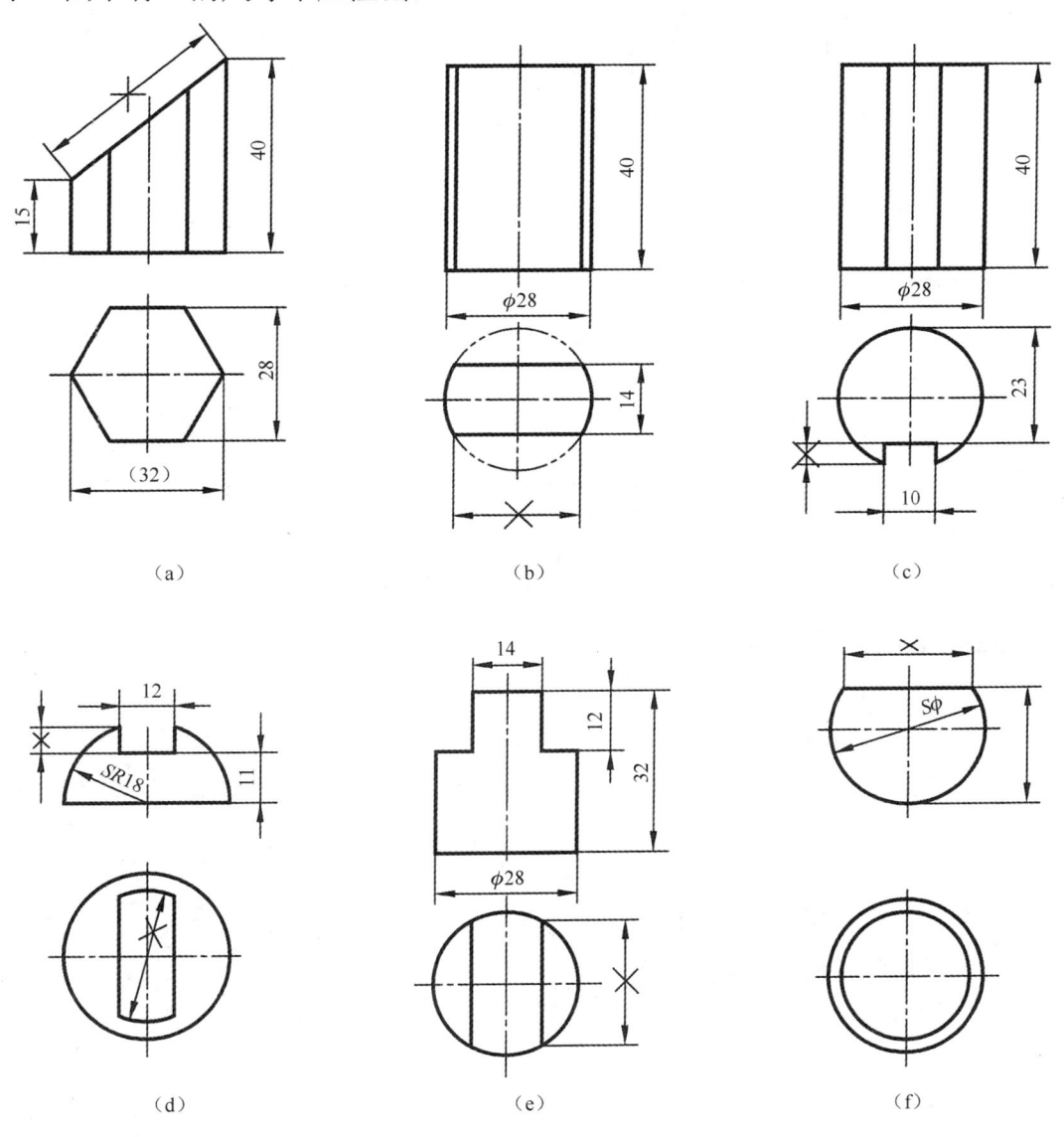

图 6-6　截断体的尺寸注法

二、相贯体的尺寸注法

与截断体的尺寸注法一样，相贯体除了注出两相贯基本体的定形尺寸，还应注出确定两相贯基本体相对位置的定位尺寸。当两相交基本体的形状、大小及相对位置确定后，相贯体的形状、大小才能完全确定。因此，相贯线不需要再注尺寸，如图 6-7 所示。

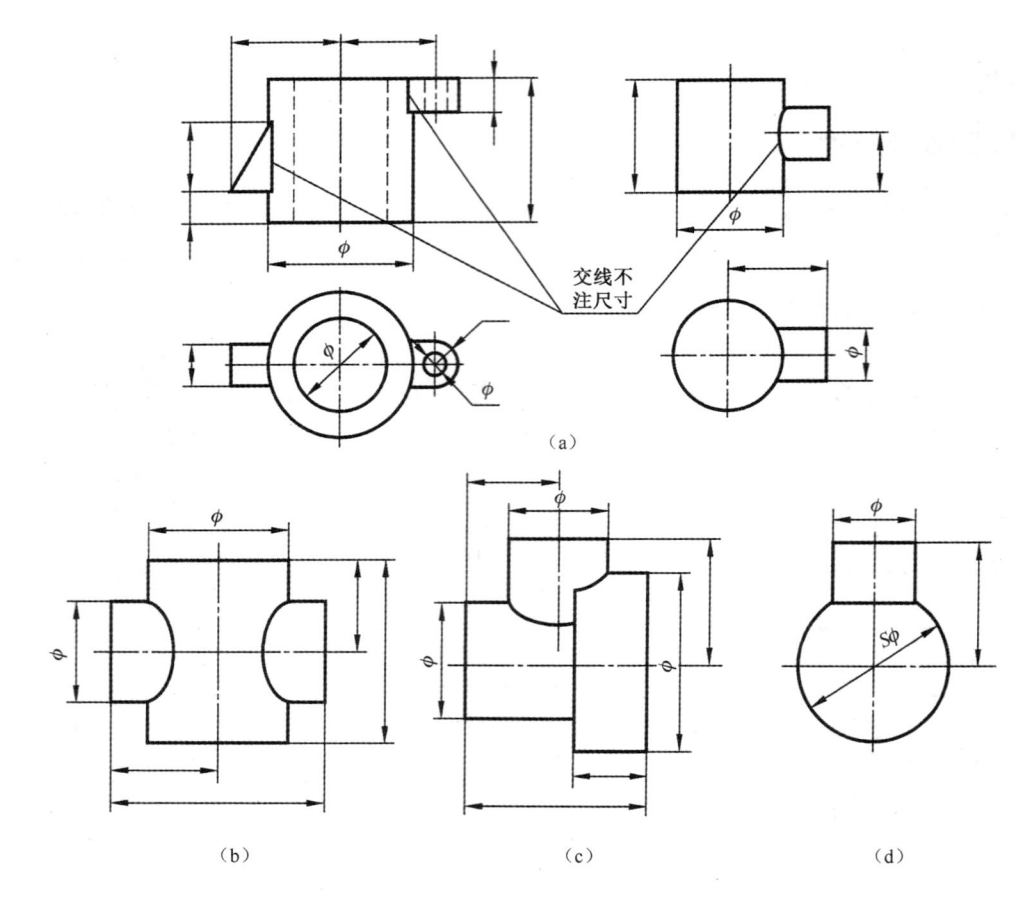

图 6-7 相贯体的尺寸注法

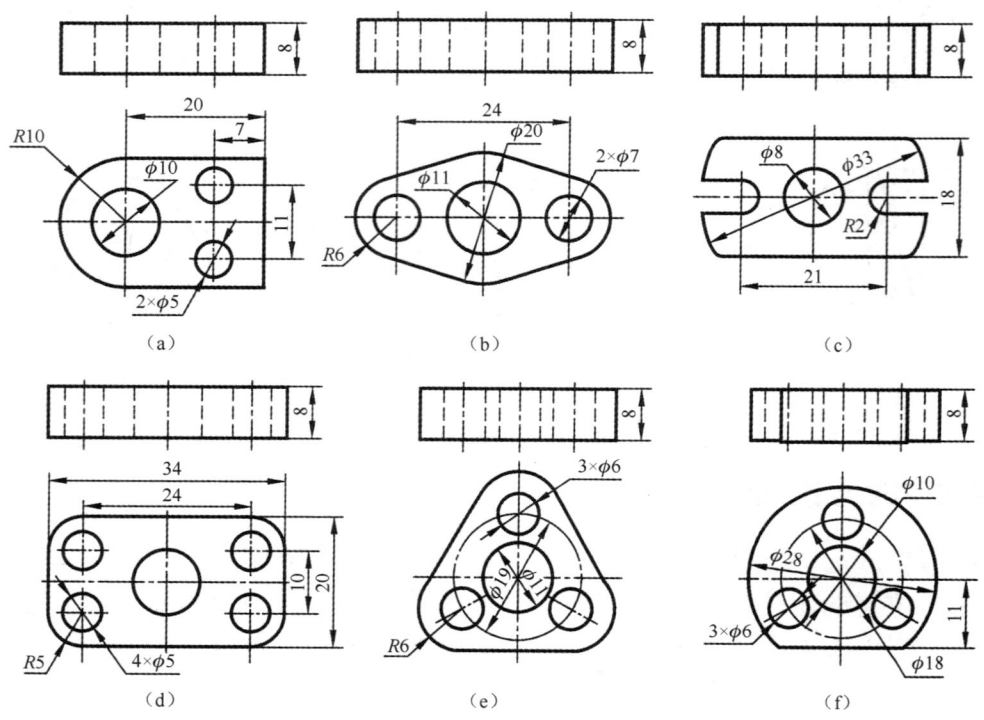

三、常见底板的尺寸注法

常见底板的尺寸注法如图 6-8 所示。

图 6-8 常见底板的尺寸注法

任务实施

训练 标注图 6-9 所示截断体的尺寸。

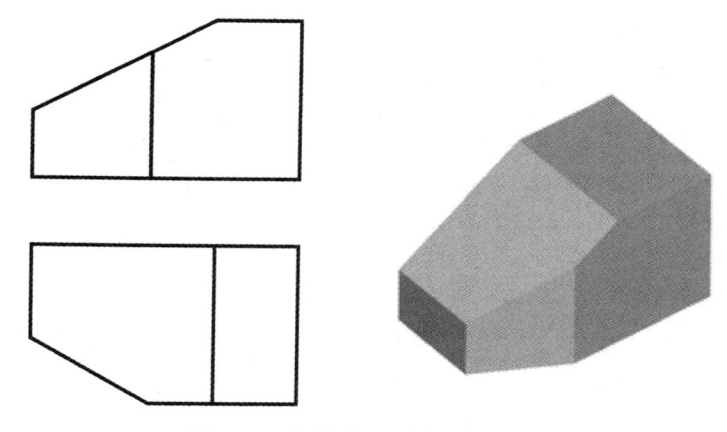

图 6-9 截断体尺寸标注（一）

分析：该截断体的基本体是长方体，长方体的左上方被一正垂面截切，左前方被一铅垂面截切。标注时应将长方体的基本尺寸及截平面的定位尺寸（确定截平面位置的尺寸）注出。

标注：（见图 6-10。）

（1）标注长方体的长、宽、高三个基本尺寸。

（2）标注左上方正垂面的定位尺寸 A 和 B。

（3）标注左前方铅垂面的定位尺寸 C 和 D。

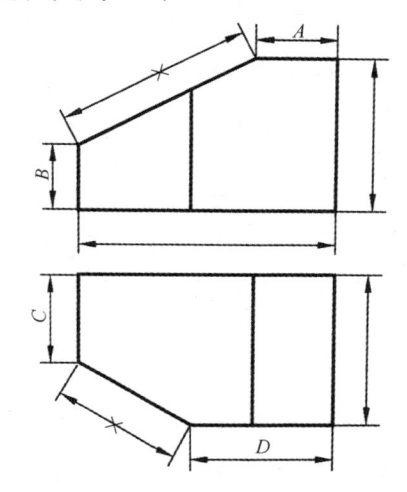

图 6-10 截断体尺寸标注（二）

当对切割体进行尺寸标注时要牢记三点：

（1）首先标出截断体在切割之前基本体的尺寸。

（2）其次在截平面有积聚性的那面投影上标出截平面的定位尺寸。

（3）最后不要对截断体的截交线标尺寸。

练习提高

指出图 6-11 中重复或多余的尺寸（打×），并标注遗漏的尺寸（不须标注尺寸数字）。

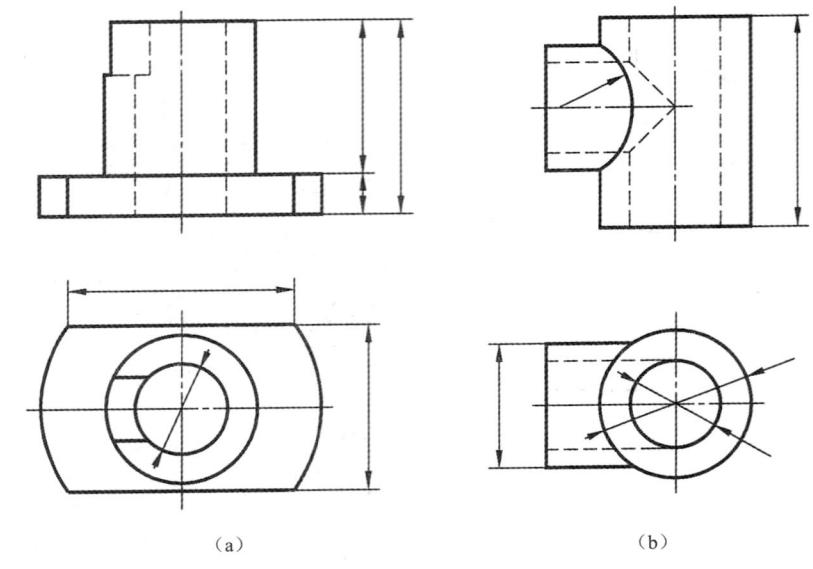

图 6-11 尺寸标注练习

任务评价

本任务教学与实施的目的是使学生熟悉、掌握国家标准中有关尺寸注法的基本规定；要树立标准化意识，在学习时要严格遵守制图国家标准。评价方式采用工作过程考核评价和综合任务考核评价。任务实施评价项目表如表 6-2 所示。

表 6-2 任务实施评价项目表

序 号	评 价 项 目	配 分 权 重	实 得 分
1	截断体尺寸标注是否符合标准规定	50%	
2	相贯体尺寸标注是否符合标准规定	50%	

任务总结

图样中的图形只能表达物体的形状，图样中的尺寸才能反映出物体的大小。标注和识看图样中的尺寸，应严格遵守国家标准中的有关规定，掌握尺寸标注的基本规则、尺寸要素和常用尺寸的注法，做到尺寸注写正确。

任务3 组合体的尺寸注法

任务描述

任务 3 是任务 1 与任务 2 中的知识的综合。学习本任务，应掌握尺寸的分类及定义的知识，能熟练判断不同方向的尺寸基准，同时能够正确、完整、清晰地对组合体进行尺寸标注。

任务资讯

一、尺寸种类

为了将尺寸标注得完整，在组合体的视图上，一般需标注以下几种尺寸。

（1）定形尺寸。确定组合体各组成部分长、宽、高三个方向的尺寸［见图6-12（a）］。

（2）定位尺寸。表示组合体各组成部分相对位置的尺寸［见图6-12（b）］。

（3）总体尺寸。表示组合体外形大小的总长、总宽、总高尺寸［见图6-12（c）］。

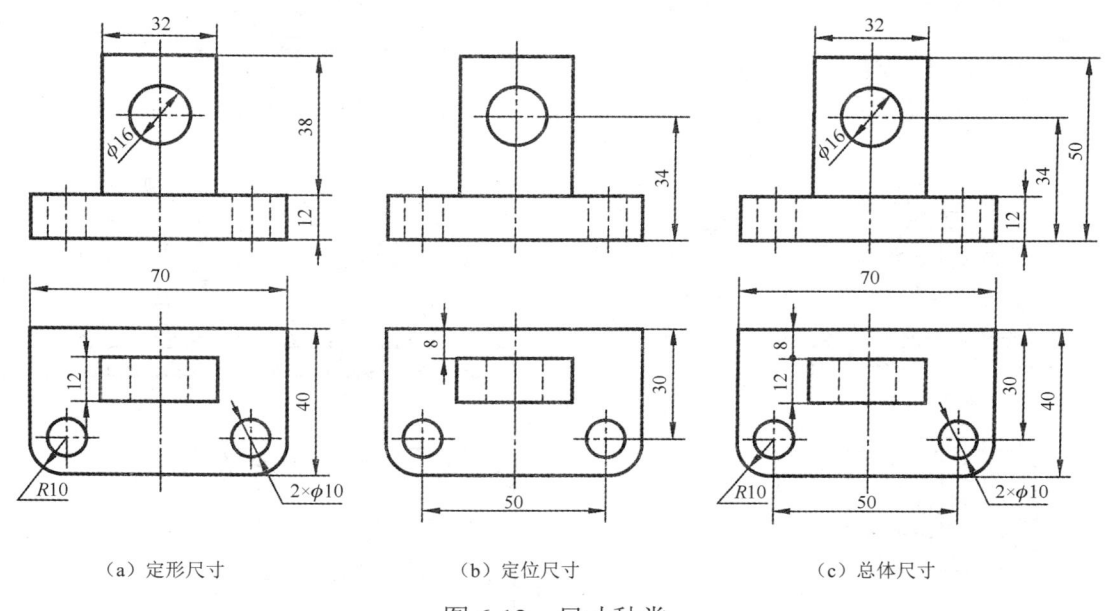

（a）定形尺寸　　　　　　　　（b）定位尺寸　　　　　　　　（c）总体尺寸

图6-12　尺寸种类

下面以轴承座的三视图为例，说明上述三类尺寸的标注方法（见图6-13）。

标注组合体尺寸时，首先应进行形体分析，将组合体分解为若干个基本体，如图6-13（a）所示，逐个注出各基本体的定形尺寸。在图6-13（b）中，为了确定底板的大小，应标注出90、60、14；底板下的槽的尺寸为48、3；圆角尺寸为$R12$；圆孔尺寸为$\phi12$。在图6-13（c）中标注出圆筒的尺寸是$\phi42$、48、$\phi24$。在图6-13（d）中标注出支承板的尺寸为12。在图6-13（e）中标注出肋板的尺寸为12、26、19。

其次标注确定各组成部分相对位置的定位尺寸。在图6-13（f）中，为确定圆筒与底板的相对位置，需标注圆筒轴线距底板底面的高度56和圆筒在支承板的后面伸出的长6这两个尺寸；为确定底板上两个$\phi12$孔的相对位置，应标出66、48两个尺寸。

最后标注总体尺寸。如图6-13（f）所示，底板的长度90即轴承座的总长（不需再另行标注）；总宽由底板宽60和圆筒在支承板后的伸出长6确定；总高由圆筒轴线高56加上圆筒直径$\phi42$的一半确定，因此轴承座的总体尺寸已齐。在这种情况下，总高是不直接注出的，即组合体的一端或两端为回转体时，必须采用这种标注形式，否则就会出现重复尺寸。

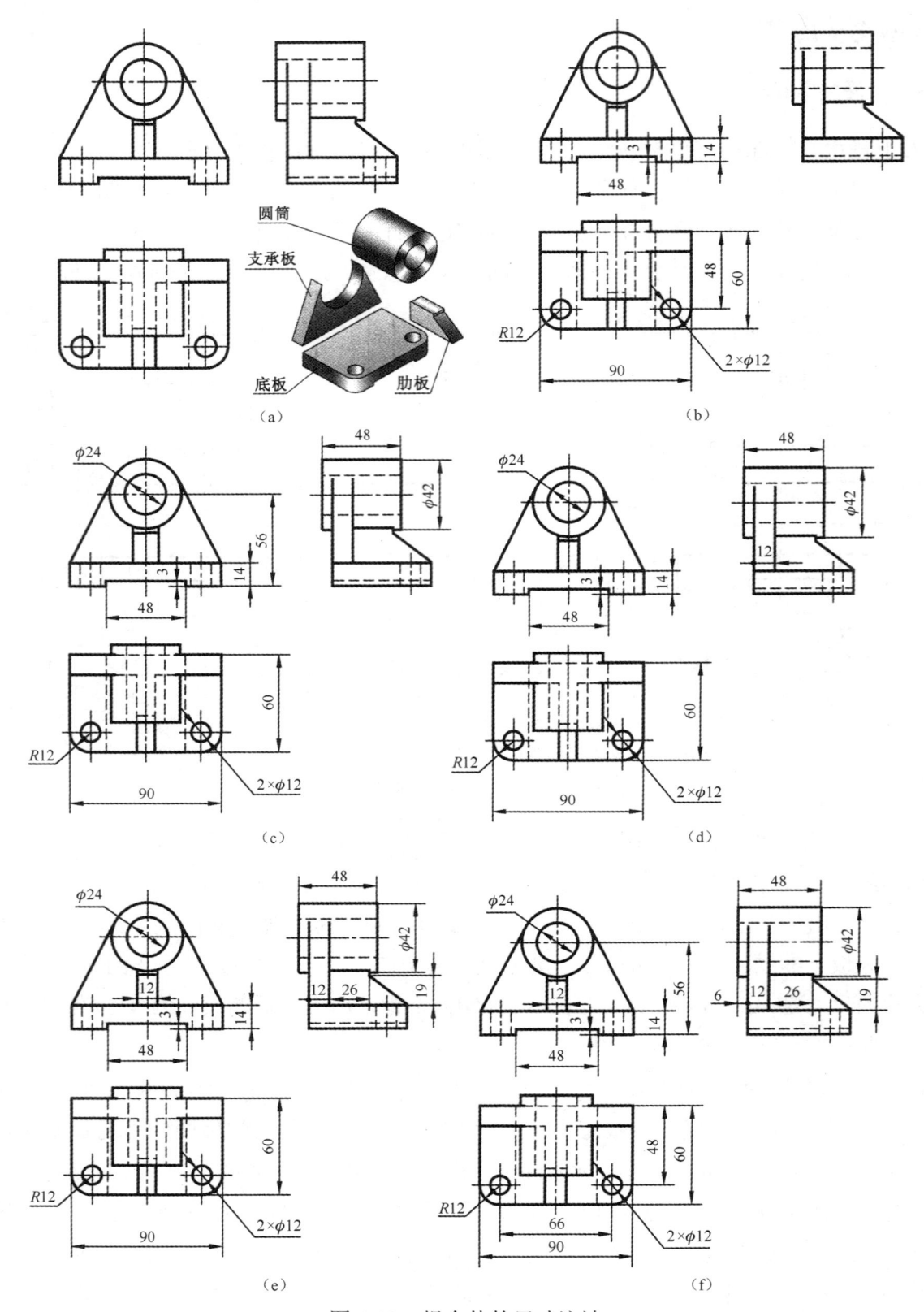

图 6-13 组合体的尺寸注法

二、尺寸基准

在明确了视图中应标注哪些尺寸的同时，还需考虑尺寸基准的问题。所谓尺寸基准，就是标注尺寸的起点（见图 6-14）。一般可选组合体的对称平面、底面、重要端面及回转体的轴线等作为尺寸基准。

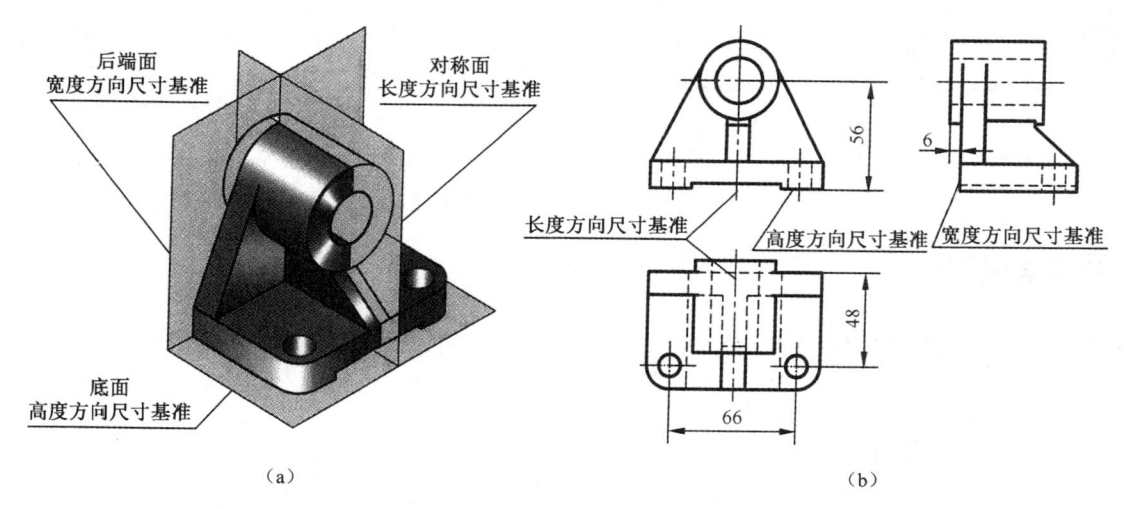

图 6-14　尺寸基准

选定基准后，各方向的主要尺寸就应从相应的尺寸基准进行标注。如图 6-13（f）中主、俯视图中的 12，48，66，90 是从长度方向尺寸基准进行标注的；俯、左视图中的 48，60，6，12 是从宽度方向尺寸基准进行标注的；主、左视图中的 3，14，56 是从高度方向尺寸基准进行标注的。

三、标注尺寸的注意事项

尺寸标注必须要正确、完整、清晰。要达到这些要求，就必须透彻地分析物体的结构形状，明确各组成部分之间的相对位置，然后从长、宽、高三个方向考虑，一部分一部分地注出定形尺寸和定位尺寸。检查时，也要从长、宽、高三个方向检查尺寸注得是否齐全。此外，还应注意以下几点。

（1）为了使图形清晰，应尽量将尺寸注在视图外面；
（2）各基本体的定形、定位尺寸不要分散，要尽量集中标注在一个或两个视图上；
（3）尺寸应注在表达形体特征最明显的视图上，并尽量避免注在细虚线上；
（4）同心圆柱或圆孔的直径尺寸，最好注在非圆的视图上；
（5）平行排列的尺寸应使较小尺寸注在里面（靠近视图），大尺寸注在外面。

四、组合体常见结构的尺寸注法

图 6-15 所示为组合体常见结构的尺寸注法（形体的厚度尺寸未注出）。

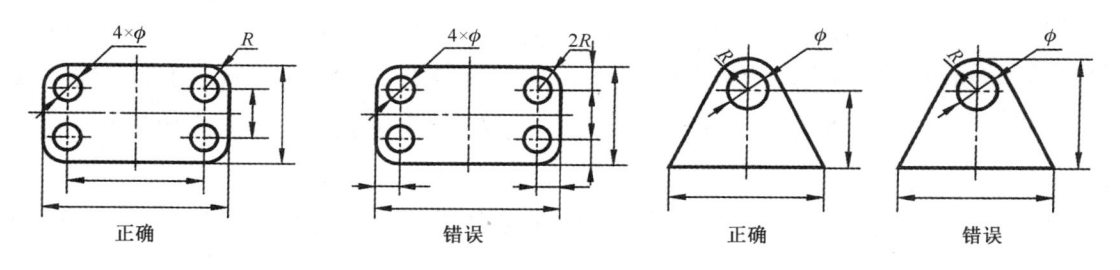

图 6-15　组合体常见结构的尺寸注法

正确　　　　　　　　错误　　　　　　　　正确　　　　　　　　错误

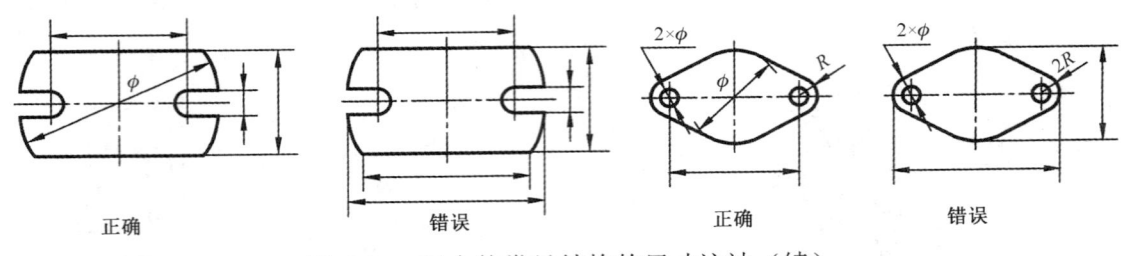

图 6-15　组合体常见结构的尺寸注法（续）

任务实施

训练　根据视图想象零件形状，改正尺寸标注中的错误（见图 6-16）。

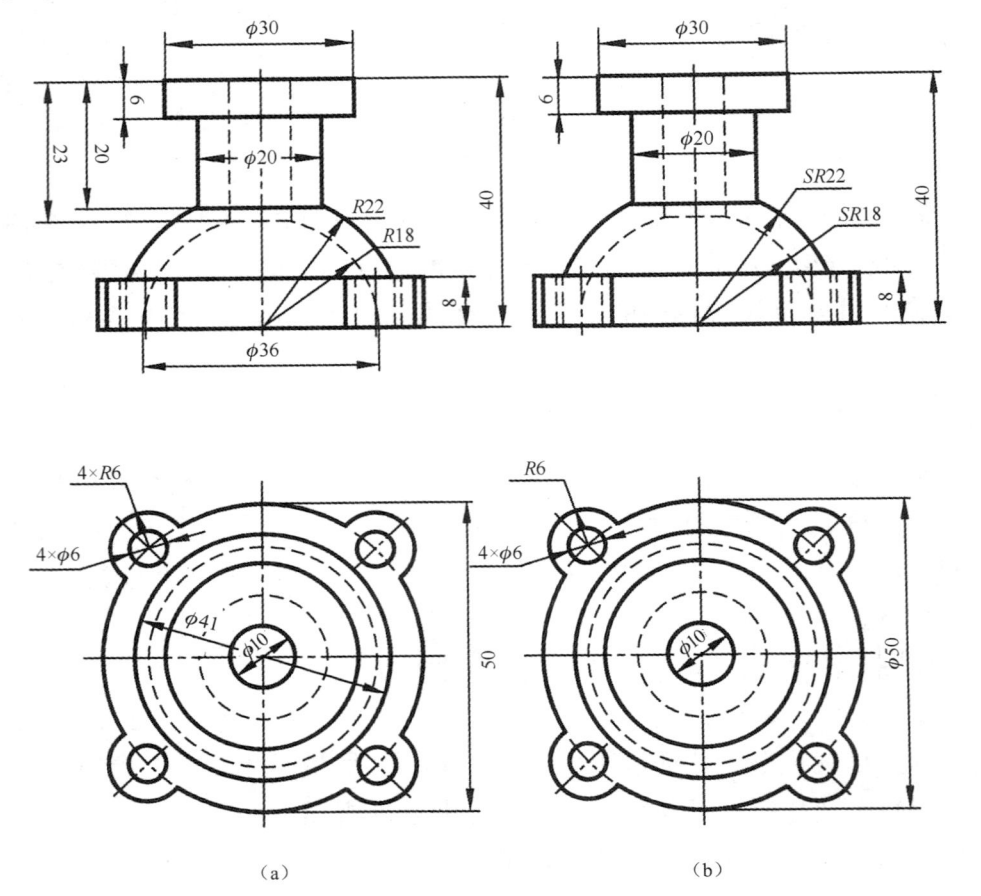

(a)　　　　　　　　　　　　　　(b)

图 6-16　改正尺寸标注中的错误

分析：由主、俯视图可知，该组合体由四部分叠加而成，前后、左右对称分布。从上向下依次为大圆柱体、小圆柱体、部分圆球、圆柱底板、底板上带四个耳板，且从上向下挖切了一个圆柱孔，从下向上挖切了一个半圆球孔。小圆柱体与部分圆球同轴相交，相贯线为一条垂直于轴线的圆，圆柱孔与半圆球孔也同轴相交，相贯线也是垂直于轴线的圆。

改错：

在主视图中，$\phi30$、$\phi20$ 应注在尺寸线的上方或中断处；球面尺寸 $R22$、$R18$ 必须加注球面符号 S，应改写为 $SR22$、$SR18$，同时尺寸线不能在轮廓线处转折；$\phi36$ 为重复尺寸，20、

23 也是重复尺寸，且相贯线上不能标注尺寸，应去掉这三个尺寸；垂直方向尺寸数字应注写在尺寸线左侧，且字头朝左，所以大圆柱体的高度尺寸 6 应改正；在俯视图中，耳板尺寸 4×R6 应改正为 R6，⌀41 指的圆为截交线圆，应去掉；底板圆柱的直径尺寸 50 应改正为⌀50，且应标注在尺寸线的左侧，字头朝左［改正后的结果见图 6-16（b）］。

练习提高

根据两视图，补画第三视图，并标注尺寸（按 1∶1 比例从图形中量取整数，见图 6-17）。

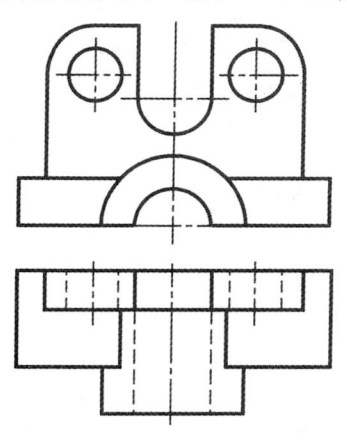

图 6-17　补图并标注

任务评价

本任务教学与实施的目的是使学生熟悉、掌握国家标准中有关尺寸注法的基本规定；要树立标准化意识，在学习时要严格遵守制图国家标准。评价方式采用工作过程考核评价和综合任务考核评价。任务实施评价项目表如表 6-3 所示。

表 6-3　任务实施评价项目表

序　号	评 价 项 目	配 分 权 重	实 得 分
1	组合体尺寸标注是否符合标准规定	20%	
2	组合体尺寸标注是否齐全	40%	
3	组合体尺寸布局是否整齐、清晰	40%	

任务总结

图样中的图形只能表达物体的形状，图样中的尺寸才能反映出物体的大小。标注和识看图样中的尺寸，应严格遵守国家标准中的有关规定，掌握尺寸标注的基本规则、尺寸要素和常用尺寸的注法，做到尺寸注写正确。组合体的尺寸种类分为定形尺寸、定位尺寸和总体尺寸。标注尺寸的起点称为尺寸基准。通常选择组合体的底面、重要端面、对称平面、回转体轴线等作为尺寸基准。

项目小结

本项目主要介绍了尺寸注法的相关知识。

1. 基本体的尺寸注法：应从长、宽、高三个方向标注基本体的尺寸。

2. 截断体与相贯体的尺寸注法：除了标注出基本体长、宽、高三个方向的尺寸，还应标注出确定截平面、相贯体位置的尺寸（定位尺寸），但要谨记不须标注截交线和相贯线的尺寸。

3. 组合体的尺寸注法：组合体的尺寸注法是以上两种尺寸注法的综合应用，标注时，应先运用形体分析法等方法对组合体进行"拆解"，然后确定尺寸基准，再将组合体各组成部分的定形尺寸、定位尺寸和总体尺寸一一标注出来。注意，所标注的尺寸应符合尺寸标注的各项要求，做到正确、完整和清晰。

项目七

机件的表达方法

在生产实际中，有些简单机件只用一个或两个视图并注上尺寸就可以表达清楚。然而，有些复杂机件，即使用三个视图也难以将其内外结构形状完整、清楚地表达出来（见图 7-1）。为此，国家标准（《技术制图》和《机械制图》系列标准）中规定了视图、剖视图、断面图、局部放大图和简化画法等基本表达方法。本项目将重点介绍以上几种表达方法。

图 7-1 复杂机件

项目目标

1. 掌握视图的概念、分类、画法和标注。
2. 掌握各种剖视图的画法和标注。
3. 掌握断面图的分类、画法和标注。
4. 明确局部放大图和各种简化画法的用途。
5. 在矛盾普遍性原理的指导下，具体地分析矛盾的特殊性，并找出解决矛盾的正确方法。
6. 体会具体问题具体分析的方法论，同时增强工程意识。
7. 通过社会主义核心价值观教育，培养精益求精的工匠精神。

任务1 视图

任务描述

本任务主要学习基本视图、向视图、局部视图和斜视图四种视图的概念、画法及应用等。通过本任务的学习，熟练地对四种视图进行应用。

任务资讯

用正投影法绘制出的机件的图形称为视图。视图主要用于表达机件的外部结构形状，机件中不可见部分的结构形状在必要时用细虚线画出。

视图通常有基本视图、向视图、局部视图和斜视图四种。

一、基本视图

在原来的三个投影面的基础上，再增加三个互相垂直的投影面，从而构成一个正六面体的六个侧面，这六个侧面叫基本投影面。将机件放在正六面体内，分别向各基本投影面投射，所得的视图称为基本视图。其中，除了前面学过的主视图、俯视图和左视图，还包括从后向前投射所得的后视图、从下向上投射所得的仰视图和从右向左投射所得的右视图。

六个基本投影面的展开图如图 7-2 所示。

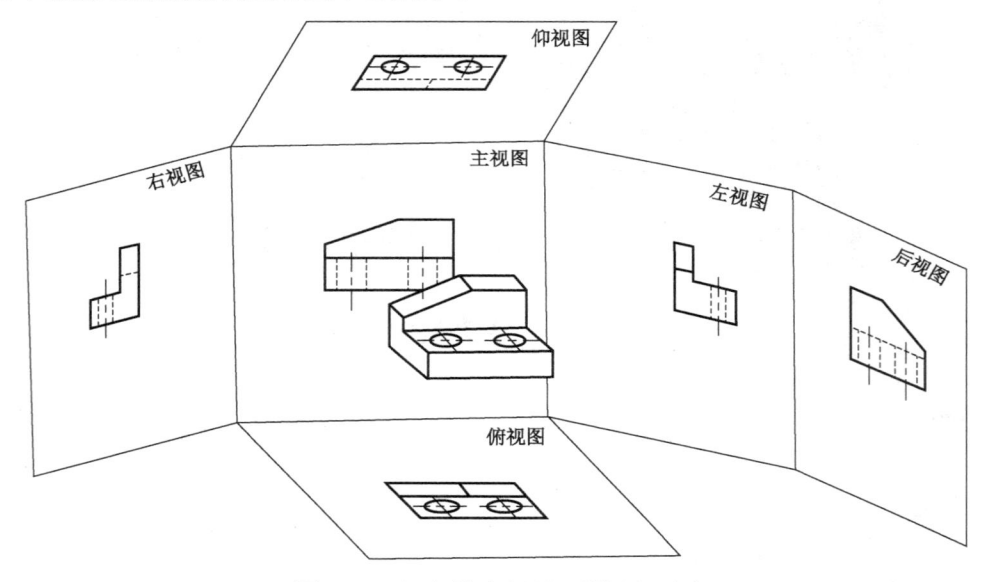

图 7-2 六个基本投影面的展开图

六个基本视图在同一张图纸内按如图 7-3 所示的位置配置，无须标注视图的名称。

六个基本视图之间仍符合"长对正、高平齐、宽相等"的投影规律。除后视图外，以主视图为中心，各视图的里边（靠近主视图的一边）均表示机件的后面；各视图的外边（远离主视图的一边）均表示机件的前面（"外前里后"）。

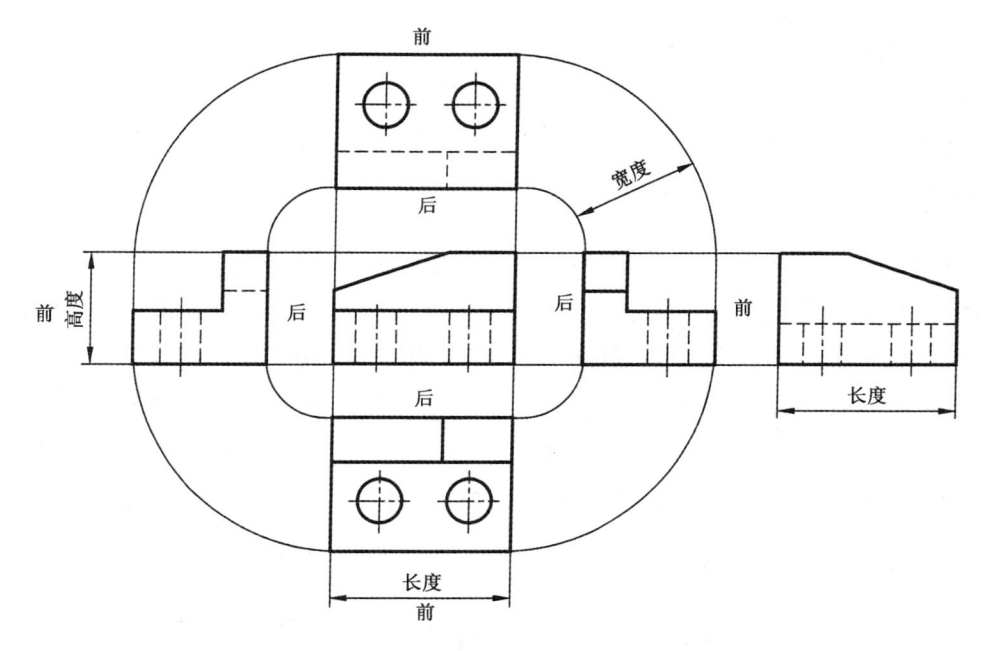

图 7-3　六个基本视图的配置与尺寸关系

二、向视图

对于不能按规定位置配置视图的情况，国标规定了一种可以自由配置的视图，称为向视图。在向视图上方标注大写拉丁字母，并在相应视图附近用箭头标明投影方向，同时注上同样的字母，如图 7-4 所示。

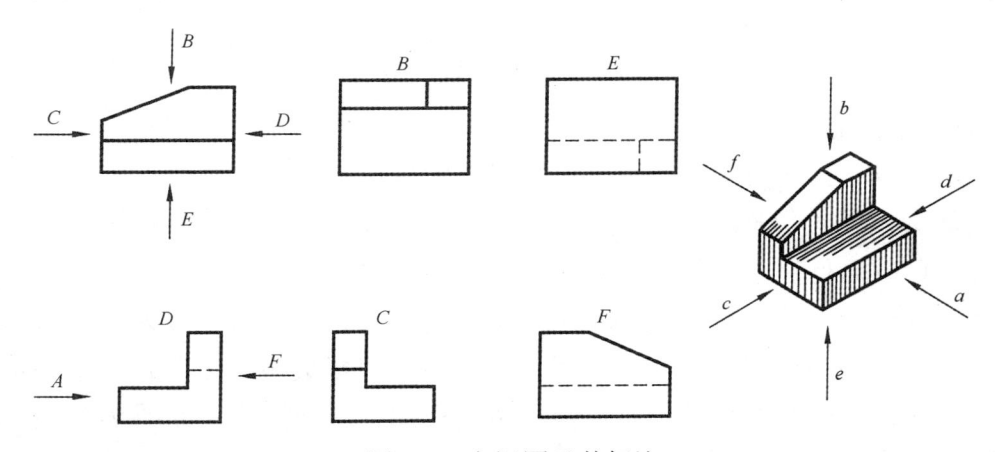

图 7-4　向视图及其标注

在实际应用时，要注意以下几点。

（1）向视图是基本视图的另一种表达方法，但它的位置是随意的，必须予以说明，才不致引起误解。

（2）大写拉丁字母无论是注在箭头旁边还是注在视图的上方，均应与正常的读图方向一致，以便于识别。

（3）向视图是基本视图的另一种表达方法，是移位配置的基本视图。向视图是正射获得的，既不能斜射，也不可旋转配置，否则就不是向视图而是斜视图。

（4）向视图不能只画出部分图形，必须完整地画出投射所得的图形，否则投射所得的局部图形就是局部视图而不是向视图。

（5）表示投影方向的箭头应尽可能配置在主视图上，以使所得视图与基本视图相一致。表示后视图投影方向的箭头，应配置在左视图或右视图上。

三、局部视图

将机件的某一部分向基本投影面投射所得的视图称为局部视图。

局部视图适用于机件的主体形状已由一组基本视图表达清楚，但该机件上尚有部分结构需要表达，而又没有必要再画出完整的基本视图的情况。如图 7-5 所示的机件，用主、俯两个基本视图已清楚地表达了主体形状，但为了表达左侧连接板和右侧缺口结构，再增加左视图和右视图，就显得烦琐和重复，此时可采用两个局部视图，只画出所需表达的左侧连接板和右侧缺口结构，该表达方案既简练又突出了重点。

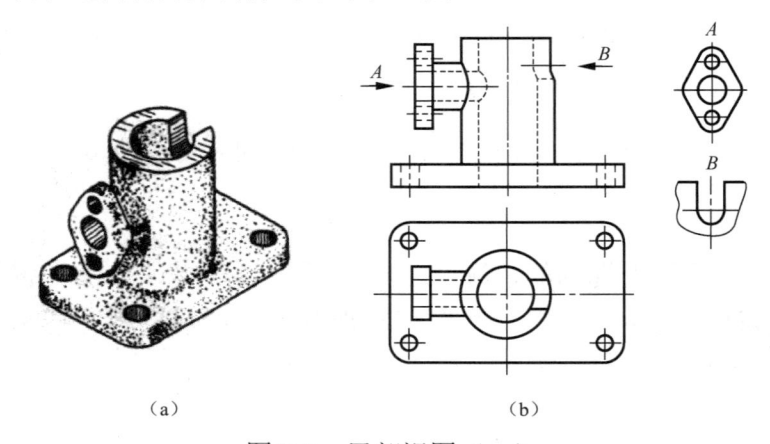

图 7-5 局部视图（一）

1. 局部视图的配置和标注

局部视图可按以下三种方式配置，并进行必要的标注。

（1）可按基本视图的形式配置。也就是说，当局部视图按投影关系配置，中间又没有其他图形隔开时，可省略标注（如图 7-5 中的 A 可省略标注）。

（2）可按向视图的形式配置。也就是说，局部视图通常应配置在投射箭头所指的方向或基本视图的位置，以便与原来的基本视图保持相对应的投影关系。为了合理地利用图纸，也可以将局部视图配置在图纸的合适位置，但应按向视图的规则标注（如图 7-5 中的 B 视图）。

（3）按第三角画法配置在视图上所需表示的局部结构附近，并用细点画线将两者相连（见图 7-6），无中心线的图形也可用细实线联系两图（见图 7-7），此时无须另行标注。

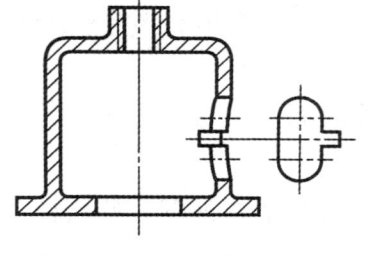

图 7-6 局部视图（二）　　　　　　图 7-7 局部视图（三）

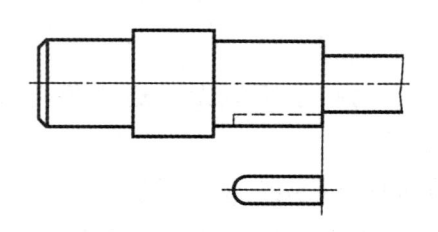

2. 局部视图的表达方法

局部视图的断裂边界常以波浪线（或双折线、中断线）表示。当局部视图的外轮廓呈封闭状态时，可省略表示断裂边界的波浪线（或双折线、中断线）。局部视图的错误画法如图 7-8 所示。

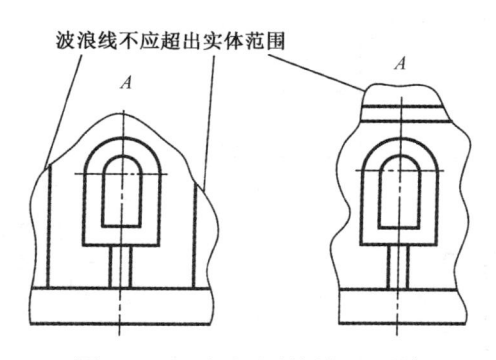

图 7-8　局部视图的错误画法

四、斜视图

当机件上有倾斜于基本投影面的结构时，为了表达倾斜结构的实形，可先设置一个与倾斜结构平行且垂直于一个基本投影面的辅助投影面，然后将该倾斜结构向辅助投影面投射并展平，所得的视图称为斜视图，如图 7-9（a）所示。

斜视图的配置、标注及画法如下。

（1）斜视图一般按向视图的配置形式配置，在斜视图的上方必须用字母标出视图的名称，在相应的视图附近用箭头指明投影方向，并注上同样的字母，如图 7-9（b）所示。

（2）在不致引起误解的情况下，从作图方便的角度考虑，允许将图形旋转，这时斜视图应加注旋转符号，如图 7-9（c）所示，旋转符号为半圆形，半径等于字体高度，线宽为字体高度的 1/14～1/10。必须注意，表示视图名称的大写拉丁字母应靠近旋转符号的箭头端，允许将旋转角度标注在字母之后（见图 7-10）。

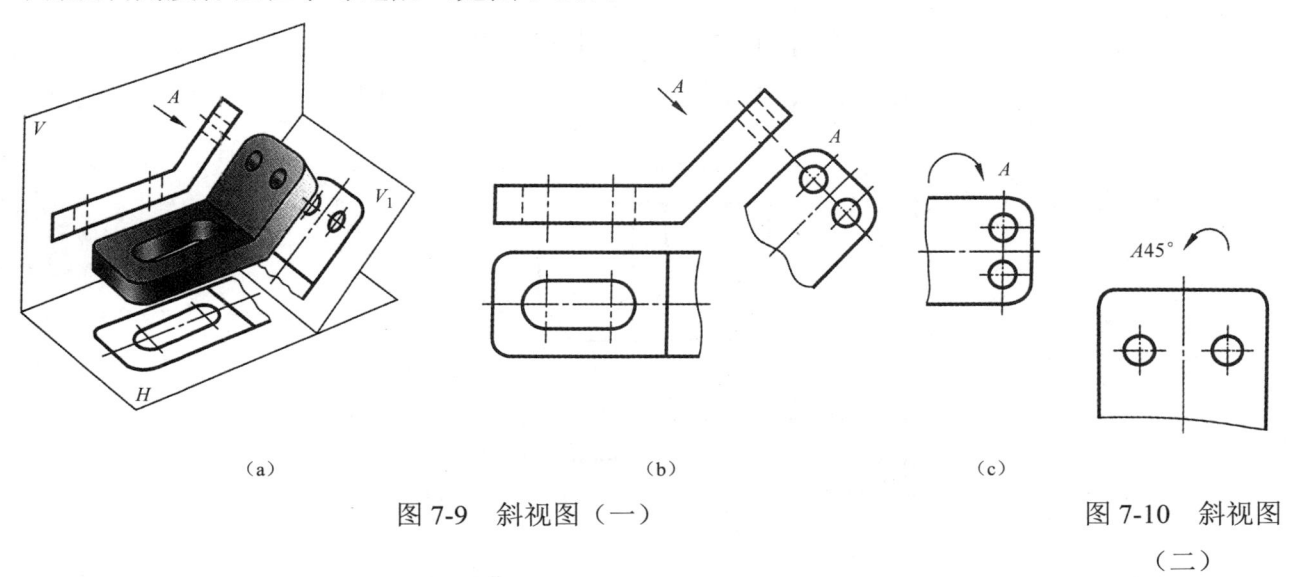

（a）　　　　　　　　　　　（b）　　　　　　　　　　（c）

图 7-9　斜视图（一）　　　　　　图 7-10　斜视图（二）

（3）斜视图只表达倾斜表面的真实形状，其他部分用波浪线断开。

任务实施

训练 1 根据主视图、俯视图、左视图，作右视图，并作 A 向和 B 向视图（见图 7-11）。

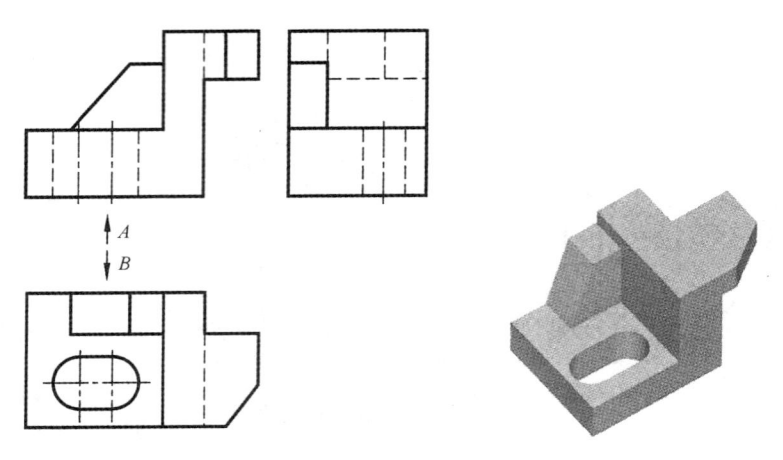

图 7-11 补画视图（一）

分析：该机件的基本体为一个反 "z" 字形棱柱体，棱柱体左侧台阶面从上往下挖切了一个环形槽，同时在台阶面靠后平齐叠加了一个四棱柱体；右侧台阶面的前方被斜截切去一个三棱柱，靠后方则被截切去一个长方体。解此类题目，应注意组合体中各组成部分的空间方位关系，同时注意轮廓线的可见与否。

作图：

（1）整体考虑作图空间，配置视图的位置。

（2）于主视图的左侧作出机件的右视图，无须标注。

（3）在任一空白处，作出 A 向和 B 向视图，并在相应视图的正上方进行标注（见图 7-12）。

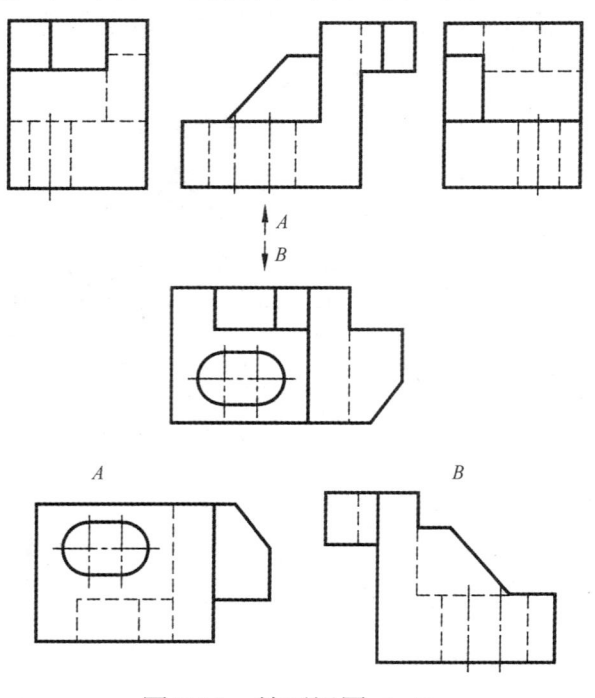

图 7-12 补画视图（二）

训练 2 识读图 7-13。

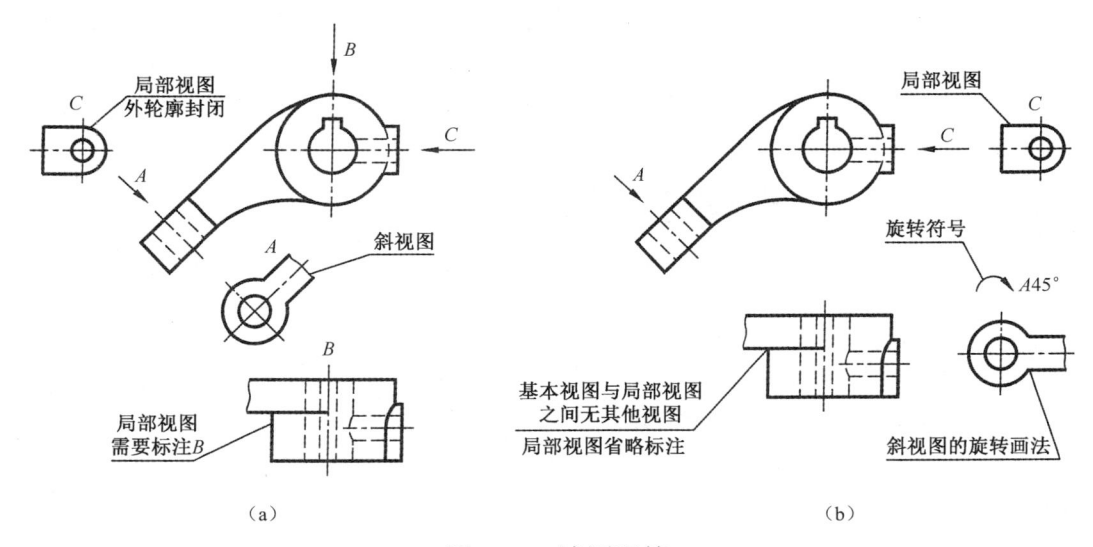

图 7-13 读图训练

本表达方案采用了四个视图：主视图表达机件的主体形状。俯视图 B 为局部视图，主要表达机件各组成部分的相对位置关系，因与主视图间有图形隔开，所以需要标注。A 视图为斜视图，也可旋转配置，如图 7-13（b）所示，表示它是向右旋转 45°配置的。C 视图是局部视图，所表达的局部外轮廓封闭，故省略了表达断裂边界的波浪线。当局部视图移位时，按向视图配置和标注。机件轴测图见图 7-14。

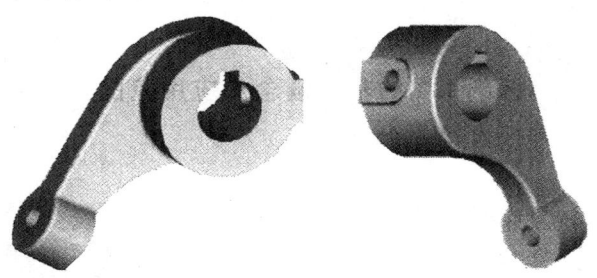

图 7-14 机件轴测图

任务评价

评价方式采用工作过程考核评价、综合任务考核评价和教师点评。任务实施评价项目表如表 7-1 所示。

表 7-1 任务实施评价项目表

序 号	评 价 项 目	配 分 权 重	实 得 分
1	视图的绘制与标注的正确性	50%	
2	各种表达方法综合运用的熟练程度	50%	

任务总结

视图包括基本视图、向视图、局部视图、斜视图，应注意各视图之间的区别。基本视图、局部视图都是机件向六个基本投影面投射得到的，只不过局部视图是不完整的基本视图，并且要注意标注。斜视图是机件向不平行于任何基本投影面的辅助投影面投影得到的。斜视图与局部视图一样，均应注意波浪线的画法及投影方向标注。向视图主要解决了基本视图的自由配置问题。

任务 2　剖视图

任务描述

通过本任务的学习与训练，掌握剖视图的基本概念及应用范围，了解剖视图和剖切面的种类，掌握各种剖视图的画法及标注方法。

任务资讯

当机件的内部结构形状较复杂时，视图上就会出现虚线与实线交错、重叠，从而会影响图形的清晰度，同时也不便于标注尺寸。为此，在制图时，对机件的内部结构形状，常采用剖视图来表达。

一、剖视图的基本概念

1. 剖视图（GB/T 17452—1998、GB/T 4458.6—2002）

假想用剖切面将机件沿适当位置剖开，移去剖切面和观察者之间的部分，将其余部分向投影面进行全投射所得的图形，称为剖视图，简称剖视（见图 7-15）。剖视图主要用来表达机件的内部结构形状。

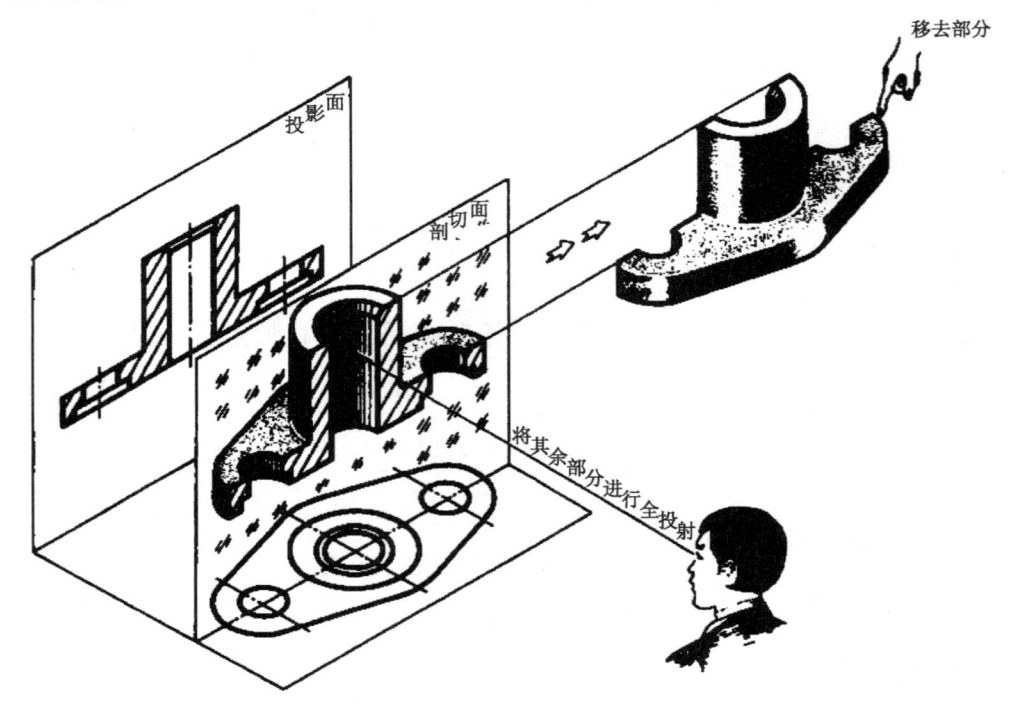

图 7-15　剖视图的形成

2. 画剖视图的注意事项

（1）分清剖切的真与假。因为剖切是假想的，并不是真的把机件切开并拿走一部分（但画剖视图时应以假当真），因此当一个视图取剖视图后，其余视图应按完整机件画出，如图7-16所示。

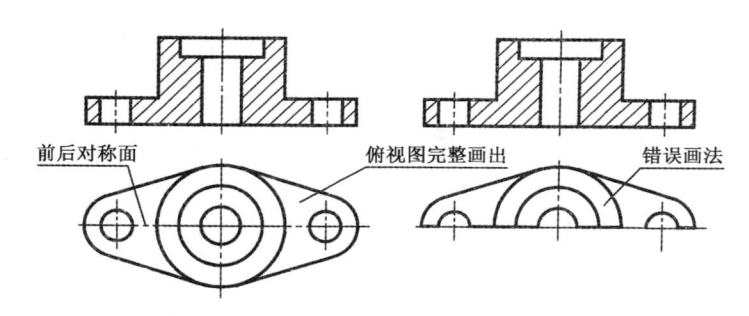

图7-16 剖切是假想的

（2）剖面线的画法。剖切面与机件的接触部分称为剖面区域。在绘制剖视图时，通常应在剖面区域画出剖面线或剖面符号。表7-2所示为常用材料的剖面符号。

表7-2 常用材料的剖面符号（GB/T 4457.5—2013）

材　料	剖面符号	材　料	剖面符号
金属材料（已有规定剖面符号的除外）		基础周围的泥土	
非金属材料		网格	
线圈绕组元件		液体	
木材		木质胶合板	
转子、电枢、变压器和电抗器等的叠钢片		砖	
玻璃等透明材料		钢筋混凝土	
砂型、填砂、粉末冶金、陶瓷刀片、硬质合金刀片等材料		混凝土	

国家标准规定，表示剖面区域的剖面线，应以适当角度的细实线绘制，最好与主要轮廓或剖面区域的对称线成45°角。

（3）注意细虚线的取舍。当剖视图中看不见的结构形状在其他视图中已表达清楚时，其细虚线可以省略不画。对尚未表达清楚的结构形状，也可用细虚线表达（见图7-17）。

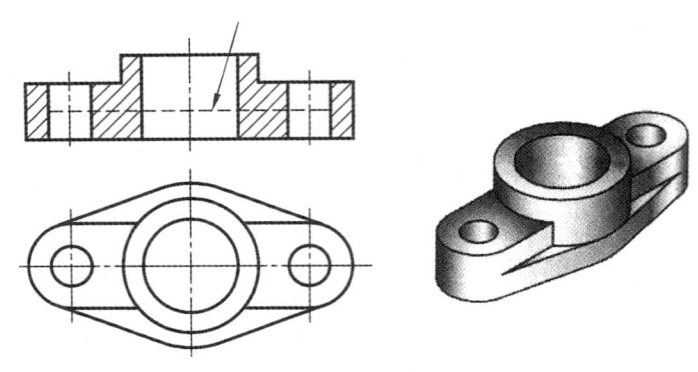

图 7-17　剖视图中细虚线的取舍

（4）不可漏画可见的轮廓线。在剖切面后面的可见轮廓线，应全部用粗实线画出（见图 7-18）。

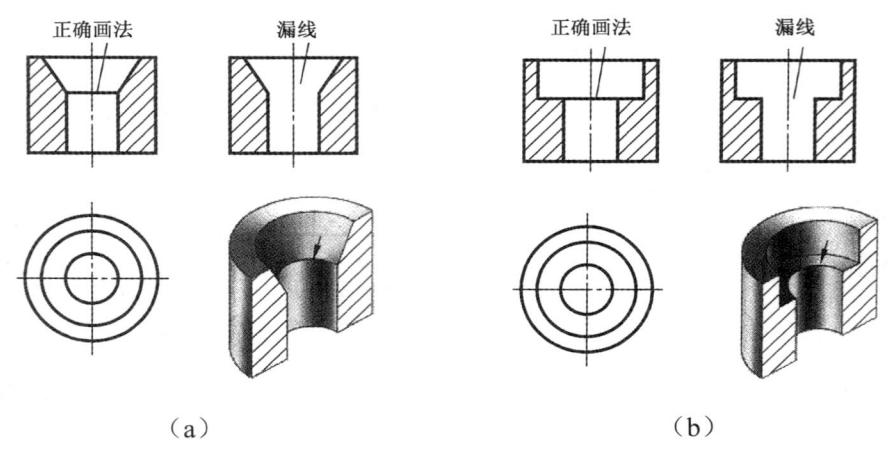

（a）　　　　　　　　　　　　（b）

图 7-18　剖视图中容易漏画的轮廓线

二、剖视图的种类

剖视图分为以下三种。

1. 全剖视图

全剖视图是用剖切面完全剖开机件所得的剖视图。全剖视图主要用于表达内部结构形状复杂的不对称机件，或外形简单的对称机件（见图 7-15）。不论是哪一种剖切方法，只要是"完全剖开，全部移去"所得的剖视图，都是全剖视图。

2. 半剖视图

当机件具有对称平面时，向垂直于对称平面的投影面上投影所得的图形，可以对称中心线为界，一半画成剖视图，另一半画成视图，这种组合的图形称为半剖视图，如图 7-19 所示。

半剖视图主要用于内外结构形状都需要表示的对称机件。其优点在于它能在一个图形中同时反映机件的内部结构形状和外部结构形状，由于机件是对称的，所以据此很容易想象出整个机件的全貌。

画半剖视图时应注意以下三点。

（1）半个剖视图的位置通常按以下原则配置：在主视图中位于对称线右侧，在俯视图中位于对称线下方，在左视图中位于对称线右侧。

（2）半个视图和半个剖视图应以细点画线为界。

（3）半个视图中不必画出半个剖视图中已表达出的机件内部对称结构的细虚线。

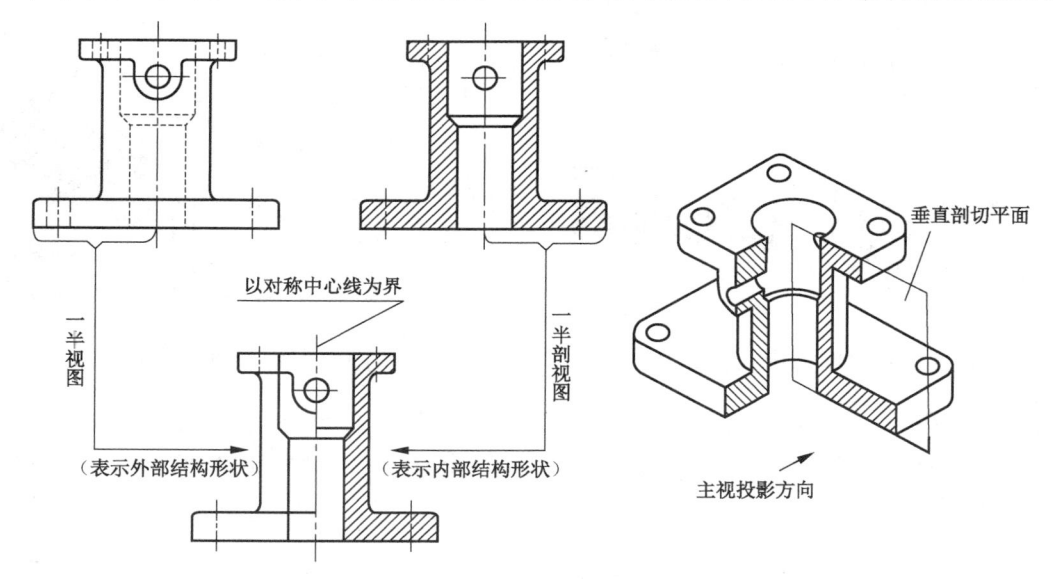

图 7-19　半剖视图（一）

在半剖视图中未表达清楚的结构，可在半个视图中作局部剖视（见图 7-20）。

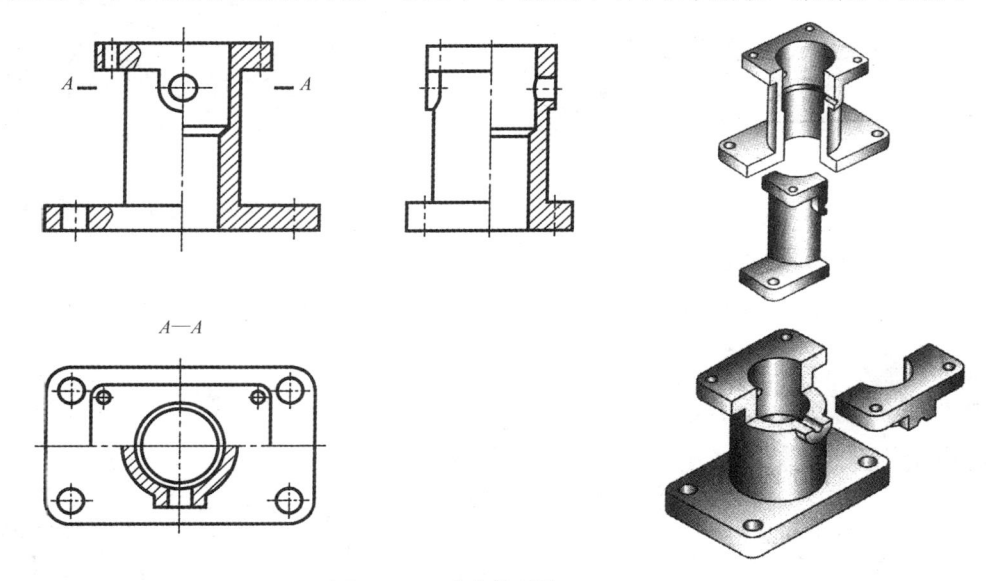

图 7-20　半剖视图（二）

3．局部剖视图

用剖切面局部剖开机件所得的剖视图，称为局部剖视图（见图 7-21）。

局部剖视图主要用于表达机件的局部内部结构形状，或不宜采用全剖视图或半剖视图表达的地方（如轴、连杆、螺钉等实心零件上的某些孔或槽等）。

局部剖视图是一种较灵活的表达方法，适用范围较广，具体如下。

（1）适用于不对称且内外结构形状均需表达的机件（见图 7-21）。

（2）适用于仅有部分内部结构形状需要表达，但不必或不宜采用全剖视图的机件（见图 7-22）。

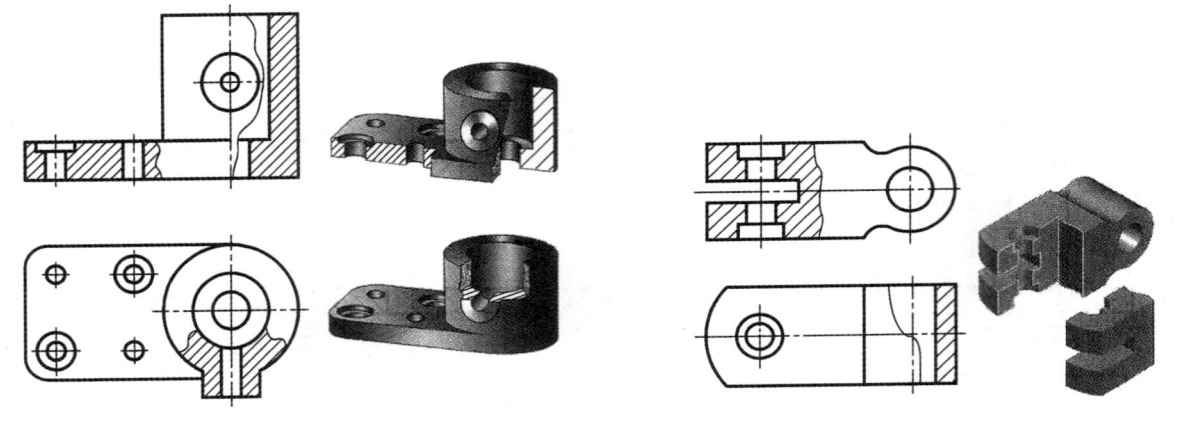

图 7-21　局部剖视图（一）　　　　　图 7-22　局部剖视图（二）

（3）适用于对轴、杆等实心机件上有孔或槽的结构进行表达时（见图 7-23）。

（4）适用于对内外结构形状都要表达，但因其轮廓线与对称中心线重合，不宜采用半剖视图的对称机件（见图 7-24）。

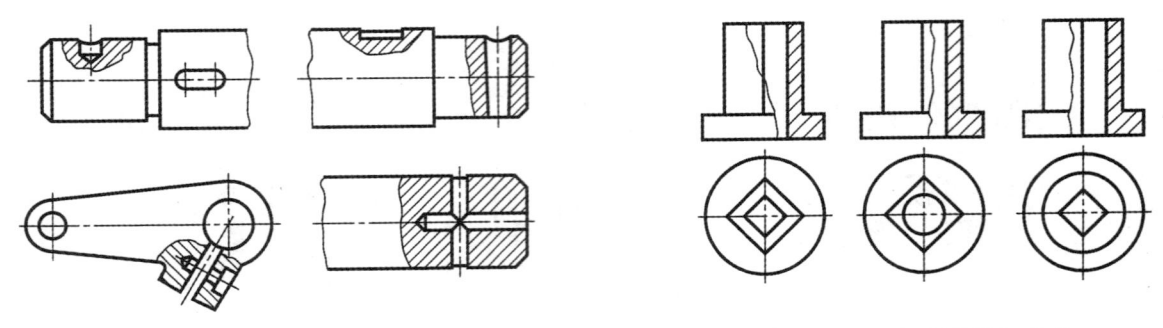

图 7-23　局部剖视图（三）　　　　　图 7-24　局部剖视图（四）

画局部剖视图时应注意以下两点。

（1）在一个视图中，局部剖切的次数不宜过多，否则就会显得凌乱，甚至影响图形的清晰度。

（2）视图与剖视图的分界线（波浪线）不要超出视图的轮廓线，不要与轮廓线重合或画在其他轮廓线的延长位置上，也不要穿空（孔、槽等）而过（见图 7-25）。

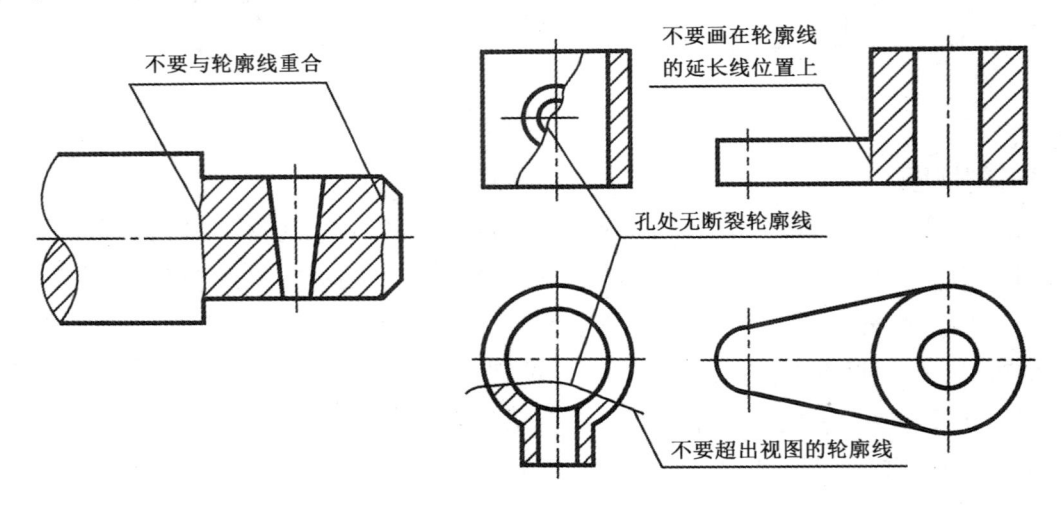

图 7-25　波浪线的错误画法

三、剖切面的种类

用于剖切物体的假想平面或曲面，称为剖切面。

在图形中，剖切面的位置用剖切符号表示，即在剖切面的起、止和转折处画上粗短画（尽可能不与图形的轮廓线相交），并在粗短画的两端外侧用箭头指明剖切后的投影方向，如图 7-26 所示。

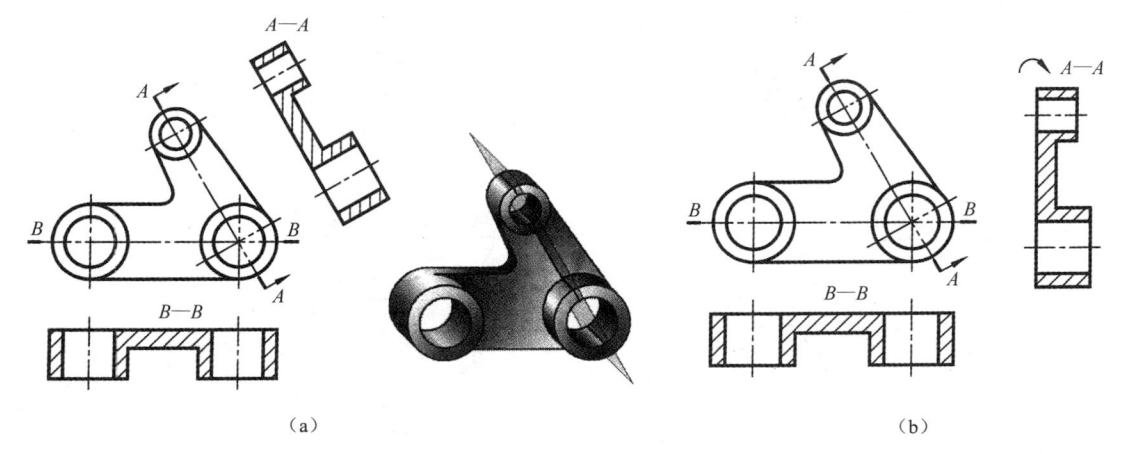

图 7-26 采用单一斜剖切面剖切获得的全剖视图

剖切面的种类：单一剖切面、几个平行的剖切面和几个相交的剖切面。采用其中任何一种剖切面剖切都可得到全剖视图、半剖视图和局部剖视图。

1．单一剖切面

（1）单一剖切面。平行于基本投影面的单一剖切面是最常用的一种（以上全剖视图、半剖视图和局部剖视图均是采用单一剖切面剖切获得的）。

（2）单一斜剖切面。单一斜剖切面的特征是不平行于任何基本投影面，它用于表达机件上倾斜部分的内部结构形状（如图 7-26 所示的 A—A）。采用这种方法获得的剖视图，必须注出剖切面位置、投影方向和剖视图名称，为了看图方便，应尽量使剖视图与剖切面的投影关系相对应，将剖视图配置在箭头所指方向的一侧，如图 7-26（a）所示。在不致引起误解的情况下，允许将图形进行适当旋转，此时必须加注旋转符号，如图 7-26（b）所示。

2．几个平行的剖切面

当机件上具有几种不同的结构要素（如孔、槽等），它们的中心线排列在几个互相平行的平面上时，宜采用几个平行的剖切面剖切，如图 7-27（a）所示。

画这种剖视图时应注意以下两点。

（1）图形内不应出现不完整要素［见图 7-27（b）］。

（2）采用几个平行的剖切面剖开机件所绘制的剖视图，规定要表示在同一图形上，因此不能在剖视图中画出各剖切面的交线［见图 7-27（c）］。

3．几个相交的剖切面（交线垂直于某一基本投影面）

采用两个相交的剖切面（交线垂直于某一基本投影面）剖切机件，以表达具有回转轴机件的内部结构形状。此时，两剖切面的交线应与回转轴重合。当采用这种方法画剖视图时，应先将被剖切面剖开的断面旋转到与选定的基本投影面平行，然后进行投射，如图 7-28 所示。

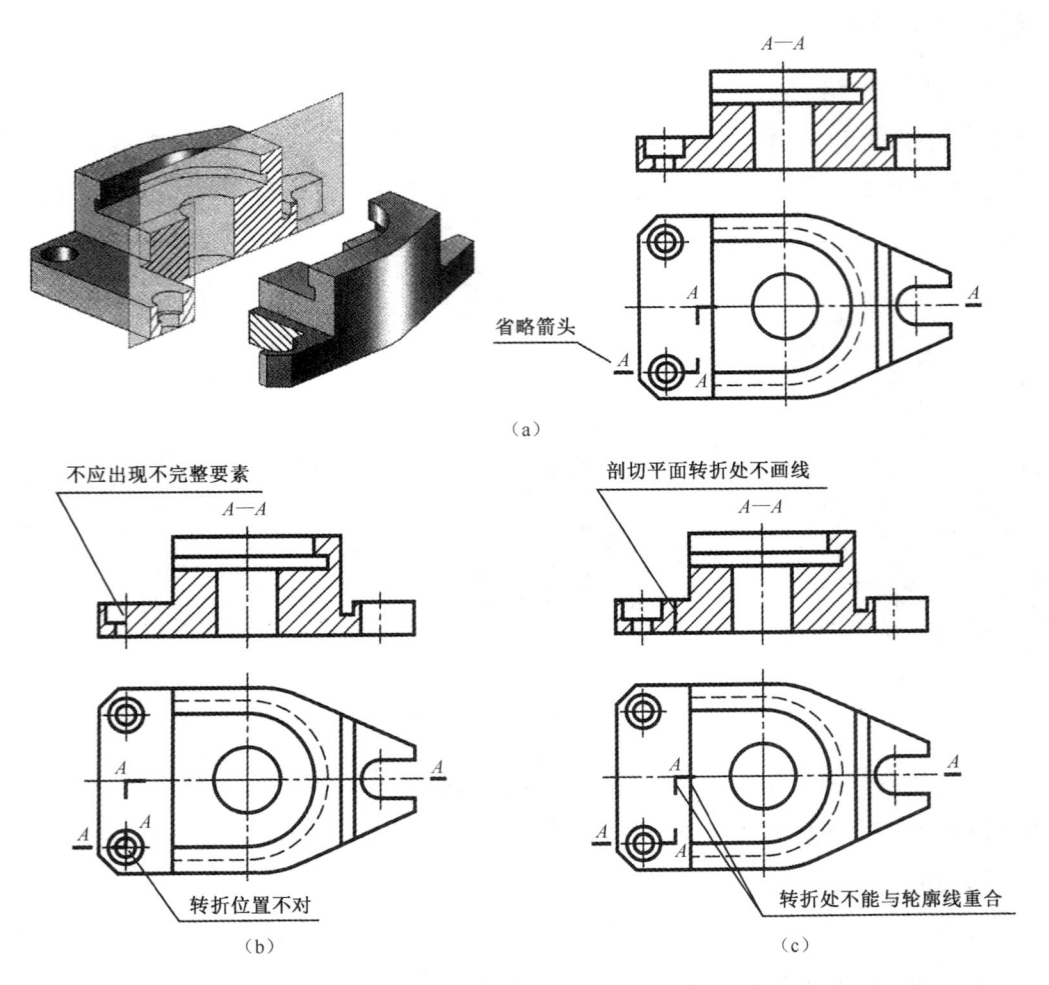

图 7-27 采用几个平行的剖切面剖切获得的全剖视图

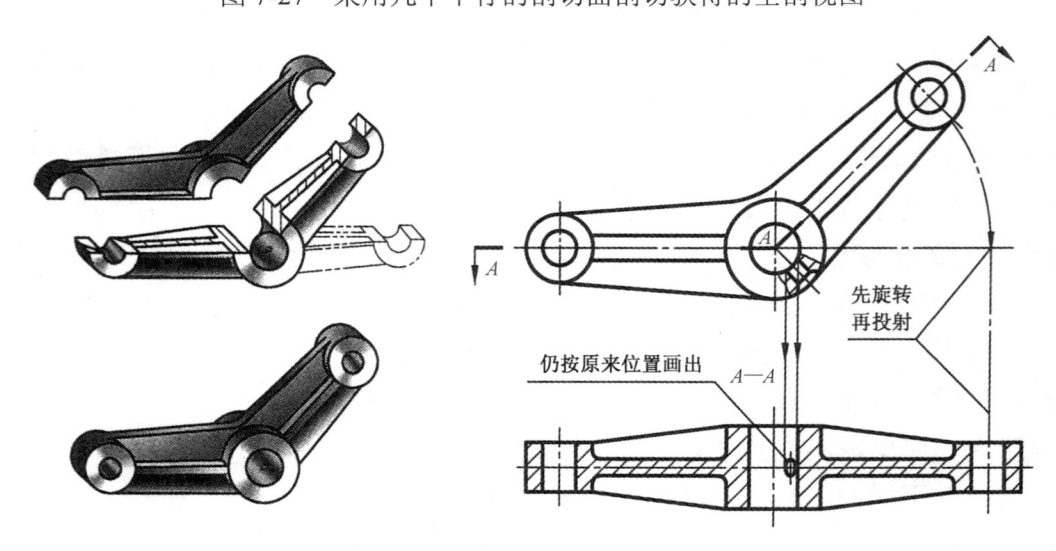

图 7-28 采用几个相交的剖切面剖切获得的全剖视图

4．复合剖

相交剖切面与平行剖切面的组合称为组合剖切面。用组合剖切面剖开机件的剖切方法称为复合剖，如图 7-29 所示。

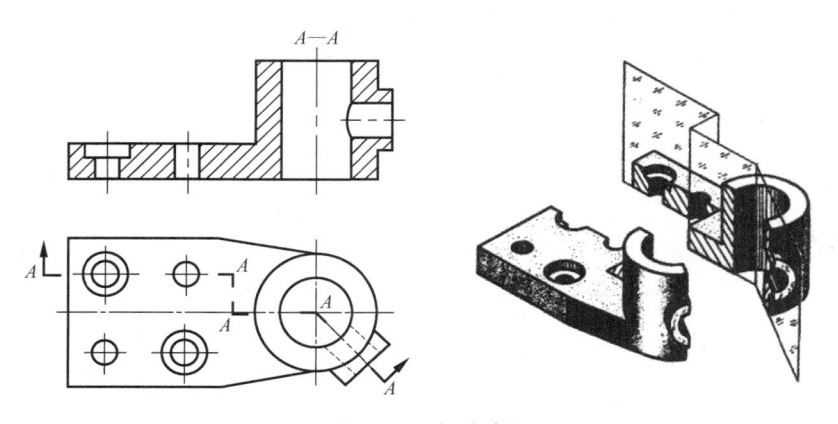

图 7-29 复合剖

四、剖视图的标注

剖视图标注的目的在于表明剖切面的位置和数量，以及投影方向。一般用剖切符号（粗短画，线宽为 $1b$~$1.5b$，长为 5~10mm）表示剖切面的位置，用箭头表示投影方向，即在剖切面的起、止、转折处画上剖切符号，标上字母，并在起、止处画出箭头表示投影方向，在所画的剖视图的上方中间位置用同一字母写出其名称"×—×"（见图 7-26、图 7-27 和图 7-28）。

标注时需要注意以下几点。

（1）当剖视图按照投影关系配置，而中间又没有其他图形隔开时，可以省略箭头不标注，如图 7-26 中的俯视图 B—B、图 7-27（a）中的主视图。

（2）当剖切面是单一的，而且通过机件的对称平面或基本对称平面，中间又没有其他图形隔开时，可以不进行任何标注，如图 7-16 中的主视图。

（3）当单一剖切面剖切位置明显时，局部剖视图的标注可以省略，如图 7-21 和图 7-22 所示。

（4）当采用非单一剖切面剖切时，最多可以省去箭头不标注，但剖切符号和字母必须标注，如图 7-27（a）所示。

任务实施

训练 将支座（见图 7-30）的主视图绘制成剖视图。

分析：要掌握绘制剖视图的方法和步骤，除了要具备较强的识图能力、空间分析和想象能力，还要进行较多的绘图训练。

支座的形体结构属于综合式组合体。其主体结构是圆柱体，在圆柱体的左下方有一个相切的耳板。从上往下在圆柱体内部挖切了一大一小两个同轴圆柱；耳板中部从上往下也被挖切了一大一小两个同轴圆柱，左侧被挖切了一个 U 形槽。内部结构包括 U 形槽、两个阶梯孔。这些结构均在支座的对称中心平面上，因此只需采用单一剖切面即可将其全部剖切。

作图：

（1）分析已知视图［见图 7-30（a）］。

（2）确定剖切面的位置后，先画出剖面区域［见图 7-30（b）］。

(3) 画出剖切面后面的可见部分投影［见图 7-30（c）］。

(4) 在剖面区域中画上剖面符号［见图 7-30（d）］。

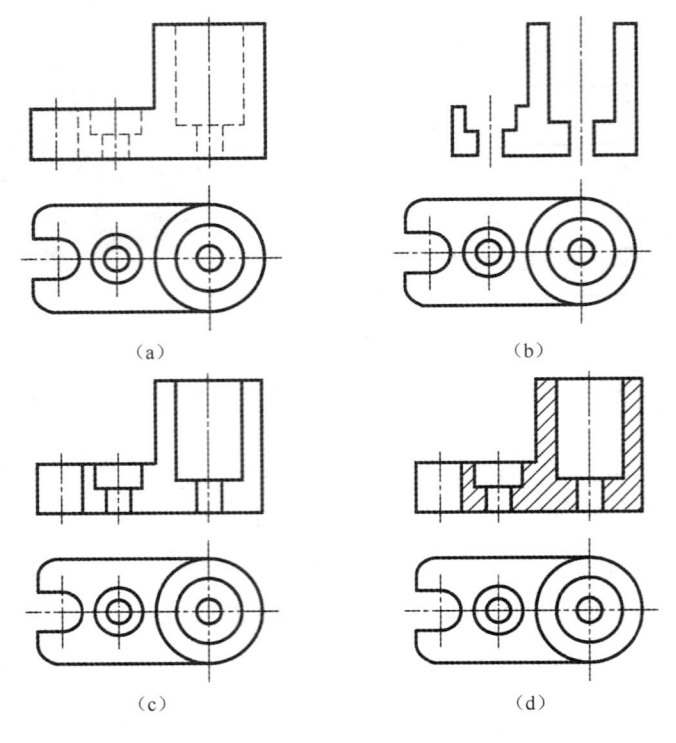

图 7-30　剖视图的画法

练习提高

判断图 7-31 中视图画法的对与错，对的在括号里画"√"，错的在括号中画"×"。

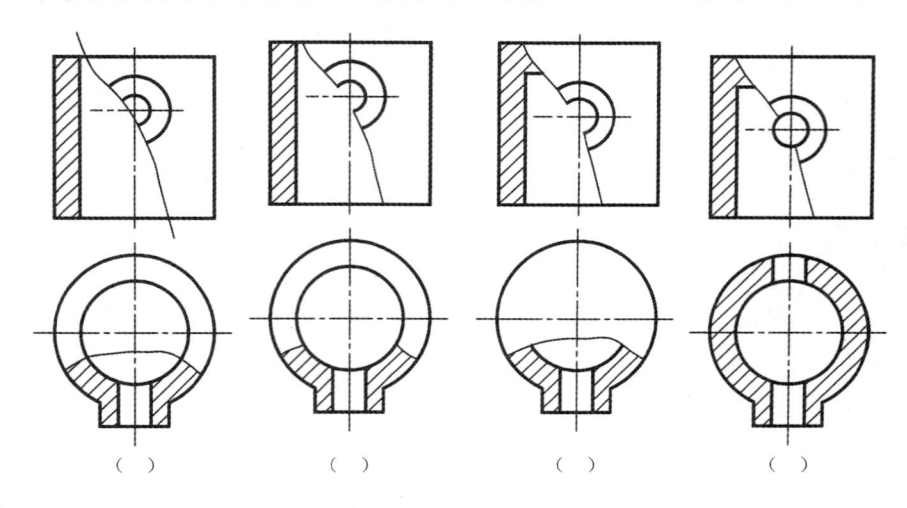

图 7-31　判断视图画法的对与错

任务评价

评价方式采用工作过程考核评价、综合任务考核评价和教师点评。任务实施评价项目表如表 7-3 所示。

表 7-3 任务实施评价项目表

序　号	评价项目	配分权重	实　得　分
1	剖视图的绘制与标注的正确性	50%	
2	各种表达方法综合运用的熟练程度	50%	

任务总结

剖视图按照剖切范围的多少分为全剖视图、半剖视图、局部剖视图；按照采用什么样的剖切面又可以分为单一剖视图、阶梯剖视图、旋转剖视图、复合剖视图和斜剖视图。

全剖视图适用于机件不对称且外部结构形状简单、内部结构形状较复杂的机件。半剖视图适用于对称或基本对称的机件，应注意其分界线应是细点画线，而不能画成粗实线。局部剖视图应根据机件的结构局部剖开，并注意波浪线的正确画法，不应和图样上的其他线重合。

对于常用的几种剖视图，可以运用以下口诀帮助理解和记忆：

外形简单宜全剖，形状对称用半剖；
一个剖面切不到，多个平行相交剖；
局部剖视最灵活，哪里适用哪里剖。

任务 3　断面图

任务描述

通过本任务的学习与训练，掌握断面图的概念及应用方法，了解断面图的种类，熟练掌握不同断面图的画法和标注方法。

任务资讯

一、断面图（GB/T 4458.6—2002）

假想用剖切面把机件的某处切断，仅画出断面的图形，称为断面图，简称断面，如图 7-32 所示。

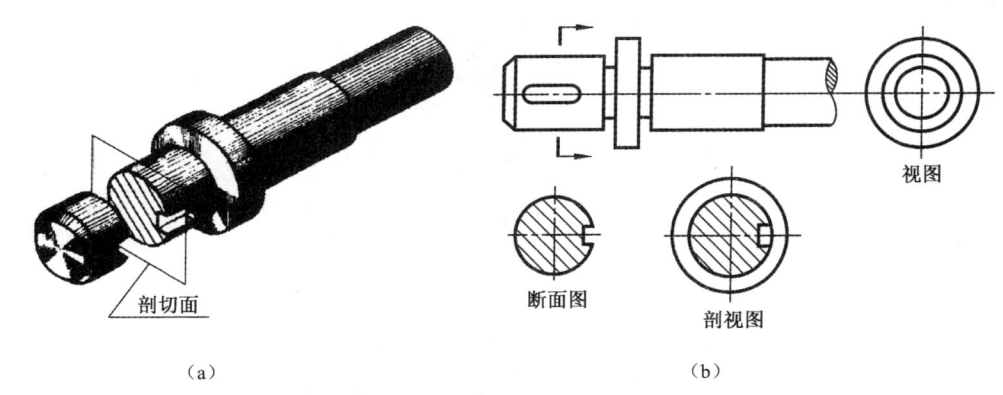

（a）　　　　　　　　　　　　　（b）

图 7-32　断面图的形成及其与视图、剖视图的比较

断面图常用来表示机件上某一局部的断面形状，如机件上的肋板、轮辐、轴上的键槽及孔、杆件和型材的断面等。

断面图与剖视图的区别：断面图仅画出机件被切断的截面的图形，剖视图则要画出剖切平面后所有可见部分的投影，如图 7-32 所示。

二、断面图的种类

1．移出断面图

画在视图轮廓之外的断面图，称为移出断面图。移出断面图的轮廓线用粗实线绘制（见图 7-32）。

移出断面图的绘制和配置如下。

（1）移出断面图可配置在剖切符号的延长线上，或剖切线的延长线上（见图 7-33）。

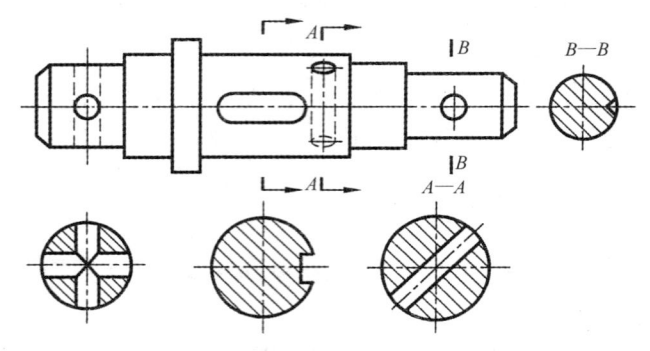

图 7-33　移出断面图的配置（一）

（2）当断面图对称时，移出断面图可配置在视图的中断处（见图 7-34）。

（3）由两个或多个相交的剖切面剖切所得到的断面图一般应断开（见图 7-35）。

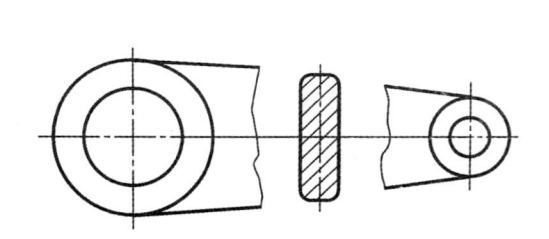

图 7-34　移出断面图的配置（二） 　　图 7-35　移出断面图的配置（三）

画移出断面图时应注意以下问题。

（1）当剖切面通过回转面形成的孔、凹坑的轴线时，这些结构应按剖视图绘制（见图 7-36）。

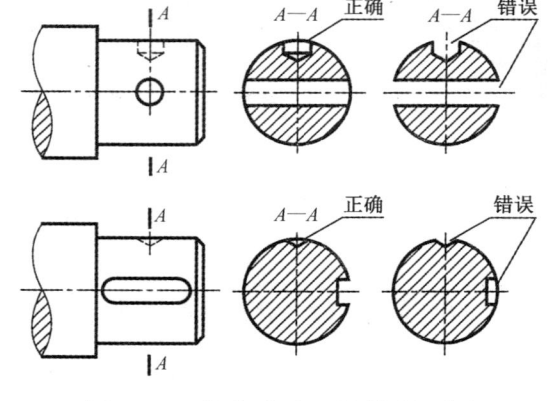

图 7-36　带有孔或凹坑的断面图

（2）当剖切面剖切机件的非回转体结构，出现断面区域分离情况时，这些结构应按剖视图绘制（见图 7-37）。

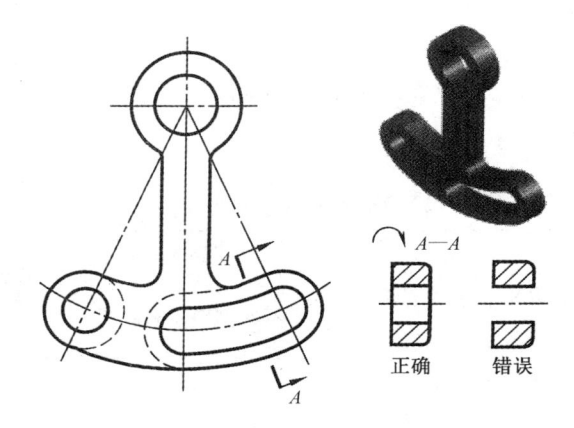

图 7-37　按剖视图绘制的非圆孔的断面图

2．重合断面图

画在视图轮廓线内的断面图，称为重合断面图（见图 7-38）。

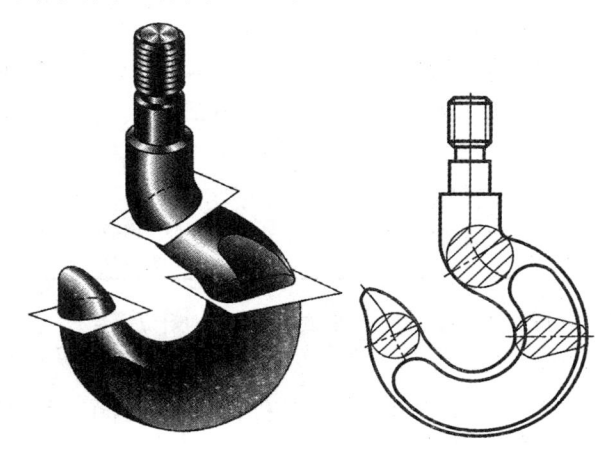

图 7-38　重合断面图（一）

重合断面图的轮廓线用细实线绘制。当视图中的轮廓线与重合断面图的轮廓线重叠时，视图中的轮廓线仍应连续画出，不可间断（见图 7-39）。

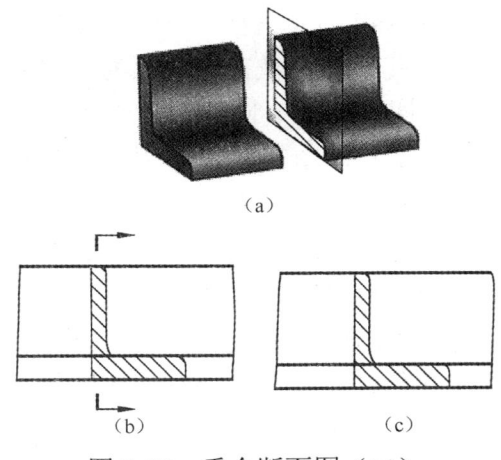

图 7-39　重合断面图（二）

三、断面图的标注

断面图一般应进行标注。剖视图的标注内容同样适用于断面图。

1．移出断面图的标注

（1）移出断面图的标注随其图形的配置部位的不同及图形是否对称而不同，其配置及标注如表 7-4 所示。

表 7-4 移出断面图的配置及标注

断面类型	剖切面的位置		
	配置在剖切线或剖切符号延长线上	不在剖切符号的延长线上	按投影关系配置
对称的移出断面图	剖切线 细点画线 省略标注	省略箭头	省略箭头
不对称的移出断面图	省略字母	标注剖切符号、箭头和字母	省略箭头

（2）配置在视图中断处的对称断面图不必标注，如图 7-34 所示。

2．重合断面图的标注

对称的重合断面图不必标注（见图 7-38）；不对称的重合断面图可省略标注[见图 7-39（c）]。

任务实施

训练 完成图 7-40 中的移出断面图。

分析：

（1）识读视图，分析结构。图 7-40 所示为阶梯轴，轴的左侧从左往右挖切了一个盲孔；从上往下挖切了一个 U 形槽，将盲孔贯穿；从前往后贯穿一个小圆孔。轴的中段靠前方有一个双圆头键槽。轴的右端靠上方挖切了一个半圆键槽。

（2）图中已用细点画线注明了需要作图的位置，因此应按位置作图，不能再任意配置。

（3）轴左侧的结构，按要求应在主视图的右侧绘制移出断面图。剖切面通过非圆孔，导致出现完全分离的两个断面，应按剖视图绘制，标注 A—A。

（4）轴左侧小圆孔为回转面形成，也应按剖视图绘制，无须标注。

（5）轴中段双圆头键槽：主视图已标注看图的方向为从左往右，因此在剖切符号正下方的移出断面图中，键槽的位置应在右侧，且仅需画出剖切面与轴接触部分的图形。

（6）轴右侧半圆键槽：键槽位于轴的上方，图形对称，配置在剖切线的延长线上，无须标注。

作图：（答案见图7-40）

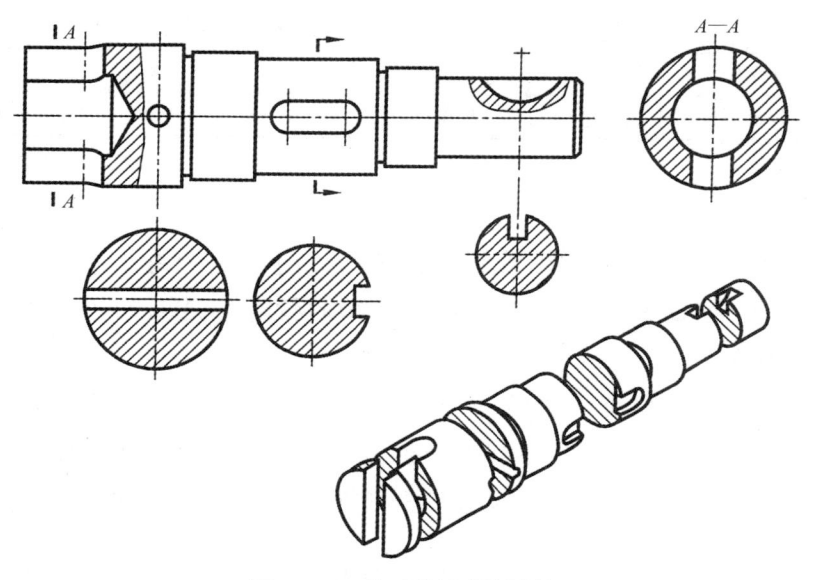

图7-40 移出断面图训练

练习提高

选择图7-41中正确的移出断面图，在括号内打"√"。

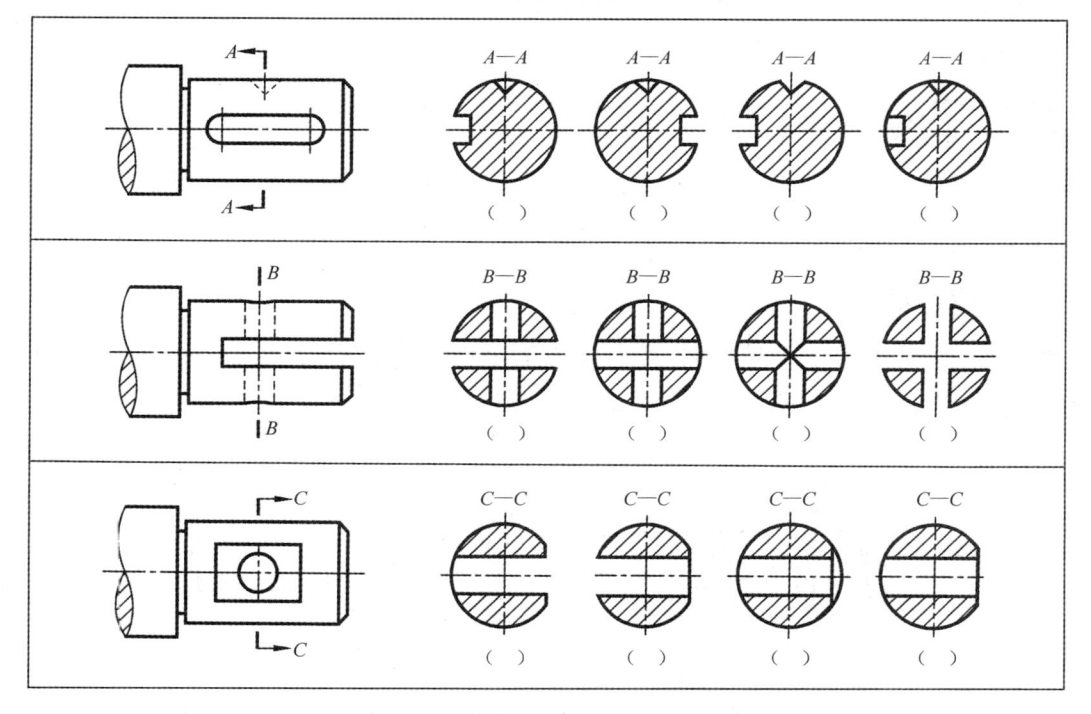

图7-41 选择正确的移出断面图

任务评价

评价方式采用工作过程考核评价、综合任务考核评价和教师点评。任务实施评价项目表如表7-5所示。

表 7-5　任务实施评价项目表

序　号	评价项目	配分权重	实得分
1	断面图的绘制与标注的正确性	50%	
2	各种表达方法综合运用的熟练程度	50%	

任务总结

在学习断面图时，要特别注意区别断面图与剖视图：剖视图是形体剖切之后剩下部分的投影，是立体的投影；断面图是形体剖切之后断面的投影，是面的投影。断面图是剖视图的一部分，但一般单独画出。

另外，在学习断面图时很容易产生一种错觉：各种剖切面只适用于剖视图，断面图只能用单一剖切面剖得。这是一种误解，绘制断面图时采用何种剖切面，完全取决于机件的结构特征和表达目的。例如，如图 7-36 所示的移出断面是采用了两个相交的剖切平面获得的。

任务 4　其他表达方法

任务描述

通过本任务的学习与训练，掌握除视图、剖视图和断面图外的其他表达方法，如局部放大图、简化画法等，了解这些表达方法的概念及应用范围，并能熟练应用。

任务资讯

在表达机件的图样中，除了可以采用视图、剖视图、断面图等表达方法，国家标准规定还可采用其他表达方法，如局部放大图、简化画法等。

一、局部放大图

当机件上某些局部细小结构在视图上表达不清楚，或不便于标注尺寸时，可将该部分结构用大于原图的比例画出，这种图形称为局部放大图（见图 7-42）。

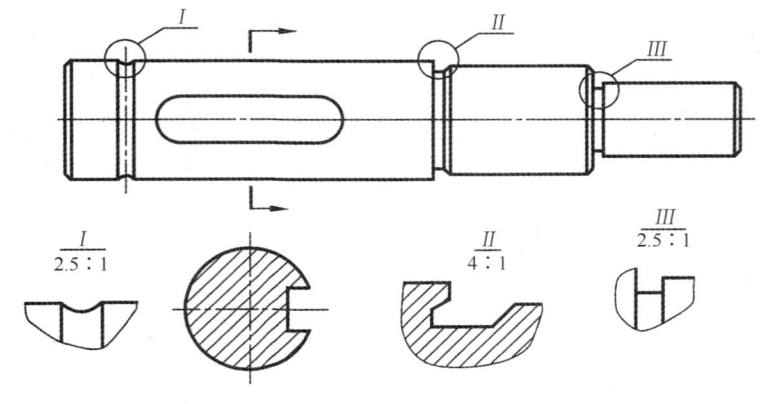

图 7-42　局部放大图（一）

画局部放大图时应注意以下问题（见图 7-42）。

（1）局部放大图可以画成视图、剖视图或断面图，它与被放大部分所采用的表达方法无关。

（2）在绘制局部放大图时，应在视图上用细实线圈出放大部位，并将局部放大图配置在被放大部位的附近。

（3）当同一机件上有多个放大部位时，需要用罗马数字按顺序注明，并在局部放大图上方标出相应的罗马数字及所采用的比例。

（4）局部放大图中标注的比例为放大图尺寸与实物尺寸之比，而与原图所采用的比例无关。

（5）当机件上被放大部位仅有一个时，在局部放大图的上方只需注明所采用的比例，如图 7-43 所示。

（6）同一个机件上不同部位的局部放大图，当其图形相同或对称时，只需画出一个，如图 7-44 所示。

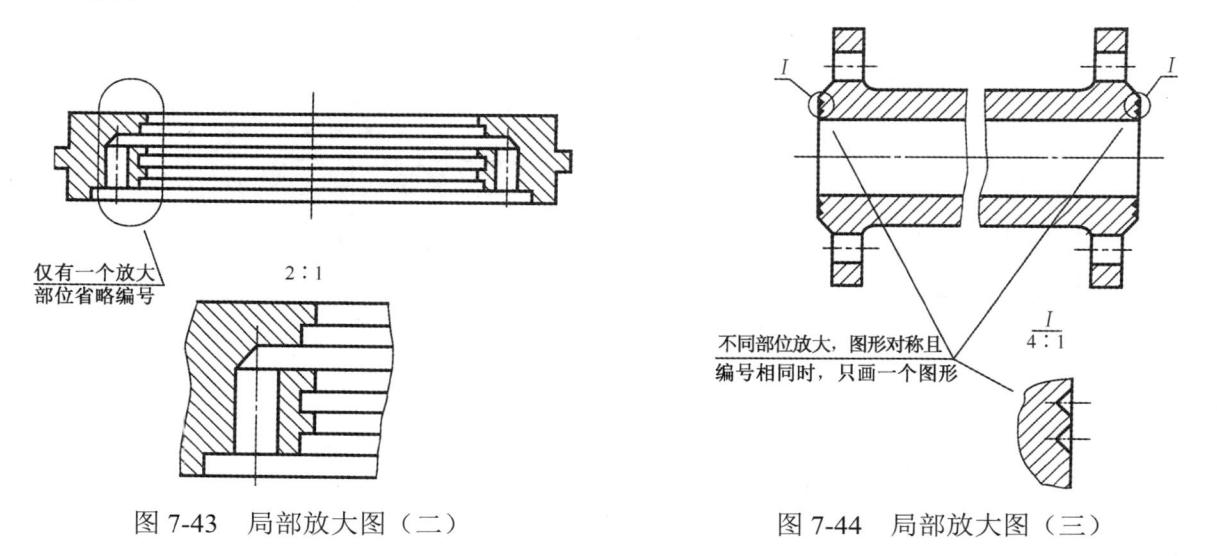

图 7-43　局部放大图（二）

图 7-44　局部放大图（三）

（7）必要时可用几个图形表达同一被放大部分的结构，如图 7-45 所示。

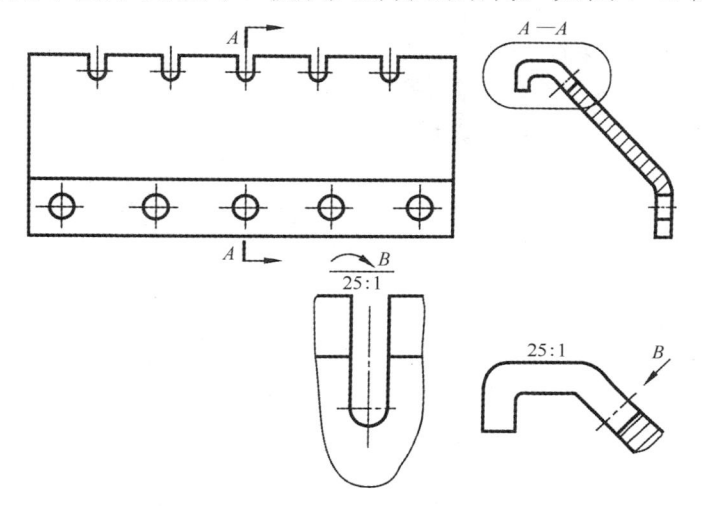

图 7-45　局部放大图（四）

二、简化画法（GB/T 16675.1—2012、GB/T 4458.1—2002）

为了使画图简便，提高图样的清晰度，制图标准规定了一些图形的简化画法。

（1）当机件上具有若干相同的结构（如齿、槽等），并且这些结构按一定的规律分布时，只需画出几个完整的结构，其余的用细实线连接，并在图上注明该结构的总数，如图 7-46 所示。

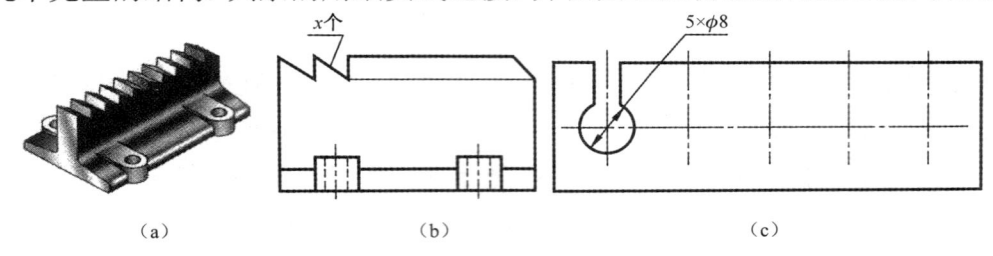

图 7-46　相同结构的简化画法

（2）若干直径相同且按一定规律分布的孔，可以仅画出一个或少量几个，其余的只需用细点画线（或细实线）表示其中心位置即可，如图 7-47 所示。

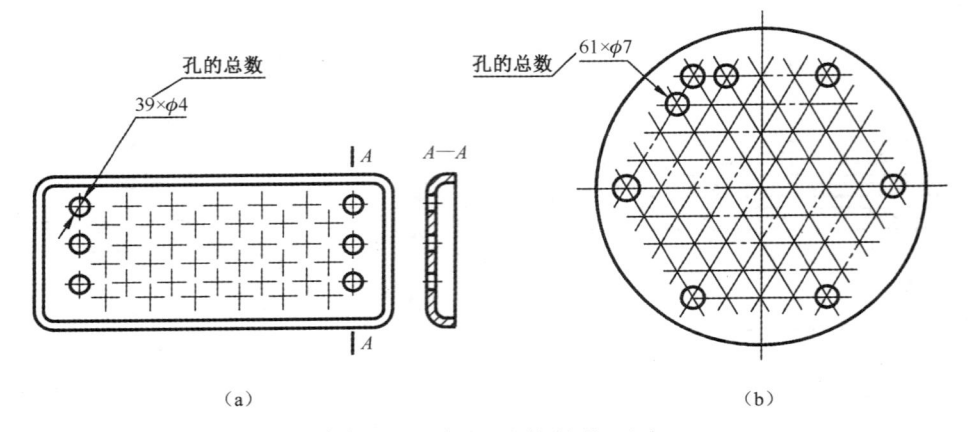

图 7-47　相同孔的简化画法

（3）当回转体上均匀分布的肋、轮辐、孔等结构不处于剖切面上时，可将这些结构旋转到剖切面上画出，如图 7-48 所示。

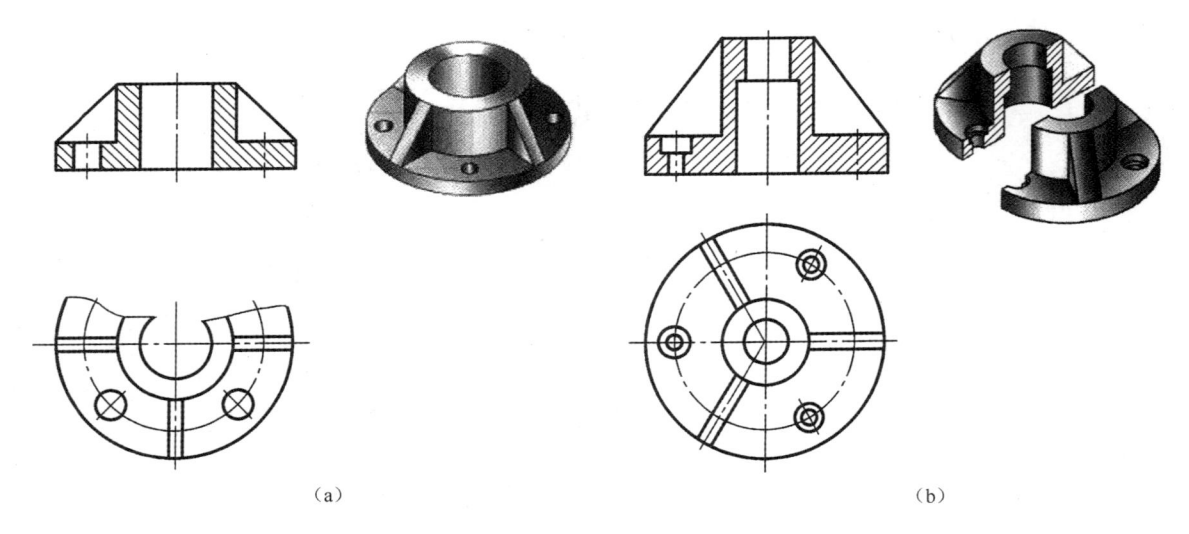

图 7-48　回转体上均匀分布结构的简化画法

（4）与投影面所成的倾斜角度小于或等于 30°的圆弧，其投影可用圆或圆弧代替，如图 7-49 所示。

（5）圆柱形法兰盘和类似机件上均匀分布的孔，可按如图 7-50 所示的方法绘制。

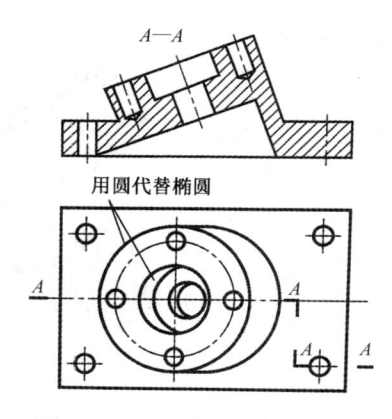

图 7-49　倾斜圆的简化画法 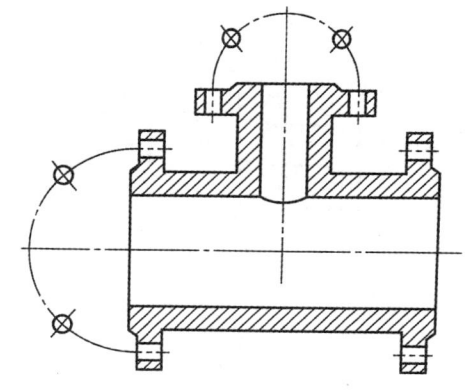　　　　图 7-50　圆柱形法兰盘上均匀分布的孔的简化画法

（6）对于较长的机件（如轴、杆、型材等），当沿长度方向的形状一致或按一定规律变化时，可将其断开缩短绘出，但尺寸仍要按机件的实际长度标注，如图 7-51 所示。

（7）圆柱上的孔、键槽等较小结构产生的表面交线允许简化成直线，如图 7-52 所示。

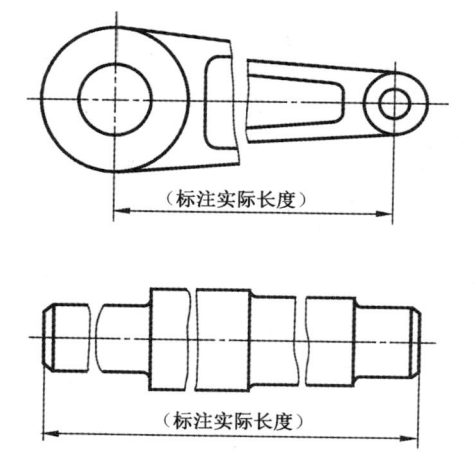

图 7-51　较长机件可断开后缩短绘制 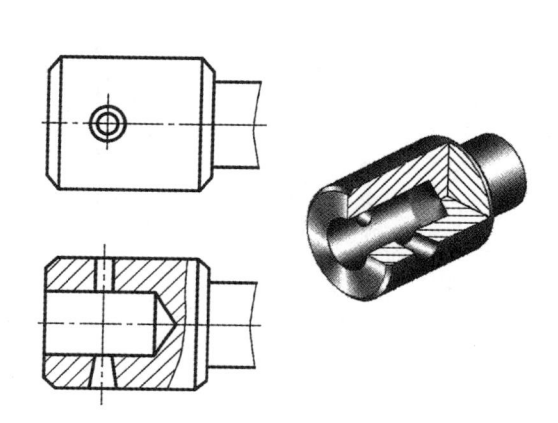　　　　图 7-52　较小结构的省略画法

（8）在不致引起误解的情况下，对称物体的视图可只画一半或四分之一，并在对称中心线的两端画出对称符号（两条与对称中心线垂直的平行细实线），如图 7-53 所示。

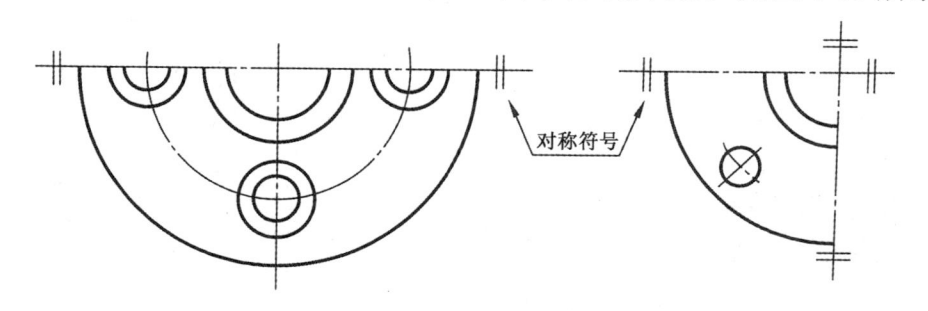

图 7-53　对称机件的简化画法

（9）移出断面图一般要画出剖面符号，但在不致引起误解的情况下，允许省略剖面符号，如图 7-54 所示。

（10）图形中的平面可用平面符号（相交的两条细实线）表示，如图 7-55 所示。

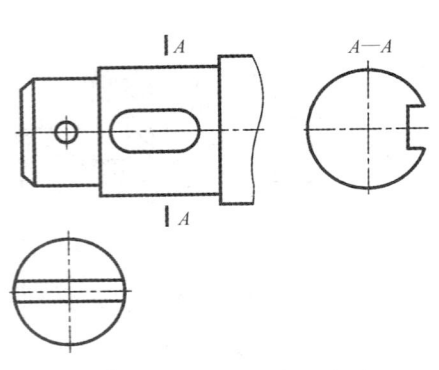

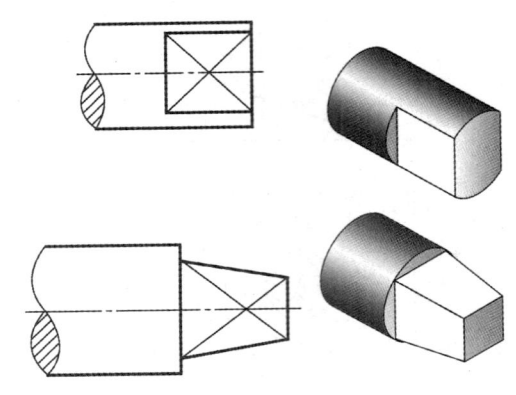

图 7-54　剖面符号可省略　　　　图 7-55　回转体上平面的画法

（11）零件上的滚花、槽沟等网状结构，应用粗实线完全或部分地表示出来，并在图中按规定标注，如图 7-56 所示。

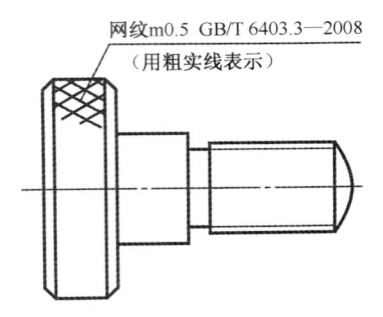

图 7-56　机件上滚花的简化画法

任务实施

训练　选择如图 7-57 所示的支架的表达方案。

1. 方案一

如图 7-58 所示，采用主视图和俯视图表达支架，并在俯视图采用了 $A—A$ 全剖视图表达支架的内部结构形状，十字肋的形状是用虚线表示的。

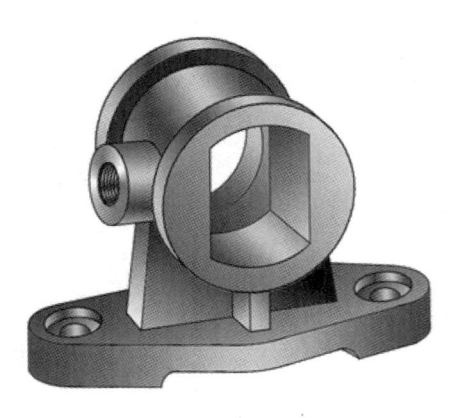

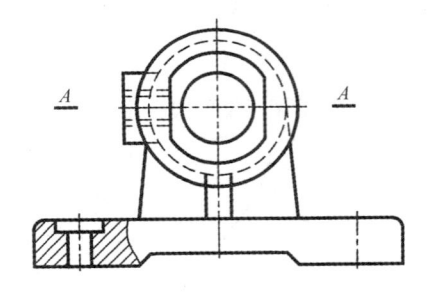

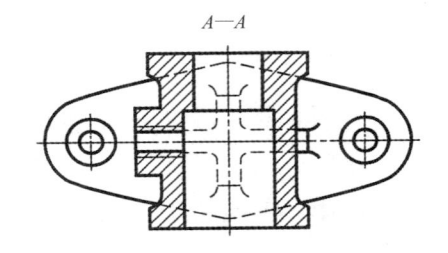

图 7-57　支架轴测图　　　　图 7-58　支架表达方案一

2. 方案二

如图 7-59 所示，采用主视图、俯视图、左视图三个视图表达支架。主视图采用局部剖视图，表达安装孔；左视图采用全剖视图，表达支架的内部结构形状；俯视图采用 $A—A$ 全剖视图，表达左端圆柱台内的螺孔与中间大孔的关系及底板的形状。为了清楚地表达十字肋的形状，还增加了一个 $B—B$ 移出断面图。

3. 方案三

如图 7-60 所示，主视图和左视图采用局部剖视图，使支架上部内外结构形状表达得比较清楚，俯视图采用 $B—B$ 全剖视图表达十字肋与底板的相对位置及形状。

图 7-59 支架表达方案二

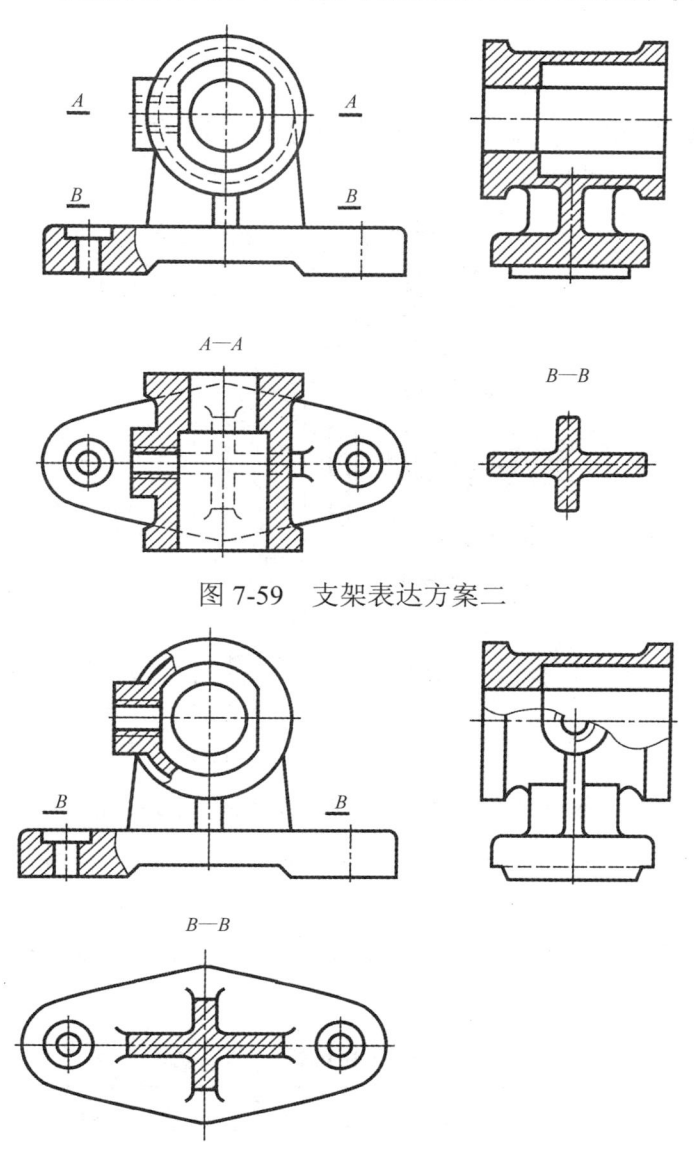

图 7-60 支架表达方案三

在以上三个方案中，方案一虽然视图数量较少，但因虚线较多图形不够清晰，各部分的相对位置表达不够明显，给读图带来一定困难，所以方案一不可取。

方案二和方案三都能完整地表达支架的内外结构形状，方案二的俯视图、左视图均为全剖视图，表达支架的内部结构形状；方案三的主视图、左视图均采用局部剖视图，不仅把支架的内部结构形状表达清楚了，还保留了部分外部结构形状，使得外部结构形状及其相对位置的表达优于方案二。再比较俯视图，两方案对底板的形状均已表达清楚。但因剖切面的位置不同，方案二的 A—A 剖视图仍在表达支架内部结构和螺孔；方案三 B—B 剖切面剖切的是十字肋，使俯视图突出表现了十字肋与底板的形状及两者的位置关系，从而避免重复表达支架的内部结构，并省去一个断面图。

综合以上分析：方案三的各视图表达意图清楚，剖切位置选择合理，支架内外结构形状表达基本完整，层次清晰，图形数量适当，便于作图和读图，因此方案三是一个较好的支架表达方案。

练习提高

根据如图 7-61 所示的机件（轴测图或视图）选择合适的表达方法，并进行标注。

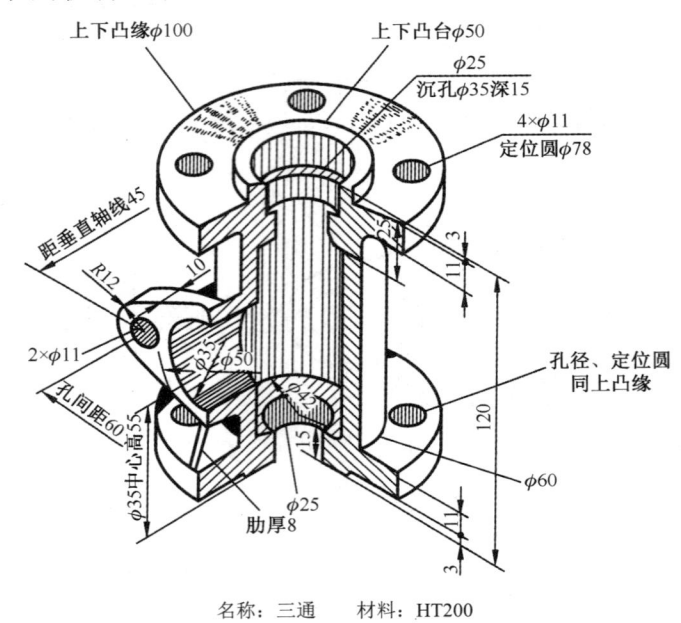

图 7-61　选择合适的表达方法并进行标注

任务评价

评价方式采用工作过程考核评价、综合任务考核评价和教师点评。任务实施评价项目表如表 7-6 所示。

表 7-6　任务实施评价项目表

序　号	评　价　项　目	配　分　权　重	实　得　分
1	视图的绘制与标注的正确性	20%	
2	剖视图的绘制与标注的正确性	30%	
3	断面图的绘制与标注的正确性	20%	
4	各种表达方法综合运用的熟练程度	30%	

任务总结

在学习过程中，要注意以下几种情况。

（1）局部放大图的比例的含义是一个难点，要牢记标题栏和局部放大图的比例都是指"图：物"；判断一个图形是否属于局部放大图，不应看比例值，而应看该图是否相较原图放大了。

（2）国标中规定局部放大图采用的画法与被放大部分的表达方法无关，可画成视图、剖视图、断面图等。但常常会遇到原图形采用剖视图画法，局部放大图也采用剖视图画法的情况。这时，要特别注意局部放大图中的剖面线不应随之增大距离。

（3）关于简化画法，要明确使用原则，即必须保证使用时不致引起误解，且不可无据简化，应力求便于识读和绘制。如不能保证简化的正确性，均应按投影规律画出。

项目小结

本项目主要介绍了视图、剖视图、断面图和其他几种机件的表达方法。对常用的表达方法，强调务必掌握它们各自的画法和标注规定，此外还要学会灵活应用，提高综合表达能力，做到内外结构形状兼顾，表达有重点，既不支离破碎又不过于重复，进而达到正确、完整、清晰而又简洁地表达机件的目的。

项目八

标准件与常用件

在机器或仪器中，有些大量使用的零件，如螺栓、螺母、螺钉、键、销、轴承等，它们的结构、尺寸、画法、标记、材料、热处理等各个方面，甚至产品质量都由国家或行业制定了标准，要按标准设计，称为标准件。

同时，在机械的传动、支撑、减振等方面，也广泛使用齿轮、轴承、弹簧等零件。这些零件的结构和参数实行了部分标准化，这些零件在制图中也有规定的表示方法，称为常用件。标准件和常用件在机器中的应用如图 8-1 所示。

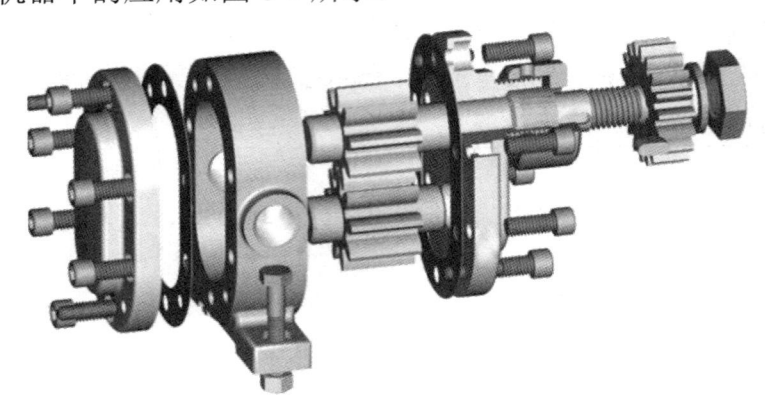

图 8-1 标准件和常用件在机器中的应用

由于标准件和常用件在机器中应用广泛，一般由专门的工厂大批量生产。为了便于绘图和读图，对零件上的某些复杂结构，如螺纹、轮齿等，不必按其真实投影绘制，可根据相应的国家标准规定的画法和标记方法进行绘图及标记。

项目目标

1. 掌握螺纹的规定画法和标记方法。
2. 掌握常用螺纹连接件的标记方法、规定画法及装配画法。
3. 掌握直齿圆柱齿轮及其啮合的规定画法。
4. 掌握键、销、滚动轴承、弹簧的标记方法及规定画法。
5. 培养学生良好的行为习惯和遵纪守法意识；树立效率和效益相结合的观念，强化标准和成本意识，实现科学发展。
6. 课后查阅相关资料，掌握我国当下标准件的生产技术，通过课后知识引申拓展的方式，肯定我国企业自主研发的创新能力，树立创新意识。

任务1 螺纹

任务描述

通过对螺纹相关标准的学习，掌握内外螺纹的规定画法和标记方法。

任务资讯

一、螺纹的形成

螺纹是根据螺旋线的原理加工而成的。图 8-2 所示为在车床上加工螺纹的图示。当固定在车床卡盘上的工件做等速旋转运动时，刀具沿机件轴向做等速直线运动，其合成运动使切入工件的刀尖在机件表面加工出螺纹。由于刀刃形状不同，在工件表面切去部分的截面形状也不同，所以加工出的螺纹形状不同。在圆柱或圆锥外表面上加工出的螺纹称为外螺纹，在圆柱或圆锥内表面（孔壁）上加工出的螺纹称为内螺纹。

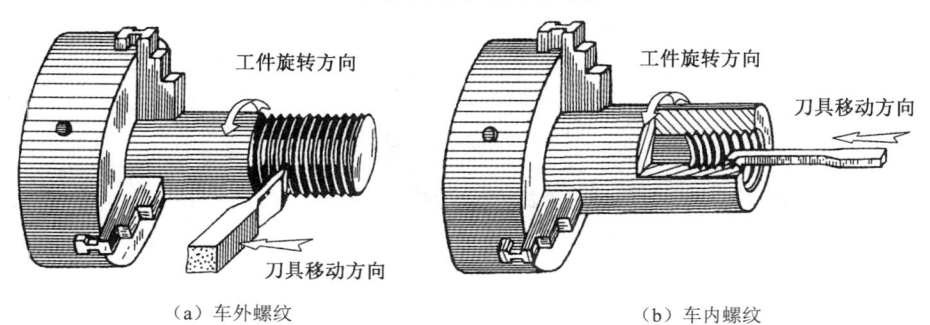

（a）车外螺纹　　　　　　　　（b）车内螺纹

图 8-2　在车床上加工螺纹的图示

二、螺纹要素

1．牙型

牙型是螺纹轴向剖面的轮廓形状。牙型不同，螺纹的用途也不同，如图 8-3 所示。

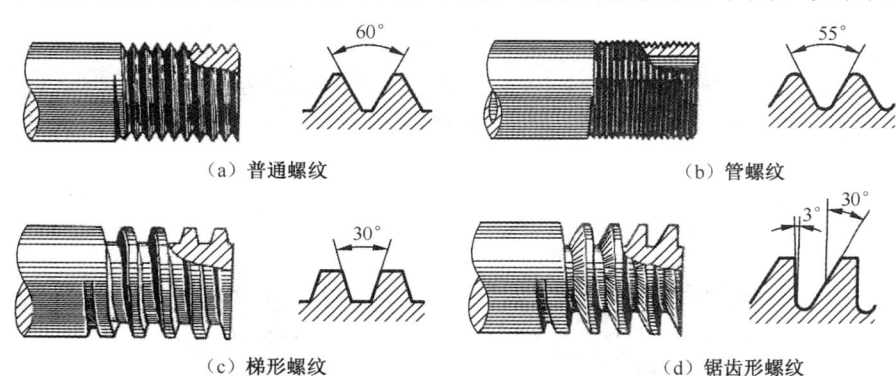

（a）普通螺纹　　　　　　　　（b）管螺纹

（c）梯形螺纹　　　　　　　　（d）锯齿形螺纹

图 8-3　常用标准螺纹的牙型

（1）普通螺纹。普通螺纹也叫三角形螺纹，牙型角为 60°，一般用于连接零件。普通螺纹分为粗牙螺纹和细牙螺纹。粗牙螺纹应用广泛，我们日常使用的螺钉都是粗牙螺纹的。细牙螺纹常运用于光学仪器等精密仪器中，用于定位和微调。

（2）管螺纹。管螺纹的牙型角为 55°或 60°，常用于管道连接。管螺纹分为非螺纹密封的管螺纹和用螺纹密封的管螺纹。非螺纹密封的管螺纹多用于压力较低的水、煤气管道，润滑和电线管道，要实现密封需要使用辅助材料，如常见的加生料带。用螺纹密封的管螺纹的螺纹连接本身具有密封性，多用于高温、高压系统和润滑系统。

（3）梯形螺纹。梯形螺纹的牙型为等腰梯形，牙厚且牙根强度高，一般用于传动，如螺旋千斤顶、升降机使用梯形螺纹将旋转运动转化成直线运动。

（4）锯齿形螺纹。锯齿形螺纹的牙型为不等腰梯形，一般用于单向传动，自锁性能好。

2．直径

螺纹的直径分为大径、中径和小径，如图 8-4 所示。

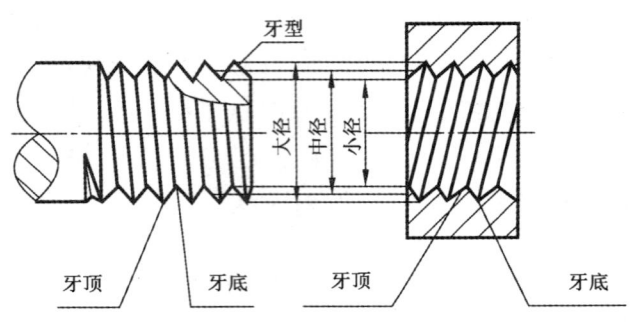

图 8-4　螺纹的直径

其中，螺纹的公称直径为大径，外螺纹直径用 d 表示，为牙顶直径；内螺纹直径用 D 表示，为牙底直径。

3．线数

螺纹的线数 n 有单线和多线之分。沿一条螺旋线形成的螺纹称为单线螺纹，沿两条或两条以上螺旋线形成的螺纹称为多线螺纹。

单线螺纹的螺旋升角较小，内外螺纹旋合后不容易滑动，自锁性能好，常用于零件间的固定连接，如固定吊扇的螺丝螺母、煤气瓶的接头等。多线螺纹的螺纹升角较大，容易滑动，自锁性能差，常用于传递动力，如千斤顶、台虎钳等。

4．螺距和导程

螺距 P 是指螺纹上相邻两牙在中径线上对应两点间的轴向距离。导程 S 是指同一螺旋线上相邻两牙在中径线上对应点的轴向距离，如图 8-5 所示。一般来说，单线螺纹用螺距，多线螺纹用导程。

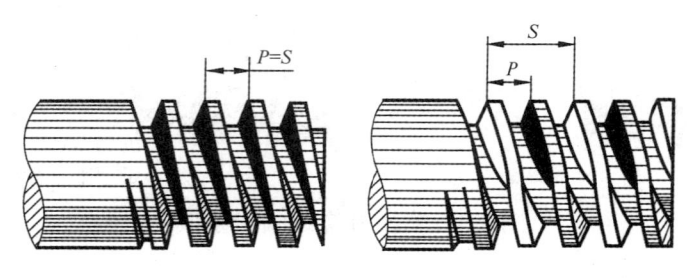

（a）单线螺纹　　　　（b）双线螺纹

图 8-5　螺距和导程

螺距 P、导程 S、线数 n 的关系：

$$P = S \times n$$

5．旋向

螺纹的旋向分为右旋和左旋两种，如图 8-6 所示。

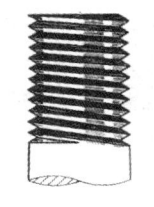

（a）右高为右旋　　　　（b）左高为左旋

图 8-6　螺纹的旋向

右旋螺纹应用广泛，它的拧紧规律是"顺紧逆松"，用于大多数场合的螺纹连接。左旋螺纹应用较少，它的拧紧规律是"顺松逆紧"，用于特殊场合的螺纹连接，如煤气瓶的接头、单车的飞轮螺纹等。

凡是牙型、直径和螺距符合标准的螺纹都称为标准螺纹（普通螺纹牙型、直径和螺距见附表 A-1）。

三、螺纹的规定画法

螺纹的规定画法如下。

（1）牙顶用粗实线绘制。
（2）牙底用细实线绘制，在投影为圆的视图中，牙底的细实线圆只绘制约 3/4 圈。
（3）螺纹终止线用粗实线绘制。
（4）小径为大径（公称直径）的 0.85。
（5）螺杆的倒角应画出，但在投影为圆的视图中，倒角省略不画。
（6）在剖切时，剖面线应绘制到表示牙顶的粗实线处。

1．外螺纹的画法

外螺纹的画法如图 8-7 和图 8-8 所示。

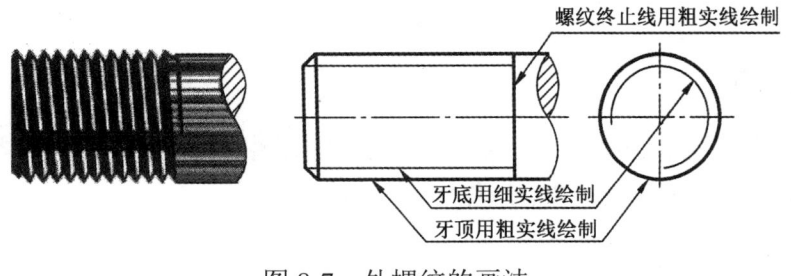

图 8-7　外螺纹的画法

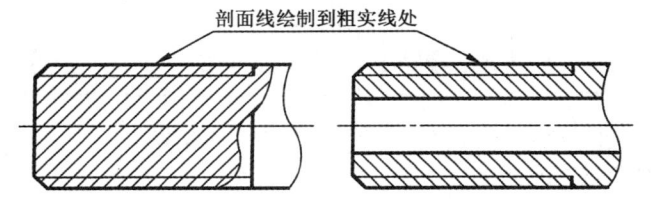

图 8-8　外螺纹的剖视画法

2．内螺纹的画法

内螺纹的画法如图8-9和图8-10所示。

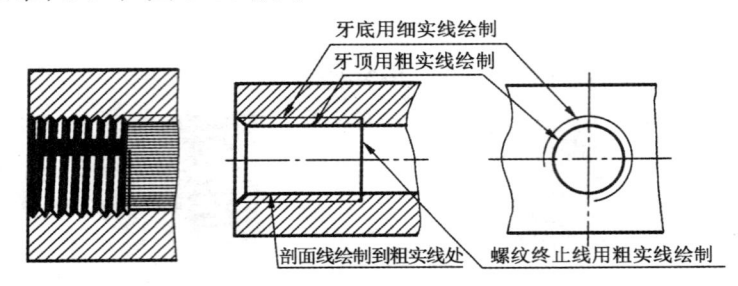

图8-9　内螺纹的画法（通孔）

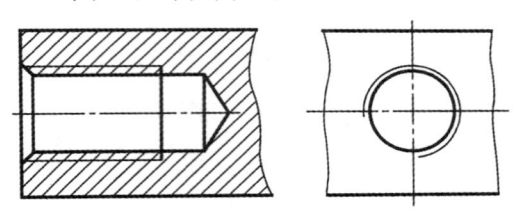

图8-10　内螺纹的画法（盲孔）

（对于盲孔，钻孔深度＝螺孔深度＋0.5 螺纹大径，钻孔底部锥角为120°）

3．螺纹连接的画法

内、外螺纹旋合部分应按照外螺纹的画法绘制，其余部分仍按照各自的画法绘制（见图8-11）。应注意，表示内、外螺纹大径的细实线和粗实线，以及表示内、外螺纹小径的粗实线和细实线必须分别对齐。

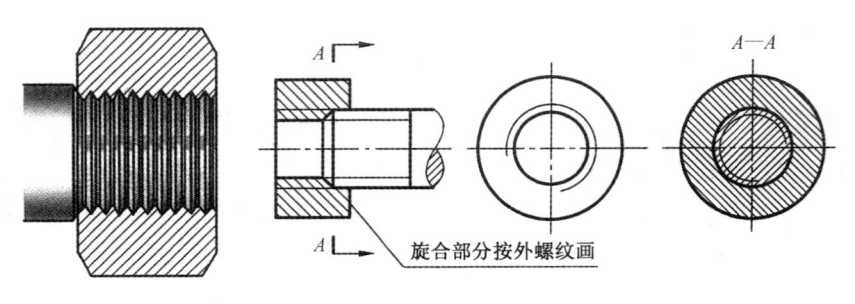

图8-11　螺纹连接的画法

四、螺纹的标注

由于各种不同螺纹的画法都是相同的，无法在图形中表现出螺纹的种类和要素，因此在绘制螺纹图样时，必须通过标注予以明确。

1．普通螺纹的标注

单线普通螺纹的一般标注格式：

| 螺纹牙型代号 | 螺纹大径 | × | 螺距 | - | 螺纹公差带代号 | - | 旋合长度代号 | - | 旋向 |

例如，M16×1.5-5g6g-L-LH，其中的标注内容含义如下。

M——普通螺纹的牙型代号。

16——螺纹的大径为16。

1.5——螺距为1.5，单线螺纹。标注出螺距的为细牙螺纹，若是粗牙螺纹（螺距可查表）则省略不标注。

5g6g——中径、顶径公差带代号。外螺纹用小写字母表示，内螺纹用大写字母表示。若中径公差带代号与顶径公差带代号相同，则只标注一个。

L——长旋合长度代号。旋合长度分为短（S）、中等（N）、长（L）。中等旋合长度应用较多，可省略不标注。

LH——螺纹的旋向为左旋。若是右旋螺纹，则省略不标注。

2．管螺纹的标注

管螺纹的一般标注格式：

| 螺纹特征代号 | 尺寸代号 | 公差等级代号 | － | 旋向代号 |

用螺纹密封的管螺纹的特征代号包括与圆柱内螺纹相配合的圆锥外螺纹 R_1、与圆锥内螺纹相配合的圆锥外螺纹 R_2、圆锥内螺纹 Rc、圆柱内螺纹 Rp。非螺纹密封的管螺纹的特征代号为 G。

例如，Rc$\frac{1}{2}$-LH，其中的标注内容含义如下。

Rc——圆锥内螺纹。

$\frac{1}{2}$——公称直径代号为$\frac{1}{2}$。用这个代号查表可以确定管螺纹的大径、中径、小径。

LH——左旋螺纹。

又如，G$\frac{1}{2}$A-LH，其中 G 表示非螺纹密封的管螺纹，公称直径代号为$\frac{1}{2}$，该螺纹公差等级代号为 A，左旋。外螺纹的公差分 A、B 两级（可查表），内螺纹的公差只有一种等级，故不标注。

3．梯形螺纹和锯齿形螺纹的标注

梯形螺纹和锯齿形螺纹的标注方法与普通螺纹类似，不同在于公差带代号只标注中径公差带代号。梯形螺纹的牙型代号为 Tr，锯齿形螺纹的牙型代号为 B。

例如，Tr40×14(P7)LH-7H 表示公称直径为 40，双线，螺距为 7，导程为 14，左旋，中径公差带代号 7H，中等旋合长度的梯形螺纹。

☺ 国家标准规定，螺纹应直接标注在大径的尺寸线或其延长线上。管螺纹一律标注在引出线上，引出线应从大径处或对称中心线处引出。螺纹的标注如图 8-12 所示。

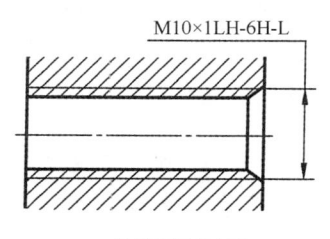

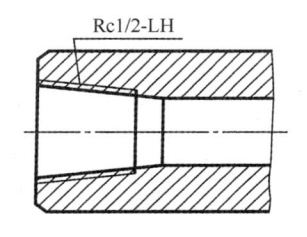

（a）普通螺纹的标注　　（b）管螺纹的标注　　（c）梯形螺纹的标注

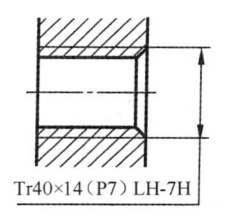

图 8-12　螺纹的标注

4．螺纹连接的标注

在装配图中，螺纹连接的标注方法和螺纹相同，直接标注在大径的尺寸线或其延长线上。对于公差带，分子为内螺纹，分母为外螺纹，如图8-13所示。

任务实施

训练1 绘制外螺纹。已知公称直径为30，螺纹长度为50，倒角为C2。

分析：对于外螺纹，公称直径为大径，用粗实线绘制。小径为大径的0.85，用细实线绘制。螺纹长度决定了终止线的位置。绘制外螺纹的步骤如图8-14所示。

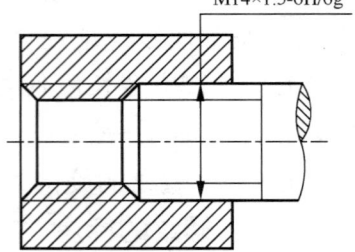

图8-13 螺纹连接的标注

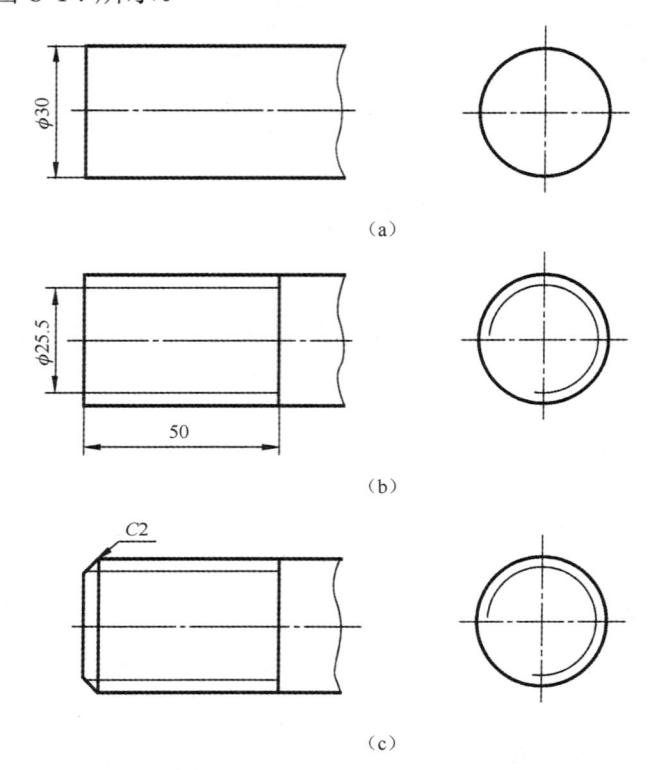

图8-14 绘制外螺纹的步骤

作图：

（1）用粗实线绘制牙顶，直径为30，左视图绘制成完整的圆。

（2）用细实线绘制牙底，直径为25.5，长度为50。右端用粗实线绘制终止线。左视图牙底圆只绘制3/4。

（3）用粗实线绘制倒角，左视图省略不画。

训练2 绘制内螺纹。已知公称直径为60，孔深120，螺纹深95，倒角为C2。

分析：对于内螺纹，公称直径为牙底直径，用细实线绘制。牙顶直径为小径，可由比例0.85计算得出，用粗实线绘制。孔深为钻孔深度，螺纹深度决定了终止线的位置。绘制内螺纹的步骤如图8-15所示。

作图：

（1）使用全剖视图表达，用粗实线绘制钻孔，直径为 51，孔底绘制 120°锥角。左视图绘制完整的圆。

（2）用细实线绘制牙底，直径为 60，深度为 95，右端绘制终止线。左视图牙底圆只绘制 3/4。

（3）用粗实线绘制倒角，左视图省略不画。

(a)

(b)

(c)

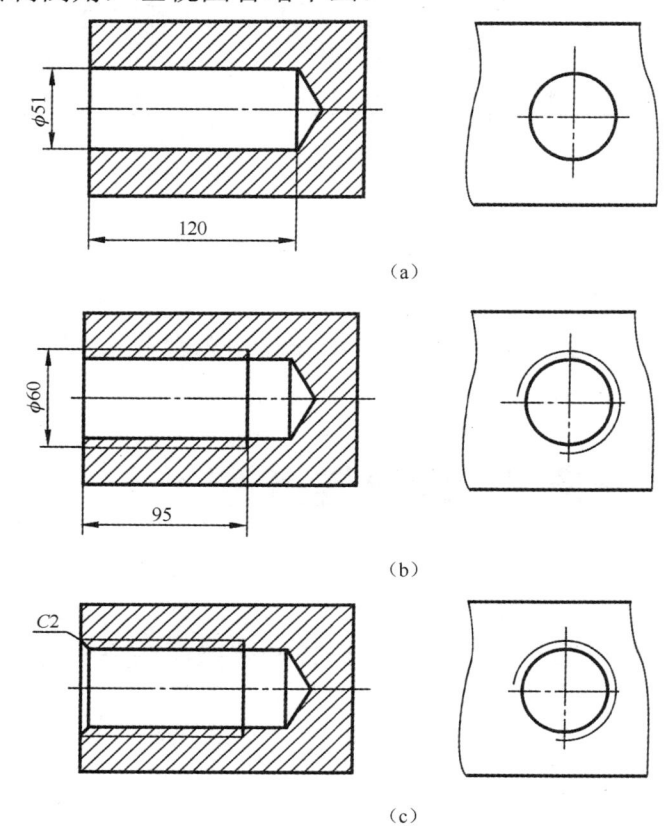

图 8-15 绘制内螺纹的步骤

练习提高

指出图 8-16 中螺纹连接画法的错误，并绘制正确的视图。

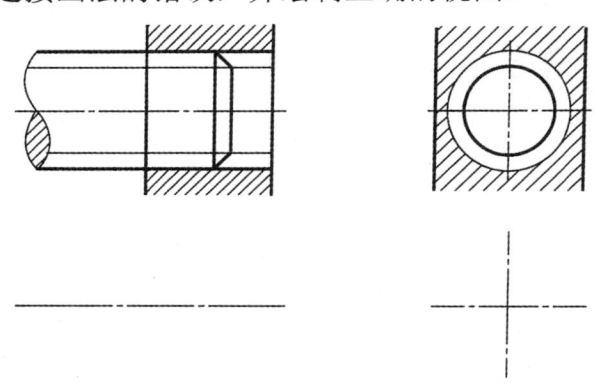

图 8-16 螺纹旋合画法的改错

任务评价

评价方式采用工作过程考核评价、综合任务考核评价与教师点评。任务实施评价项目表如表 8-1 所示。

表 8-1 任务实施评价项目表

序号	评价项目	配分权重	实得分
1	能否正确识读和绘制技术图样中的内、外螺纹结构	50%	
2	能否熟练查阅有关标准或《机械设计手册》	50%	

任务总结

在任务实施过程中，要注重学生能力的培养。使学生通过对相关标准的学习和绘图识图训练，熟悉和掌握螺纹的规定画法。

在螺纹的规定画法中，要抓住"三条线"，即牙顶用粗实线绘制，牙底用细实线绘制，螺纹终止线用粗实线绘制。

任务 2 螺纹连接件

任务描述

通过学习常用螺纹连接件的相关标准，掌握各种螺纹连接件的标记方法、规定画法及装配画法。

任务资讯

图 8-17 所示为常见的螺纹连接件，也叫螺纹紧固件。常用的螺纹连接件有螺栓、螺柱、螺母、垫圈、螺钉等。这类零件一般都是标准件，它们的结构、尺寸等都已经标准化。在图样中只需画出它们的简单视图，标注主要尺寸，同时给出它们的规定标记即可。

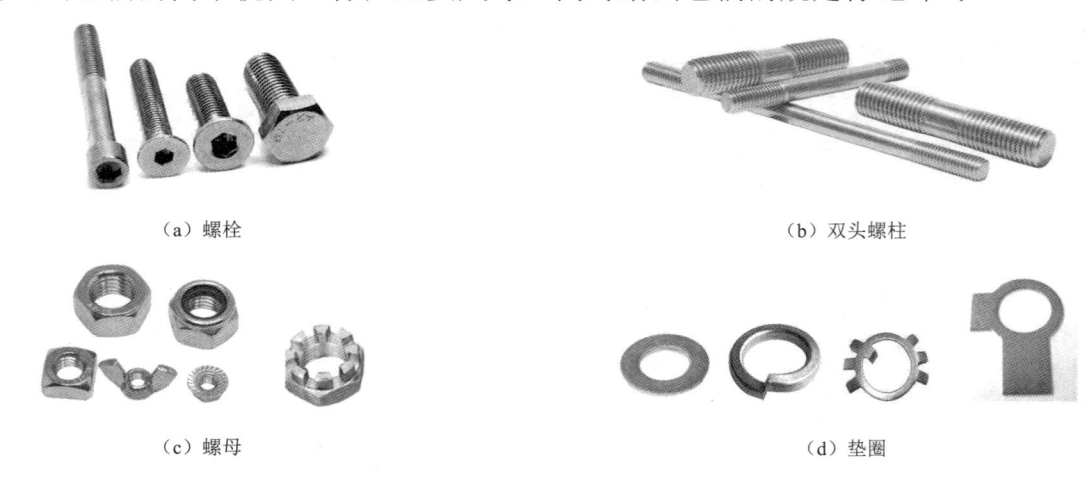

(a) 螺栓　　　　　　　　　　　　(b) 双头螺柱

(c) 螺母　　　　　　　　　　　　(d) 垫圈

图 8-17 常见的螺纹连接件

(e) 连接螺钉　　　　　　　　　　　　　　(f) 紧定螺钉

图 8-17　常见的螺纹连接件（续）

一、螺纹连接件的规定标记

螺纹连接件的规定标记一般包括以下内容：

名称　标准编号　螺纹规格　×　公称长度

常用螺纹连接件的规定标记示例如表 8-2 所示。

表 8-2　常用螺纹连接件的规定标记示例

规定标记	简图	说明
六角头螺栓 GB/T 5782 M16×60		A 级六角头螺栓（可通过编号查表），螺纹为普通螺纹，公称直径 $d=16$，公称长度 $L=60$
双头螺柱 GB 898 M16×40		双头螺柱，$b_m=1.25$（查表），螺纹为普通螺纹，公称直径 $d=16$，公称长度 $L=40$
开槽圆柱头螺钉 GB/T 65 M10×45		开槽圆柱头螺钉，螺纹为普通螺纹，公称直径 $d=10$，公称长度 $L=45$
十字槽沉头螺钉 GB/T 819.1 M10×50		十字槽沉头螺钉，螺纹为普通螺纹，公称直径 $d=10$，公称长度 $L=50$
开槽锥端紧定螺钉 GB/T 71 M6×20		开槽锥端紧定螺钉，螺纹为普通螺纹，公称直径 $d=6$，公称长度 $L=20$
1 型六角螺母 GB/T 6170 M16		1 型六角螺母，内螺纹为普通螺纹，公称直径 $d=16$
平垫圈 GB/T 97.1 16		A 级平垫圈，性能等级为 140HV（查表），公称直径 $d=16$（国标中垫圈内径最小为 17），与 M16 的螺栓配合使用

二、螺栓连接

螺栓连接件的比例画法如下。

螺栓须与螺母、垫圈配合，用于连接两个带有通孔的零件，这种连接形式称为螺栓连接。螺栓按照形状可分为六角头螺栓、圆头螺栓、方形头螺栓、沉头螺栓等，其中六角头螺栓是最常用的。

螺栓连接在装配时，先将螺栓穿过通孔，然后在螺栓上加上垫圈防松，最后将螺母拧紧。螺栓连接适合用于两个被连接零件都不太厚，并且能加工出通孔的情况。螺栓连接属于可拆卸连接。

在画螺栓连接时，可按照螺栓连接各部分的尺寸与螺栓公称直径 d 的比例关系近似画出，其比例关系可查表获得。螺栓连接的比例画法如图 8-18 所示。

☺ 画图时要注意：

（1）螺栓、螺母、垫圈等标准件按未剖切绘制，只画出外形。

（2）两零件的接触面应只画一条线，不得特意加粗。不接触的表面，不论间隙多小，都必须画两条线。

（3）在剖视图中，两相邻零件的剖面线方向应相反。但同一零件在各个剖视图中，其剖面线的方向和间距都应相同。

（4）计算出公称长度 L 后，查表选取标准长度值（取大于计算所得数值的接近值）。

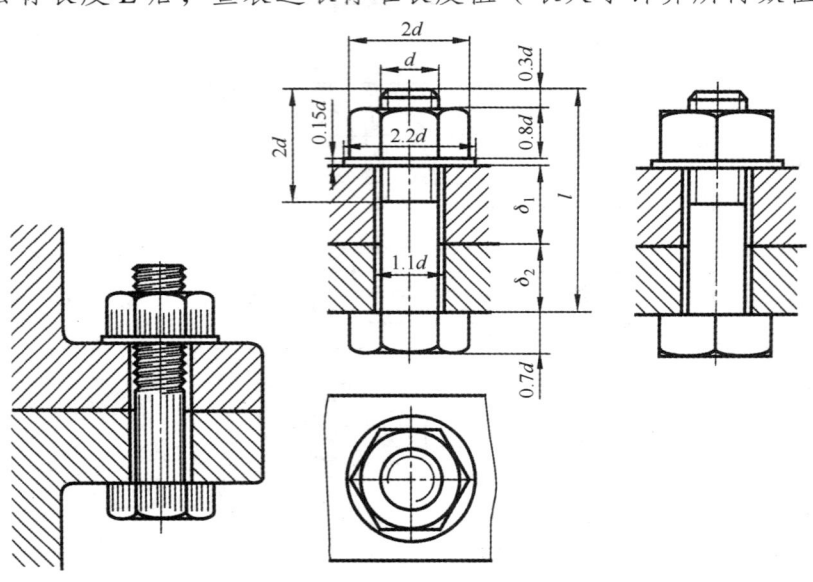

图 8-18 螺栓连接的比例画法

三、双头螺柱连接

双头螺柱连接件的比例画法如下。

当被连接零件之一较厚，不便加工通孔使用螺栓连接时，通常会将较薄零件制成通孔，较厚零件制成盲孔，采用双头螺柱连接。

双头螺柱的两端均有螺纹，较短的一端（旋入端）用来旋入下部较厚零件的螺孔。较长的另一端（紧固端）穿过上部零件的通孔（孔径约为 $1.1d$），套上垫圈，然后拧紧螺母即可完成连接。双头螺柱连接的比例画法如图 8-19 所示。双头螺柱连接属于可拆卸连接。

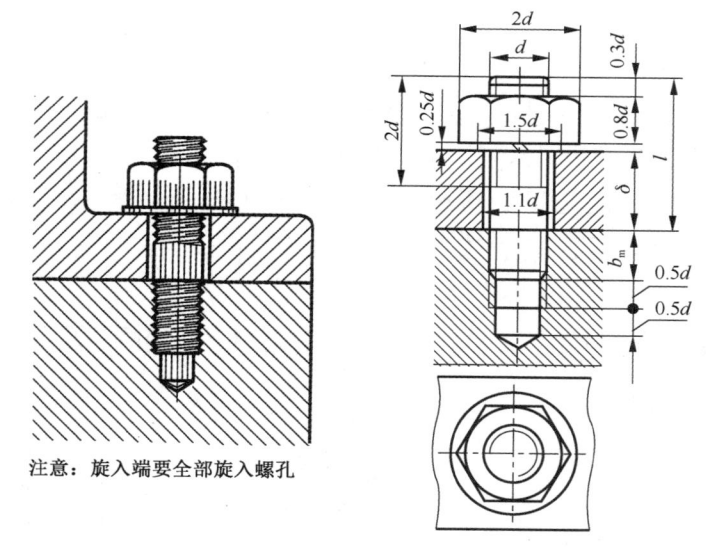

图 8-19　双头螺柱连接的比例画法

😊 画图时要注意：

（1）为了保证连接牢固，旋入端的螺纹终止线应与两零件的接触面平齐。

（2）螺孔的深度应大于旋入端的长度，一般约取 $b_m+0.5d$，而钻孔深度约取 b_m+d。

（3）双头螺柱旋入端的长度 b_m 与被旋入零件的材料有关（钢或青铜取 $b_m=d$，铸铁取 $b_m=1.25d$），其数值可由标准查得。

（4）计算出公称长度 L 后，查表选取标准长度值（取大于计算所得数值的接近值）。

四、螺钉连接

螺钉的种类很多，按其用途可分为连接螺钉和紧定螺钉。

1. 连接螺钉

连接螺钉主要用于连接一个较薄和一个较厚的零件，它无须与螺母配用，常用于受力不大而又不经常拆卸的场合。被连接的下部零件做成螺孔，上部零件做成通孔，将螺钉穿过上部零件的通孔，然后与下部零件的螺孔旋紧，即完成连接。开槽沉头螺钉连接的比例画法如图 8-20 所示。

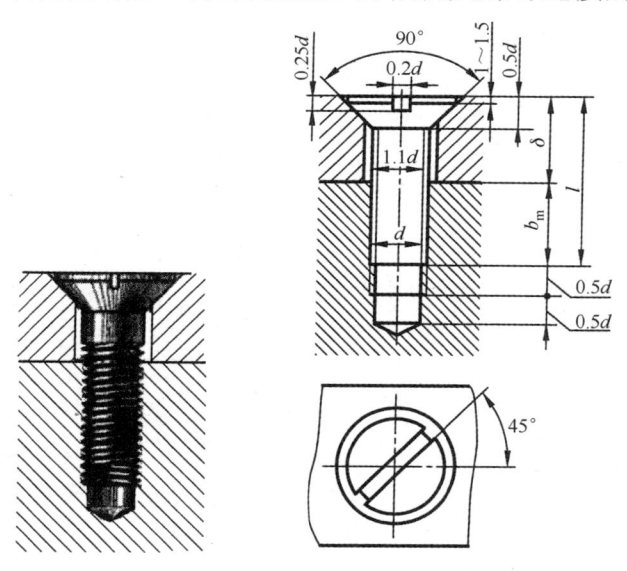

图 8-20　开槽沉头螺钉连接的比例画法

画图要注意：

（1）螺钉旋入螺孔的深度 b_m 与双头螺柱旋入端的螺纹长度 b_m 相同，与被旋入零件的材料有关（钢或青铜取 $b_m = d$，铸铁取 $b_m = 1.25d$），其数值可由标准查得。

（2）螺钉的螺纹长度应比旋入螺孔的深度 b_m 大，一般取 $2d$。

（3）开槽螺钉在俯视图上应画成顺时针方向旋转 45°的位置。

（4）计算出公称长度 L 后，查表选取标准长度值。

2．紧定螺钉

紧定螺钉用于防止两个相互配合的零件发生相对运动。紧定螺钉的连接画法如图 8-21 所示。

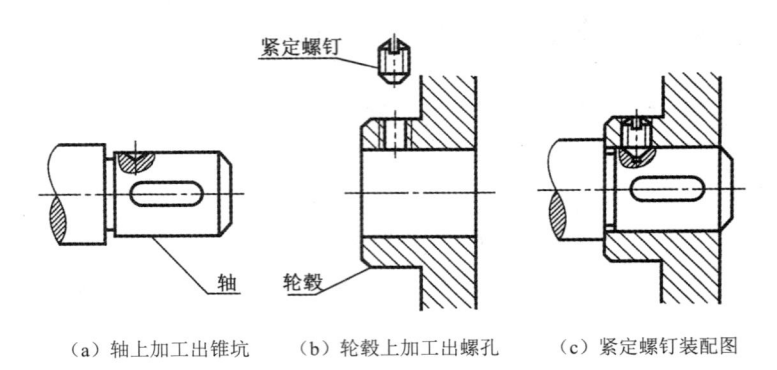

（a）轴上加工出锥坑　　（b）轮毂上加工出螺孔　　（c）紧定螺钉装配图

图 8-21　紧定螺钉连接的画法

任务实施

训练　绘制螺栓连接结构的三视图。

螺栓为 GB/T 5782 $d \times l$，螺母为 GB/T 6170，垫圈为 GB/T 97.1，工件厚度为 t_1 和 t_2。

分析：被连接件按剖视绘制，螺栓、螺母、垫圈均按未剖绘制。绘图顺序与装配顺序相同。

作图：

（1）绘制工件。工件开孔直径为 $1.1d$，厚度为 t_1、t_2，剖面线反向绘制。

（2）绘制螺栓。采用比例画法绘制，估算螺栓长度值 $l_1 = t_1 + t_2 + 0.15d + 0.8d + 0.3d$。公称长度值 l 应根据 l_1 查标准《六角头螺栓》（GB/T 5782—2016）确定。

（3）绘制垫圈。厚度为 $0.15d$，外径为 $2.2d$。

（4）绘制螺母。画法与螺栓头相似。螺母厚度为 $0.8d$。

（5）检查、描深。

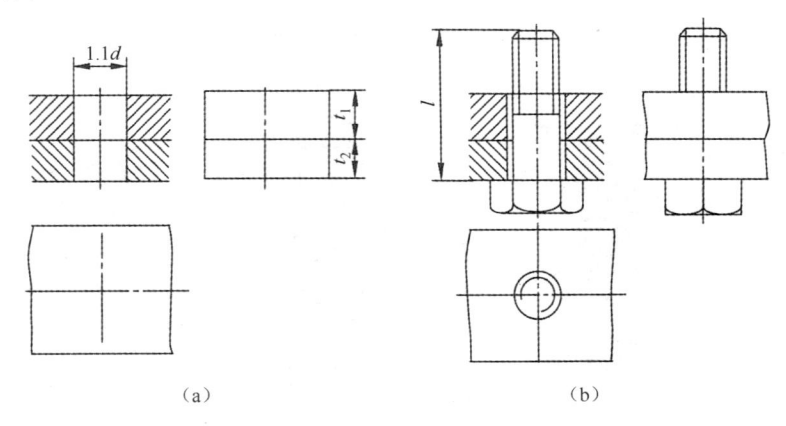

（a）　　（b）

图 8-22　螺栓连接的绘图过程

(c)　　　　　　　　　　　　　(d)

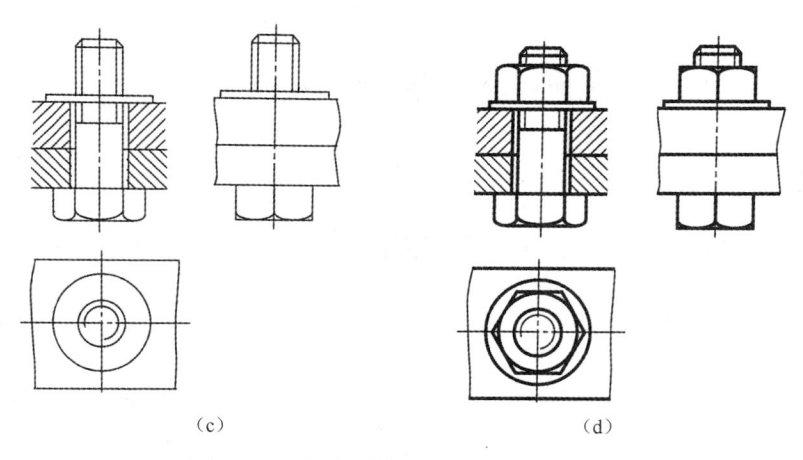

图 8-22　螺栓连接的绘图过程（续）

练习提高

指出图 8-23 中螺钉连接画法的错误，并作正确画法。

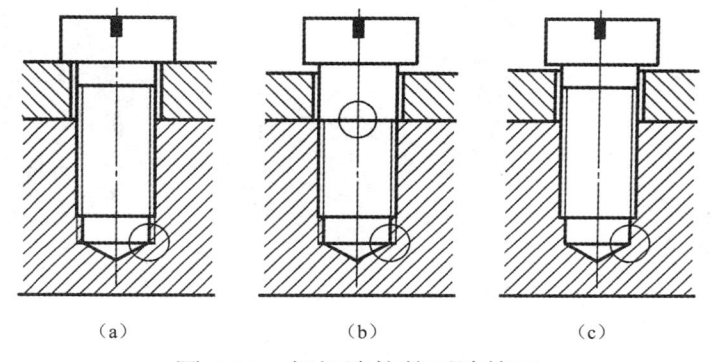

(a)　　　　　　　　(b)　　　　　　　　(c)

图 8-23　螺钉连接的画法练习

任务评价

评价方式采用工作过程考核评价、综合任务考核评价与教师点评。任务实施评价项目表如表 8-3 所示。

表 8-3　任务实施评价项目表

序　号	评 价 项 目	配 分 权 重	实 得 分
1	能否正确识读螺纹连接件的规定标记及绘制各种螺纹连接结构	50%	
2	能否熟练查阅有关标准或《机械设计手册》	50%	

任务总结

螺纹连接件的画法应遵守《机械制图　螺纹及螺纹紧固件表示法》（GB/T 4459.1—1995）的规定，在设计各种螺纹连接件的规格尺寸时，应查阅螺纹连接件的产品标准。因此要注重培养学生查阅标准或手册的能力，以及注意运用标准和严格遵守标准的习惯。另外，学生应熟悉和掌握螺纹连接件连接的规定画法，并应注意螺纹连接件连接后不再是单独零件，而是逐步向部件过渡的典型装配结构，要熟练掌握这些装配结构的规定画法，为以后学习装配图打下基础。

任务3 齿轮

任务描述

通过绘制直齿圆柱齿轮的训练,掌握直齿圆柱齿轮的规定画法及其啮合的画法。

任务资讯

齿轮是机械设备中常见的传动零件,齿轮啮合传动,可使机器上一根轴带动另一根轴转动,从而达到传递动力、改变转速或转向的目的。

一、齿轮的种类

常见的齿轮有圆柱齿轮、锥齿轮及蜗轮和蜗杆等,如图8-24所示。

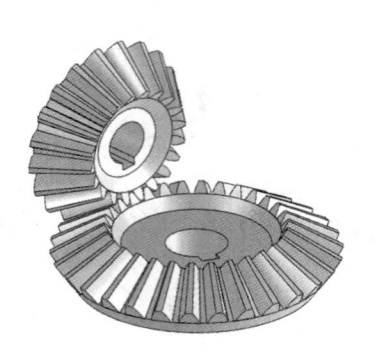

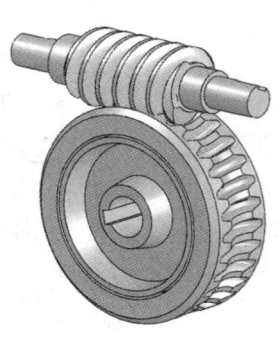

(a)圆柱齿轮　　　　　　(b)锥齿轮　　　　　　(c)蜗轮和蜗杆

图 8-24　常见的齿轮

圆柱齿轮按齿轮上的轮齿方向又可分为直齿圆柱齿轮、斜齿圆柱齿轮及人字齿圆柱齿轮,如图8-25所示。本书只介绍渐开线直齿圆柱齿轮。

(a)直齿圆柱齿轮　　　　(b)斜齿圆柱齿轮　　　　(c)人字齿圆柱齿轮

图 8-25　圆柱齿轮

二、直齿圆柱齿轮的结构和尺寸

1. 直齿圆柱齿轮的结构

直齿圆柱齿轮的结构如图8-26所示。直齿圆柱齿轮的最外部分为轮缘,其上有轮齿。中间部分为轮毂,轮毂中间有轴轮和键槽。轮缘和轮毂之间通常由辐板或轮辐连接。尺寸较小的齿轮与轴做成整体。

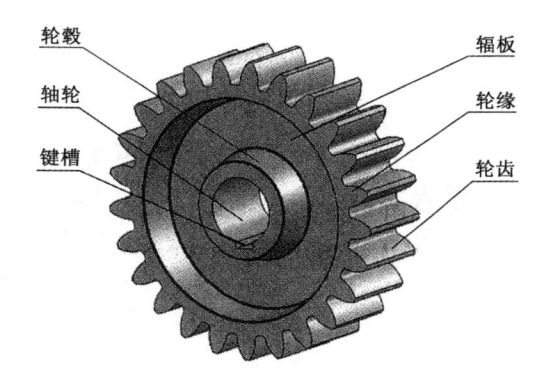

图 8-26　直齿圆柱齿轮的结构

2. 直齿圆柱齿轮的尺寸

直齿圆柱齿轮各部分的名称如图 8-27 所示。

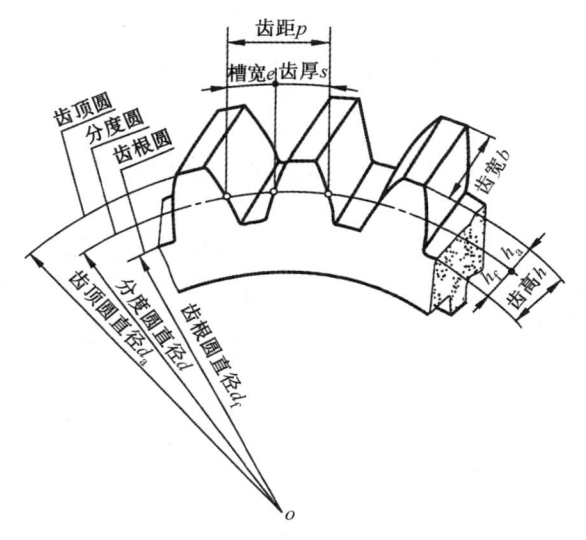

图 8-27　直齿圆柱齿轮各部分的名称

（1）三圆。

齿顶圆：通过各轮齿顶部的圆，其直径用 d_a 表示。

齿根圆：通过各轮齿根部的圆，其直径用 d_f 表示。

分度圆：位于齿顶圆和齿根圆之间。对于标准齿轮，分度圆上的齿厚 s 与槽宽 e 相等，其直径用 d 表示。

（2）三高。

齿高：齿顶圆和齿根圆之间的径向距离，用 h 表示，$h = h_a + h_f$。

齿顶高：齿顶圆和分度圆之间的径向距离，用 h_a 表示。

齿根高：分度圆和齿根圆之间的径向距离，用 h_f 表示。

（3）三弧。

齿距：在分度圆上相邻两齿对应点之间的弧长，用 p 表示。

齿厚：在分度圆上一个轮齿齿廓间的弧长，用 s 表示。

槽宽：相邻两个轮齿齿槽间的弧长，用 e 表示。对于标准齿轮：$s = e$，$p = s + e$。

（4）压力角 α。

压力角是指两啮合齿轮的端面齿廓在接触点处的公法线与两分度圆的内公切线所夹的锐

角。标准压力角为20°。

（5）模数 m。

$m = p/\pi$，单位是 mm。如果用 z 表示齿轮的齿数，则 $d = mz$。

模数 m 是设计和制造齿轮的重要参数。模数越大，齿轮越大，轮齿越厚，齿轮的承载能力也越大，如图 8-28 所示。为了便于齿轮的设计和加工，国标中对模数做了统一规定，如表 8-4 所示。

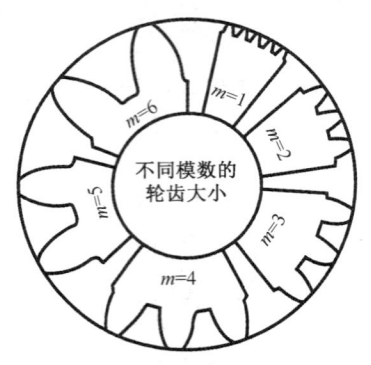

图 8-28 不同模数的齿轮大小

表 8-4 标准模数系列（GB/T 1357—2008）

第一系列	1，1.25，1.5，2，2.5，3，4，5，6，8，10，12，16，20，25，32，40，50
第二系列	1.125，1.375，1.75，2.25，2.75，3.5，4.5，5.5，（6.5），7，9，11，14，18，22，28，35，45

注：优先选用第一系列，其次选用第二系列，括号内的数值尽可能不选。

模数 m、齿数 z、压力角 α 一起组成齿轮的三个基本参数。对于标准齿轮，可以通过这些参数推算出其他尺寸数值，如表 8-5 所示。

表 8-5 标准直齿圆柱齿轮各部分参数的计算

名 称	代 号	计 算 公 式
分度圆直径	d	$d = mz$
齿顶高	h_a	$h_a = m$
齿根高	h_f	$h_f = 1.25m$
齿高	h	$h = h_a + h_f = 2.25m$
齿顶圆直径	d_a	$d_a = d + 2h_a = m(z + 2)$
齿根圆直径	d_f	$d_f = d - 2h_f = m(z - 2.5)$
中心距（两啮合齿轮圆心之间的距离）	a	$a = \frac{1}{2}(d_1 + d_2) = \frac{1}{2}m(z_1 + z_2)$

三、直齿圆柱齿轮的规定画法

1．单个直齿圆柱齿轮的规定画法

国家标准只对齿轮轮齿部分的画法做了规定，其余结构按齿轮轮廓的真实投影绘制。

单个直齿圆柱齿轮一般用两个视图表达，或用一个视图加一个局部视图表达，通常将平行于齿轮轴线的视图画成剖视图，如图 8-29 所示。

😊 画图时要注意：

（1）轮齿部分的齿顶圆和齿顶线用粗实线绘制。

（2）分度圆和分度线用细点画线绘制。

（3）齿根圆和齿根线用细实线绘制，也可省略不画。

（4）在剖视图中，当剖切面通过齿轮的轴线时，轮齿一律按不剖处理，齿根线用粗实线绘制。

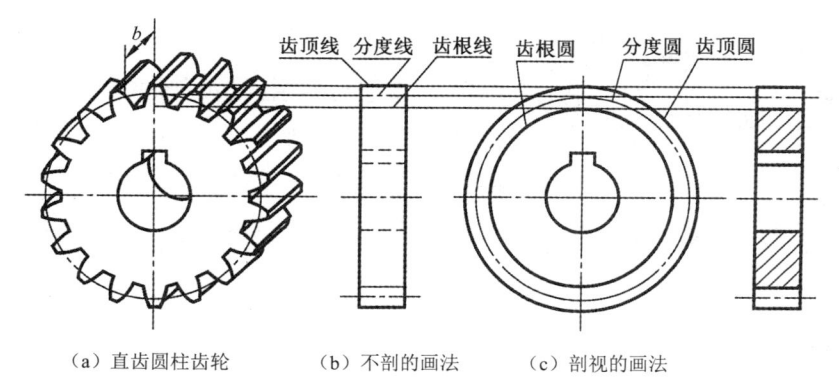

图 8-29　单个直齿圆柱齿轮的画法

（5）直齿圆柱轮不做任何标记，若为斜齿圆柱齿轮或人字齿圆柱齿轮，则可用三条与齿线方向一致的细实线表示齿线的形状，如图 8-30 所示。

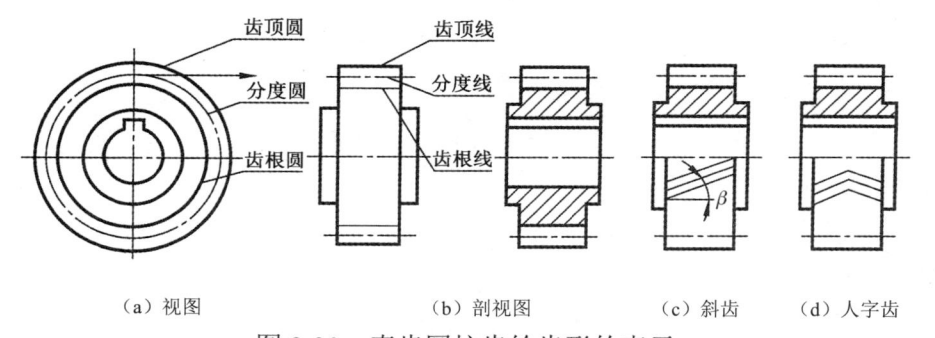

图 8-30　直齿圆柱齿轮齿形的表示

2. 齿轮啮合的规定画法

齿轮的啮合图常用两个视图表达：一个是垂直于齿轮轴线的视图，另一个是平行于齿轮轴线的视图或剖视图，如图 8-31 所示。

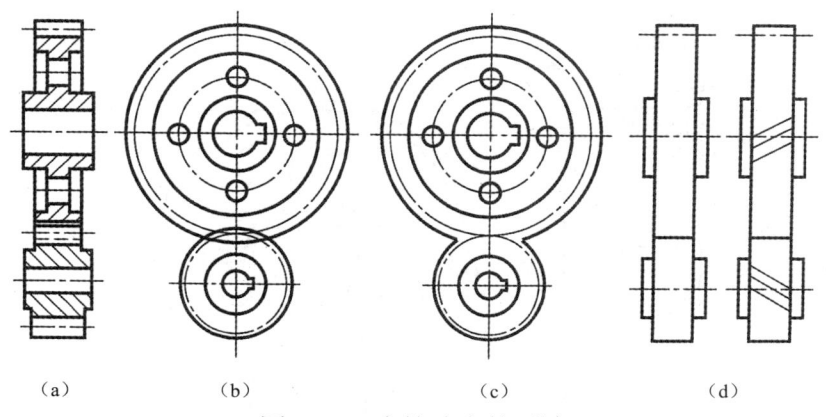

图 8-31　齿轮啮合的画法

☺ 画图时要注意：

（1）在垂直于齿轮轴线的视图中，两分度圆（啮合时称为节圆）相切，用细点画线绘制。

（2）啮合区内的齿顶圆有两种画法：一种是将两齿顶圆用粗实线完整画出，如图8-31（b）所示；另一种是将啮合区内的齿顶圆省略不画，如图8-31（c）所示。

（3）在平行于齿轮轴线的视图中，啮合区的齿顶线无须画出，节线用粗实线绘制，如图8-31（d）所示。

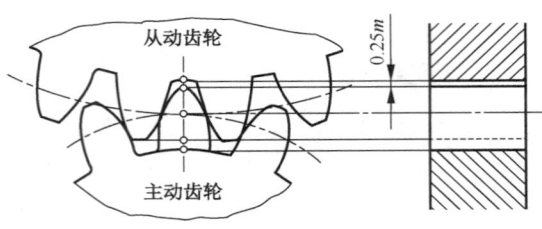

图8-32 两个齿轮啮合的间隙

（4）在剖视图中，当剖切面通过两啮合齿轮的轴线时，在啮合区主动齿轮的轮齿用粗实线绘制，从动齿轮的轮齿被遮挡的部分用虚线绘制，也可省略不画，如图8-31（a）所示，而且主动齿轮的齿顶线与从动齿轮的齿根线之间应有0.25m的间隙，如图8-32所示。

任务实施

训练 已知一个直齿圆柱齿轮的模数 $m = 5$，齿数 $z = 40$，计算该齿轮的分度圆、齿顶圆和齿根圆的直径，完成图8-33。

分析：模数 m、齿数 z、压力角 α 一起组成齿轮的三个基本参数。对于标准齿轮，可以通过这些参数推算出其他尺寸数值。

分度圆直径

$$d = mz = 5 \times 40 = 200$$

齿顶圆直径

$$d_a = m(z + 2) = 5 \times (40 + 2) = 210$$

齿根圆直径

$$d_f = m(z - 2.5) = 5 \times (40 - 2.5) = 187.5$$

在齿轮的规定画法中，齿顶圆和齿顶线用粗实线绘制，分度圆和分度线用细点画线绘制，齿根圆和齿根线用细实线绘制，也可省略不画。在剖视图中，当剖切面通过齿轮的轴线时，轮齿一律按不剖处理，齿根线用粗实线绘制。

作图：

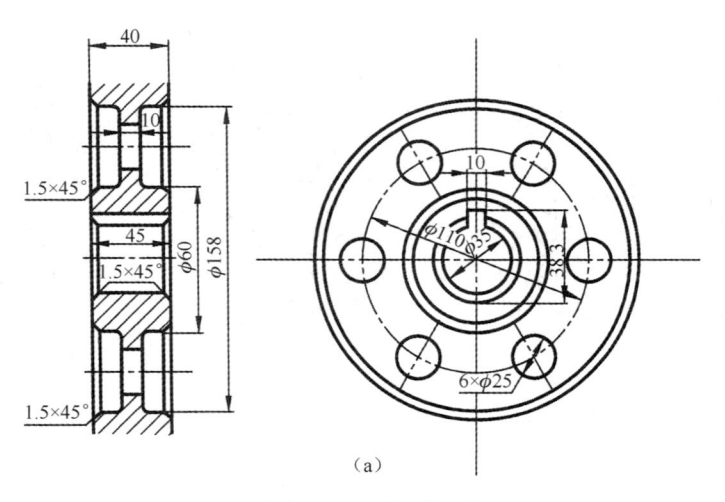

图8-33 绘制齿轮

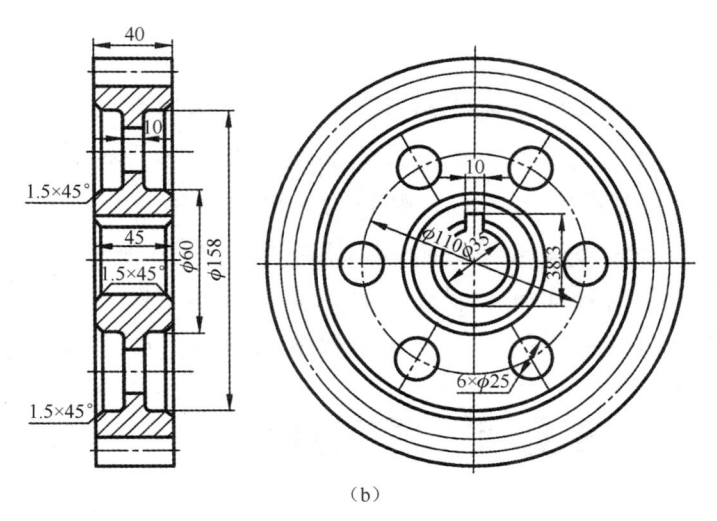

图 8-33 绘制齿轮（续）

练习提高

已知一对直齿圆柱齿轮的齿数 $z_1=17$，$z_2=37$，中心距 $a=54$，试计算齿轮的几何尺寸，完成其啮合（见图 8-34）。

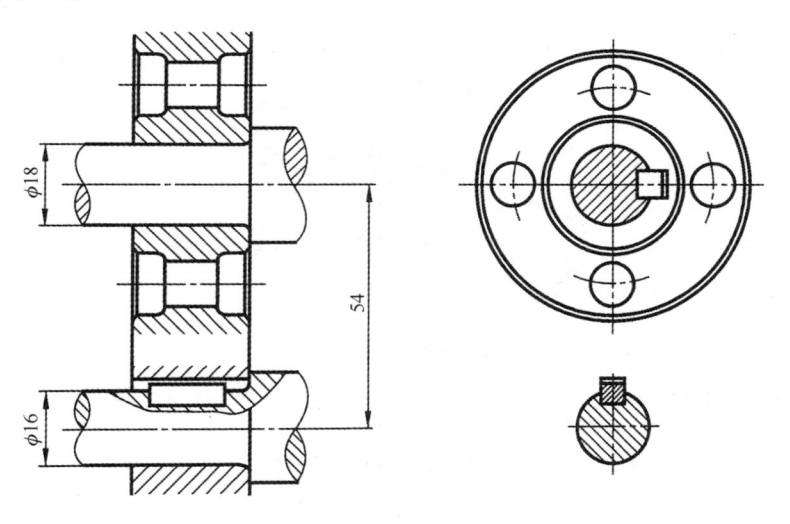

图 8-34 绘制啮合齿轮

任务评价

评价方式采用工作过程考核评价、综合任务考核评价与教师点评。任务实施评价项目表如表 8-6 所示。

表 8-6 任务实施评价项目表

序 号	评 价 项 目	配 分 权 重	实 得 分
1	能否正确识读和绘制圆柱齿轮及其啮合结构	50%	
2	能否熟练查阅有关标准或《机械设计手册》	50%	

任务总结

在任务实施过程中，要注重学生能力的培养。使学生通过对相关标准的学习和绘图、识图训练，熟悉和掌握齿轮的规定画法，并应注意齿轮啮合后不再是单独零件，而是逐步向部件过渡的典型装配结构，要熟练掌握这些装配结构的规定画法，为以后学习装配图打下基础。

直齿圆柱齿轮及其啮合的画法同样要抓住"三条线"，即齿顶圆用粗实线绘制，分度圆用细点画线，齿根圆在视图中用细实线绘制或省略不画，而在剖视图中用粗实线绘制。要注重培养学生查阅标准或手册的能力，以及注意运用标准和严格遵守标准的习惯。

任务4 键连接

任务描述

通过学习键的相关国家标准及进行绘图训练，掌握键的标记方法及规定画法。

任务资讯

键也是标准件，主要用于连接轴与轴上零件（如凸轮、带轮及齿轮等），以传递转矩或导向。键连接由于结构简单、工作可靠、装拆方便，所以被广泛运用，如图8-35所示。

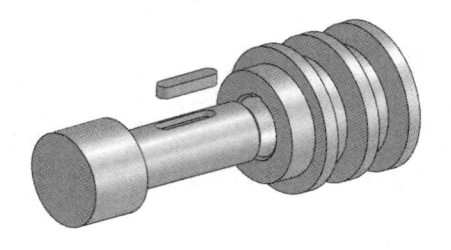

图8-35 键链接

一、常用键的种类

常用的键有普通平键、半圆键及钩头楔键等。其中，普通平键应用最广，根据其头部的结构不同可分圆头普通平键（A型）、方头普通平键（B型）和单圆头普通平键（C型）三种形式，如图8-36所示。

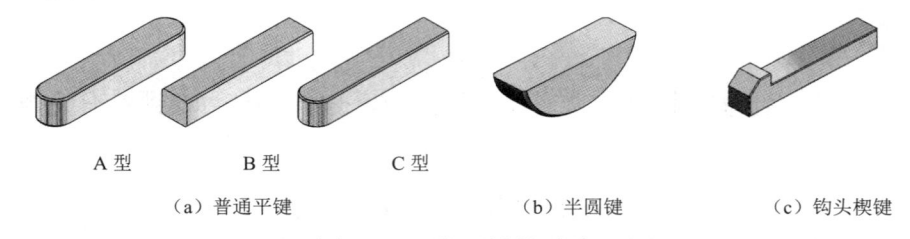

A型　　B型　　C型

（a）普通平键　　（b）半圆键　　（c）钩头楔键

图8-36 常用键的种类

二、常用键的标记

键已标准化，其结构形式、尺寸、标记都有相应的规定。其标记由标准编号、名称、形式与尺寸这几部分组成，其形式和标记示例如表8-7所示。

表 8-7 键的形式和标记示例

标 记	图 例	说 明
GB/T 1096 键 16×10×100		A 型普通平键，$b=16$，$h=10$，$L=100$
GB/T 1099.1 键 6×25×24.5		半圆键，$b=6$，$h=10$，$d_1=25$，$L=24.5$
GB/T 1565 键 18×100		钩头楔键，$b=18$，$h=11$，$L=100$

注：A 型普通平键的"A"省略不注，但 B 型和 C 型则要标注出"B"和"C"，如 GB/T 1096 键 C 18×11×100。

三、普通平键连接的画法

普通平键侧面为工作面，应与键槽接触，画成一条线。键的顶面与轴上零件间留有一定的空隙，应画成两条线。键的倒角或圆角省略不画。尺寸参数均可根据轴的公称直径 d 从相应标准中查出，如图 8-37 所示。

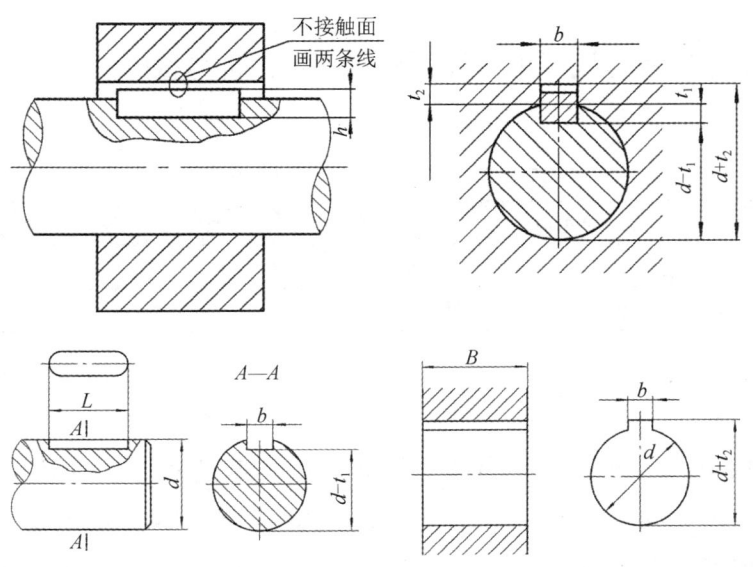

b—键宽；h—键高；t_1—轴上键槽深度；t_2—轮毂上键槽深度；$d-t_1$—轴上键槽深度的表示法；$d+t_2$—轮毂上键槽深度的表示法

图 8-37 普通平键连接的画法

任务实施

训练 绘制键 16×70 GB/T 1096—2003，完成装配图 8-38（a），已知轴的直径为 $\phi58$。

分析：查阅国家标准可知键 16×70 GB/T 1096—2003 为 A 型普通平键，其尺寸为 $b=16$，$h=10$，$L=70$，由此可作出该平键的三视图，如图 8-38（b）所示。装配时轴 $t_1=6$，毂 $t_2=4.3$，由此可计算出 $d-t_1=52$，$d+t_2=62.3$，如图 8-38（c）所示。

作图：

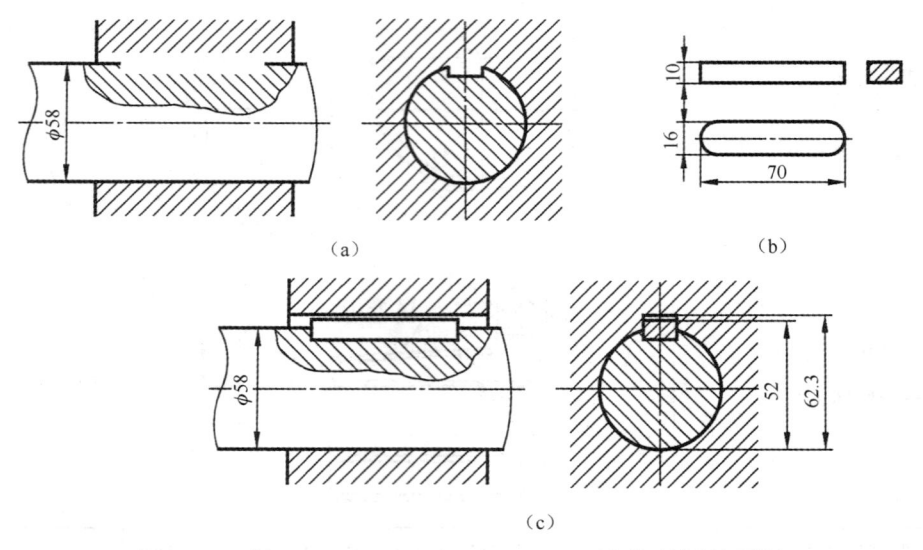

图 8-38 键 16×70 GB/T 1096—2003 及装配图的画法

练习提高

查阅标准绘制键 6×25 GB/T 1096—2003，并完成装配图，已知轴的直径为 $\phi38$。

任务评价

评价方式采用工作过程考核评价、综合任务考核评价与教师点评。任务实施评价项目表如表 8-8 所示。

表 8-8 任务实施评价项目表

序 号	评 价 项 目	配 分 权 重	实 得 分
1	能否正确识读和绘制键连接结构，是否能够正确标注	50%	
2	能否熟练查阅有关标准或《机械设计手册》	50%	

任务总结

在任务实施过程中，要注重学生的能力培养。学生通过对相关标准的学习和绘图识图训练，能够熟悉和掌握键连接的规定画法，并应注意键连接已不只是单独零件，而是逐步向部件过渡的典型装配结构，要熟练掌握这些装配结构的规定画法，为以后学习装配图打下基础。

螺纹紧固件、键、销和滚动轴承是标准件，要掌握其标记和标注，要注重培养学生查阅标准或手册的能力，以及注意运用标准和严格遵守标准的习惯。

任务 5 销连接

任务描述

通过学习销的相关国家标准及进行绘图训练，掌握销的标记及规定画法。

知识链接

销也是标准件，通常用于零件间的连接或定位，是装配机器时的重要辅件。

一、常用销的种类

常用的销有圆柱销、圆锥销和开口销，如图 8-39 所示，这些销均已标准化。

（a）圆柱销　　　　　（b）圆锥销　　　　　（c）开口销

图 8-39　销连接

二、常用销的标记

销的形式和标记示例如表 8-9 所示。

表 8-9　销的形式和标记示例

标　记	图　例	含　义
GB/T 117 10×60	A型（磨削）1:50，B型（车削或冷镦），$Ra0.8$，$Ra3.2$，端面$Ra6.3$	圆锥销。公称直径（小端）$d=10$，公称长度 $l=60$，材料为 35 钢，热处理硬度为 HRC28～38，经过表面氧化处理的为 A 型
GB/T 119.1 8m6×30	15°	圆柱销。公称直径 $d=8$、公称长度 $l=30$，公差为 m6，材料为钢，不经淬火，不经表面处理
GB/T 91 5×50		开口销。公称直径（销孔的直径）$d=5$，长度 $l=50$，材料为低碳钢，不经表面处理

三、常用销连接的画法

1．圆柱销连接的画法

圆柱销利用微量过盈固定在销孔中，经过多次装拆后，连接的紧固性及精度降低，故只宜用于不常拆卸处，如图8-40（a）所示。

2．圆锥销连接的画法

圆锥销有1∶50的锥度，装拆比圆柱销方便，多次装拆对连接的紧固性及定位精度影响较小，因此应用广泛，如图8-40（b）所示。

在图8-40中，由于零件上的两个孔是在零件装配时一起配钻的，因此需在零件图上的销孔尺寸标注上注明"配作"。

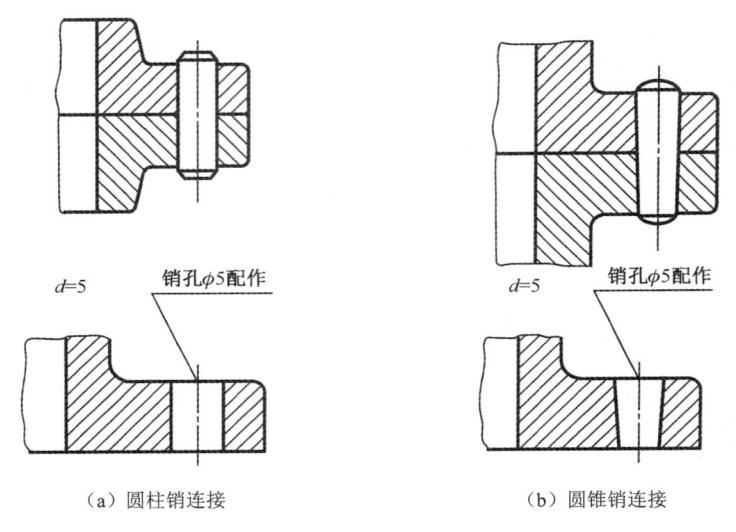

（a）圆柱销连接　　　　（b）圆锥销连接

图8-40　圆柱销连接与圆锥销连接

任务实施

训练　绘制销GB/T 119.1 6m6×30，完成销连接图［见图8-41（a）］。

分析：该销为圆柱销，公称直径为6，公差为m6，公称长度为30，查阅国家标准可知倒角C为1.2，由此可作出该圆柱销［见图8-41（b）］。

作图：

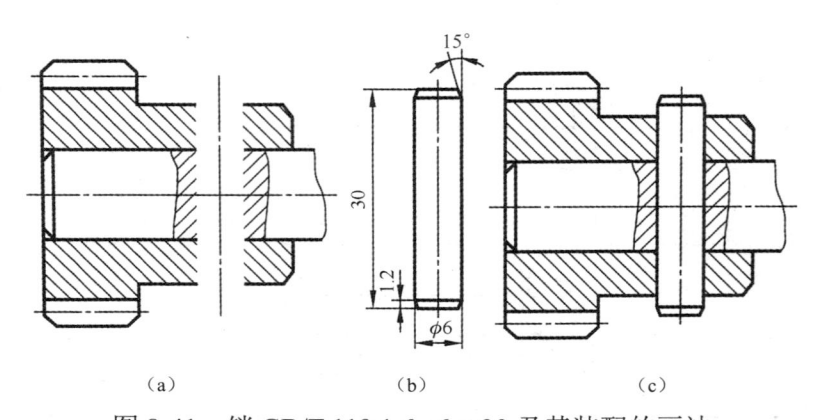

图8-41　销GB/T 119.1 6m6×30及其装配的画法

练习提高

查阅国家标准绘制销 GB/T 117 10×60。

任务评价

在本任务教学与实施过程中，学习标准件和常用件的相关国家标准及进行综合绘图与识图训练的目的是让学生能够正确识读和绘制技术图样中各种标准件及常用件的标记及其装配结构；能够根据标准件的标记熟练查阅有关标准或机械设计手册确定其结构和大小，进一步树立标准化的观念。

本任务实施结果的评价主要从能否正确识读和绘制技术图样中的销连接结构及标注，能否熟练查阅标准件和常用件的有关标准或《机械设计手册》等方面进行。评价方式采用工作过程考核评价、综合任务考核评价与教师点评。任务实施评价项目表如表 8-10 所示。

表 8-10 任务实施评价项目表

序 号	评 价 项 目	配分权重	实 得 分
1	能否正确识读和绘制销连接结构，是否能够正确标注	50%	
2	能否熟练查阅有关标准或《机械设计手册》	50%	

任务总结

在任务实施过程中，要注重学生的能力培养。学生通过对相关标准的学习和绘图识图训练，能够熟悉和掌握销连接的规定画法。

螺纹紧固件、键、销和滚动轴承是标准件，要掌握其标记和标注；要注重培养学生查阅标准或《机械设计手册》的能力以及注意运用标准和严格遵守标准的习惯。

任务6 滚动轴承

任务描述

通过学习滚动轴承的国家标准及进行绘图训练，掌握滚动轴承的标记及规定画法。

任务资讯

轴承是当代机械设备中一种举足轻重的零部件。它的主要功能是支撑机械旋转体，用以降低设备在传动过程中的机械载荷摩擦系数。按运动元件摩擦性质的不同，轴承可分为滑动轴承和滚动轴承两类，如图 8-42 所示。其中滚动轴承应用广泛，本书只介绍滚动轴承。

滚动轴承是标准件，国标为其制定了代号和标记，可以从相应的国家标准中查出其全部尺寸。滚动轴承由专门的工厂生产，需要时根据要求确定型号再选购即可，因此不必绘制详细的零件图，只需按比例简化画出。

（a）滑动轴承 　　　　　　　　　　（b）滚动轴承

图 8-42　轴承的类型

一、滚动轴承的结构与分类

滚动轴承的结构一般是由外圈、内圈、滚动体和保持架组成的，如图 8-43 所示。外圈装在机座的孔内，内圈套在轴上，通常是外圈固定不动而内圈随轴转动。

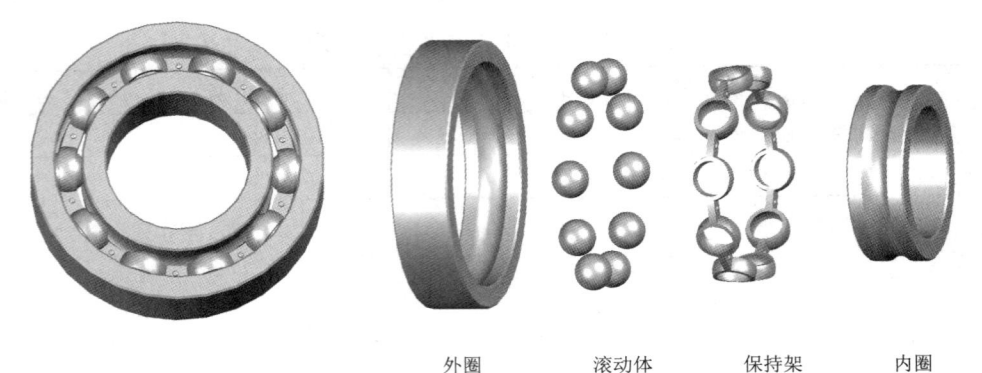

外圈　　滚动体　　保持架　　内圈

图 8-43　滚动轴承的结构

滚动轴承的类型很多，按其受力方向不同可分为向心轴承、推力轴承、向心推力轴承，如图 8-44 所示。

（1）向心轴承——主要承受径向力，如深沟球轴承。

（2）推力轴承——主要承受轴向力，如推力球轴承。

（3）向心推力轴承——同时承受径向力和轴向力，如圆锥滚子轴承。

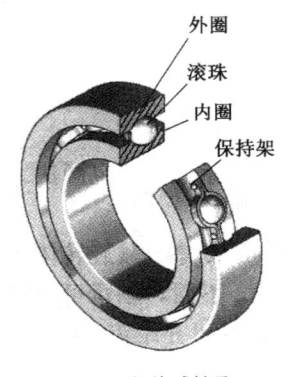

（a）深沟球轴承 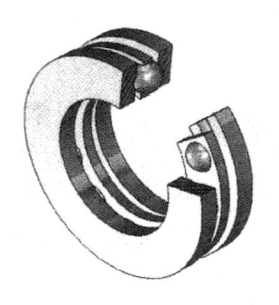　　　　　（b）推力球轴承 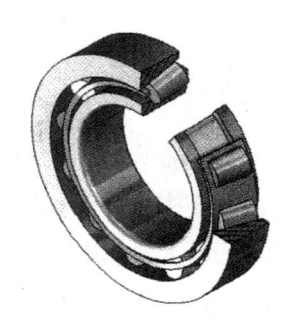　　　　　（c）圆锥滚子轴承

图 8-44　滚动轴承的类型

二、滚动轴承的代号

滚动轴承的代号由前置代号、基本代号及后置代号三部分组成。通常用其中的基本代号表示即可。基本代号由轴承类型代号、尺寸系列代号及内径代号三部分按自左向右的顺序排列组成。前置代号和后置代号是在轴承结构形状、尺寸公差、技术要求有所改变时，在基本代号左右添加的代号。各种代号的含义均可查阅有关标准或轴承手册。

例如，轴承代号为 GS81107。

GS 为前置代号，表示推力圆柱滚子轴承座圈。

81107 为基本代号，其中 8 为轴承类型代号，表示推力圆柱滚子轴承；11 为尺寸系列代号，其中宽度系列代号为 1，直径系列代号为 1；07 为内径代号，表示 $d = 35$。

例如，轴承代号为 6210NR。

6210 为基本代号，其中 6 为轴承类型代号，表示深沟球轴承；2 为尺寸系列代号（02），其中宽度系列代号 0 省略，保留直径系列代号 2；10 为内径代号，表示 $d = 50$。NR 为后置代号，表示轴承外圈上有止动槽，并带止动环。

三、滚动轴承的画法

滚动轴承是标准件，其结构形式、尺寸和标记都已标准化，画图时按国家标准的规定可采用规定画法和简化画法，如图 8-45～图 8-47 所示。

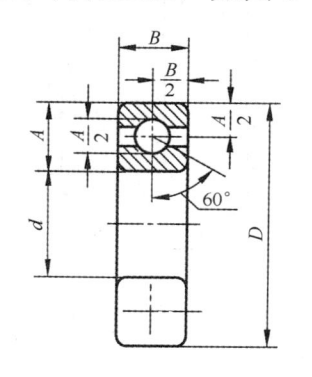

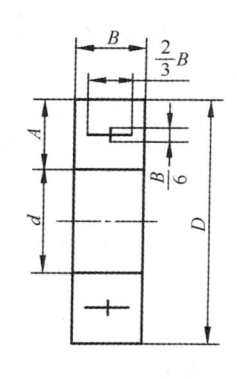

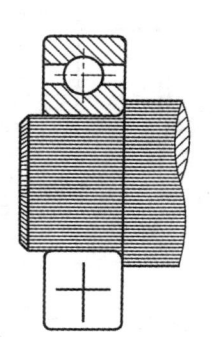

（a）规定画法　　（b）简化画法　　（c）装配示意图

图 8-45　深沟球轴承的画法

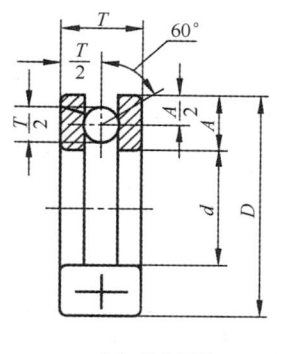

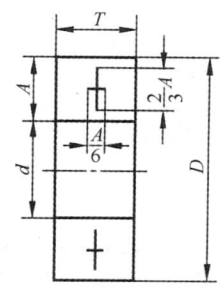

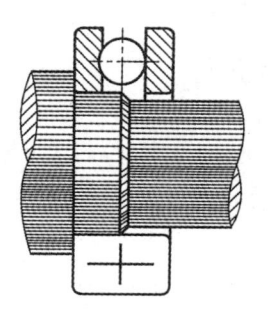

（a）规定画法　　（b）简化画法　　（c）装配示意图

图 8-46　推力球轴承的画法

（a）规定画法　　　（b）简化画法　　　（c）装配示意图

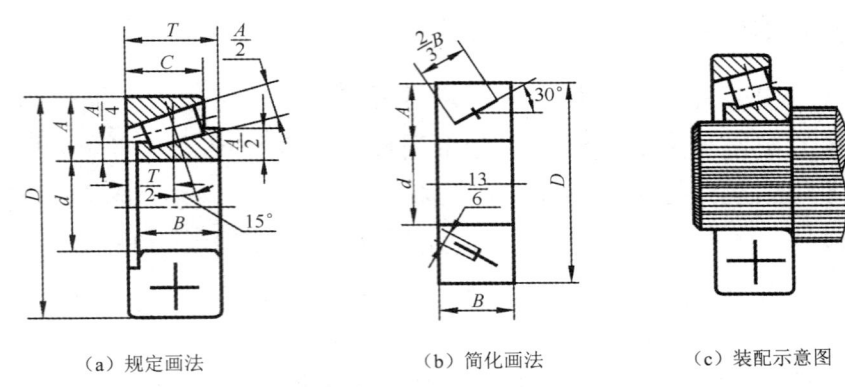

图 8-47　圆锥滚子轴承的画法

任务实施

训练　在图 8-48（a）上用规定画法完成深沟球轴承（6205）在轴端上的装配图。

分析：深沟球轴承的主要参数有内径 d、外径 D、宽度 B。通过查表确定轴承（6205）的尺寸 $d = 25$、$D = 52$、$B = 15$。其余尺寸按照规定画法中的比例确定，如图 8-48（b）所示。

作图：正确的作图方法如图 8-48 所示。

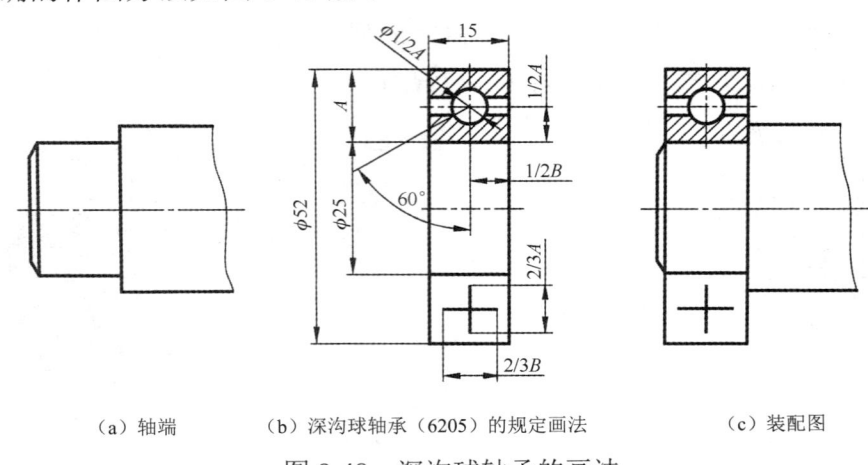

（a）轴端　　　（b）深沟球轴承（6205）的规定画法　　　（c）装配图

图 8-48　深沟球轴承的画法

练习提高

查阅国家标准绘制圆锥滚子轴承 30212 GB/T 297—2015。

任务评价

评价方式采用工作过程考核评价、综合任务考核评价和教师点评。任务实施评价项目表如表 8-11 所示。

表 8-11　任务实施评价项目表

序　号	评价项目	配分权重	实得分
1	能否识读和绘制滚动轴承及其代号，能否识读和绘制弹簧	50%	
2	能否熟练查阅有关标准或《机械设计手册》	50%	

任务总结

在任务实施过程中，要注重学生的能力培养。学生通过对相关标准的学习和绘图识图训练，能够熟悉和掌握滚动轴承的规定画法。

滚动轴承的画法有规定画法和简化画法两种，简化画法又分为通用画法和特征画法。

螺纹紧固件、键、销和滚动轴承是标准件，要掌握其标记和标注。要注重培养学生查阅标准或《机械设计手册》的能力以及注意运用标准和严格遵守标准的习惯。

任务7 弹簧

任务描述

通过学习圆柱螺旋压缩弹簧的相关标准，掌握弹簧的结构尺寸及规定画法。

任务资讯

弹簧是一种利用弹性来工作的机械零件，一般用弹簧钢制成，用以控制机件的运动、缓和冲击或震动、储蓄能量、测量力的大小等，广泛用于机器、仪表中。

一、弹簧的分类

常见的弹簧有螺旋弹簧、涡卷弹簧、碟形弹簧、板弹簧，如图8-49所示。

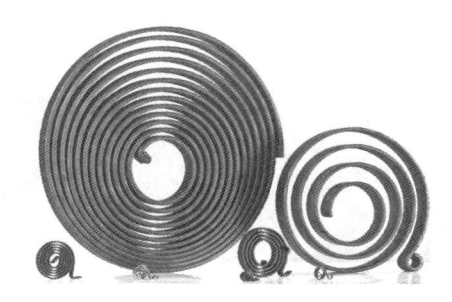

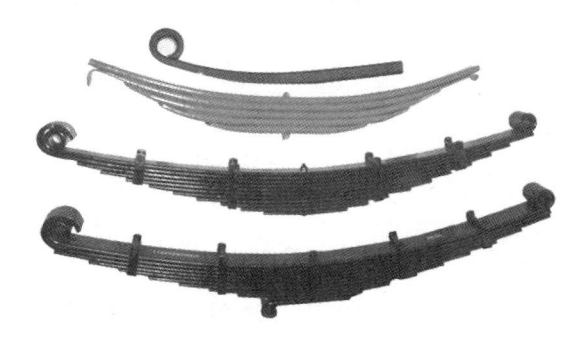

（a）螺旋弹簧　　　　　　　　　　　　（b）涡卷弹簧

（c）碟形弹簧　　　　　　　　　　　　（d）板弹簧

图8-49　弹簧的种类

螺旋弹簧按照工作时受力不同又可分为：压缩弹簧、拉力弹簧、扭力弹簧，如图8-50所

示。本书介绍的便是圆柱螺旋压缩弹簧。

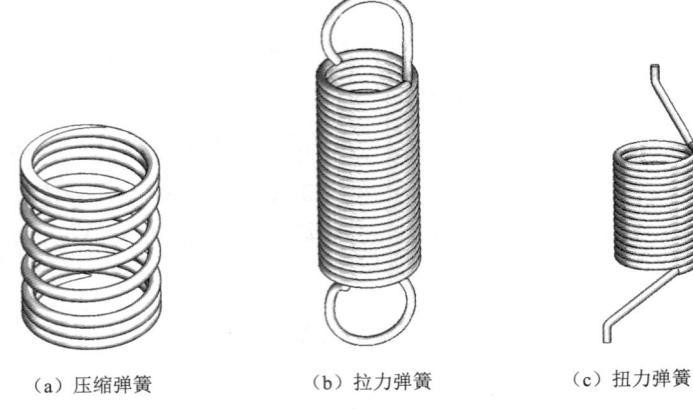

（a）压缩弹簧　　　（b）拉力弹簧　　　（c）扭力弹簧

图 8-50　螺旋弹簧的分类

二、圆柱螺旋压缩弹簧各部分的名称及尺寸关系

圆柱螺旋压缩弹簧各部分的名称及尺寸关系（见图 8-51）。

（1）弹簧丝直径 d。

（2）弹簧中径 D_2，这是弹簧的规格直径。内径 $D_1 = D_2 - d$，外径 $D = D_2 + d$。

（3）节距 t，指除支承圈外，相邻两圈沿轴向的距离。

（4）有效圈数 n，指除支承圈外，具有相等节距的圈数。有效圈数 n 与支承圈数 n_2 之和称为总圈数 n_1。支承圈数 n_2 是弹簧两端并紧磨平的圈数，这样是为了保证弹簧工作时受力均匀且轴线垂直于支承面。支承圈数有 1.5 圈、2 圈和 2.5 圈三种。

（5）自由高度 H_0，指弹簧不受外力时的高度，$H_0 = nt + (n_2 - 0.5)d$。

（6）弹簧展开长度 L，指制造时弹簧丝的长度，$L \approx \pi D_2 n_1$。

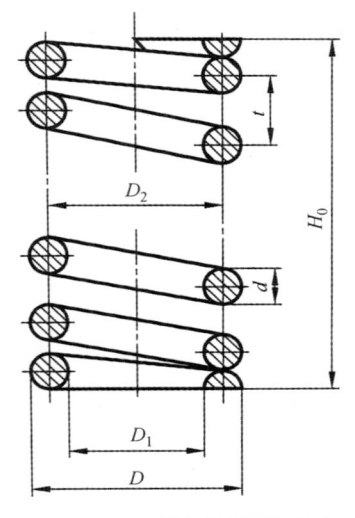

图 8-51　压缩弹簧的尺寸

三、圆柱螺旋压缩弹簧的规定画法

圆柱螺旋压缩弹簧可以画成视图、剖视图和示意图三种形式，如图 8-52 所示。

（a）视图　　　　　　　（b）剖视图　　　　　　（c）示意图

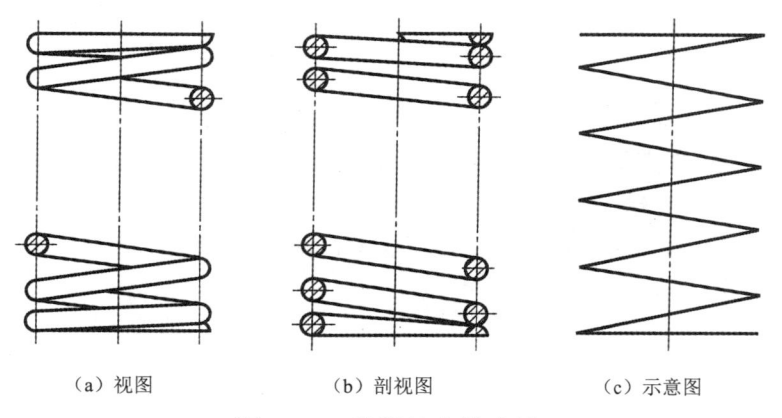

图 8-52　弹簧的表达方法

四、装配图中的弹簧

画装配图时要注意：

（1）圆柱螺旋压缩弹簧在平行于轴线的投影面上的视图中，各圈的轮廓应画成直线。

（2）螺旋弹簧均可画成右旋，对必须保证的旋向要求应在"技术要求"中注明。

（3）螺旋压缩弹簧，如要求两端并紧且磨平时，不论支承圈的圈数多少和末端贴紧情况如何，均可按照图 8-52 的形式绘制，必要时也可按支承圈的实际结构绘制。

（4）有效圈数在四圈以上的螺旋弹簧，中间部分可省略不画，只画通过簧丝剖面中心的两条细点画线，当中间部分省略后，允许适当地缩短图形的长度，如图 8-52 所示。

（5）在装配图中，被弹簧挡住的结构一般不画出，可见部分应从弹簧的外轮廓线或从弹簧钢丝的剖面中心画起，如图 8-53（a）所示。

（6）在装配图中，型材直径或厚度在图形上等于或小于 2 的螺旋弹簧、蝶形弹簧片弹簧允许用示意图绘制，如图 8-53（b）所示。

（7）当簧丝直径在图形上等于或小于 2 时，断面也可用涂黑表达，如图 8-53（c）所示。

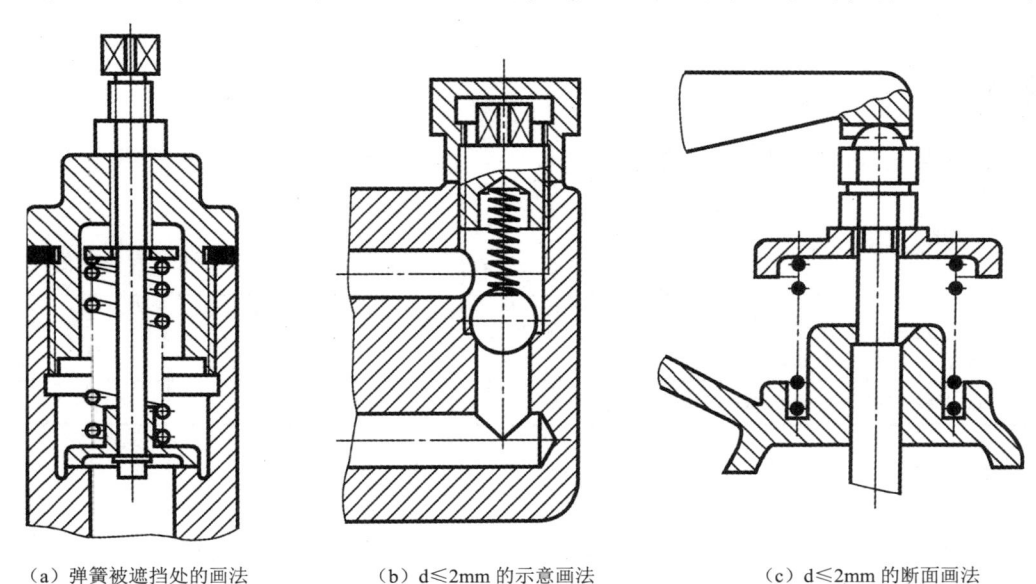

（a）弹簧被遮挡处的画法　　　（b）d≤2mm 的示意画法　　　（c）d≤2mm 的断面画法

图 8-53　装配图中螺旋弹簧的规定画法

任务实施

训练 绘制圆柱螺旋压缩弹簧的剖视图（见图 8-54）。其中簧丝直径 $d = 5$，弹簧外径 $D = 42$，节距 $t = 11$，有效圈数 $n = 8$，支承圈数 $n_2 = 2.5$，右旋。

分析：利用已知条件可计算出

$$H_0 = nt + (n_2 - 0.5)d = 8 \times 11 + (2.5 - 0.5) \times 5 = 98$$

弹簧中径 $D_2 = D - d = 42 - 5 = 37$

作图：

（1）根据中径 D_2 作出左右两条中心线，并确定弹簧的自由长度 H_0。

（2）根据弹簧丝的直径 d 作出两端支承圈的小圆及半圆。

（3）根据节距 t（相邻两圈的轴向距离）画出几个有效圈的小圆。

（4）按右旋作相应小圆的外公切线，最后画剖面线。

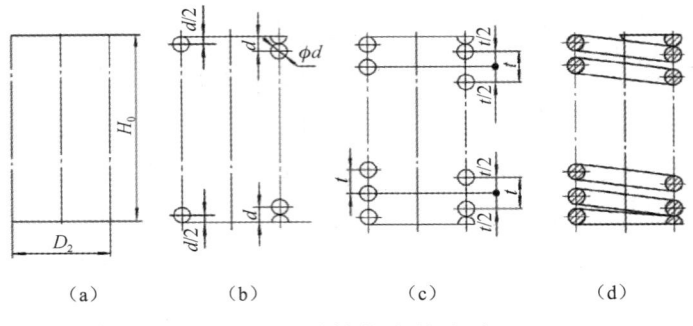

图 8-54 弹簧的表达方法

练习提高

已知圆柱螺旋压缩弹簧的簧丝直径 $d = 5$，弹簧外径 $D = 55$，节距 $t = 10$，有效圈数 $n = 7$，支承圈数 $n_2 = 2.5$，右旋。按 1∶1 绘制弹簧的全剖视图。

任务评价

评价方式采用工作过程考核评价、综合任务考核评价和教师点评。任务实施评价项目表如表 8-12 所示。

表 8-12 任务实施评价项目表

序　号	评　价　项　目	配　分　权　重	实　得　分
1	能否识读和绘制弹簧	50%	
2	能否熟练查阅有关标准或《机械设计手册》	50%	

任务总结

弹簧属于常用件，但也有其行业标准。弹簧规定画法中的简化之处是用直线代替螺旋线及当有效圈数在四圈以上时，中间部分可省略不画。

要注重培养学生查阅标准或手册的能力，以及注意运用标准和严格遵守标准的习惯。

项目小结

本项目主要介绍标准件和常用件的标记和规定画法。

（1）螺纹及螺纹连接的规定画法容易理解，但动手画图时初学者很容易出错。因此，除仔细研究图例外，还应多观察有关的实物，以增加感性认识，力求避免错误，提高学习效率。螺纹连接件的装配图应在理解的基础上熟练掌握其画法。

（2）螺纹及螺纹连接件、常用件的规定标记和查阅手册是本章的又一个难点。由于其规定标记较为烦琐，一般初学者不易掌握。但掌握这一方法是非常重要的，因为每张装配图都要在明细栏或图上写出它们的规定标记，以便外购所需的标准件和常用件。

（3）直齿圆柱齿轮的规定画法及啮合画法应在先分析主动轮的基础上，再确定啮合部位的画法。

项目九

零件图

机器或部件都是由零件按一定的装配关系装配而成的。图 9-1 所示的铣刀头是专用铣床上的一个部件，左边的带轮通过键连接，把动力传给轴，以带动右边的铣刀盘工作。

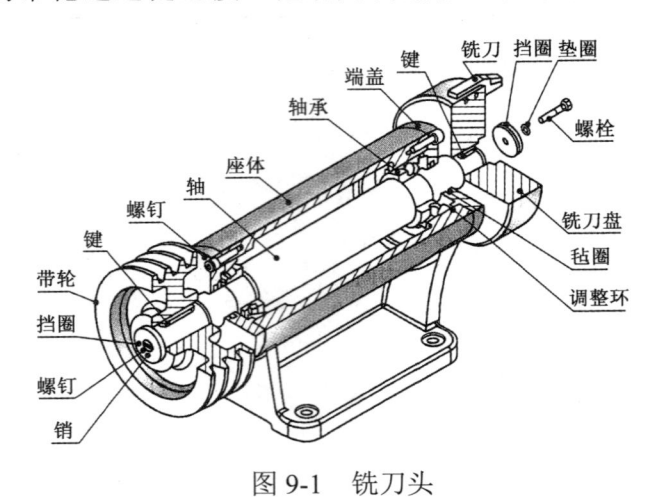

图 9-1　铣刀头

生产零件时要用到表示零件结构形状、大小及技术要求的图样，这种图样称为零件图。

项目目标

1. 了解零件图的内容，认识零件图。
2. 掌握零件图的视图选择原则。
3. 掌握公差与配合、表面结构要求的选择与标注及零件图的尺寸标注。
4. 掌握读零件图的方法和步骤。
5. 树立保密意识和安全责任意识，培养精益求精、一丝不苟的大国工匠精神。
6. 形成团队协作意识。

任务1　认识零件图

任务描述

通过学习零件图的有关知识，了解零件图的主要内容和识别零件的种类。

一、零件的分类

1．标准件

常见的标准件有紧固件（如螺栓、螺柱、螺钉、螺母、垫圈等）、键、销、滚动轴承等。图 9-1 所示的铣刀头中共有 8 种标准件，它们是销、螺钉、挡圈、键、轴承、垫圈、螺栓、毡圈。它们在机器中主要起零件间的定位、连接、支承、密封等作用。这些标准件由专业厂家生产，设计时只需根据已知条件查阅相关标准，就能获得标准件的全部尺寸。因此，不必绘制它们的零件图。

2．非标准件

凡需自行设计、制造的零件，称为非标准件。铣刀头中共有 5 种非标准件，它们是带轮、轴、座体、端盖、调整环。这些非标准件必须设计和绘制零件图，以供生产制造。

零件根据结构和加工方法上的特点又可分为以下几种。

（1）轴套类零件：常见的有主轴、心轴、传动轴、轴衬等。如图 9-1 中的轴、调整环。

（2）轮盘类零件：常见的有齿轮、皮带轮、手轮、法兰盘、端盖等。如图 9-1 中的带轮、端盖。

（3）叉架类零件：常见的有拨叉、连杆、拉杆、支架等，在机器的变速系统和操纵系统中使用。

（4）箱体类零件：机器或部件的主体零件，常见的有变速箱体、床身、泵体、阀体等。如图 9-1 中的座体。

二、零件图的作用和内容

1．零件图的作用

零件是构成机器或部件的基本单元。表示零件结构、大小和技术要求的图样称为零件图，零件图是生产中重要的技术文件之一，是准备、制造及检验零件的依据。

在生产过程中，先根据零件的材料和数量进行备料，然后按图纸中所表达的零件形状、尺寸及技术要求进行加工，最后根据图纸的全部要求进行检验。

2．零件图的内容

图 9-2 所示为阀杆的零件图，一张完整的零件图应包括下列内容。

（1）一组图形：根据机械制图国家标准，采用视图、剖视图、断面图、局部放大图等方法表示零件的结构形状。

（2）足够的尺寸：正确、完整、清晰并尽可能合理地确定出零件各部分的结构形状。

（3）技术要求：用规定的代号、数字、字母或另加文字注释说明零件在制造、检验时应达到的各项质量指标，如表面结构、尺寸公差、几何公差及热处理要求等。

（4）标题栏：说明零件的名称，比例，数量，材料，图号及设计、制图与审核人员的签名，日期等各项内容。

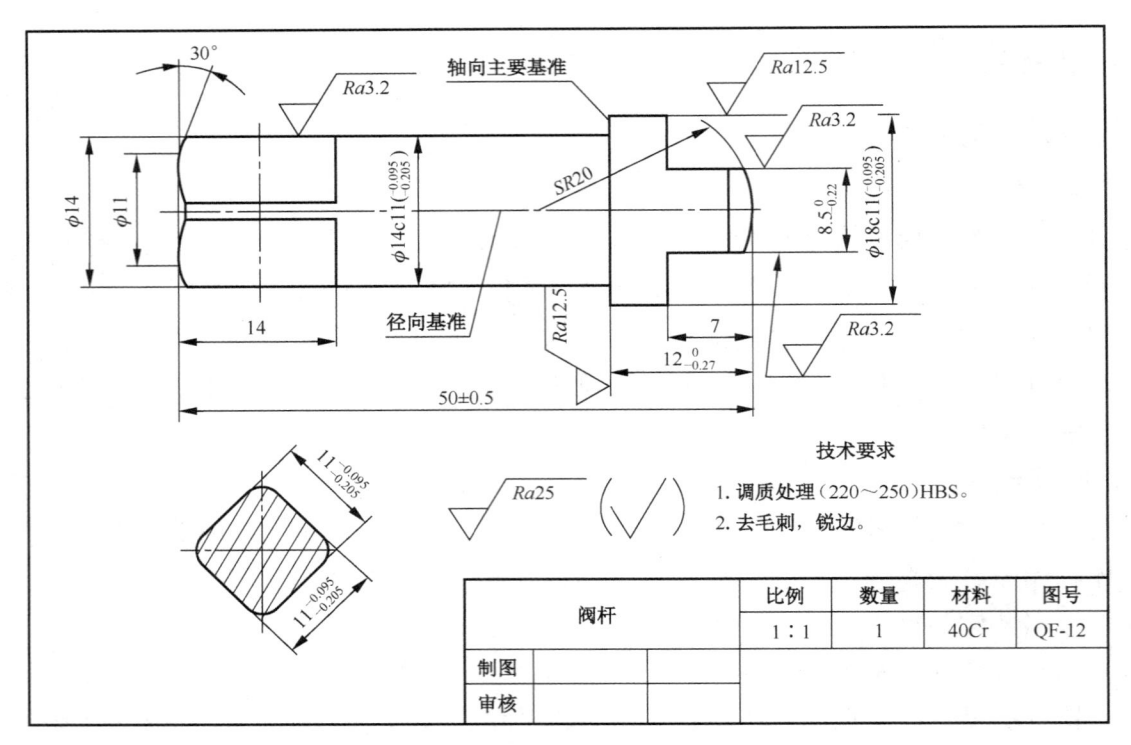

图 9-2 阀杆的零件图

任务实施

训练 通过本任务的学习，回答以下问题（见图 9-3）。

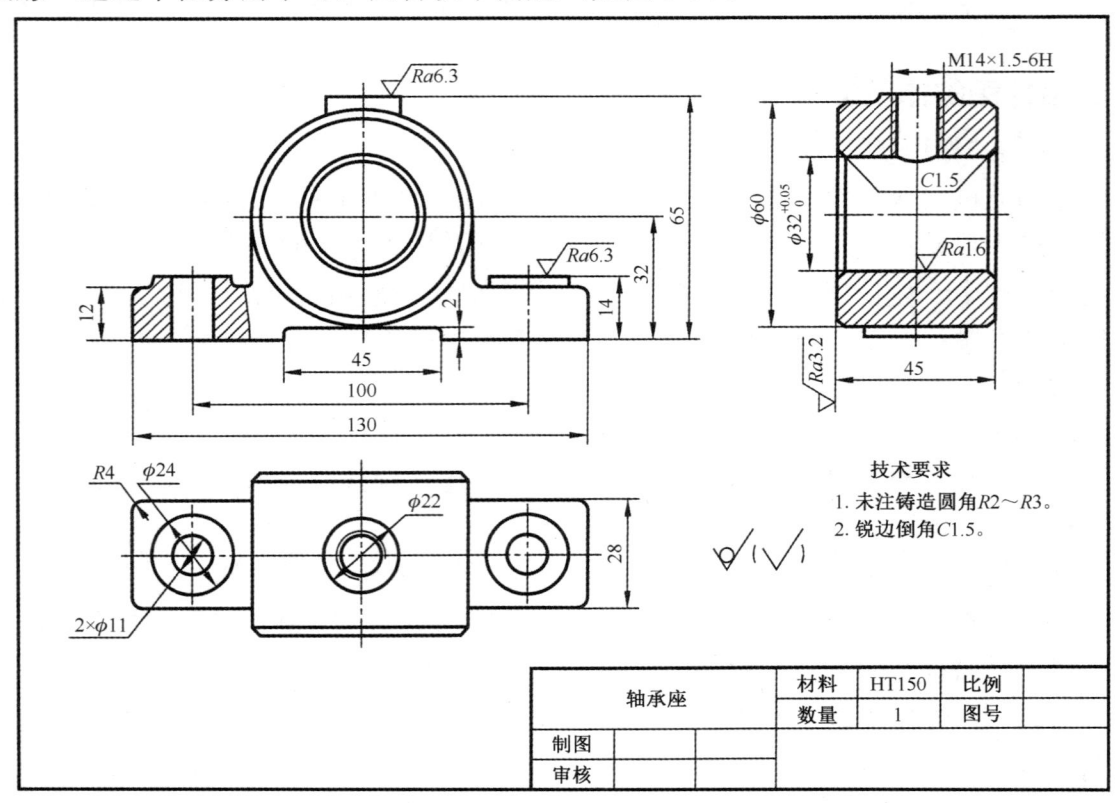

图 9-3 轴承座零件图

（1）从零件图判断，该零件是否属于标准件？

（2）该零件图内容是否完整？

分析：该零件图从标题栏的名称判断不属于标准件，而是属于非标准件中的箱体类零件，零件图的内容完整。

练习提高

零件图包括哪些内容？作用是什么？

任务评价

评价方式采用工作过程考核评价、综合任务考核评价和教师点评。任务实施评价项目表如表9-1所示。

表 9-1 任务实施评价项目表

序　号	评价项目	配分权重	实　得　分
1	能否明确零件图的作用	50%	
2	能否明确零件图的主要内容	50%	

任务总结

加工制造零件的主要依据就是零件图。生产过程是：先根据零件图中所注明的材料进行备料，然后按照零件图中的图形、尺寸和其他要求进行加工制造，再按技术要求检验加工出的零件是否达到规定的质量标准。因此，零件图是指导生产最直接的依据，如果绘图和读图中稍有差错，加工后轻则影响零件及产品的质量，缩短使用寿命，重则使大批零件报废，造成重大经济损失。

任务2 零件上常见的工艺结构

任务描述

学习零件上常见的工艺结构，为学生读懂零件图打下基础。

任务资讯

零件的制造过程，通常是先制造出毛坯件（铸件、锻件等），再将毛坯件经机械加工制作成零件。因此，在设计和绘制零件时，必须考虑到铸、锻和机械加工的一些特点，使所绘零件图符合铸造工艺和机械加工工艺要求。

一、铸造工艺结构

铸件由于其生产工艺的特殊性，其上通常具有以下结构。

1．起模斜度

为了便于在型砂中取出模型，一般将木模沿模型起模方向制成 3°～6°的斜度，称为起模斜度，如图 9-4 所示。因起模斜度较小，在图上可以不必画出，不加标注；必要时，可以在技术要求中用文字说明。

2．铸造圆角

为了防止浇铸铁水时将砂型转角处冲坏，同时也为了防止铸件在冷却时产生裂缝或缩孔，铸件各表面相交处都设计为圆角，称为铸造圆角，如图 9-5 所示。

3．铸件壁厚均匀

在浇铸零件时，为了避免各部分因冷却速度不同而产生缩孔或裂缝，铸件壁厚应均匀变化、逐渐过渡，内部的壁厚应适当减小，使整个铸件能均匀冷却，如图 9-6 所示。

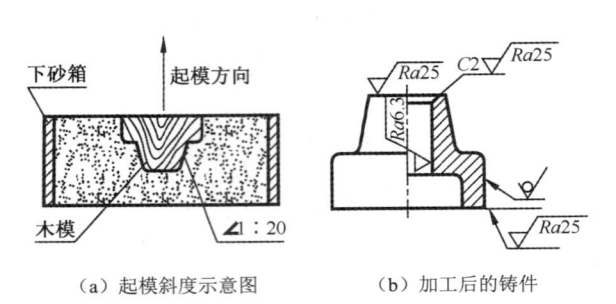

（a）起模斜度示意图　（b）加工后的铸件

图 9-4　起模斜度

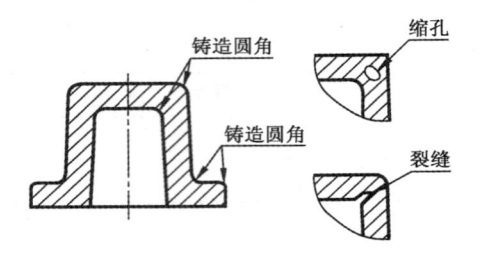

图 9-5　铸造圆角及部分缺陷

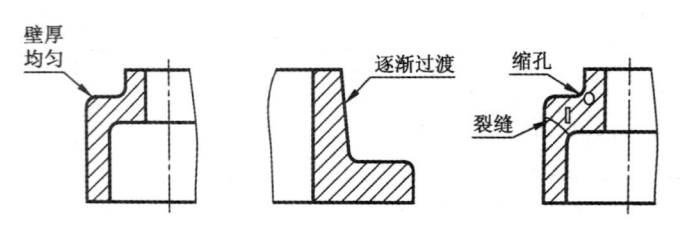

图 9-6　铸件壁厚及部分缺陷

4．过渡线

由于铸造圆角的影响，铸件表面的截交线、相贯线变得不明显，为了便于看图时明确相邻两形体的分界面，画零件图时，仍按理论相交的部位画出其截交线和相贯线，但在交线两端或一端留出空白，此时的截交线和相贯线称为过渡线，如图 9-7 所示。

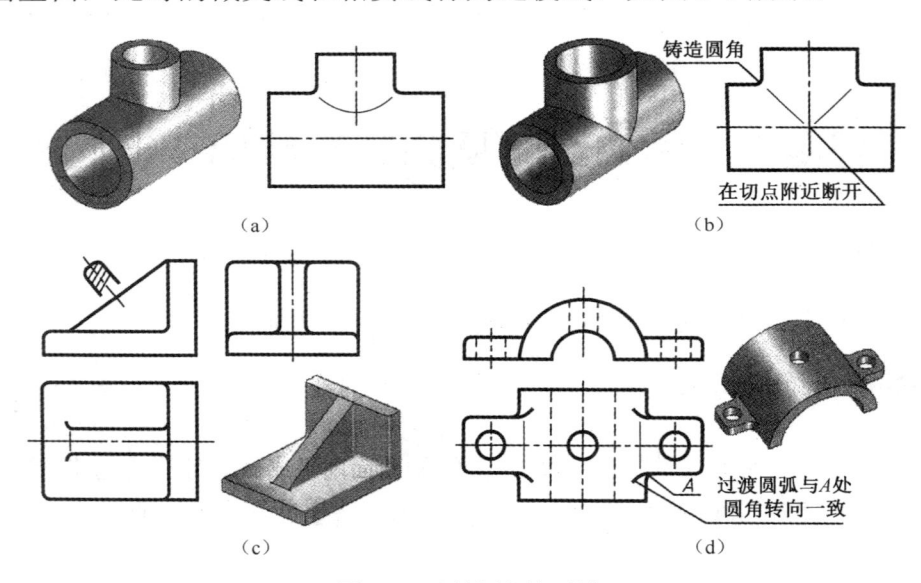

图 9-7　过渡线的画法

二、机械加工工艺结构

零件制造中的一个重要过程是机械加工。在机械切削加工中，工艺结构的种类更加丰富，下面分别进行介绍。

1. 倒角和倒圆

为了去除零件上的毛刺、锐边和便于装配，轴和孔的端部一般都加工有倒角，常用的倒角为 45°，也可为 30°或 60°。

为了避免因应力集中而产生裂纹，往往将轴肩处加工成圆角过渡的形式，称为倒圆。倒角和倒圆的尺寸注法，如图 9-8 所示。

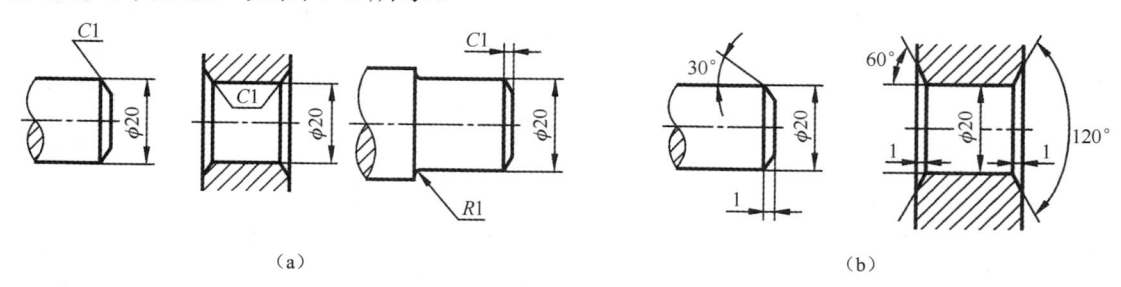

图 9-8 倒角和倒圆的尺寸注法

2. 螺纹退刀槽和砂轮越程槽

为了在切削加工中不致使刀具损坏，便于退出刀具及零件在装配时与相邻零件可靠定位，通常在零件加工面的末端预先加工出螺纹退刀槽或砂轮越程槽，如图 9-9 所示。

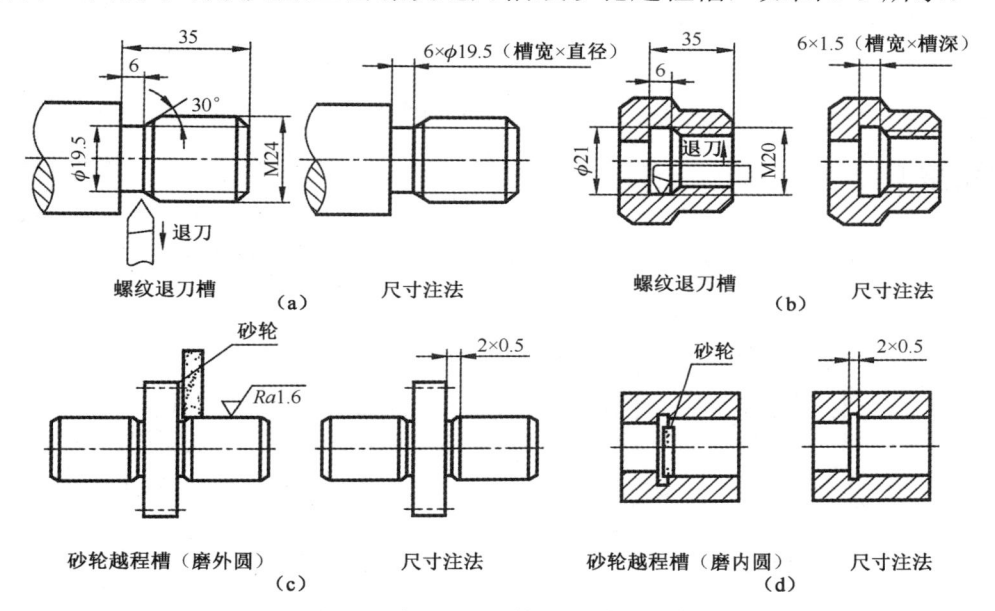

图 9-9 螺纹退刀槽和砂轮越程槽

3. 钻孔结构

用钻头钻出的盲孔底部有一个 120°的锥角，如图 9-10（a）所示。另外用两个直径不等的钻头加工的阶梯孔的过渡处也有一个 120°锥角的圆台面，如图 9-10（b）所示。如果要在斜面或曲面上钻孔，应先将斜面或曲面削平或制成凸台或凹坑，使钻头垂直于被钻零件的表面再进行钻孔，如图 9-10（c）所示。这样可避免在加工中折断钻头，并能保证钻孔的位置精度。

4. 凸台和凹坑

零件的接触面一般都要进行切削加工，为减少加工面、节约工时和减少刀具磨损，通常在被加工面上制出凸台和凹坑或凹槽，以减少接触面积和增加装配时的稳定性，如图 9-11 所示。

(a) (b) (c)

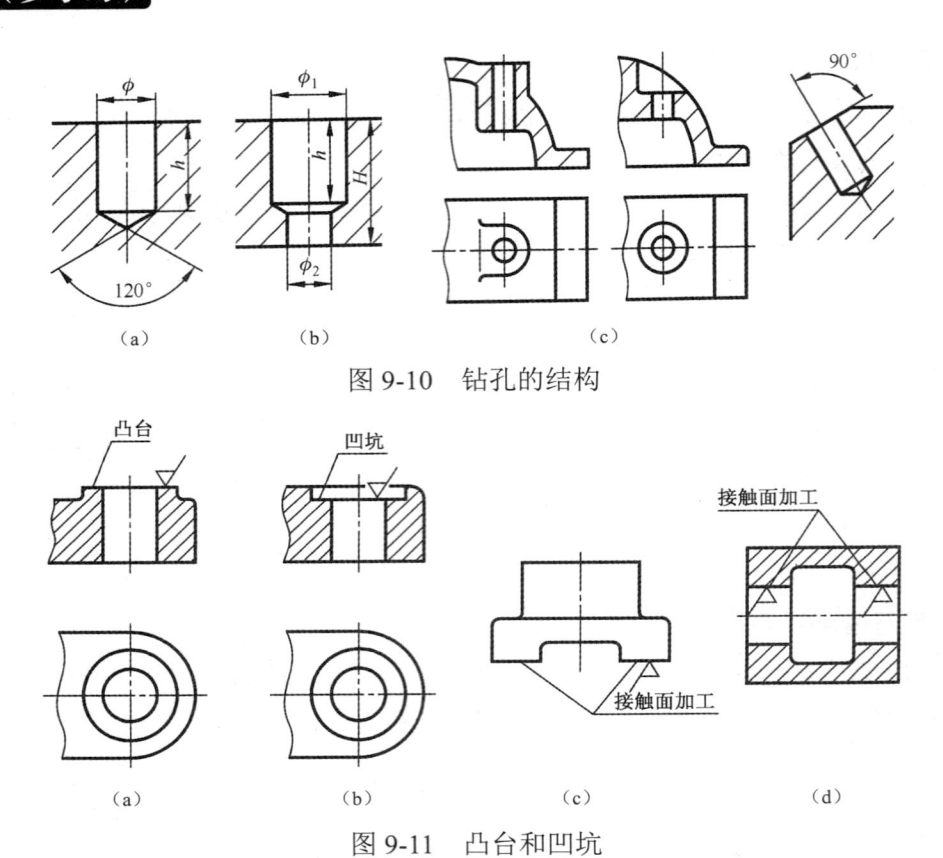

图 9-10 钻孔的结构

凸台　凹坑　　　　　　　　　　接触面加工

(a) (b) (c) (d)

图 9-11 凸台和凹坑

任务实施

训练 1　通过本任务的学习，指出图 9-12 各图中合理的钻孔结构有哪些？

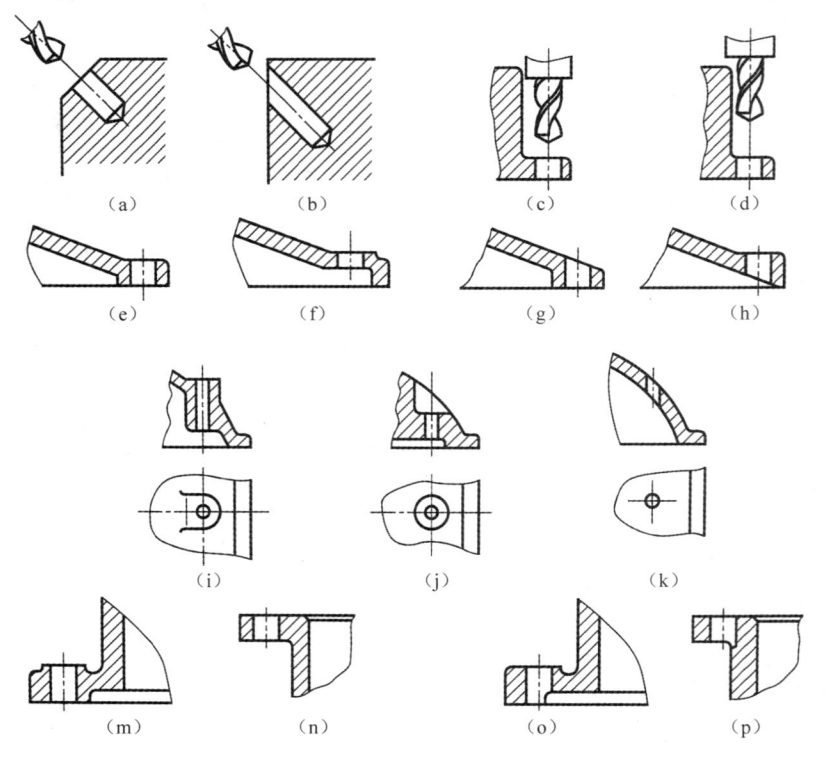

(a) (b) (c) (d)

(e) (f) (g) (h)

(i) (j) (k)

(m) (n) (o) (p)

图 9-12 训练 1 图

分析：钻孔时，钻头的轴线应与被加工表面垂直，否则会使钻头弯曲，甚至折断，因此当零件表面倾斜时，可设置凸台或凹坑；钻头单边受力也容易折断，因此对于钻头钻透处的结构，也要设计凸台使孔完整；钻头应能接近加工表面。因此，图 9-12 中（a）、（c）、（e）、（f）、（i）、（j）、（m）、（n）是合理的。

训练2 通过本任务的学习，指出图 9-13 的各图中正确的有哪些图？

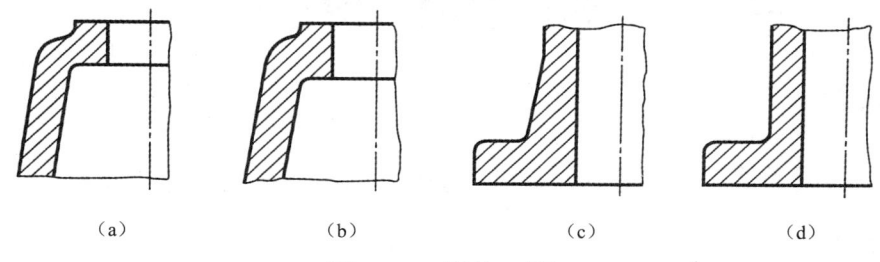

图 9-13 训练 2 图

分析：在图 9-13 中图（a）壁厚均匀，图（b）壁厚不匀，图（c）壁厚逐渐变化，图（d）壁厚突变。故图 9-13 中（a）、（c）是正确的。

练习提高

分析零件的工艺结构，补画图 9-14 和图 9-15 中缺漏的过渡线。

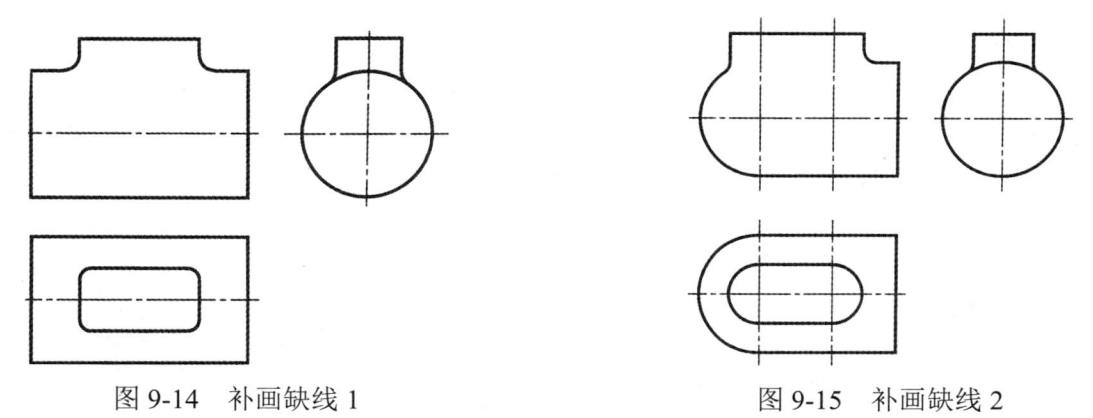

图 9-14 补画缺线 1　　　　图 9-15 补画缺线 2

任务评价

评价方式采用工作过程考核评价、综合任务考核评价和教师点评。任务实施评价项目表如表 9-2 所示。

表 9-2 任务实施评价项目表

序　号	评　价　项　目	配分权重	实　得　分
1	能否准确构想出零件的形体结构	50%	
2	能否正确辨别常见零件工艺结构的合理性	50%	

任务总结

零件图上承载着该零件的设计、使用、加工和检验要求的各种信息。这些信息在图样中的表示都必须贯彻各种相应标准的规定。比如国标 GB/T 16675.1—2012 中指出，机械加工工艺中的倒角和倒圆在不致引起误解时，在零件图中可以省略不画，其尺寸也可以简化标注，若图中不画也不标注尺寸时，可在技术要求中注明，如"全部倒角 C3""锐边倒钝""未注圆角 R2"等。

任务 3　零件图的视图选择

任务描述

通过学习零件图的选择原则，能合理地选择主视图并确定表达方案。

任务资讯

零件图视图的选择原则：在考虑看图方便的前提下，根据零件的结构特点采用适当的表示方法，以完整、清晰地表示出零件各部分的结构形状和相对位置，并力求画图简便。

一、主视图的选择

主视图是表达零件结构和形状最重要的视图，应将零件信息量最多的视图选作主视图。一般可遵循以下原则。

1. 形状特征原则

主视图应以能够较好地反映零件各部分形状及组成零件各部分结构相对位置的方向作为主视图的投影方向，以便于绘图和读图。如图 9-16（a）所示的轴，按箭头 A 方向进行投射时，所得到的视图与按箭头 B 方向进行投射时得到的视图相比较，前者反映形状特征好，因此应以 A 方向作为主视图的投影方向，如图 9-16（b）和图 9-16（c）所示。

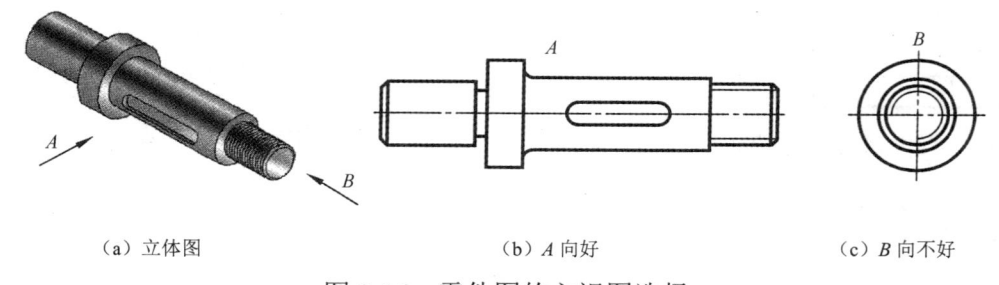

（a）立体图　　　　（b）A 向好　　　　（c）B 向不好

图 9-16　零件图的主视图选择

2. 加工位置原则

主视图应尽量表示零件在加工时所处的位置，以便于加工时读图。轴套类、盘盖类等主要由回转体组成的零件，其主要加工方法为车削和磨削，加工时工件轴线多处于水平位置，所以画这类零件时主视图通常将轴线水平放置，如图 9-16（b）所示。

3. 工作位置原则

主视图应尽量表示零件在机器中的工作位置或安装位置。叉架类和箱体类零件形状复杂、加工工序多，一般按工作位置放置，并按形状特征原则选择主视方向。按工作位置画图便于想象零件的工作情况。如图 9-17 所示的吊钩，其主视图就是根据它的工作位置、安装位置并尽量多地反映其形状特征的原则选定的。

4．平稳放置原则

如果零件的工作位置是倾斜的或在机器中是运动的、无固定的工作位置，且加工工序较多，很难满足工作位置和加工位置原则，则将其平稳放置，并遵循形状特征原则选择主视图。

二、其他视图数量和表达方法的选择

在主视图选定之后，应采用形体分析法对零件进一步分析，分析还有哪些结构形状未表达完整，再选择其他视图完善表达；要注意每个视图都应有表达的重点，各个视图表达的内容应该彼此互补，避免不必要的细节重复。

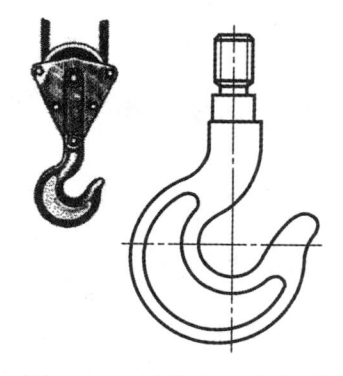

图 9-17　吊钩的工作位置

在选择视图时，应优先选用基本视图，兼用剖视、断面等表达方法；先表达零件的主要部分（较大的结构），后表达零件的次要部分（较小的结构）。在表达清楚的前提下，尽量减少视图数量，力求制图简便。为了确定完整、清晰地表达一个具体零件究竟采用何种表达方法为宜，需要认真地选择，并且反复盘查，不可遗漏任何一个细小的结构。

任务实施

训练　请判断图 9-18 中零件的主视图遵循了哪种原则？

（a）

（b）

（c）

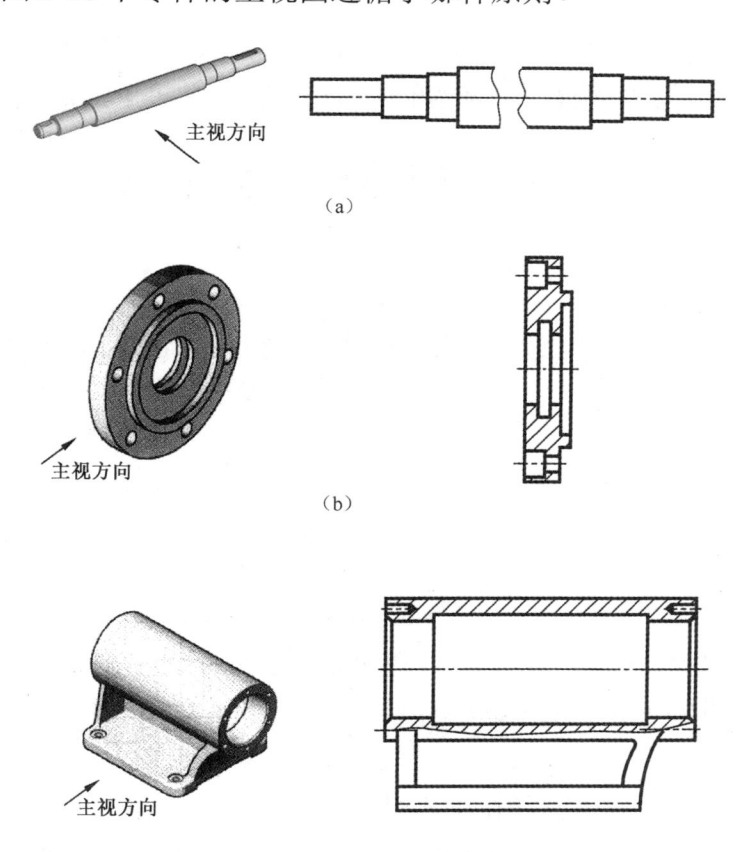

图 9-18　训练图

分析：根据主视图的选择原则，图 9-18（a）符合形状特征原则、加工位置原则和工作位

203

置原则；图9-18（b）符合形状特征原则和加工位置原则；图9-18（c）符合形状特征原则和工作位置原则。

练习提高

正确选择图9-19所示的零件的表达方案。

任务评价

评价方式采用工作过程考核评价、综合任务考核评价和教师点评。任务实施评价项目表如表9-3所示。

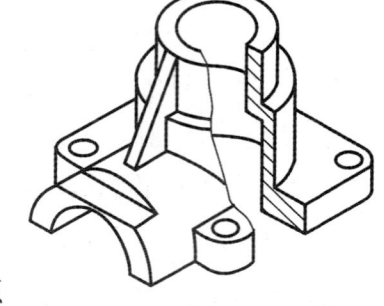

图9-19 零件轴测图

表9-3 任务实施评价项目表

序号	评价项目	配分权重	实得分
1	能否明确各视图的表达方法和重点	25%	
2	能否准确构想出零件的形体结构	25%	
3	选择主视图和确定表达方案是否合理	25%	
4	零件各部分结构表达是否正确、完整、清晰	25%	

任务总结

选择表达方法的能力，应通过看图、画图的实践，并在累积生产实际知识的基础上逐步提高。初学者选择视图时，应首先致力于表达的完整性，在此前提下，再力求视图简洁、精练。

任务4 零件图的尺寸标注

任务描述

通过学习零件图的尺寸标注，能正确识别和注写尺寸，达到合理标注零件图尺寸的要求。

任务资讯

尺寸是加工与检验零件的依据。尺寸标注既要符合零件的设计性能要求，又要满足工艺要求，以便于加工和检测。标注零件尺寸时应做到四项要求：正确、完整、清晰和合理。

一、尺寸基准

标注和测量尺寸的起点称为尺寸基准。基准的选择是根据零件在机器中的位置与作用、加工过程中的定位、测量等要求来考虑的。

1. 设计基准

根据机器的构造特点及对零件结构的设计要求所选定的基准，称为设计基准。设计基准一般用来确定零件在机器中准确位置的接触面、对称面、回转面的轴线等。

从设计基准出发标注尺寸，可以直接反映设计要求，能体现零件在部件中的功能。例如，图9-20（a）所示的阶梯轴，在设计时，考虑到轴与轮类零件的孔轴相配合，轴与孔应同轴，因此确定轴线作为阶梯轴径向尺寸的设计基准，由此而注出ϕ15、ϕ22和M10等。

2．工艺基准

为便于对零件进行加工和测量所选定的基准，称为工艺基准。

从工艺基准出发标注尺寸，可直接反映工艺要求，便于操作，保证加工、测量质量。图9-20（b）所示的阶梯轴，在车床加工时，车刀每一次车削的最终位置，都是以右端面为基准来定位的。因此，右端面为轴向尺寸的工艺基准，右端面也是长度方向尺寸的设计基准，即设计基准与工艺基准重合。

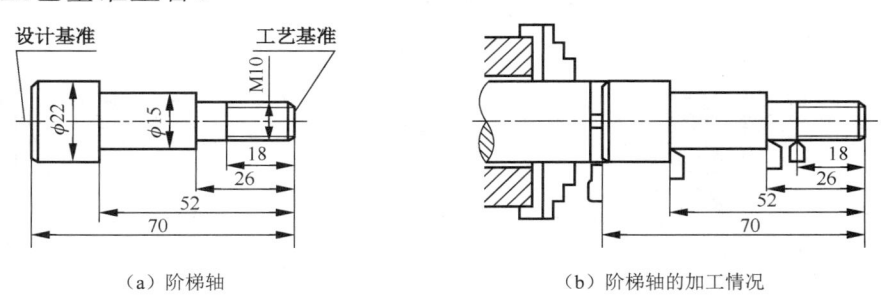

（a）阶梯轴　　（b）阶梯轴的加工情况

图9-20　阶梯轴的设计基准与工艺基准

在标注尺寸时，最好能把设计基准和工艺基准统一起来，这样既能满足设计要求，又能满足工艺要求。当设计基准和工艺基准不能统一时，主要尺寸应从设计基准出发标注。

3．主要基准和辅助基准

零件在长、宽、高三个方向上各有一个至几个尺寸基准。一般在三个方向上各选一个设计基准作为主要尺寸基准，其余的尺寸基准是辅助尺寸基准。如图9-21所示，长度方向上，端面Ⅰ为主要基准，端面Ⅱ、Ⅲ为辅助基准。辅助基准与主要基准之间应有尺寸联系，以确定辅助基准的位置，如尺寸12、112。

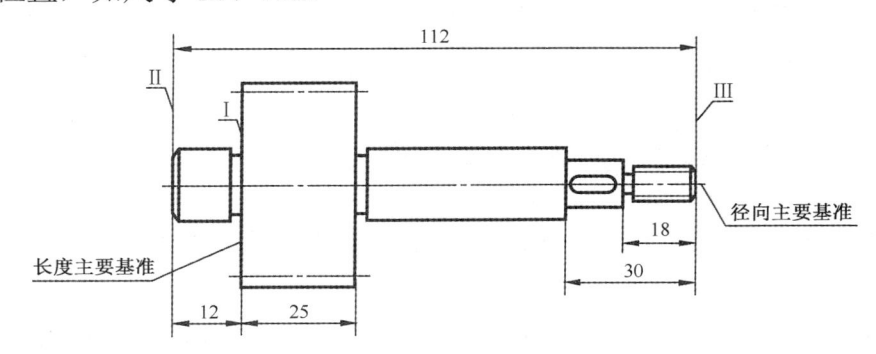

图9-21　主要基准和辅助基准

4．尺寸基准的选择

以图9-22所示的轴承挂架为例，工作时两个固定在机器上的轴承挂架支承着一根轴[图9-22（a）仅画出一个挂架]，两个轴承挂架的轴孔轴线应精确地在同一条轴线上，才能保证轴的正常转动；两挂架轴孔的同轴度在高度方向上由轴线与水平安装接触面间的距离尺寸60保证，在宽度方向上靠两连接螺钉装配时调整。因此，选择挂架的水平安装接触面Ⅰ为高度方向上的主要基准［见图9-22（b）］，以此基准标注了高度方向上的尺寸60、14和32；宽度方向的主要基准选择了对称面Ⅱ［见图9-22（c）］，以此基准标注了宽度尺寸50和90；选择安装接触面Ⅲ为长度方向的主要基准，以此基准标注了尺寸13和30。

这样，三个方向的主要基准Ⅰ、Ⅱ、Ⅲ都是设计基准。Ⅰ又是加工ϕ20孔和顶面的工艺基准，Ⅱ是加工两个螺钉孔的工艺基准，Ⅲ是加工平面D和E的工艺基准。考虑到某些尺寸要求不高或测量方便，可选用平面E和轴线F作为辅助基准，以平面E为辅助基准标注尺寸12、48，以轴线F为辅助基准标注尺寸$\phi 20^{+0.024}_{0}$。此时，辅助基准平面E、轴线F与主要基准尺寸之间的联系尺寸是30和60。

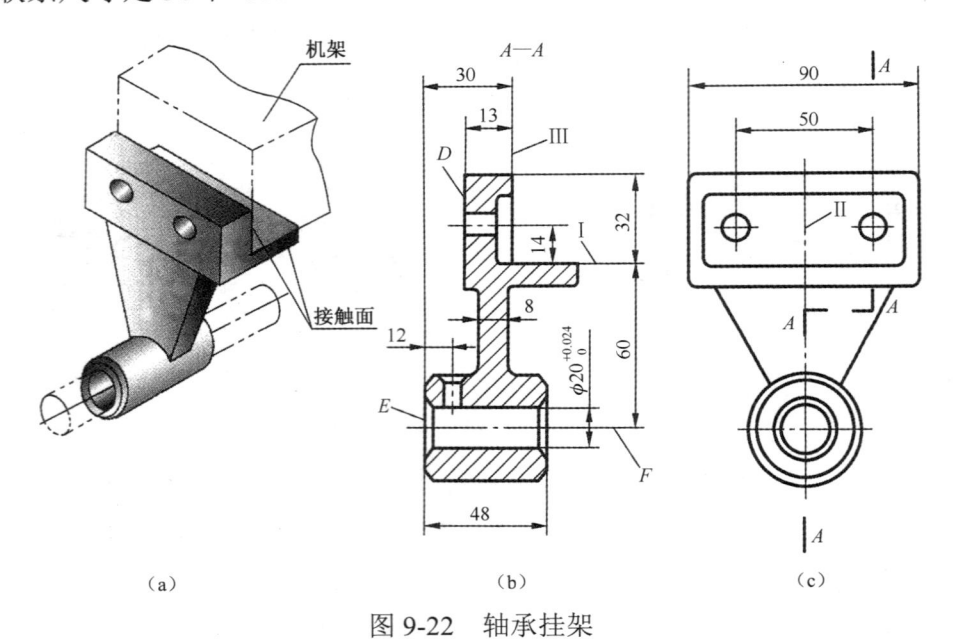

图9-22 轴承挂架

二、合理标注尺寸应注意的问题

1. 主要尺寸直接标注

凡是设计中的重要尺寸，都将直接影响零件的装配精度和使用性能，必须优先保证，单独注出。这些重要基准一般是指：

（1）直接影响机件传动准确性的尺寸，如齿轮的轴间距离。

（2）直接影响机件性能的尺寸，如车床的中心高。

（3）两零件的配合尺寸，如孔轴的直径尺寸和导轨的宽度尺寸。

（4）安装位置尺寸，如图9-22所示轴承挂架左视图中的尺寸50。

2. 符合加工顺序

按加工顺序标注尺寸，便于看图、测量，且容易保证加工精度。在图9-23中，图9-23（a）的尺寸注法是不符合加工顺序的，是不合理的，图9-23（b）的尺寸注法符合加工顺序的合理注法，零件的加工顺序如图9-23（c）所示。

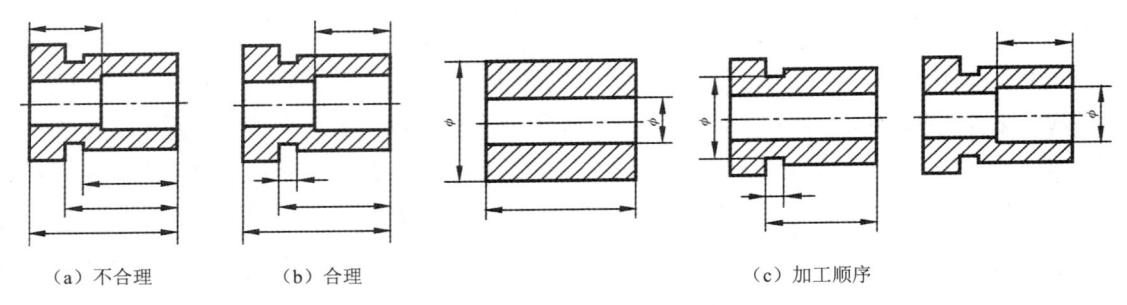

图9-23 符合加工顺序

3．便于测量

对所注尺寸，要考虑零件加工过程中测量的方便性。如图 9-24（a）中孔深尺寸的测量就很方便，而图 9-24（b）的注法就不合理了，既不便于测量，也很难量得准确。

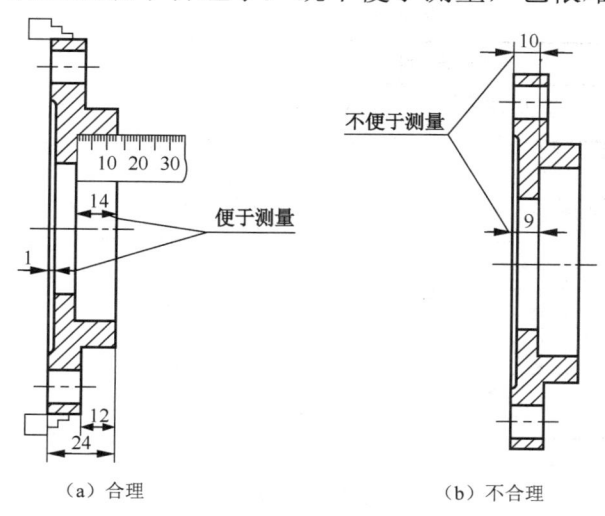

图 9-24 便于测量

4．加工面和非加工面

对于铸造或锻造零件，同一方向上的加工面和非加工面应各选择一个基准分别标注有关尺寸，并且两个基准之间只允许有一个联系尺寸。如图 9-25（a）所示，零件的非加工面由一组尺寸（M_1、M_2、M_3、M_4）相联系，加工面由另一组尺寸 L_1、L_2 相联系。加工基准面与非加工基准面之间只用一个尺寸 A 相联系。图 9-25（b）所标注的尺寸是不合理的。

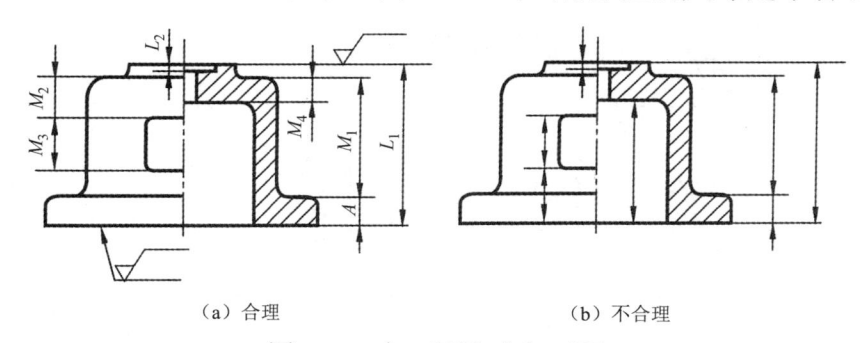

（a）合理　　　　　　　　　　　（b）不合理

图 9-25 加工面和非加工面

5．应避免注成封闭尺寸链

零件上某一方向的尺寸首尾相接会形成封闭尺寸链，如图 9-26（a）中的 a、b、c、d 组成了封闭尺寸链。为了保证每个尺寸都满足精度要求，通常对尺寸精度要求最低的一环不注尺寸，这样既保证了设计要求，又可降低加工成本，如图 9-26（b）所示。

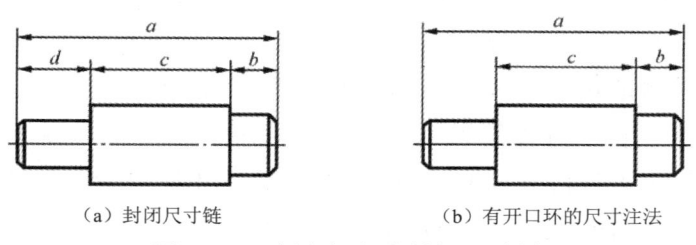

（a）封闭尺寸链　　　　　　　　（b）有开口环的尺寸注法

图 9-26 应避免注成封闭尺寸链

207

三、孔的尺寸标注

孔或孔组是机械中常见的结构，标注时需遵循统一的规定，具体如表 9-4 所示。

表 9-4 孔的尺寸标注

结构类型		尺寸标注	说明
螺孔	不通孔		3×M6 表示螺纹公称直径为 6 的 3 个螺纹孔，▼18 表示攻丝深度为 18
	通孔		3×M6 表示螺纹公称直径为 6 的 3 个螺纹通孔
光孔	圆柱孔		3×φ6 表示直径为 6 的 3 个圆柱孔，▼25 表示钻孔深度为 25
	圆锥孔		锥销孔φ4 表示锥销孔小端孔直径为 4
沉孔	锥形沉孔		锥形沉孔的直径为φ12，锥角为 90°
	圆柱沉孔		圆柱形沉孔的直径为φ12，▼5 表示深度为 5

提示："▼"表示孔深，"⌴"表示沉孔或锪孔，"∨"表示锥形沉孔。

任务实施

训练 零件尺寸标注举例。标出图 9-27 中齿轮轴的尺寸。

分析：在零件图上标注尺寸的一般步骤是，分析装配关系及零件的结构→明确设计基准和主要尺寸→选择尺寸基准→按设计要求标注主要尺寸→按工艺要求和形体特征标注其他尺寸。

标注：

（1）选择基准：为保证传动平稳和各零件的轴向装配位置，分别选用轴线和齿轮左端面作为径向和轴向的设计基准。前者是高、宽方向的主要基准，后者是长方向的主要基准。

（2）按设计和工艺要求标注尺寸：先分别从主要基准轴线和齿轮左端面出发，直接标注满足设计要求的尺寸，然后按加工顺序标出其余尺寸，如图 9-27 所示。

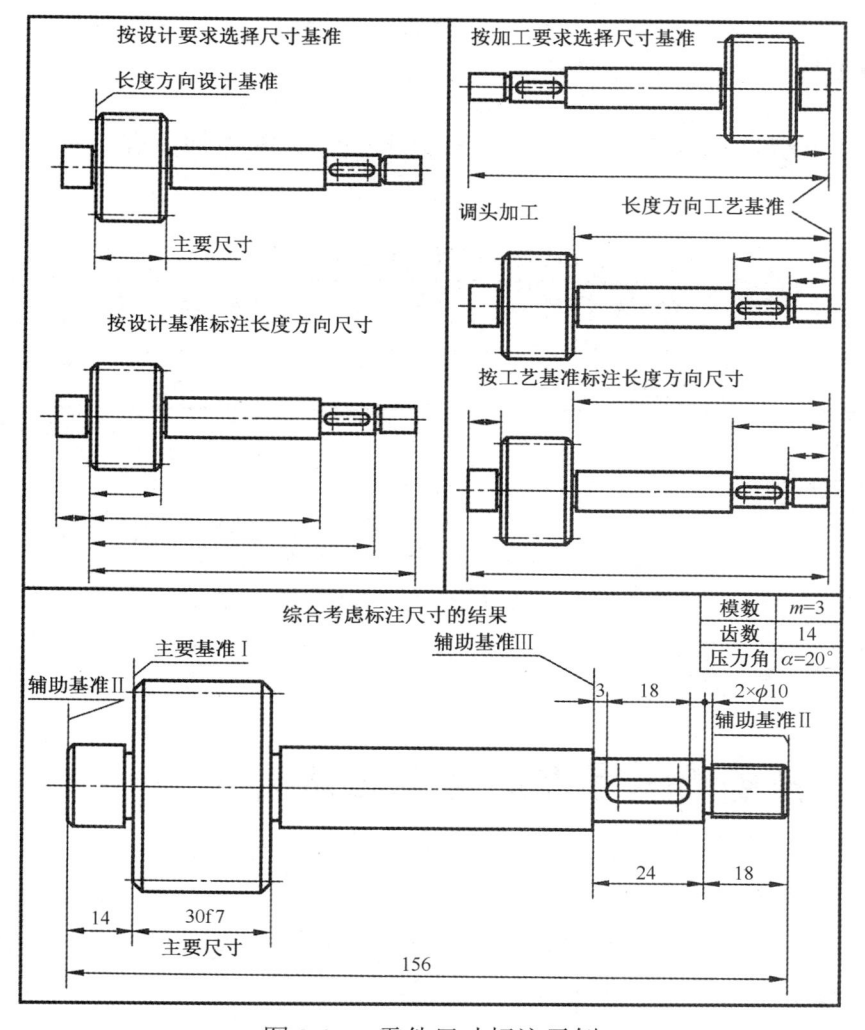

图 9-27 零件尺寸标注示例

练习提高

零件图的尺寸标注：根据尺寸标注的要求，选择恰当的尺寸基准，标注尺寸；尺寸数字按 1∶1 的比例从图中量取（见图 9-28）。

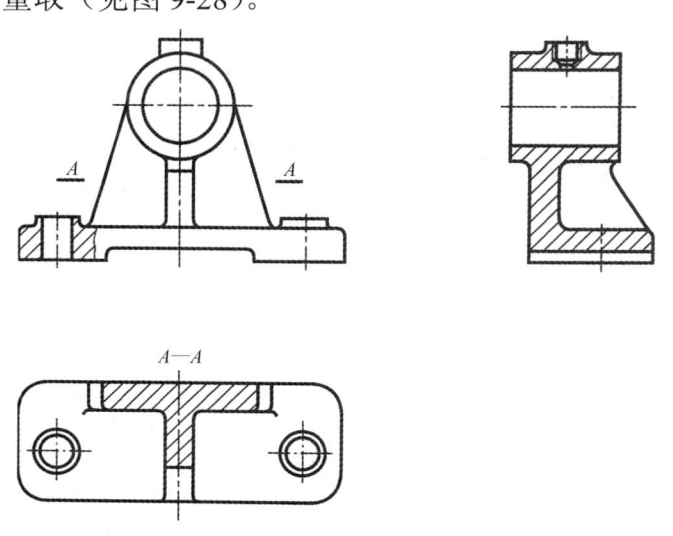

图 9-28 标注尺寸

任务评价

评价方式采用工作过程考核评价、综合任务考核评价和教师点评。任务实施评价项目表如表9-5所示。

表9-5 任务实施评价项目表

序 号	评 价 项 目	配 分 权 重	实 得 分
1	能否准确找出尺寸基准，明确各个尺寸类型	50%	
2	各类尺寸标注是否正确合理	50%	

任务总结

尺寸标注时，应完整、清晰、合理地注出零件的全部尺寸。标注尺寸时，要选好尺寸基准（设计基准、工艺基准）；重要尺寸需从设计基准出发直接注出；要考虑所注尺寸是否便于加工和检测；避免封闭尺寸链等。还应注意零件上常见结构的尺寸注法及零件机械加工的工艺结构要求。

任务5 零件图上的技术要求

任务描述

学生通过学习零件图上的技术要求，能正确识别和注写技术要求，达到制造零件所需要的质量标准。

任务资讯

一、表面结构的表示法

1．零件表面结构的内容

表面结构是指零件表面的几何形貌，包括粗糙度、波纹度及原始轮廓等参数。国家标准《产品几何技术规范（GPS） 技术产品文件中表面结构的表示法》（GB/T 131—2006）、《产品几何技术规范（GPS） 表面结构 轮廓法 术语、定义及表面结构参数》（GB/T 3505—2009）等规定了零件表面结构的表示法。本次任务只介绍我国目前应用最广的表面粗糙度在图样上的表示法及其符号、代号的标注和识读方法。

零件加工时，由于零件和刀具间的运动和摩擦、机床的震动及零件的塑性变形等各种原因，常导致零件的表面存在着许多微观高低不平的峰和谷。这些由较小的间距和峰谷所组成的微观几何形状特征就是表面粗糙度，如图9-29所示。表面粗糙度对零件的配合、耐磨性、抗腐蚀性、密封性和外观都有很大影响。粗糙度值越高，零件的表面性能越差；粗糙度值越低，则表面性能越好，但加工费用也随之增加。因此，国家标准规定了零件表面粗

图9-29 零件表面的不平分布

糙度的评定参数，以便在保证使用功能的前提下，选用较为经济的评定参数。

2．表面结构的评定参数简介

评定表面结构要求时普遍采用的是轮廓参数。本次任务仅介绍生产中常用的评定参数 Ra（轮廓算数平均偏差）和 Rz（轮廓的最大高度）。这两个参数数值越小，表面越平整光滑；反之，则越粗糙。表 9-6 列出了 Ra 数值及应用，其数值的选用应根据零件的功能要求而定。

表 9-6 Ra 数值及应用

Ra	加工方法	应用举例
50	粗车、粗铣、粗刨及钻孔等	不重要的接触面或不接触面，如凸台顶面、穿入螺纹紧固件的光孔表面
25		
12.5		
6.3	精车、精铣、精刨及铰钻等	较重要的接触面、转动和滑动速度不高的配合面和接触面，如轴套、齿轮端面、键及键槽工作面
3.2		
1.6		
0.8	精铰、磨削及抛光等	要求较高的接触面、转动和滑动速度较高的配合面和接触面，如齿轮工作面、导轨表面、主轴轴颈表面及销孔表面
0.4		
0.2		
0.1	研磨、超级精密加工等	要求密封性能较好的表面、转动和滑动速度极高的表面，如精密量具表面、气缸内表面、活塞环表面及精密机床的主轴轴颈表面等
0.05		
0.025		
0.012		
0.008		

3．表面结构的图形符号与代号

在产品的技术文件中对表面结构的要求可用几种不同的图形符号表达，每种符号都有特定的意义。

（1）表面结构的图形符号。

基本图形符号由两条不等长与标注面成 60°夹角的线段构成，其画法如图 9-30（a）所示。图 9-30（b）所示的符号水平线的长度取决于其上、下所标注内容的长度。表面结构图形符号的尺寸如表 9-7 所示。表面结构图形符号的名称及含义如表 9-8 所示。

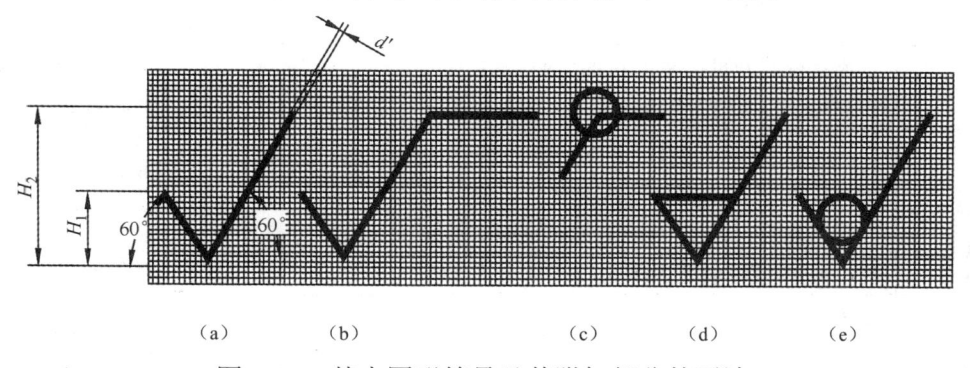

图 9-30 基本图形符号及其附加部分的画法

表9-7　表面结构图形符号的尺寸

数字与字母的高度 h	2.5	3.5	5	7	10	14	20
符号宽度 d'	0.25	0.35	0.5	0.7	1	1.4	2
字母线宽							
高度 H_1	3.5	5	7	10	14	20	28
高度 H_2（最小值）	7.5	10.5	15	21	30	42	60

表9-8　表面结构图形符号的名称及含义

图形符号	名称	含义
√	基本图形符号	未指定加工方法的表面，当通过注释时可以单独使用
∇	扩展图形符号	用去除材料的方法获得的表面，仅当其含义为"被加工表面"时可单独使用
⌀		用不去除材料的方法获得的表面，也可用于保持上道工序形成的表面，不管这种状况是通过去除材料还是不去除材料形成的
⌀	完整图形符号	对基本图形符号和扩展图形符号的扩充，用于对表面结构有补充要求的标注
⌀	工作轮廓各表面的图形符号	表示在图样某个视图上构成封闭轮廓的各表面有相同的表面结构要求
(位置 a,b,c,d,e 图示)	补充要求的注写	位置 a：注写表面结构的单一要求。 位置 a 和 b：注写两个或多个要求。 位置 c：注写加工方法。 位置 d：注写表面纹理和方向。 位置 e：注写加工余量。

（2）表面结构代号。

表面结构代号包括图形符号、参数代号及相应的数值等其他有关规定。GB/T131—2006规定了特征参数 Ra 的代号标注，如表9-9所示。

表9-9　Ra 值的代号标注

代号	意义	代号	意义
√Ra3.2	用任何方法获得的表面粗糙度，Ra 的上限值为 3.2μm	√Ra3.2max Ra1.6min	用去除材料的方法获得的表面粗糙度，Ra 的最大值为 3.2μm，Ra 的最小值为 1.6μm
√Ra3.2	用去除材料的方法获得的表面粗糙度，Ra 的上限值为 3.2μm	√2.5	取样长度为 2.5mm，若按标准选用，则在图样上可省略标注
√Ra3.2	用不去除材料的方法获得的表面粗糙度，Ra 的上限值为 3.2μm	√Sm0.05	其他评定参数的注法
√Ra3.2 Ra1.6	用去除材料的方法获得的表面粗糙度，Ra 的上限值为 3.2μm，Ra 的下限值为 1.6μm	√铣	加工方法规定为铣削

4. 表面结构的文本表示

文本中用图形符号表示表面结构比较麻烦，因此国家标准规定允许用文本的方式表示表面结构要求，如表9-10所示。

表 9-10 表面结构的文本表示

序 号	代 号	含 义	标注示例
1	APA	允许用任何工艺获得	APARa0.8
2	MRR	允许用去除材料的方法获得	MRRRa0.8
3	NMR	允许用不去除材料的方法获得	NMRRa0.8

5．表面结构要求在图样上的标注规范

要求一个表面一般只标注一次，并尽可能注在相应的尺寸及其公差的同一视图上。除非另有说明，一般所标注的表面结构要求是对完工零件表面的要求。表面结构要求标注示例如表 9-11 所示。

表 9-11 表面结构要求标注示例

序号	标注规则	标注示例
1	表面结构的注写和读取方向与尺寸的注写和读取方向一致	
2	表面结构要求可标注在轮廓线上，其符号应从材料外指向材料并接触材料表面	
3	可用带箭头或黑点的指引线引出标注	
4	在不致引起误解时，表面结构要求可以标注在给定的尺寸线上	
5	表面结构要求可标注在几何公差框格的上方	
6	表面结构要求可以直接标注在圆柱特征的延长线上	

续表

序号	标注规则		标注示例
7	有相同表面结构要求的简化注法	在圆括号内给出无任何其他标注的基本符号	(图示：Rz6.3、Rz1.6、Ra3.2)
		在圆括号内给出不同的表面结构要求	(图示：Rz6.3、Rz1.6、Ra3.2(Rz1.6, Rz6.3))
8	多个表面有共同要求的注法	带字母的完整符号的简化注法	(图示：z = URz1.6 / lRa0.8，y = Ra3.2)
		用表面结构符号的简化注法	√ = √Ra3.2 √ = √Ra3.2 √ = √Ra3.2

二、极限与配合

极限与配合是零件图和装配图中一项重要的技术要求，也是产品检验的技术指标。它们的应用涉及国民经济的各个部门，对机械工业更具有重要的作用。

1. 零件的互换性

从一批相同的零件中任取一件，不经修配就能立即装到机器上并能保证满足使用要求的性质称为互换性。显然，机械零件具有互换性，既能满足各生产部门广泛协作的要求，又能进行高效率的专业化生产。

2. 尺寸及其公差

（1）公称尺寸。

公称尺寸是由图样规范确定的理想形状要素的尺寸，通过它应用上、下极限偏差可计算出极限尺寸，如图 9-31 所示。

（2）极限尺寸。

极限尺寸是尺寸要素允许的尺寸的两个极端。提取组成要素的局部尺寸应位于其中，也可达到极限尺寸。尺寸要素允许的最大尺寸，称为上极限尺寸；尺寸要素允许的最小尺寸，称为下极限尺寸（见图 9-31）。

（3）极限偏差。

极限尺寸减公称尺寸所得的代数差，称为极限偏差。上极限尺寸减公称尺寸所得的代数差，称为上极限偏差；下极限尺寸减公称尺寸所得的代数差，称为下极限偏差。偏差可以是正值、负值或零。

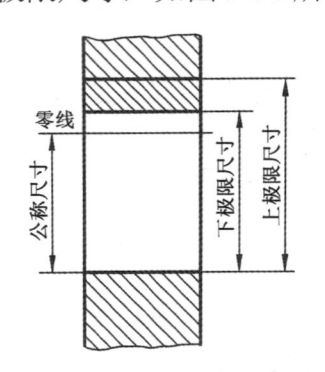

图 9-31　公称尺寸、上极限尺寸和下极限尺寸

（4）尺寸公差（简称公差）。

上极限尺寸减下极限尺寸之差，或上极限偏差减下极限偏差之差，称为公差。它是尺寸

允许的变动量，是没有符号的绝对值。

（5）公差带。

由代表上偏差和下偏差或最大极限尺寸和最小极限尺寸的两条直线所限定的一个区域，称为公差带。在分析公差时，为了形象地表示公称尺寸、偏差和公差的关系，常画出公差带图。为了简便，不画出孔和轴，而只画出放大的孔和轴的公差带来分析问题，图 9-32 所示为公差带图。其中，表示基本尺寸的一条直线称为零线。零线上方的偏差为正，零线下方的偏差为负。

（6）基本偏差。

基本偏差是确定公差带相对零线位置的极限偏差。它可以是上极限偏差，也可以是下极限偏差，一般为靠近零线的偏差。

国家标准对孔和轴各规定了 28 个基本偏差。基本偏差代号用拉丁字母表示，大写字母表示孔，小写字母表示轴。基本偏差系列示意图如图 9-33 所示，该图只表示公差带的位置，不表示公差带的大小，因此公差带只画出属于基本偏差的一端，另一端是开口的，即公差带的另一端应由标准公差来限定。

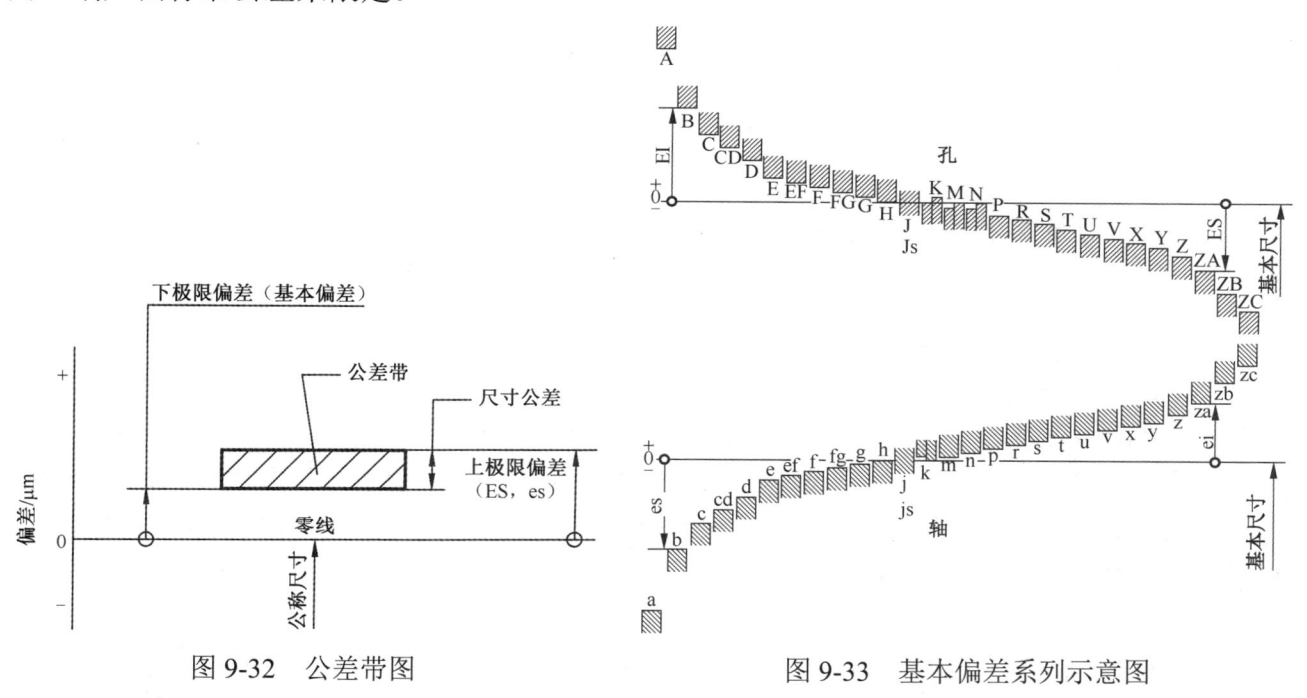

图 9-32 公差带图

图 9-33 基本偏差系列示意图

3．配合制

配合是相结合的孔、轴之间的关系。若两者位置都不固定，则变化很多，因此国家标准规定了两种基准制：基孔制和基轴制。

（1）基孔制。

基孔制是基本偏差为一定的孔的公差带与不同基本偏差的轴的公差带形成的各种配合。基孔制的孔为基准孔，基本偏差代号为 H。图 9-34 所示为基孔制配合，即采用基孔制所得到的各种配合。

（2）基轴制。

基轴制是基本偏差为一定的轴的公差带与不同基本偏差的孔的公差带形成的各种配合。

基轴制的轴为基准轴，基本偏差代号为 h。图 9-35 所示为基轴制配合，即采用基轴制得到的各种配合。

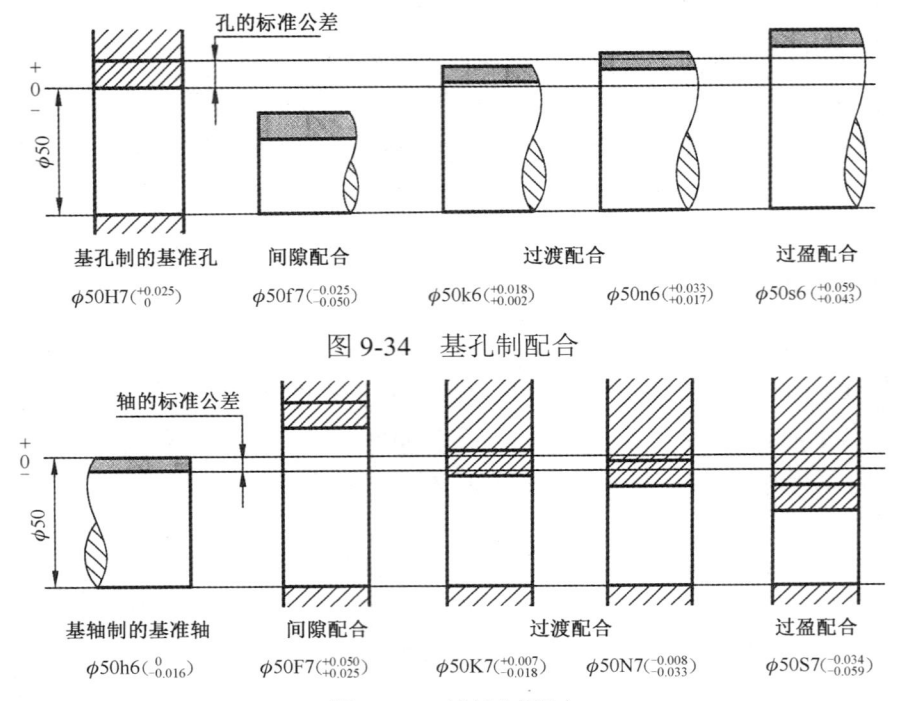

图 9-34 基孔制配合

图 9-35 基轴制配合

😊 在一般情况下，优先选用基孔制配合，因为在同一公差等级下，加工孔比加工轴要困难些。只有在会带来明显的经济效益时，才采用基轴制。不过，当同一轴径的不同位置上有不同的配合要求时，也选用基轴制。

（3）配合代号及其在图样上的标注。

在装配图上常需要标注配合代号。配合代号由形成配合的孔、轴公差带代号组成，在基本尺寸右边写成分数的形式，分子为孔的公差带代号，分母为轴的公差带代号，其注写形式如图 9-36（a）、(b)、(c) 所示。有时也采用极限偏差的形式标注，如图 9-36（d）所示。与轴承相配合的轴承内、外圈的配合公差带代号不写，标注如图 9-36（e）所示。

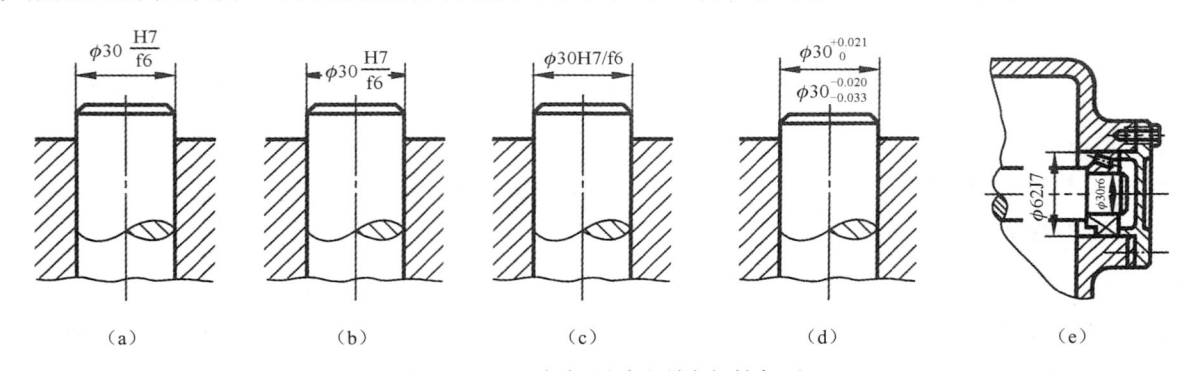

图 9-36 配合代号在图样上的标注

4．尺寸公差在零件图中的标注

尺寸公差在零件图中的标注有以下 3 种形式。

（1）注出尺寸和公差带代号。例如$\phi 30H8$、$\phi 30f7$，适用于大批量生产，如图9-37（a）所示。

（2）注出基本尺寸及上、下偏差。例如$\phi 30^{+0.033}_{0}$、$\phi 30^{+0.020}_{-0.041}$，适用于单件小批量生产，如图9-37（b）所示。

（3）注出基本尺寸，同时注出公差带代号及上下偏差，偏差数值注在尺寸公差带代号后边，并加圆括号。例如，$\phi 30H8(^{+0.033}_{0})$、$\phi 30f7(^{+0.020}_{-0.041})$，适用于批量不定的情况，如图9-37（c）所示。

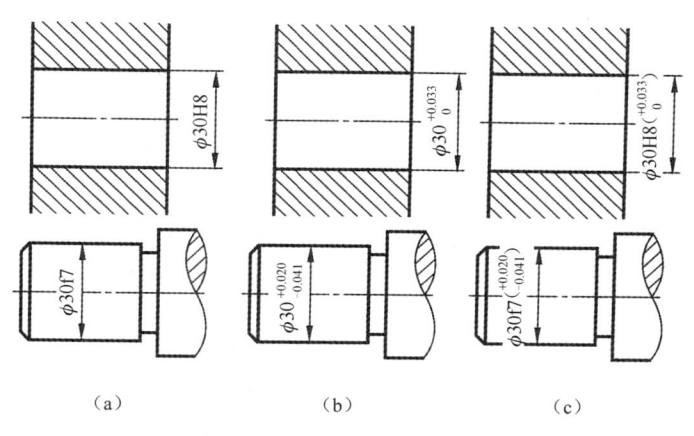

图9-37 尺寸公差标注

三、几何公差

1．几何公差的种类和符号

在机器中对某些精度要求较高的零件不仅需保证其尺寸公差，还要保证其几何公差。

几何公差包括形状公差、方向公差、位置公差和跳动公差。国家标准《产品几何技术规范（GPS） 几何公差 形状、方向、位置和跳动公差标注》（GB/T 1182—2018）规定了几何公差的标注。几何公差特征符号如表9-12所示。

表9-12 几何公差特征符号

公差类型	几何特征	符号	有无基准	公差类型	几何特征	符号	有无基准
形状公差	直线度	—	无	位置公差	位置度	⊕	有或无
	平面度	▱	无		同心度（用于中心点）	◎	有
	圆度	○	无		同轴度（用于轴线）	◎	有
	圆柱度	⌭	无		对称度	≡	有
	线轮廓度	⌒	无		线轮廓度	⌒	有
	面轮廓度	⌓	无		面轮廓度	⌓	有
方向公差	平行度	∥	无	跳动公差	圆跳动	↗	有
	垂直度	⊥	有				
	倾斜度	∠	有				
	线轮廓度	⌒	有		全跳动	↗↗	有
	面轮廓度	⌓	有				

2．几何公差标注

几何公差的标注包含以下内容。

（1）几何公差框格。

几何公差要求注写在划分成两格或多格的矩形框内。各格自左至右依次标注以下内容。

① 几何特征符号。

② 公差值。如果公差带为圆形或圆柱形，公差值前应加注符号"ϕ"；如果公差带为圆球形，公差值前应加注"$S\phi$"。

③ 基准，用一个字母或几个字母表示基准体系或公共基准。

图 9-38 所示为公差框格的几种情况。

图 9-38 公差框格

（2）被测要素。

当被测要素为线或表面时，指引线箭头应指在该要素的轮廓线或延长线上，并应明显地与该要素的尺寸线错开，如图 9-39 所示。

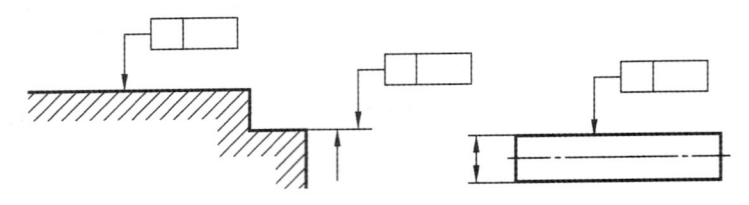

图 9-39 被测要素为线或表面

当被测要素为轴线、球心或中心平面时，指引线箭头应与该要素的尺寸线对齐，如图 9-40 所示。当被测要素相同且有不同公差项目时，可以把框格叠加在一起，如图 9-41 所示。

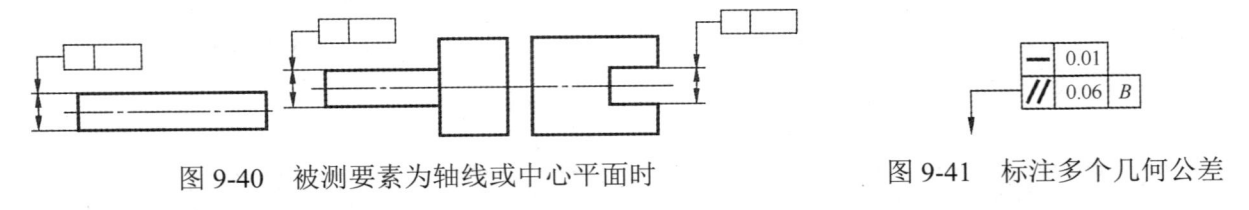

图 9-40 被测要素为轴线或中心平面时

图 9-41 标注多个几何公差

（3）基准要素。

基准要素用基准符号表示，GB/T 1182—2018 规定的基准符号的画法如图 9-42 所示。当基准要素是轮廓线或轮廓面时，基准三角形放置在要素的轮廓线或其延长线上，与尺寸线明显错开，如图 9-43（a）所示。基准三角形也可放置在该轮廓面引出线的水平线上，如图 9-43（b）所示。

图 9-42 基准符号

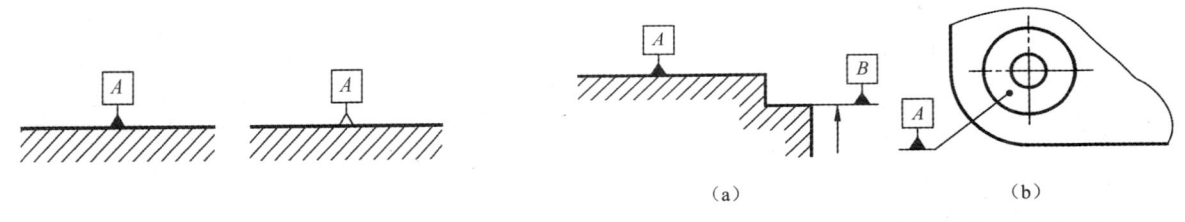

图 9-43 基准要素为轮廓线或轮廓面

当基准要素是确定的轴线、中心平面或中心点时，基准三角形应放置在该尺寸线的延长线上，如图9-44所示，如果没有足够的位置标注基准要素的两个尺寸箭头，则其中一个箭头可用基准三角形代替。

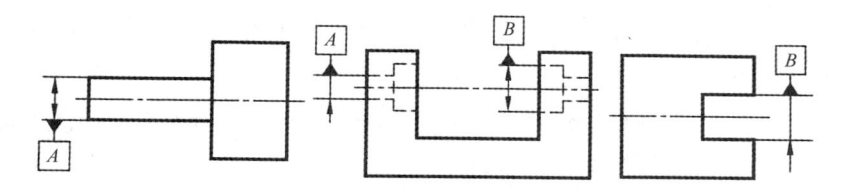

图9-44 基准为轴线、中心平面

任务实施

训练1 查表确定ϕ50H7/s6中轴和孔的极限偏差。

查表：基本尺寸ϕ50属于">40～50"尺寸段。轴的公差带代号为s6，孔的公差带代号为H7，属于基孔制配合。由附表A-10和附表A-11查得轴的上偏差es = +0.039、下偏差ei = +0.028，孔的上偏差ES = +0.025、下偏差EI = 0。

训练2 识读图9-45所示各几何公差的含义。

分析：图9-45中的几何公差的含义如表9-13所示。

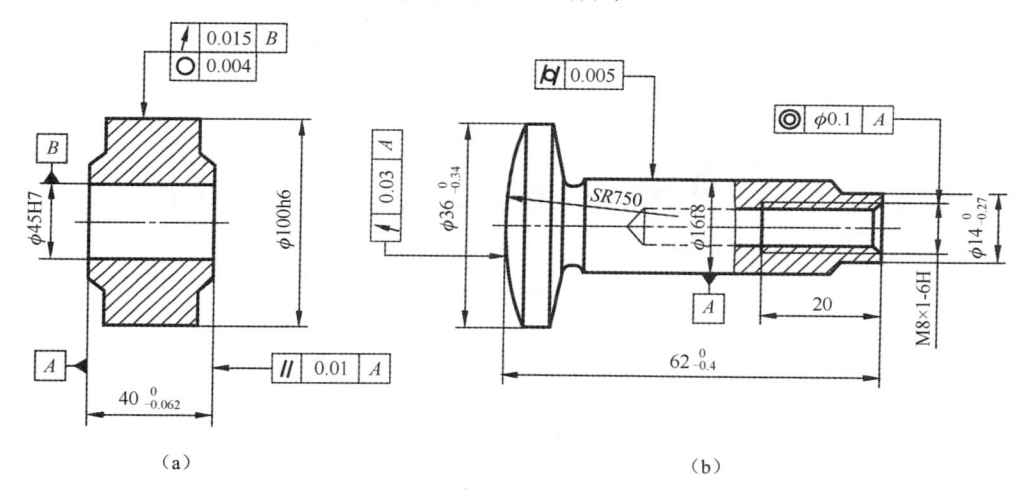

图9-45 几何公差读图示例

表9-13 图9-45中的几何公差的含义

图 号	标注代号	含义说明
图9-45（a）	⌰ 0.015 B	表示ϕ100h6外圆柱面对ϕ45H7孔的轴线的圆跳动公差为0.015
	○ 0.004	表示ϕ100h6外圆柱面的圆度公差为0.004
	∥ 0.01 A	表示机件两端面之间的平行度公差为0.01
图9-45（b）	⌭ 0.005	表示ϕ16f8圆柱面的圆柱度公差为0.005
	◎ ϕ0.1 A	表示M8×1-6H螺孔的轴心线与ϕ16f8圆柱轴线的同轴度公差为ϕ0.1
	⌰ 0.03 A	表示SR750的球面对ϕ16f8圆柱轴线的圆跳动公差为0.03

练习提高

已知孔和轴的基本尺寸为 20，采用基轴制配合，轴的公差等级为 IT7 级，孔的基本偏差代号为 F，公差等级为 IT8。

（1）在相应的零件图上注出基本尺寸、公差带代号和偏差数值，见图 9-46。
（2）在装配图中注出基本尺寸和配合代号。
（3）画出孔和轴的公差带图。

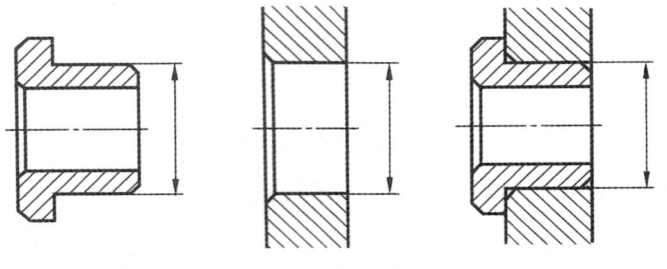

图 9-46　标注练习

任务评价

评价方式采用工作过程考核评价、综合任务考核评价和教师点评。任务实施评价项目表如表 9-14 所示。

表 9-14　任务实施评价项目表

序　号	评 价 项 目	配分权重	实 得 分
1	能否正确识别各项技术要求标注	50%	
2	各项技术要求标注是否正确	50%	

任务总结

各项技术要求应根据零件所属装配体中的功能要求一一确定其具体数值，但合理地进行零件的技术要求设定，需要具备一定的生产、设计、实践经验和专业知识，这在课程教学中是做不到的，因此不做要求。

另外，由于我国目前在几何精度方面的标准正处于新旧国标过渡期，有些企业在生产中仍在沿用旧图纸和旧国标。因此学生在学习新国标的基础上，也要明确新旧国标在标注方面的差异，了解常见的旧国标，以确保未来适应企业的生产实际。

任务6　识读零件图

任务描述

学生通过识读零件图的训练，能够掌握零件图的读图方法和步骤，能读懂中等难度的零件图。

任务资讯

一、读零件图的要求

读零件图的要求是：了解零件的名称、所用材料和它在机器或部件中的作用，通过分析视图、尺寸和技术要求，想象出零件各组成部分的结构形状和相对位置，从而在头脑中建立起一个完整的、具体的零件形象，并对其复杂程度、要求高低和制作方法做到心中有数，以便设计加工过程。

二、读零件图的方法和步骤

1．读零件图的方法

读零件图的基本方法仍然是形体分析法和线面分析法。

2．看零件图的步骤

（1）看标题栏。

了解零件的名称、材料、绘图比例等，为联想零件在机器中的作用、制造要求及有关结构形状等提供线索。

（2）分析视图。

先根据视图的配置和有关标注，判断出视图的名称和剖切位置，明确它们之间的投影关系。进而抓住图形特征，分部分想形状，合起来想整体。

（3）分析尺寸。

先分析长、宽、高三个方向的尺寸基准，再找出各部分的定位尺寸和定形尺寸，弄清楚哪些是主要尺寸，最后还要检查尺寸标注是否齐全和合理。

（4）分析技术要求。

可根据表面粗糙度、尺寸公差、几何公差及其他技术要求，弄清楚哪些是要求加工的表面及精度的高低等。

（5）综合归纳。

将识读零件图得到的全部信息加以综合归纳，对所示零件的结构、尺寸及技术要求都有一个完整的认识，这样才算真正将图看懂。

看图时，上述的每一个步骤都不要孤立地进行，应视情况灵活运用。此外，看图时还应参考有关的技术资料和相关的装配图或同类产品的零件图，这对看图是很有好处的。

三、几种典型零件图的识读方法

1．识读轴套类零件图

下面以图9-47为例说明如何识读轴套类零件图。

（1）读标题栏。

该零件的名称是阀杆，用来控制球阀的阀芯，材料为40Cr，比例为1∶1。

（2）分析视图。

图中共有两个视图：一个基本视图和一个移出断面图。主视图是外形图，表达阀杆的主体结构；移出断面图用来表达阀杆左端的剖面形状。其立体图如图9-48所示。

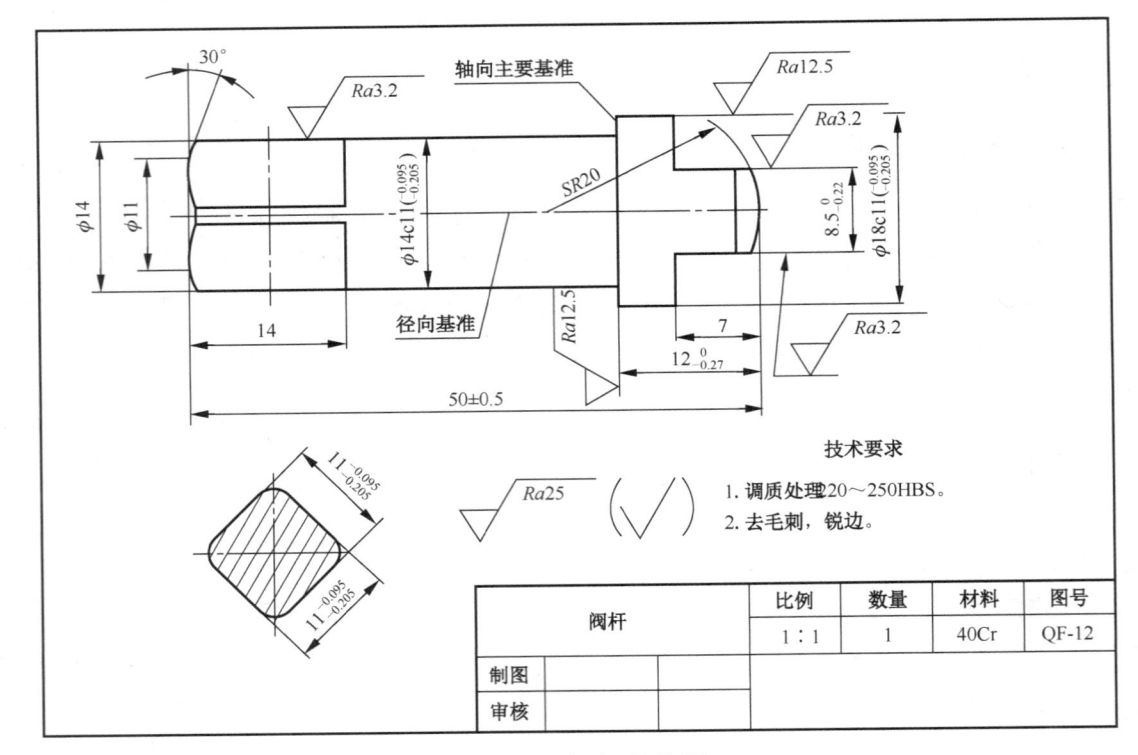

图 9-47 阀杆零件图

图 9-48 阀杆的立体图

（3）分析尺寸。

从图 9-47 中可以看出，轴线作为径向的尺寸基准，由它可以标注尺寸 $\phi 11$、$\phi 14$、$\phi 14c11\binom{-0.095}{-0.205}$、$\phi 18c11\binom{-0.095}{-0.205}$、$8.5_{-0.22}^{0}$ 等。而轴向的主要基准则选择表面粗糙度为 $Ra12.5$ 的 $\phi 18c11\binom{-0.095}{-0.205}$ 轴段的左轴肩，由此标注尺寸 $12_{-0.22}^{0}$；以阀杆右端作为轴向的辅助基准，从而标注阀杆的总长 50 ± 0.5、尺寸 7 等；再以阀杆左端为轴向的另一辅助基准，由此标注尺寸 14、30°等。

（4）分析技术要求。

分析技术要求可知，重要的尺寸应标出尺寸公差，如与扳手配合的尺寸 $11_{-0.205}^{-0.095}$、与阀体配合的尺寸 $\phi 18c11\binom{-0.095}{-0.205}$ 等；表面结构粗糙度要求最高的 Ra 数值为 3.2μm，其余加工面的 Ra 数值为 25μm，由此可见阀杆的表面要求较高。此外，为了提高强度和韧性，要求对阀杆进行调质处理。

（5）综合归纳。

归纳以上几方面的分析，将获得的全部信息和资料在头脑里进行一次综合归纳，即可得到对阀杆零件的全面了解和认识。

2．识读轮盘类零件图

下面以图 9-49 为例加以说明。

（1）读标题栏。

该零件的名称是阀盖，材料为 ZG230—450，比例为 1∶2。

（2）分析视图。

图中共有两个视图：主视图和左视图。主视图选择轴线水平放置，采用全剖视图表达阀盖的基本形状特征及内部孔的结构形状。选用左视图表达带圆角的方形凸缘的形状及四个均布圆孔的形状和大小。其立体图如图9-50所示。

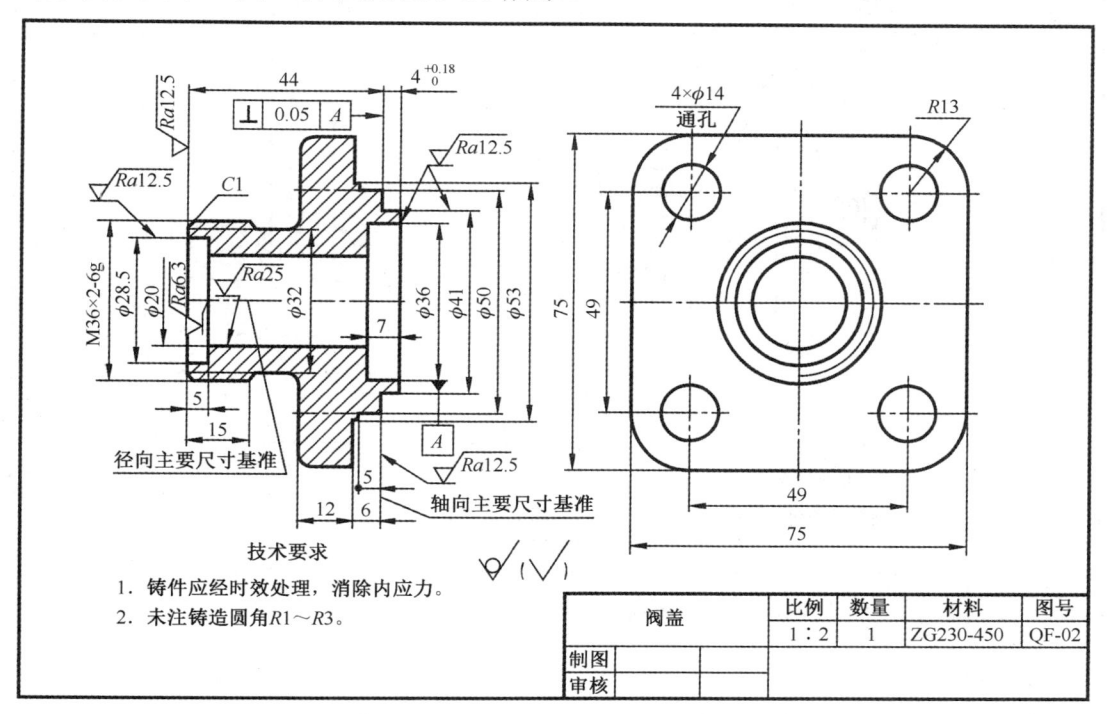

图9-49 阀盖零件图

（3）分析尺寸。

从图中可以看出，轴向主要尺寸基准为$\phi50$处的右端面，因为此处为阀盖与阀体的接触面，属于重要的端面，以此为尺寸基准，标注尺寸$4^{+0.18}_{0}$、44、5和6。阀盖的左端面作为轴向的辅助基准，标注尺寸5和15。轴线为径向主要尺寸基准，左视图前后对称平面作为宽度方向的尺寸基准，其中与阀体连接的方形凸缘的外形尺寸75及四个安装孔的定位尺寸49必须直接标注。另外与相邻零件连接的螺纹M36×2-6g、螺纹长度15、管子口径$\phi20$等都是主要尺寸，必须直接标注。

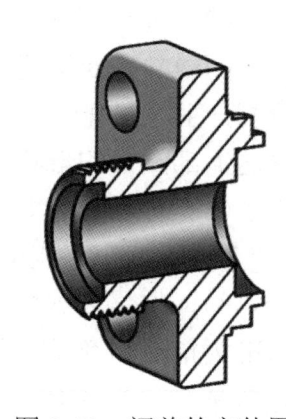

（4）分析技术要求。

图9-50 阀盖的立体图

由分析技术要求可知，重要的尺寸应标出尺寸公差，如$4^{+0.18}_{0}$；表面结构粗糙度要求最高的Ra数值为6.3μm。在与其他零件相接触的表面，有垂直度的要求，$\phi50$右端面对$\phi36$轴线的垂直度公差为0.05。此外，为了消除内应力，阀盖应进行时效处理，以免零件在加工后发生变形。

（5）综合归纳。

归纳以上几方面的分析，将获得的全部信息和资料在头脑里进行一次综合归纳，即可得到对阀盖零件的全面了解和认识。

3．识读叉架类零件图

下面以图9-51为例说明如何识读叉架类零件图。

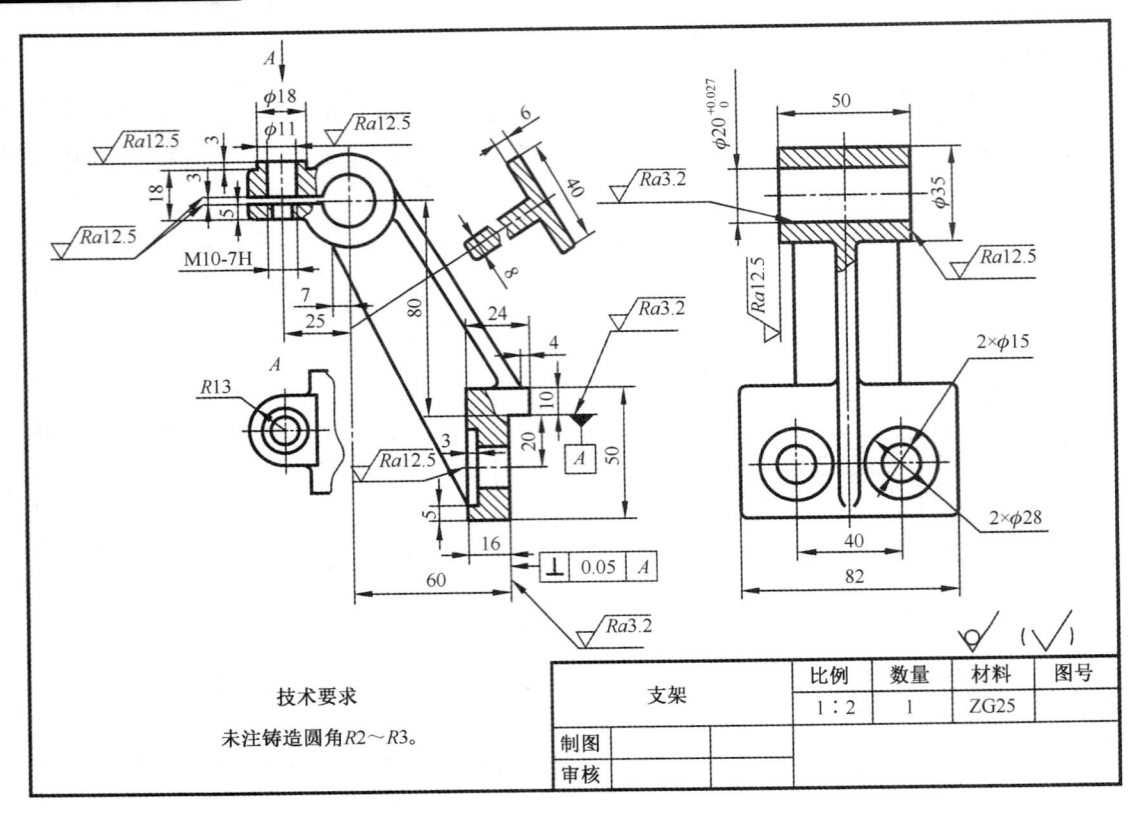

图 9-51 支架零件图

(1) 读标题栏。

该零件的名称是支架，材料为 ZG25，比例为 1：2。

(2) 分析视图。

图中共有四个视图：主、左两视图及一个局部视图和一个移出断面图。主视图按工作位置绘制，主、左视图以表达外形为主，并采用局部剖视图表达其圆孔的内形，采用 A 向局部视图表达上部凸台的形状，采用移出断面图表达倾斜肋板的断面形状。其立体图如图 9-52 所示。

(3) 分析尺寸。

从图中可以看出，轴向的主要尺寸基准为右端较大的加工平面，从此基准出发标注尺寸 16、60；以支架 $\phi 20^{+0.027}_{0}$ 孔的轴线作为轴向的辅助基准，标注尺寸 7 和 25；宽度方向的尺寸基准为前后对称面，从此基准开始标注尺寸 50、40、82；高度方向的主要尺寸基准为 $\phi 20^{+0.027}_{0}$ 孔的轴线，从此基准开始标注尺寸 $\phi 20^{+0.027}_{0}$、$\phi 35$、80；以 L 形支撑板安装孔上方 Ra 值为 3.2 的平面作为高度方向的辅助基准，标注尺寸 20 和 10。

(4) 分析技术要求。

分析技术要求可知，重要的尺寸应标出尺寸公差，如 $\phi 20^{+0.021}_{0}$；表面结构精度要求最高的 Ra 数值为 3.2μm，有三处。在与其他零件相接触的表面，有垂直度的要求，L 形支撑板右端面对安装孔上方平面的垂直度公差为 0.05。

(5) 综合归纳。

归纳以上几方面的分析，将获得的全部信息和资料在头脑里进行一次综合归纳，即可得到对支架零件的全面了解和认识。

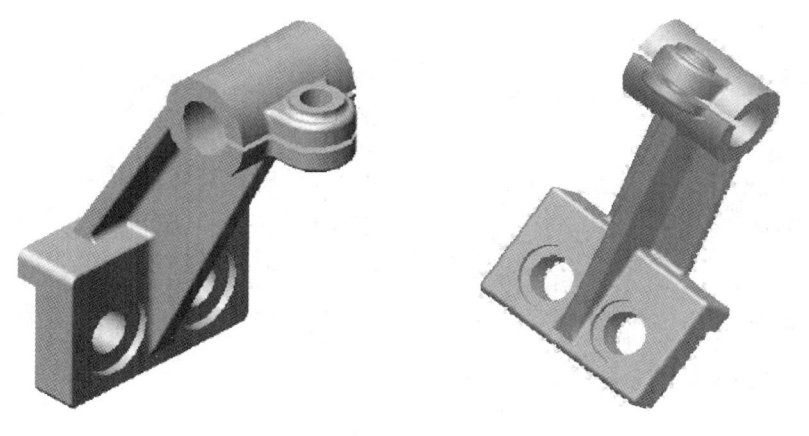

图 9-52　支架的立体图

4．识读箱体类零件图

下面以图 9-53 为例加以说明。

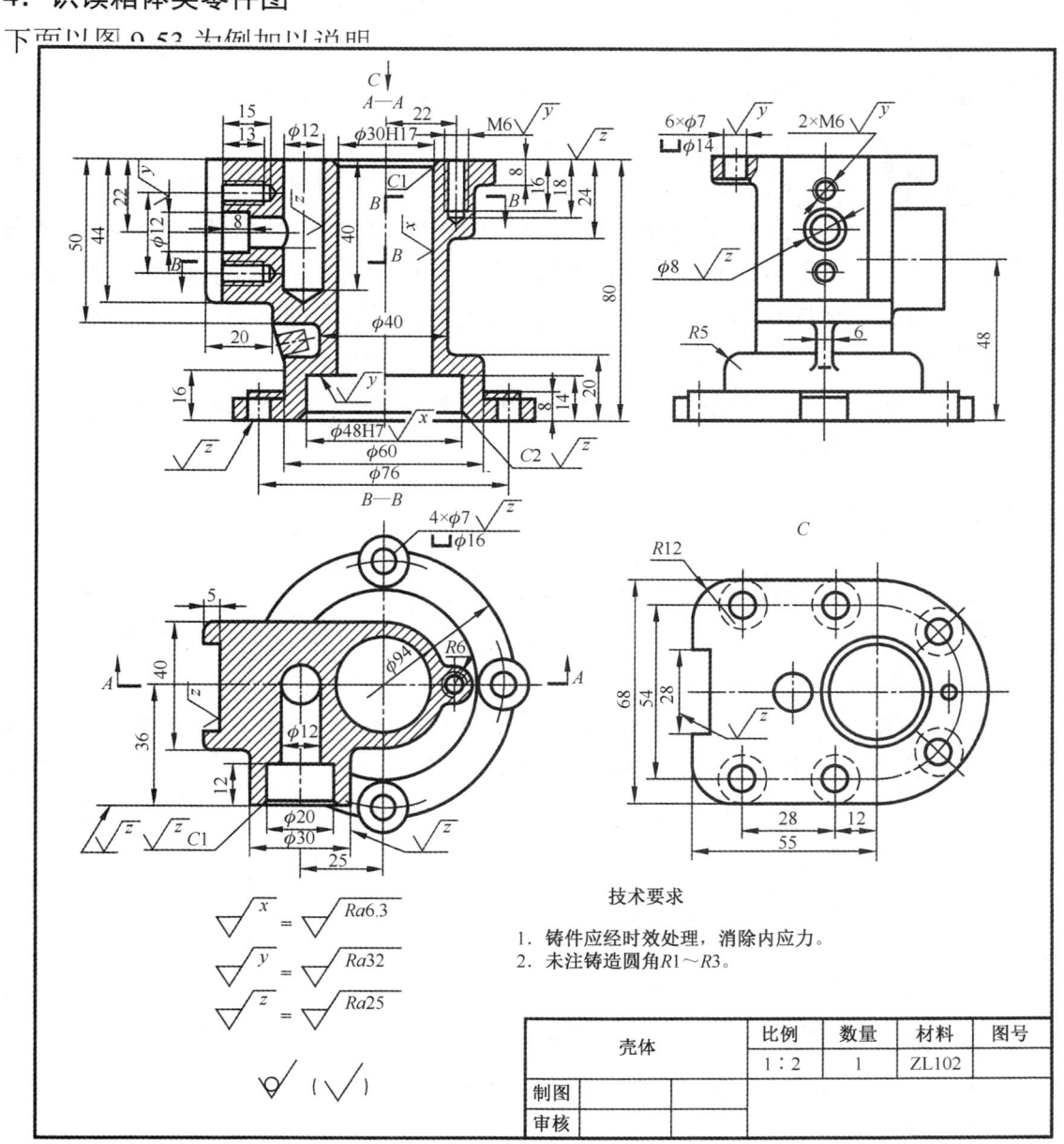

图 9-53　壳体零件图

（1）读标题栏。

该零件的名称是壳体，材料是 ZL102，比例为 1∶2，属箱体类零件。

（2）分析视图。

图中共有四个视图：主、俯、左三个基本视图，一个局部视图和一个重合断面图。主视图 A—A 是全剖视图，由单一的正平面剖切，表达内部形状。俯视图 B—B 是由两个水平面剖切的全剖视图，表达内部和底板的形状。局部剖的左视图和局部视图 C，主要表达外形及顶面形状。重合断面表达肋板的宽度。由此可知，该壳体是由主体圆筒，上、下底板，左凸块，前圆筒及肋板等部分组成的。其立体图如图 9-54 所示。

（3）分析尺寸。

从图中可以看出，长度方向的尺寸基准是通过主体圆筒轴线的侧平面，宽度方向的尺寸基准是通过轴线的正平面，高度方向的尺寸基准是底板的底面。从这三个基准出发，再进一步分析各组成部分的定位尺寸和定形尺寸，就可以看懂壳体的形状和大小了。

（4）分析技术要求。

图中只有两处给出了公差带代号，即主体圆筒中的两个孔，其极限偏差值可由公差带代号 H7 查出。这两个孔表面的 Ra 值为 6.3μm，其余加工面的 Ra 值大部分为 25μm，可见壳体的表面粗糙度要求不高。

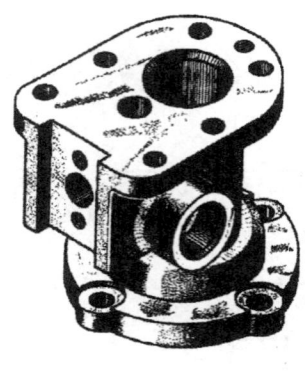

图 9-54 壳体的立体图

从文字说明中可知，壳体应经过时效处理，消除内应力，以避免加工后发生变形。

（5）综合归纳。

归纳以上几方面的分析，将获得的全部信息和资料在头脑里进行一次综合归纳，即可得到对箱体零件的全面了解和认识。

任务实施

训练 读懂齿轮轴的零件图（见图 9-55），回答下列问题。

（1）该零件的名称是_____，属于_____类零件，该图采用的比例为_____，属于_____比例，材料是_____。

（2）该零件共用了_____个视图表达，其中从主视图上可以判断出该零件的轮齿为_____齿，该零件上齿轮部分的齿顶圆、分度圆直径分别是_____、_____；该处采用了_____的热处理工艺，硬度为_____；还有一个是_____图，主要是为了表达_____。

（3）齿轮轴上键槽的长度是_____，宽度是_____，深度是_____，其定位尺寸是_____。

（4）轴上 $\phi 40k6\binom{+0.018}{+0.002}$ 的基本尺寸是_____，上极限偏差是_____，下极限偏差是_____，上极限尺寸是_____，下极限尺寸是_____，公差是_____。

（5）在轴的加工表面中，要求最高的表面结构代号为_____，值为_____。键槽的表面粗糙度为_____。

（6）图中有_____处几何公差代号，解释框格 ⌖ 0.06 C 的含义：被测要素是_____，基准要素是_____，公差项目是_____，公差值是_____。

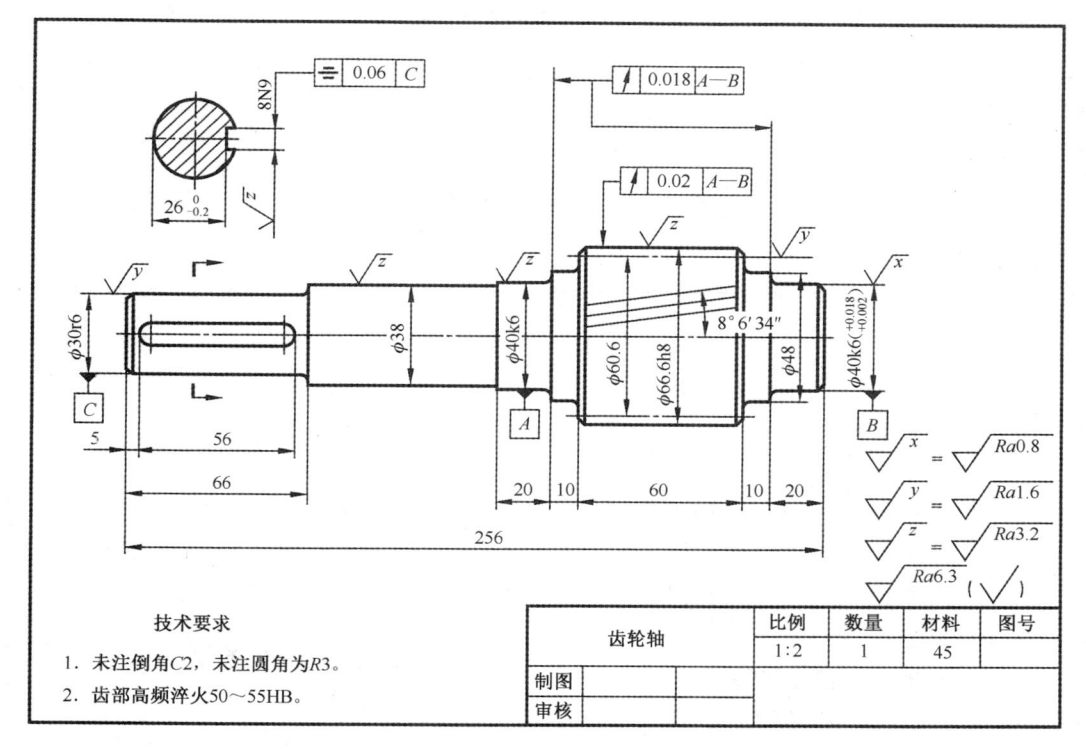

图 9-55　齿轮轴零件图

解：

（1）该零件的名称是<u>齿轮轴</u>，属于<u>轴套</u>类零件，该图采用的比例为<u>1∶2</u>，属于<u>缩小</u>比例，材料是<u>45 钢</u>。

（2）该零件共用了<u>两</u>个图形表达，其中从主视图上可以判断出该零件的轮齿为<u>斜齿</u>，该零件上齿轮部分的齿顶圆、分度圆直径分别是<u>ϕ60.6</u>、<u>ϕ66.6</u>；该处采用了<u>高频淬火</u>的热处理工艺，硬度为<u>50～55HB</u>；还有一个是<u>移出断面图</u>，主要是为了表达键槽的深度和宽度。

（3）齿轮轴上键槽的长度是<u>56</u>，宽度是<u>8</u>，深度是<u>4</u>，其定位尺寸是<u>5</u>。

（4）轴上 $\phi 40k6(^{+0.018}_{+0.002})$ 的基本尺寸是<u>ϕ40</u>，上极限偏差是<u>+0.018</u>，下极限偏差是<u>+0.002</u>，上极限尺寸是<u>ϕ40.018</u>，下极限尺寸是<u>ϕ40.002</u>，公差是<u>0.016</u>。

（5）在轴的加工表面中，要求最高的表面结构代号为<u>Ra</u>，值为<u>0.8μm</u>。键槽的表面粗糙度为<u>Ra3.2</u>。

（6）图中有<u>3</u>处几何公差代号，解释框格 ⊜ 0.06 C 的含义：被测要素是<u>键槽中心平面</u>，基准要素是<u>ϕ30 轴线</u>，公差项目是<u>对称度</u>，公差值是<u>0.06</u>。

练习提高

读懂轴承座的零件图（见图 9-56），回答下列问题。

（1）该零件的名称是_____，属于_____类零件，该图采用的比例为_____，属于_____比例，材料是_____。

（2）该零件共用了_____个基本视图来表达，其中主视图为_____剖视图。

(3) 轴承座上共有螺孔_____个，螺纹标注是_____。

(4) $\phi 35_{-0.02}^{0}$ 的基本尺寸是_____，上极限偏差是_____，下极限偏差是_____，上极限尺寸是_____，下极限尺寸是_____，公差是_____。

(5) 在轴的加工表面中，要求最高的表面结构代号为_____，值为_____。其余表面的表面粗糙度为_____。

(6) 图中有_____处几何公差代号，解释框格 ⊚|φ0.05|A| 的含义：被测要素是_____，基准要素是_____，公差项目是_____，公差值是_____。

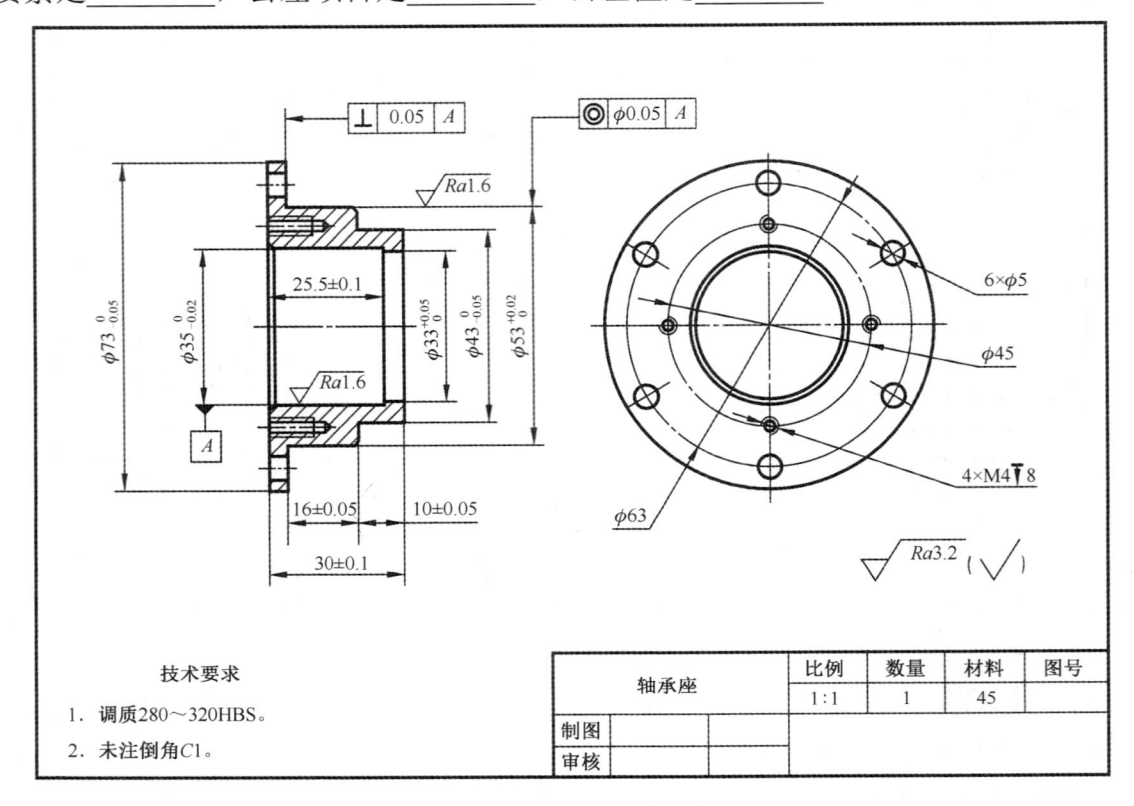

技术要求
1. 调质280～320HBS。
2. 未注倒角C1。

图 9-56 轴承座零件图

任务评价

评价方式采用工作过程考核评价、综合任务考核评价和教师点评。任务实施评价项目表如表 9-15 所示。

表 9-15 任务实施评价项目表

序 号	评价项目	配分权重	实得分
1	能否明确零件图的主要内容	6%	
	能否明确各视图的表达方法和重点	20%	
	能否准确构想出零件的形体结构	20%	
	能否正确辨别零件的工艺结构	10%	
	能否准确找出尺寸基准，明确各个尺寸类型	14%	
	能否正确识别各项技术要求标注	10%	
	能否对图样各项信息进行准确归纳，得到对零件的全面认识	20%	

任务总结

识读零件图这一任务，是对前面所学机械制图知识的综合应用，可以培养学生读图、识读和标注尺寸及技术要求的能力。

怎样才算完全读懂了零件图？简而言之，其标志是：能对图样上表达的各种信息做出唯一、确切的解释。具体地说，应对图样上的图线、图形、图形符号、数字、字母、符号、代号和标记等能做出唯一且确切的解释。对于这些信息传递的内涵（形状、大小和技术要求）都能理解，而且不仅能理解图形中注出的要求，还应能懂得未注出的要求。

事实上，通过课堂教学不可能完全达到上述的看图要求，但这个要求却是制图课和其他后续课程的努力目标。因为如果达不到看图要求，就意味着看图加工时不能完全理解设计意图，加工出的工件就可能不合格。因此在任务实施过程中，重点要求学生能够明确中等难度零件图的表达方法，并辨别零件的工艺结构，从而构想出零件形状；能够明确尺寸基准，正确识读各类尺寸；能理解并掌握常见技术要求的含义和注法。

项目小结

本项目介绍了零件图的基础知识，包括零件图的作用和内容、零件的结构分析、视图选择、尺寸标注及技术要求等内容；重点要求通过对零件结构、视图选择、尺寸标注等内容的理解，掌握读零件图的方法步骤及综合应用。读图时，可按读图的方法和步骤多选择几张零件图反复进行练习，起到熟能生巧的作用。

读图基本步骤如下：
（1）先看标题栏，进行表达方案的分析；
（2）看视图，进行形体分析、线面分析和结构分析；
（3）看尺寸标注进行尺寸分析；
（4）进行工艺和技术要求的分析。

项目十

装配图

任何复杂的机器，都是由若干个部件组成的，而部件又是由许多零件装配组成的。滑动轴承是一种较为常用的部件，图 10-1 所示为滑动轴承的轴测装配图，这种表达产品及其组成部分的连接、装配关系的图样，称为装配图。

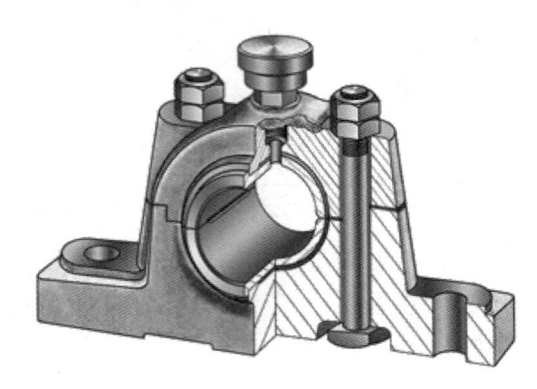

图 10-1　滑动轴承的轴测装配图

项目目标

1. 了解装配图的内容。
2. 了解常见的装配结构。
3. 掌握绘制装配图的方法。
4. 熟练掌握识读装配图的方法。
5. 巩固和加深国家标准意识，提升法治观念。
6. 培养学生精益求精、精准作业的工匠精神。
7. 让学生参悟知识的积累就是从量变到质变的过程。

任务1　认识装配图

任务描述

通过完成本任务的学习，学生能对装配图的作用、装配图的内容有一定的了解和熟知，能够掌握装配图的表达方法；同时，对装配图的尺寸、技术要求、零件序号和明细栏等能够熟练且正确地进行注写。

任务资讯

一、装配图的作用

装配图主要反映机器（或部件）的工作原理、各零件之间的装配关系、传动路线和主要零件的结构形状，是设计和绘制零件图的主要依据，也是装配生产过程中调试、安装、维修的主要技术文件。滑动轴承装配图如图 10-2 所示。

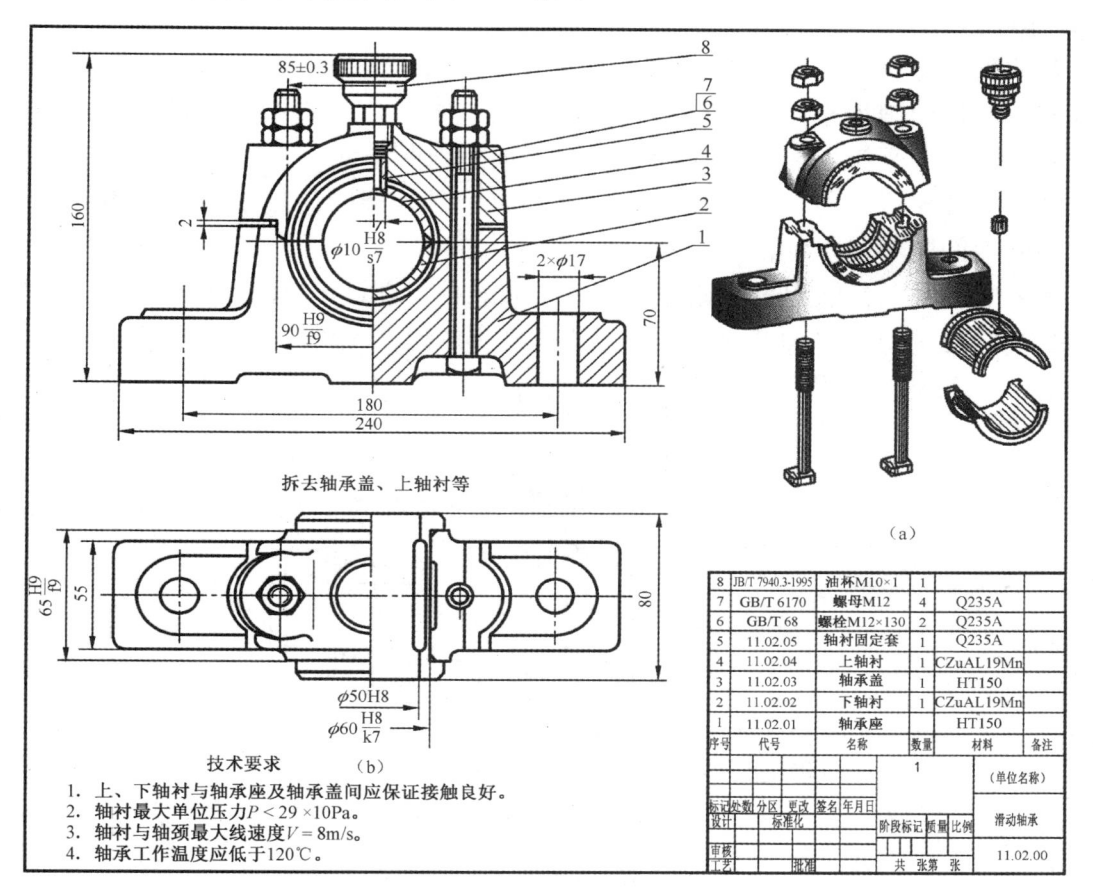

图 10-2 滑动轴承装配图

二、装配图的内容

一张完整的装配图包括以下四项基本内容（见图 10-2）。

1．一组图形

用来表达装配图（机器或部件）的构造、工作原理，零件间的装配、连接关系，以及主要零件的构造形状。

2．一组尺寸

用来表达装配体的规格或性能，以及装配、安装、检验、运输等方面所需要的尺寸。

3．技术要求

用文字或代号说明装配体在装配、检验、调试时需达到的技术条件，要求及使用规范等。一般包括：对装配体在装配、检验时的具体要求；关于装配体性能指标方面的要求；安装、运输及使用方面的要求；有关试验项目的规定等。

4．标题栏、零件序号和明细栏

标题栏用来表明装配体的名称、绘图比例、重量、图号及设计者姓名和设计单位。零件序号和明细栏用来记载零件名称、序号、材料、数量及标准件的规格与标准代号等。

三、装配图的表达方法

在表达机器或部件时，除前面介绍的绘制机械图样的基本方法外，国家标准对绘制装配图还提出了一些规定画法和特殊画法。

1．规定画法

（1）两零件的接触面与配合面，只画一条公共轮廓。但基本尺寸不相同的两相邻零件间的非接触面，即使间隙很小，也必须画两条轮廓线。如图 10-3 中注有 $\phi30k6$ 和 $\phi62f7$ 的配合面只画一条线。轴上平键上表面与齿轮孔中键槽顶面画两条线。

（2）同一图样中同一零件的剖面线方向和间隔都必须相同；相邻两零件的剖面线方向相反或方向相同而间隔不等，如图 10-3 中的局部放大图。

（3）在装配图中，若剖切平面通过标准件（如螺栓、螺钉、垫圈、销、键等）、轴、连杆、球、吊钩等实心件的对称平面或轴线时，这些零件均按不剖绘制，如图 10-3 所示。

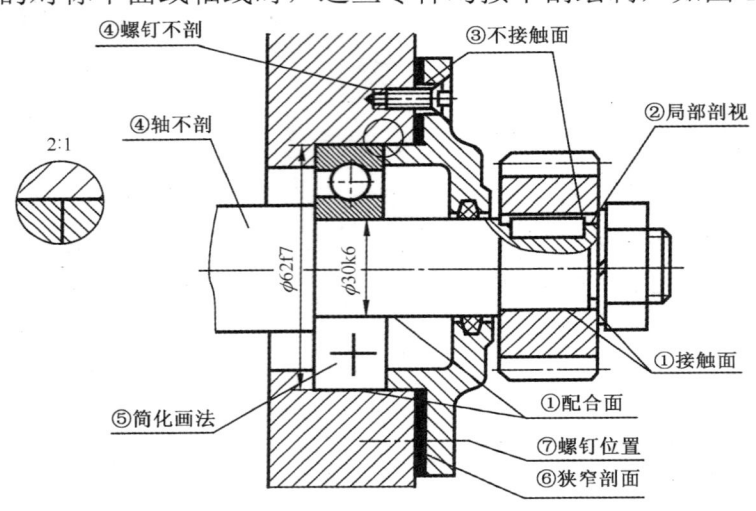

图 10-3 装配图的规定画法

2．特殊画法

（1）拆卸画法。

① 当某一个或几个零件在装配图中遮住了需要表达的结构与装配关系时，可假想将其拆去，只画出所要表达部分的视图，采用此表达方法时，必须在该视图上方注明"拆去××"等字样，如图 10-2 中的俯视图所示。

② 把剖切面一侧的零件拆去，再画出剩下部分的视图。此时，零件的结合面上不画剖面线，但被剖切到的零件必须画出剖面线，如图 10-2 俯视图所示。

（2）假想画法。在装配图中，为了表示运动零件的极限位置或本零部件与相邻零部件的相互关系，可用细双点画线画出该零部件的外轮廓，如图 10-4（a）所示。

（3）夸大画法。在画装配图时，有时会遇到薄片、细丝类零件，或者较小的间隙、斜度和锥度等，允许它们不按比例画，可以夸大画出。对于厚度、直径不超过 2 的被剖切薄、细件，其剖面线可以涂黑表达。如图 10-3 中的⑥狭窄剖面和图 10-4（b）所示。

（4）展开画法。为了表达传动系统的传动关系及各轴的装配关系，假想将各轴按传动顺序，沿它们的轴线剖开，并展开在同一平面上。这种展开画法在表达机床的主轴箱、进给箱、汽车的变速箱等装置时经常运用，展开图必须进行标注，如图10-5所示。

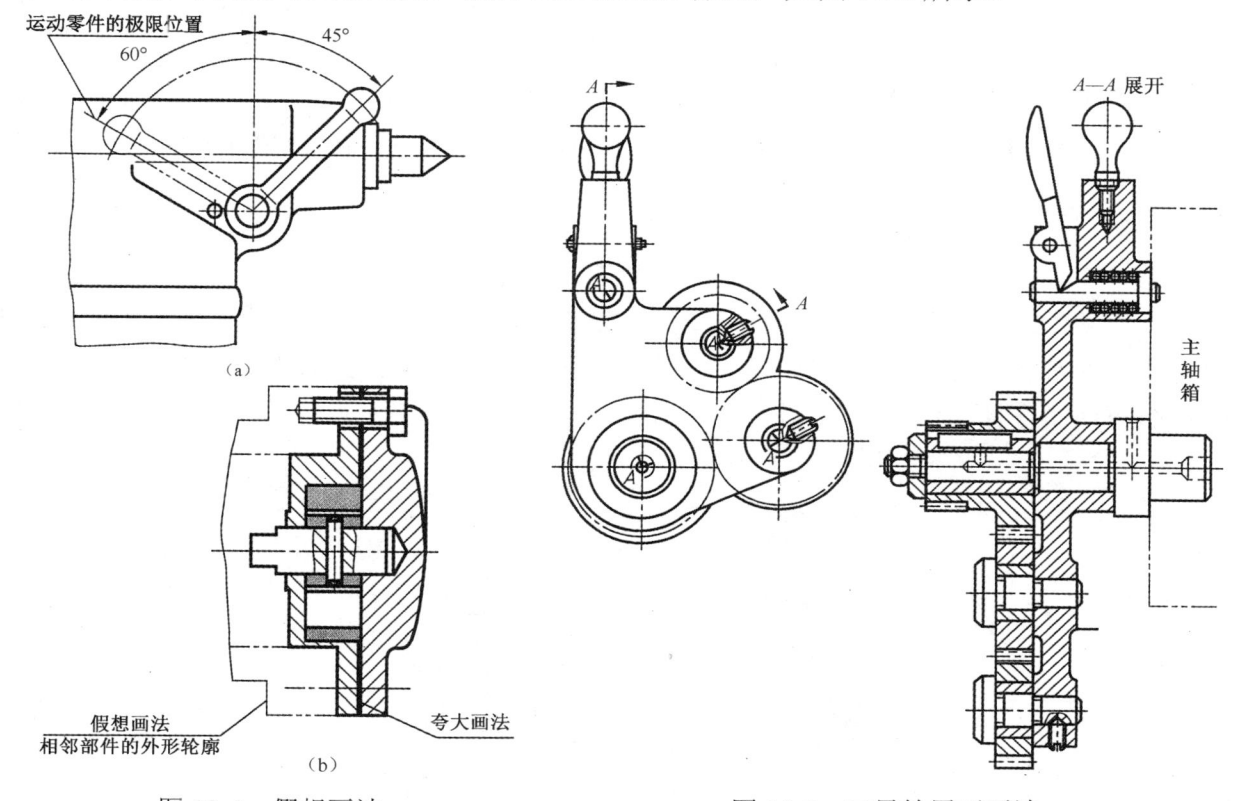

图10-4 假想画法

图10-5 三星轮展开画法

（5）简化画法。

① 在装配图中，螺母和螺栓头部一般采用简化画法。对于螺栓连接等若干相同零件组，可仅详细地画出一组，其余只需以点画线表示其位置［见图10-6（a）］。

② 在装配图中，零件的工艺结构，如小圆角、倒角、退刀槽等可省略不画［见图10-6（b）］。

③ 在装配图中，剖切面剖到的某些标准组合件，可按不剖绘制，如图10-2中的油杯。

④ 可用细实线表示带传动中的带，用细点画线表示链传动中的链［见图10-6（c）］。

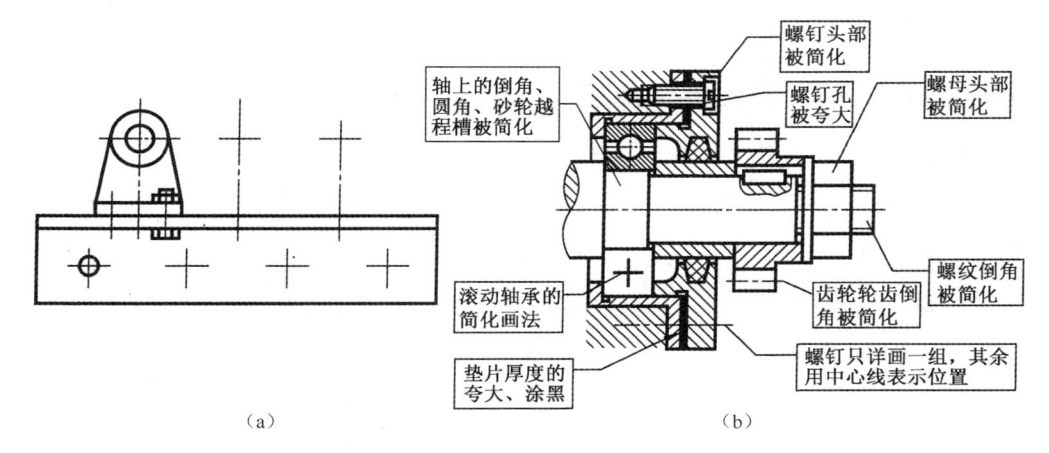

图10-6 简化画法

233

(c)

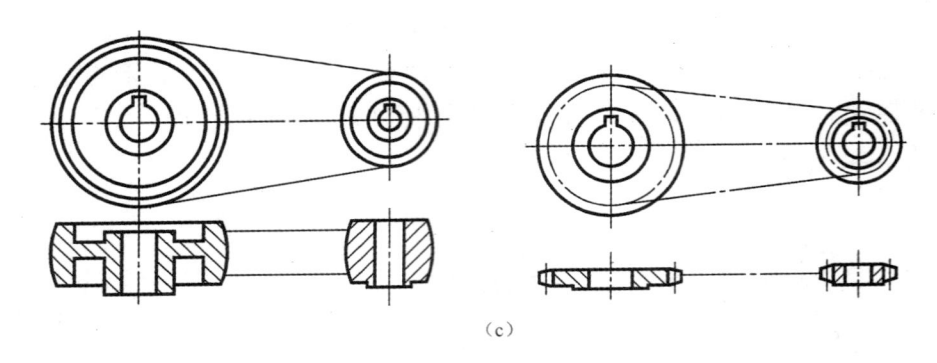

图 10-6 简化画法（续）

（6）单独表达某个零件。当某个零件在装配图中未表达清楚，而又需要表达时，可单独画出该零件的视图，并在单独画出的零件视图上方注出该零件的名称或编号，其标注方法与局部视图类似，在图 10-7 中就单独表达了零件 12。

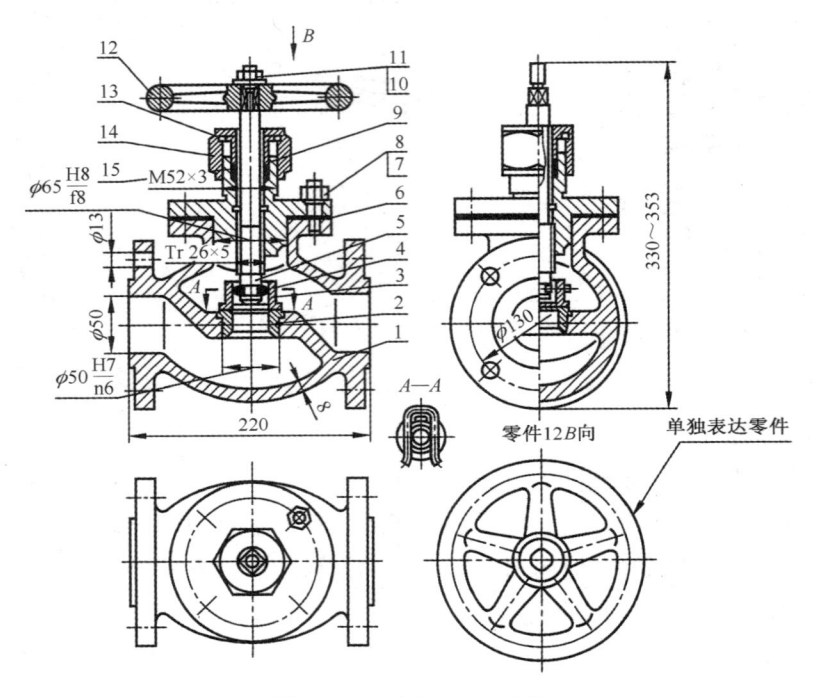

图 10-7 单独表达零件

四、装配图的尺寸注法和技术要求

1. 尺寸注法

装配图只需注出与装配体性能、装配、安装、运输等有关的尺寸。

（1）规格（性能）尺寸。

它是表示机器、部件规格或性能的尺寸，是设计和选用部件的主要依据，如图 10-2 中的滑动轴承孔径 $\phi 50H8$ 及长 80，它表示了轴径大小和承载能力。

（2）装配尺寸。

装配尺寸是表示零件之间装配关系的尺寸，包括配合尺寸和重要的相对位置尺寸，如图 10-2 中的 90H9/f9、$\phi 60H8/k7$、65H9/f9 等。

(3)安装尺寸。

安装尺寸是表示部件安装到机器上或将整机安装到基座上所需的尺寸,如图10-2所示的180。

(4)总体尺寸。

总体尺寸是表示机器或部件外轮廓的大小,即总长、总宽和总高的尺寸,以便为明确包装、运输、安装所需的空间大小提供依据,如图10-2中的240、80及160等。

(5)其他重要尺寸。

其他重要尺寸指在设计中经过计算或根据需要而确定的重要尺寸,如图10-2中的轴承宽度尺寸80。

以上五类尺寸,并不是所有装配体都具有的,有时同一个尺寸可能有不同的含义。因此,装配图上到底要标注哪些尺寸,需要根据装配的结构特点而定。

2. 技术要求

装配图的技术要求一般从以下三个方面考虑。

(1)装配要求。它是装配过程中应注意的事项及装配后应达到的技术要求,包括精度、装配间隙润滑要求等,如图10-2所示的技术要求1。

(2)检验要求。它是对装配体基本性能的检验、试验、验收方法的说明等,如图10-2所示的技术要求2。

(3)使用要求。它是对装配体的性能、维护、保养、使用注意事项的说明,如图10-2所示的技术要求3、4。

上述各项技术要求,不是每张装配图都要求全部注写的,应根据具体情况而定。技术要求一般注写在明细表的上方或图纸下部空白处,如果内容很多,也可另外编写成技术文件作为图纸的附件。

五、装配图上的零件序号和明细栏

为了便于读图和图样管理,装配图上所有的零、部件都必须编写序号,并在标题栏上方编制相应的明细栏。

1. 序号排列方法

装配图中所有的零、部件都必须编写序号,并与明细栏中的序号一致。相同的零(部)件编写一个序号,一般只标注一次,如图10-2中的两个螺栓编为序号6,四个螺母编为序号7。序号应注写在视图外明显的位置上,注写规定如下。

(1)在所指零、部件的可见轮廓内画一圆点,然后从圆点开始画指引线(细实线),在指引线的另一端画一水平线或圆(细实线),在水平线上或圆内注写序号,序号的字号比图中所注尺寸数字的字号大一号或两号,如图10-8(a)所示。

(2)在指引线的另一端附近直接注写序号,序号应比该图中所注的尺寸数字大两号,如图10-8(b)所示。

(3)若所指部分很薄,或涂黑的剖面内不便画圆点时,可用箭头代替圆点,并指向该部分的轮廓,如图10-8(c)所示。

(4)指引线相互不能交叉;当通过剖面区域时,指引线不应与剖面线平行;必要时,指引线可以画成折线,但只可曲折一次,如图10-8(d)所示。

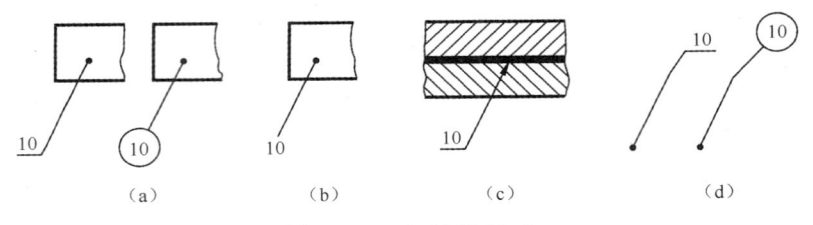

图 10-8 序号的形式

（5）一组紧固件及装配关系清楚的零件组，可以采用公共指引线，如图 10-9（a）所示，图 10-9（b）所示为编写示例。

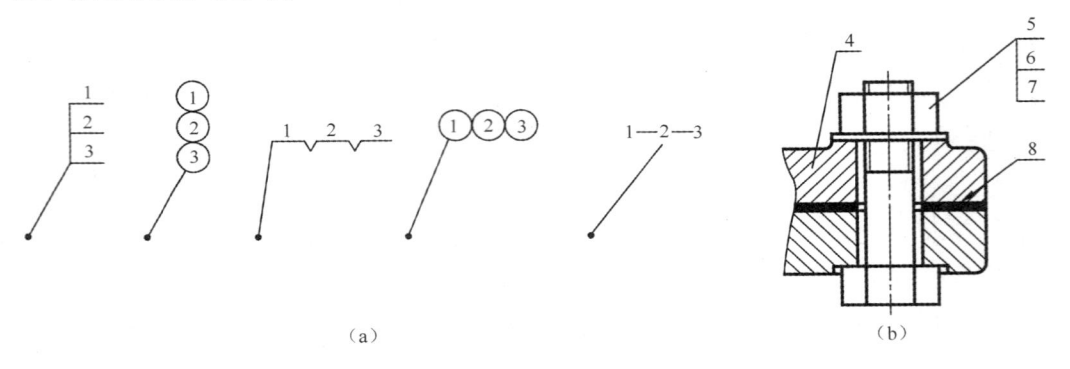

图 10-9 紧固件的编号形式

（6）标准化组件（如油杯、滚动轴承、电动机等）可作为一个整体，只编写一个序号。

（7）序号应按顺时针或逆时针方向顺次排列整齐。如在整个图上无法连续排列时，应尽量在每个水平或垂直方向顺次排列。

（8）在编写序号时，要尽量使各序号之间距离均匀一致。

2．明细栏

明细栏一般直接画在标题栏上方，序号由下向上按顺序填写，如位置不够可在标题栏左边由下向上画出（见图 10-10）。当装配图中的明细栏不能在标题栏的上方配置时，明细栏可作为装配图的续页按 A4 幅面给出，但其顺序应由上向下延续。

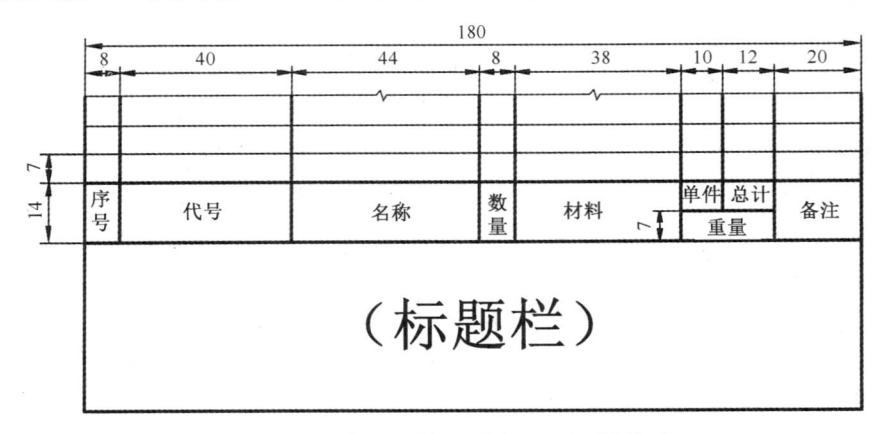

图 10-10 装配图标题栏和明细栏格式

任务实施

训练 指出图 10-11（a）装配结构中所采用的表达方法。

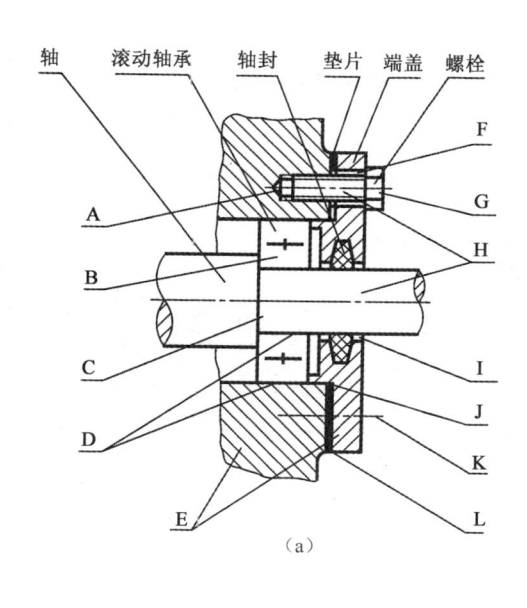

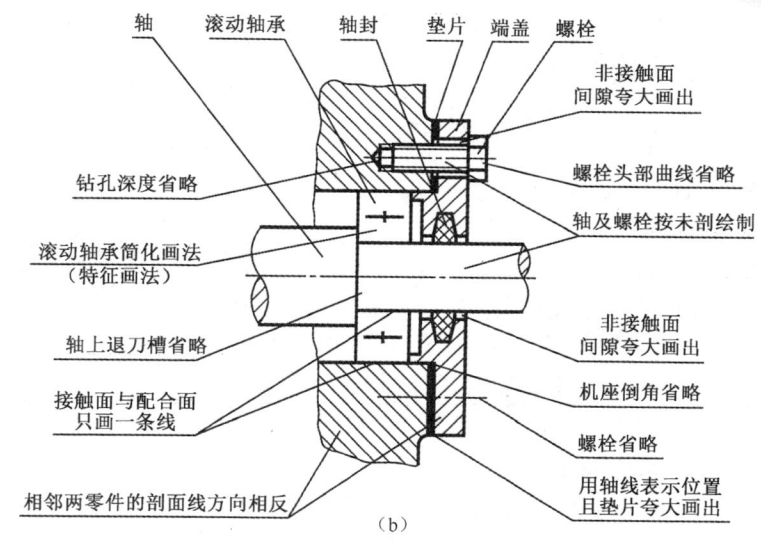

图 10-11 训练图

分析：

（1）对于标准件（如滚动轴承、螺栓、螺母等）可采用简化画法或示意画法，如图 10-11 中的 A、B 所示。

（2）在装配图中，零件上某些较小的工艺结构，如倒角、退刀槽等允许省略不画，如图 10-11 中的 C 为退刀槽省略画法，J 为倒角省略画法。

（3）对于装配图中的螺栓连接等若干相同零件组，允许仅详细地画出一组，其余用细点画线表示出中心位置即可，如图 10-11 中的 K 所示。

（4）对于直径或厚度小于 2 的孔和薄片，以及画较小的锥度或斜度时，允许将该部分不按原比例而夸大画出，图 10-11 中 F、I 为间隙的夸大画法，而 L 为垫片的夸大画法。

（5）相邻两零件的接触面和配合面，只画一条轮廓线，如图 10-11 中的 D 所示；当相邻两零件有关部分的基本尺寸不同时，即使间隙很小，也要画出两条线，如图 10-11 中的 F、I 所示。

（6）同一图样中同一零件的剖面线方向和间隔都必须相同；相邻两零件的剖面线方向相反或方向相同而间隔不等，如图 10-11 中的 E 所示。

（7）在装配图中，若剖切面通过标准件（如螺栓、螺钉、垫圈、销、键等），以及轴、连杆、球、吊钩等实心件的对称平面或轴线时，这些零件均按不剖绘制，如图 10-11 中的 G、H 所示。

填空：[答案见图 10-11（b）]。

练习提高

填写图 10-12 所示的练习图中各图所采用的表达方法名称。

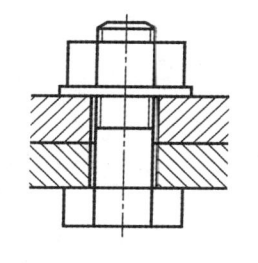

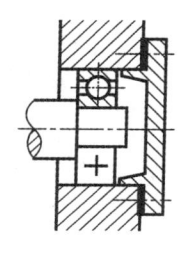

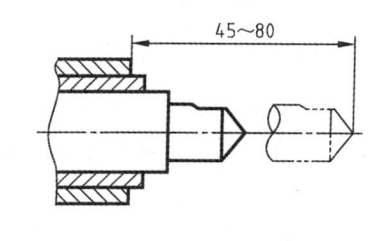

图 10-12 练习图

任务评价

评价方式采用工作过程考核评价、综合任务考核评价和教师点评。任务实施评价项目表如表 10-1 所示。

表 10-1 任务实施评价项目表

序号	评 价 项 目	配分权重	实得分
1	能否明确装配图的主要内容，能否概括了解装配体的名称、用途和零件组成等	50%	
2	能否说明装配图运用的画法规则	50%	

任务总结

学习本节任务时，要注意区分零件图和装配图。

（1）零件图是用来表达单个零件的形状结构的，要求正确、完整、清晰、简便；而装配图则是用来表达装配体的构造的，其要求是充分表达出装配体的工作原理、零件间的相对位置和装配关系，以及主要零件的主要形状。它不要求也不可能反映每个零件的各部分形状结构。

（2）零件图中的尺寸是用来表达零件结构大小的，必须完整。而装配图仅需标注几类必要的尺寸，包括性能规格尺寸、装配尺寸、安装尺寸、外形尺寸和其他重要尺寸。

（3）在技术要求方面，零件图主要是通过一些数字、符号、代号、标记和文字的表述来确保该零件在制造和检验时所要达到的一些质量上的要求。而装配图中的技术要求主要是通过文字的表述来说明该部件在装配、调试、维修、维护等过程中所要达到的一些要求。

（4）在图样管理方面，零件图和装配图虽然都具有相同的标题栏，但装配图的标题栏中"材料"栏目应空缺不填，零件图则必须填写材料。此外，零件图中不设明细栏。

任务 2　常见的装配结构

任务描述

装配结构是否合理，将直接影响部件（或机器）的装配、工作原理，以及检修时装拆是否方便。学习本任务，应能掌握各类常见装配结构的知识，并能灵活应用。

任务资讯

一、接触面的结构

（1）两零件以平面接触时，在同一方向只能有一对表面接触，如图 10-13（a）、(b)、(c) 所示。

（2）轴肩面与孔端面接触时，在转折处必须制有倒角、圆角或退刀槽，以保证接触良好，如图 10-14 所示。

（3）为了保证连接件（螺栓、螺母、垫圈）和被连接件间的接触良好，在被连接件上应有沉孔、凸台等结构，如图 10-15 所示。

图 10-13　两零件接触面的画法

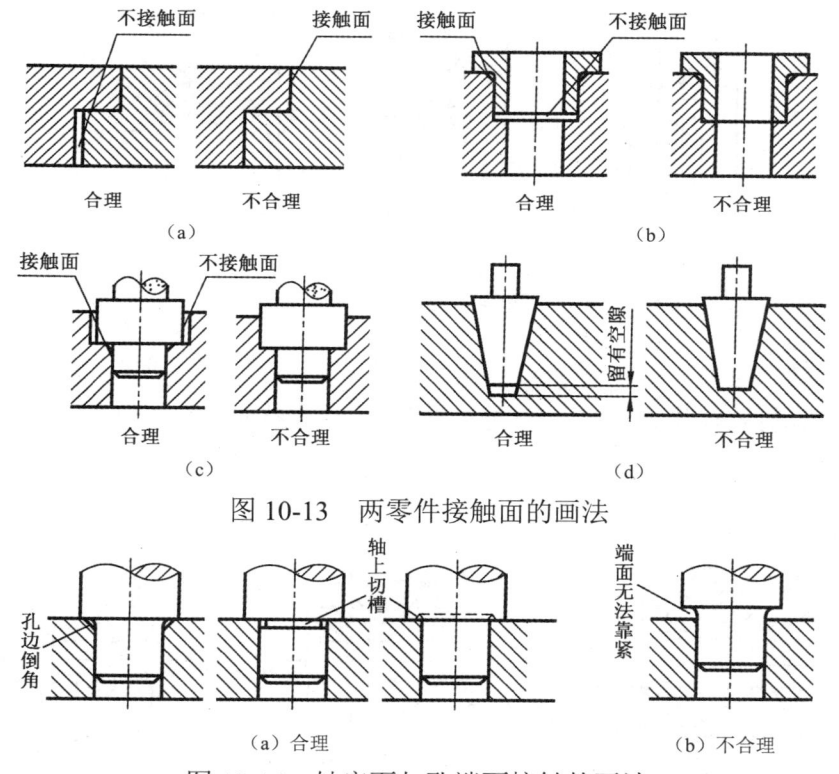

图 10-14　轴肩面与孔端面接触的画法

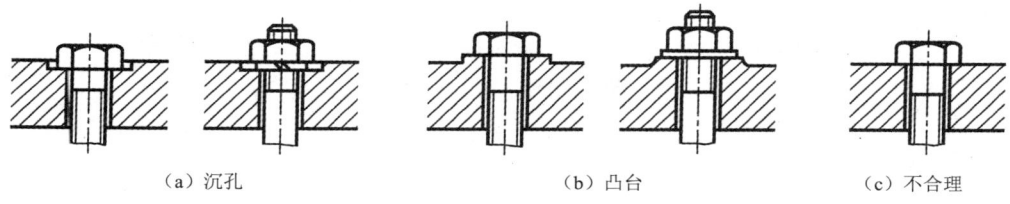

图 10-15　连接件和被连接件接触面的结构

二、零件的紧固与定位

（1）为了保证紧固零件，要适当加长螺纹尾部，在螺杆上加工出退刀槽，在螺孔上作出凹坑或倒角，如图 10-16 所示。

（2）为了防止滚动轴承在运动中产生窜动，应将其内、外圈沿轴向顶紧，如图 10-17 所示。

（a）尾部加长　　（b）退刀槽　　（c）凹坑　　（d）倒角

图 10-16　螺纹紧固结构

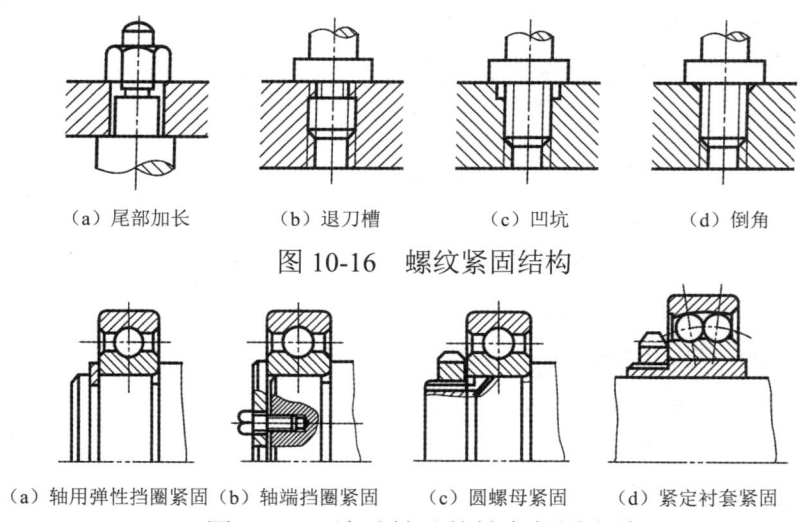

（a）轴用弹性挡圈紧固　（b）轴端挡圈紧固　（c）圆螺母紧固　（d）紧定衬套紧固

图 10-17　滚动轴承的轴向紧固方法

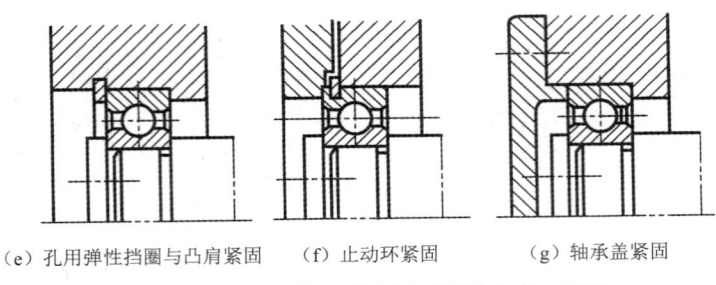

（e）孔用弹性挡圈与凸肩紧固　　（f）止动环紧固　　（g）轴承盖紧固

图 10-17　滚动轴承的轴向紧固方法（续）

三、密封结构

为了防止灰尘、杂屑等进入轴承，并防止润滑油的外溢和阀门或管路中气体、液体的泄漏，通常采用密封装置。常见的密封形式有填料密封、垫片密封和密封圈密封，如图 10-18 所示。

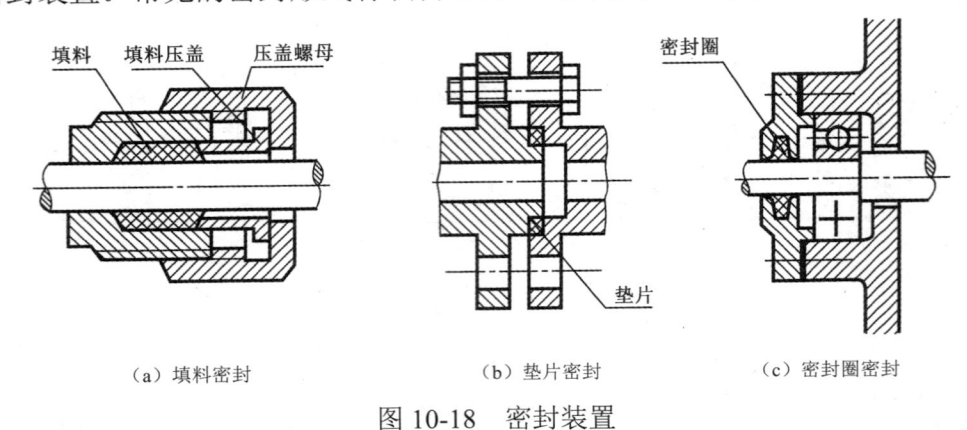

（a）填料密封　　（b）垫片密封　　（c）密封圈密封

图 10-18　密封装置

任务实施

训练　分析图 10-19 所示的装配结构中的错误，并改正。

分析：［见图 10-20（a）标记的几处错误］

（1）考虑滚动轴承装拆方便，轴肩直径应小于安装时轴承的内圈直径。

（2）在滚动轴承的规定画法中，轴承的滚动体不画剖面线，但内外座圈可画成方向和间隔相同的剖面线。

（3）阶梯轴轴肩处应画交线。

（4）密封装置与轴之间不应留有间隙；而端盖与轴之间应留有间隙，以免轴转动时与端盖摩擦，损坏零件。

（5）端盖与带轮侧面不能接触，应将中段轴加长。

（6）应将轴和带轮上的键槽画出。

（7）为了保证螺母紧固带轮，轮长应大于该段轴长。

（8）螺母倒角省略不画（简化画法）。

（9）外螺纹小径应用细实线绘出。

（10）螺钉与端盖的非接触面应用两条线表达。

（11）螺钉已将配合面交线遮挡，不应画出。

（12）螺孔不能省略不画。

改正：答案见图 10-20（b）。

图 10-19　训练图 1

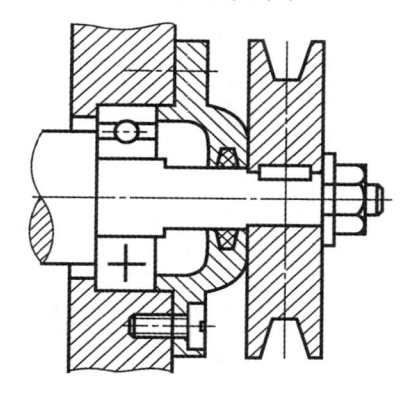

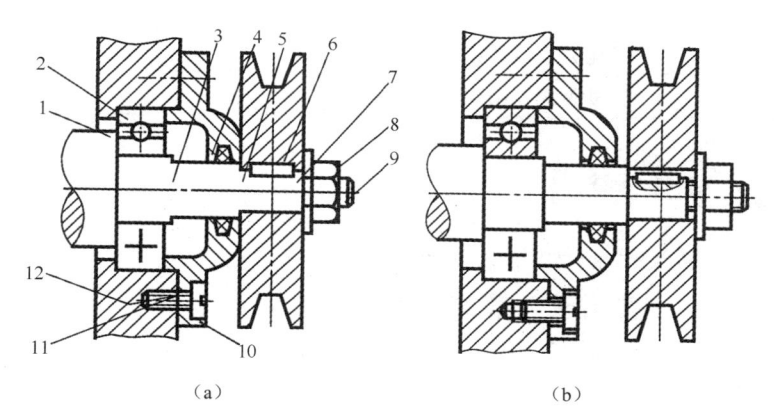

图 10-20　训练图 2

练习提高

判断图 10-21 中的装配结构是否合理，合理打"√"，不合理打"×"。

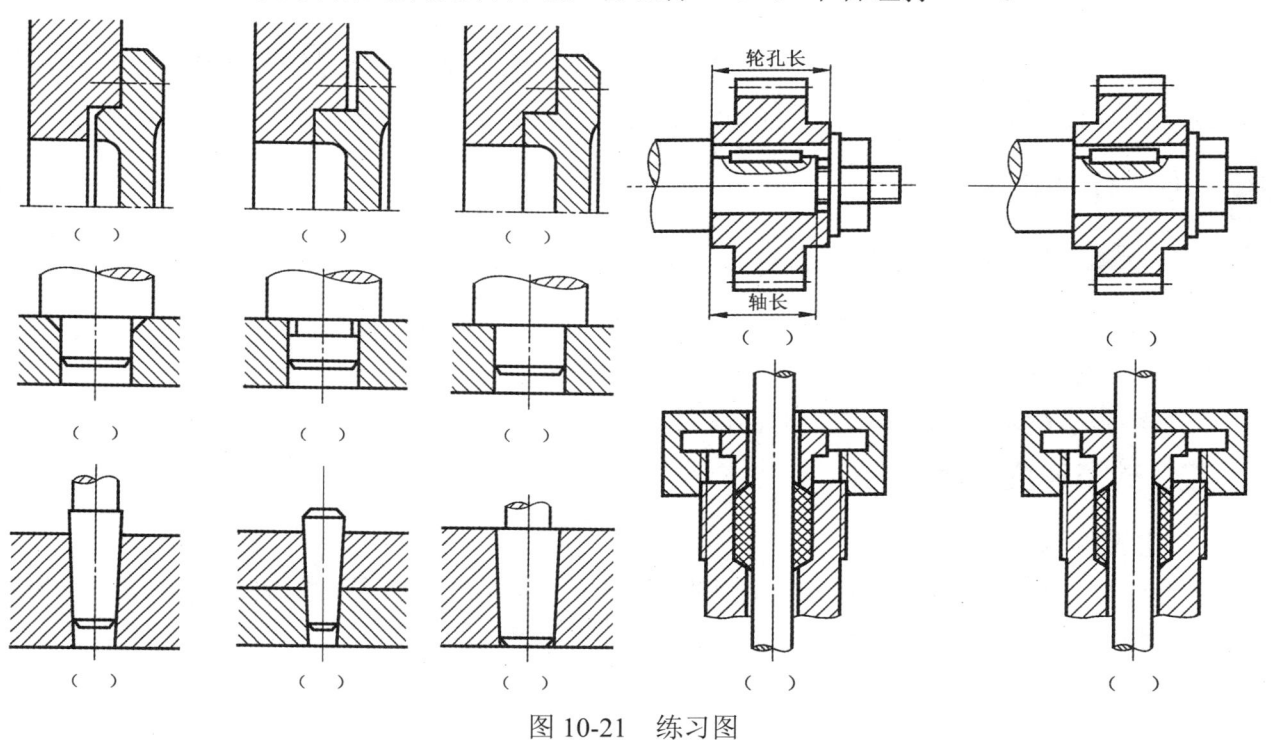

图 10-21　练习图

任务评价

评价方式采用工作过程考核评价、综合任务考核评价和教师点评。任务实施评价项目表如表 10-2 所示。

表 10-2　任务实施评价项目表

序　号	评价项目	配分权重	实　得　分
1	能否明确视图的表达方法和重点，能否明确工作原理和装配结构	25%	
2	能否识别各种装配工艺结构	25%	

续表

序 号	评价项目	配分权重	实 得 分
3	装配关系是否表达清楚	25%	
4	各种装配结构绘制是否正确	25%	

任务总结

在螺纹防松方法中，如双螺母锁紧、止动垫圈锁紧、双耳止动垫片锁紧，都是合理的装配结构。其实设计装配结构，除了满足合理性，还应考虑构型设计中的人体工学和审美性，达到机器实用、经济、美观的目的。例如，机床的操作手柄、旋钮的高低要方便人们操作。

任务3　绘制装配图

任务描述

学生通过装配图的绘制训练，能够掌握装配图绘图的方法和步骤，以达到能正确绘制装配图的目的。任务的实施是对所学过的知识、技能及相关知识的综合运用。

任务资讯

一、阅读零件图，了解装配体

（1）读零件图，了解装配体的用途、结构特点、工作原理、装拆顺序，以及各零件的形状、作用、装配关系等。

（2）绘制装配示意图或机构运动简图。

二、选择表达方案

1．主视图选择

以最能反映出装配体的结构特征、工作原理、传动路线、主要装配关系的方向，作为画主视图的投影方向，并以装配体的工作位置作为画主视图的位置。主视图一般都需画成剖视图，以表达部件主要装配干线中各个零件的装配关系（工作系统和传动路线）。

2．其他视图的选择

其他视图的选择应能补充主视图尚未表达或表达不够充分的部分。在一般情况下，部件的每一种零件至少应在视图中出现一次。

三、确定比例和图幅

根据视图数目和大小，以及各视图间留出的空档（注写装配体上的五种尺寸和编写序号）来确定绘图比例和图幅大小。图幅右下角应有足够的位置画标题栏、明细栏和注写技术要求。

四、画图步骤

（1）绘制图框、标题栏和明细栏，画出各视图的主要基准线。

（2）绘制主体结构和与它直接相关的重要零件。

（3）绘制其他次要零件和细部结构。

（4）检查核对底稿，加深图线，画剖面线。

（5）标注尺寸，编写序号，画标题栏、明细栏，注写技术要求，完成全图。

任务实施

训练 绘制千斤顶的装配图。

一、阅读零件图，了解装配体

图 10-22 所示为千斤顶的零件图，通过阅读，了解千斤顶装配体，其装配示意图如图 10-23 所示。

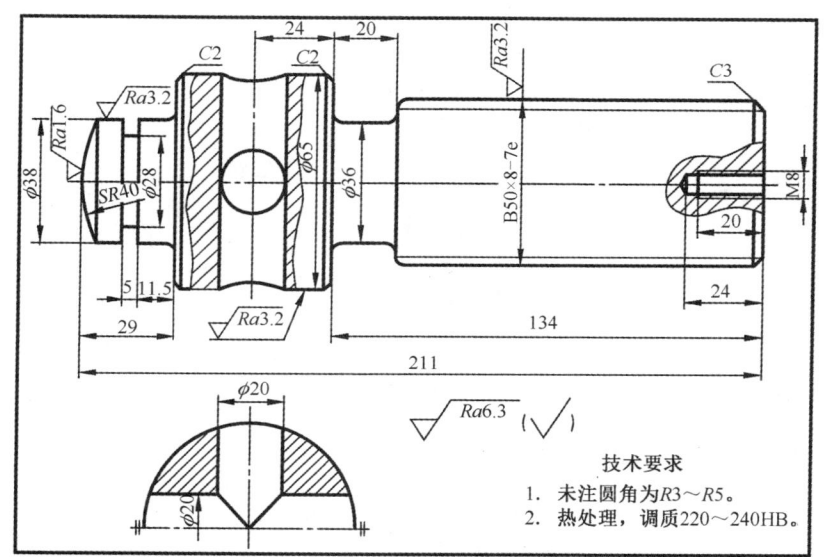

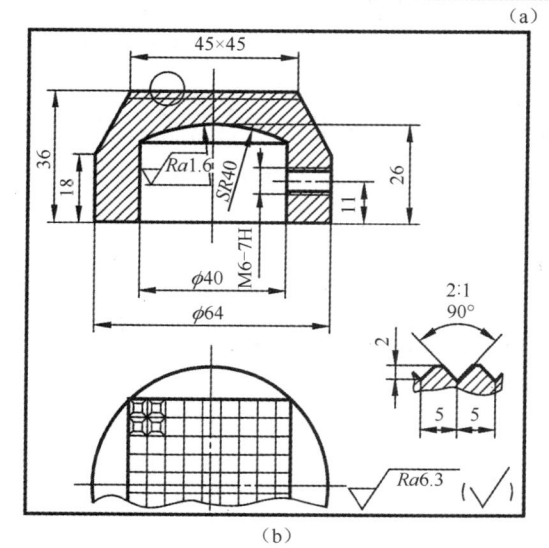

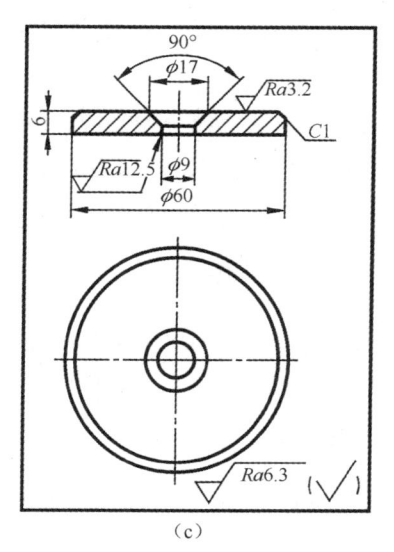

图 10-22 千斤顶零件图

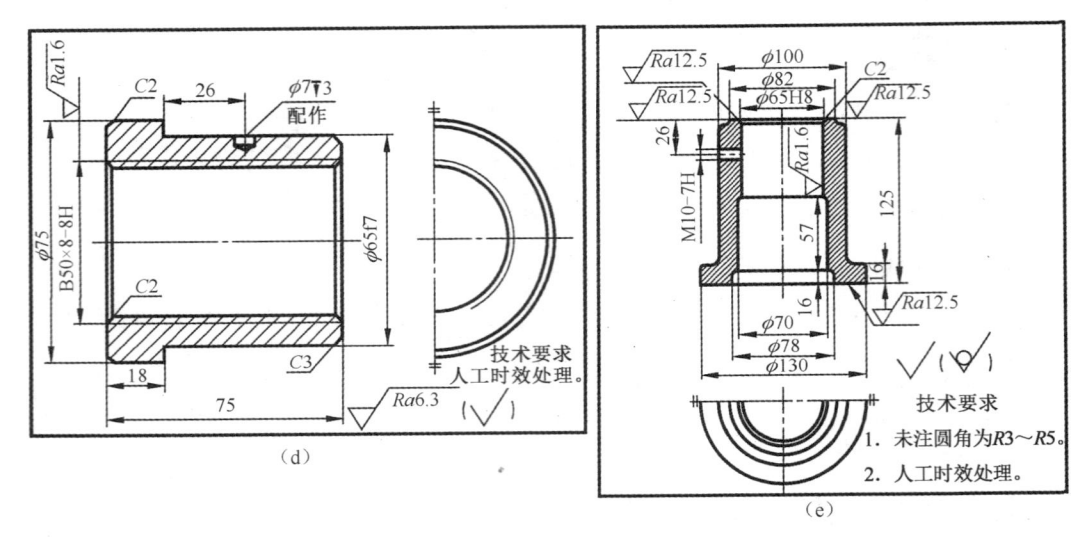

图 10-22 千斤顶零件图（续）

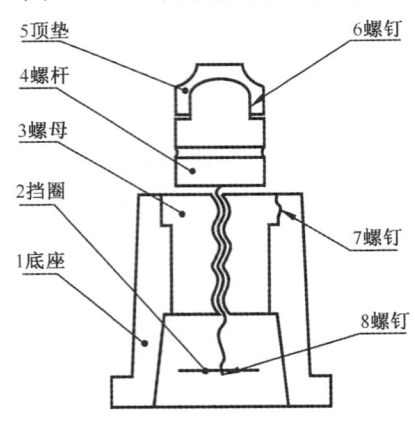

图 10-23 千斤顶装配示意图

二、选择表达方案

1．主视图选择

千斤顶按工作位置放置，其主要轴线呈铅垂位置。选择反映整体形象的方向作为主视图的投影方向，并作全剖视图，可清楚表达千斤顶的装配关系、工作原理和主要零件的结构形状。

2．其他视图的选择

由于主视图已经表达了千斤顶的装配关系，可以考虑用补充视图来反映其他尚未表达清楚的局部结构和外形的视图。以俯视方向沿螺母与螺杆结合面剖切，表达螺母和底座的外形；另外补充断面图反映了螺杆上部用于穿绞杆的四个通孔的局部结构。

三、确定比例和图幅

从千斤顶零件图中计算出其最小位置时的高度尺寸为230，底座直径ϕ130为最大宽度尺寸，因此采用缩小比例1∶2，并选用A4图幅。

四、画图步骤

（1）画视图基准线、底座的底面轮廓线、整体轴线，以及千斤顶升降的位置，如图10-24（a）所示。

（2）绘制主体结构和与它直接相关的重要零件，如图10-24（b）所示。

（3）绘制其他次要零件和细部结构，如图10-24（c）所示。

（4）检查核对底稿，加深图线，画剖面线，如图10-24（d）所示。

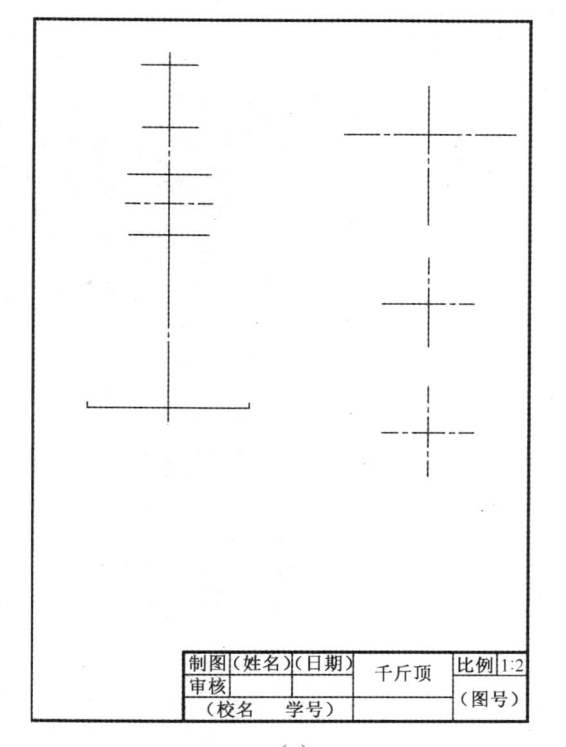

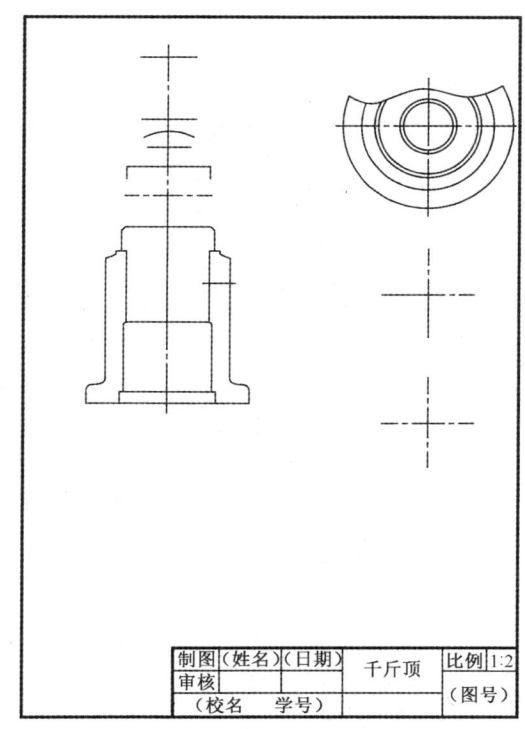

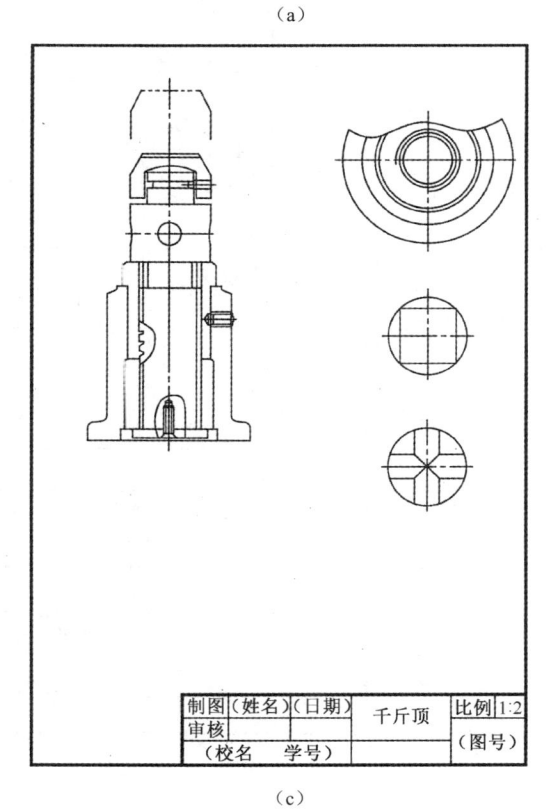

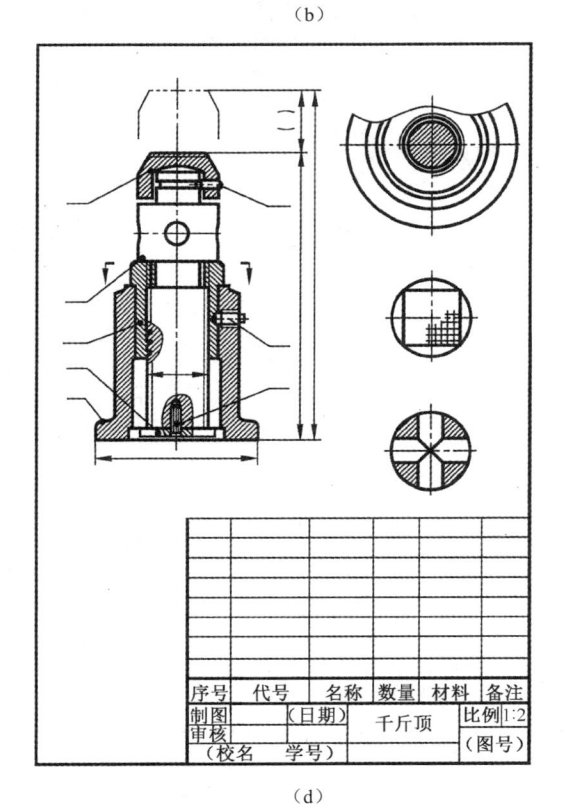

图 10-24 千斤顶画图步骤

（5）标注尺寸，编写序号，画标题栏、明细栏，注写技术要求，完成全图，如图 10-25 所示。

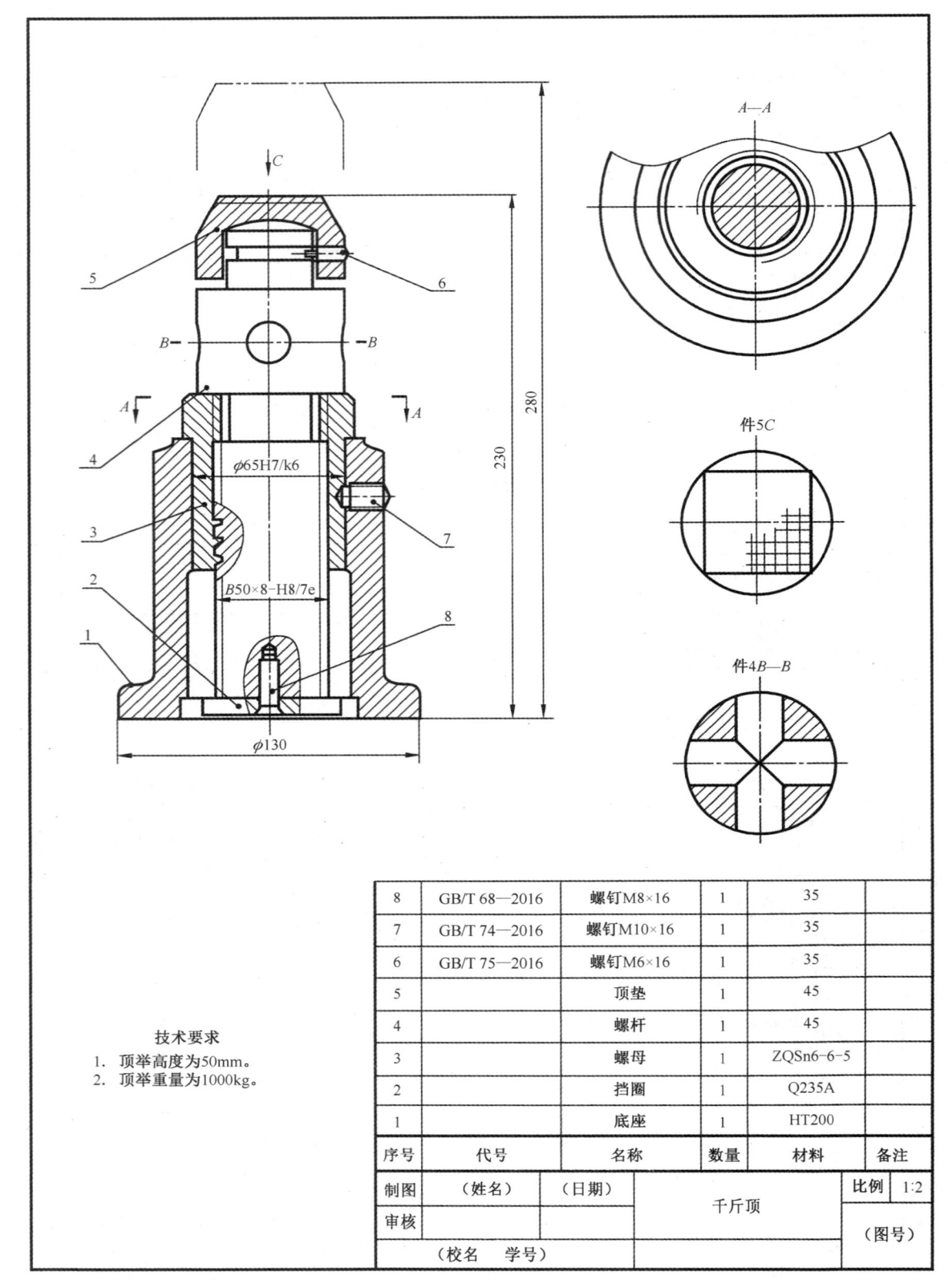

8	GB/T 68—2016	螺钉M8×16	1	35	
7	GB/T 74—2016	螺钉M10×16	1	35	
6	GB/T 75—2016	螺钉M6×16	1	35	
5		顶垫	1	45	
4		螺杆	1	45	
3		螺母	1	ZQSn6-6-5	
2		挡圈	1	Q235A	
1		底座	1	HT200	
序号	代号	名称	数量	材料	备注

技术要求
1. 顶举高度为50mm。
2. 顶举重量为1000kg。

图 10-25 千斤顶装配图

练习提高

根据已知的零件图（见图 10-26）及装配示意图（见图 10-27），绘制旋阀装配图。

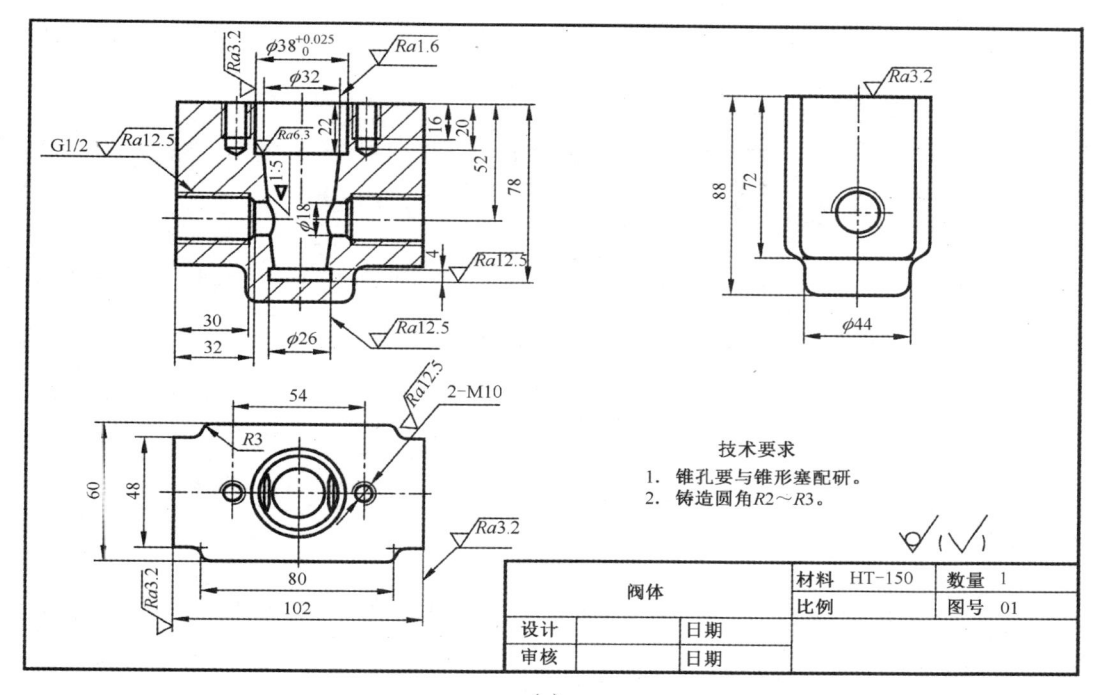

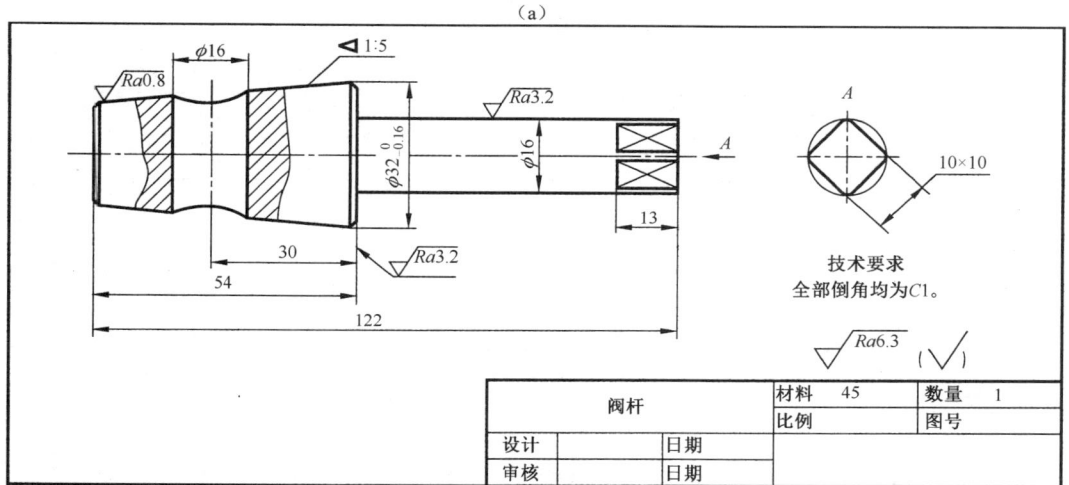

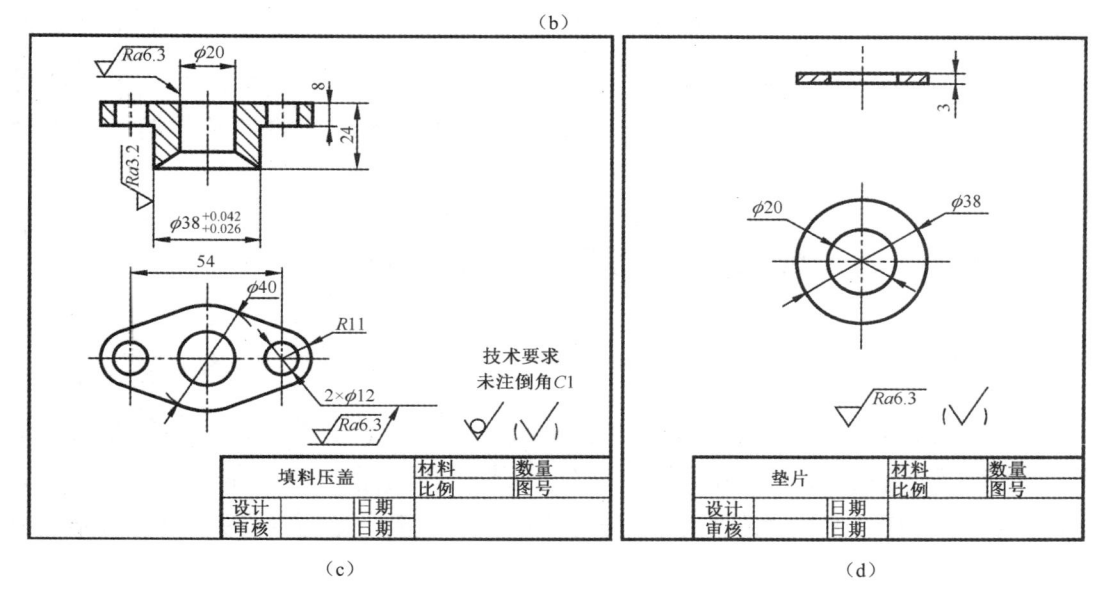

图 10-26 旋阀零件图

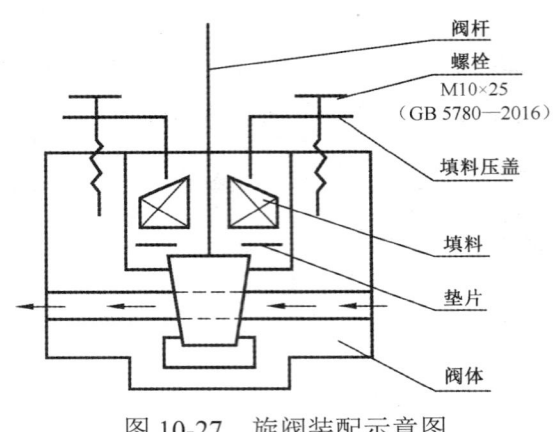

图 10-27　旋阀装配示意图

任务评价

评价方式采用工作过程考核评价、综合任务考核评价和教师点评。任务实施评价项目表如表 10-3 所示。

表 10-3　任务实施评价项目表

序　号	评 价 项 目	配分权重	实 得 分
1	装配图的主要内容是否齐全	20%	
2	视图和表达方案的选择是否正确合理	20%	
3	装配关系是否表达清楚	20%	
4	各种装配结构的绘制是否正确	20%	
5	各项尺寸和技术要求注写是否正确合理	10%	
6	图框、线型、字体、序号等是否符合规定，视图布置是否恰当	10%	

任务总结

画装配图时，首先选择主视图，确定较好的视图表达方案，把部件的工作原理、装配关系、零件之间的连接固定方式和重要零件的主要结构表达清楚。要注意之前学习的正投影原理和基本视图的"三等关系"仍然适用于装配图，不能将一张装配图中的几个视图画成完全不符合"三等关系"的一组不相干的图形。还有各种表达方法中的画法、注法规定同样适用于装配图。

任务 4　读装配图

任务描述

识读装配图是工程技术人员必备的一种基本能力，在设计、装配及进行技术交流时，都要读装配图。而读装配图的目的是搞清楚机器（或部件）的性能、工作原理、装配关系、各零件的主要结构及装拆顺序。学习本任务，应能灵活运用读装配图的方法去识读各种装配图。

知识链接

一、看装配图的方法和步骤

例 识读机用平口虎钳装配图，如图 10-28 所示。

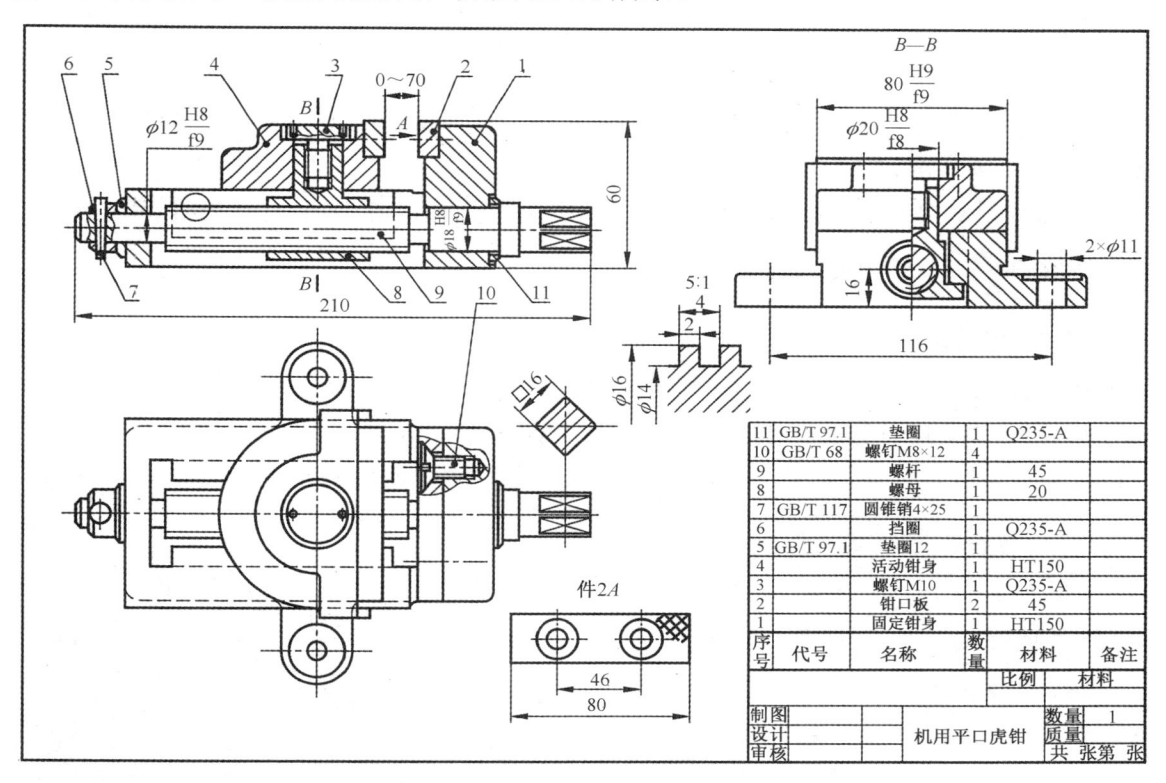

图 10-28 机用平口虎钳装配图

1. 概括了解

从标题栏或有关产品说明书了解装配体名称和大致用途；从明细栏和图中序号了解装配体上各零件名称、数量和所用材料及标准件规格，初步判断装配体的复杂度；从绘图比例及标注的外形尺寸了解装配体的大小。

图 10-29 中的机用平口虎钳是安装在机床工作台上的，用于夹紧工件，以便进行切削加工的一种通用工具，由 11 种零件组成。其中垫圈 5、圆锥销 7、螺钉 10 是标准件，其他为非标准件。

2. 分析视图

了解各视图的名称，剖视图、断面图等的剖切位置及各视图的投影对应关系和表示目的。了解装配件有几条装配线和零星装配点，为进一步深入读图做准备。

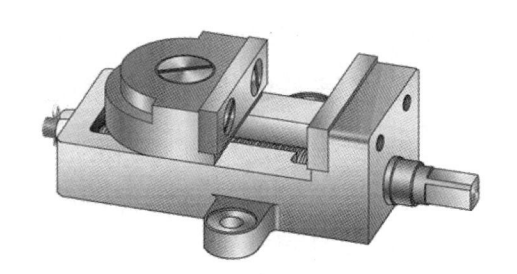

图 10-29 机用平口虎钳轴测图

图中采用三个基本视图。主视图采用全剖视图，主要反映机用平口虎钳的工作原理和零件的装配关系。

左视图采用 B—B 半剖视图，表达固定钳身、活动钳身和螺母三个零件之间的装配关系；俯视图主要表达机用平口虎钳的外形，并通过局部剖视图表达钳口板与固定钳身连接的局部结构。

249

局部放大图表达螺杆 9 的螺纹牙型；移出断面图表达螺杆 9 方头的形状结构；同时采用单件画法表达钳口板 2 的结构形状等。

3．分析工作原理和传动路线

工作原理：旋转螺杆 9，使螺母 8 带动活动钳身 4 在水平方向向右、向左移动，进而夹紧或旋松工件。

4．分析尺寸和技术要求

机用平口虎钳的最大夹持厚度为 70，其外形尺寸为 210×60，ϕ12H8/f9 和 ϕ18H8/f9 两个尺寸为螺杆 9 与固定钳身 1 的配合尺寸，均为基孔制间隙配合；80H9/f9 为固定钳身 1 与活动钳身 4 的配合尺寸，也为基孔制间隙配合；ϕ20H8/f8 为活动钳身 4 与螺母 8 的配合尺寸，同属基孔制间隙配合。

5．分析装配关系

螺母 8 从固定钳身 1 下方的空腔装入工字形槽内，再装入螺杆 9，用垫圈 11、垫圈 5 及挡圈 6 和圆锥销 7 将螺杆轴向固定；螺钉 3 将活动钳身 4 与螺母 8 连接，最后用螺钉 10 将两块钳口板 2，分别与固定钳身 1、活动钳身 4 连接。机用平口虎钳轴测装配图如图 10-30 所示。

读装配图要领口诀
装配图中零件多，区分零件是关键。
先看序号、明细栏，大致范围可分辨。
两个零件接触面，图上只画一条线。
剖视图中层次多，这就要看剖面线。
方向、间隔若一致，就是同一个零件。
实心杆件轴向剖，图上不见剖面线。
配合代号一起看，装配关系心中现。
弄清零件明关系，看懂全图不会难。

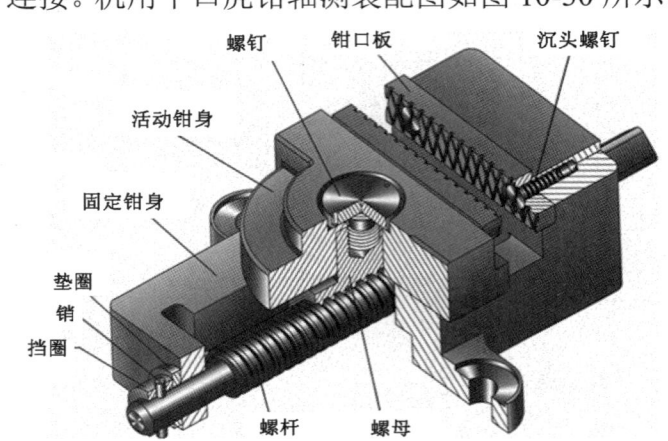

图 10-30　机用平口虎钳轴测装配图

以上看图方法和步骤，是为初学者提供一个看图思路，步骤之间不能截然分开，可在几个步骤之间穿插同时进行。看图时还应根据装配图的具体情况而加以选用。

二、由装配图拆画零件图

设计机器或修配，需要从装配图画出零件图，简称"拆画"。

1．由装配图拆画零件图的步骤

（1）读懂装配图。

（2）零件分类。

（3）分离出零件。

（4）确定零件的表达方案。

（5）确定零件的尺寸和技术要求。

（6）填写标题栏。

（7）检查校对。

2. 拆图过程中应注意的问题

（1）完善零件结构。由于装配图主要是表达部件的工作原理和装配关系的，因此对某些零件，特别是形状复杂的零件往往表达不完全，这时需要根据零件的功用及结构知识加以补充完善。

（2）重新选择表达方案。装配图的视图选择主要从整个部件出发，不一定符合每个零件视图选择的要求，所以在选择零件图的视图表达方案时，一般不能照搬装配图中零件的表达方法。

（3）补全工艺结构。零件上的一些工艺结构（如倒角、圆角、退刀槽、越程槽等），在装配图上往往省略不画，在画零件图时应补画这些结构。

（4）补齐尺寸。在装配图中，对零件所需要的尺寸标注不全，在拆画零件图时，缺少的尺寸在装配图上按比例直接量取，有些尺寸则要查手册或经计算确定。例如，键槽、螺纹等都是有标准的，需要查手册选取；再如零件上的标准结构（倒角、沉孔、螺纹退刀槽、砂轮越程槽、键槽等）尺寸需查有关手册确定。

（5）注写技术要求。正确标注零件的尺寸公差、几何公差、表面粗糙度，有的还需要说明材料热处理、检验等方面的技术要求。

3. 拆画零件图举例

下面以拆画图 10-28 所示的机用平口虎钳装配图中的固定钳身为例，介绍拆图的方法和步骤。

（1）分离零件。

在读懂装配图的前提下，将机用平口虎钳的零件分类，然后分离出固定钳身（方法和步骤见图 10-31）。

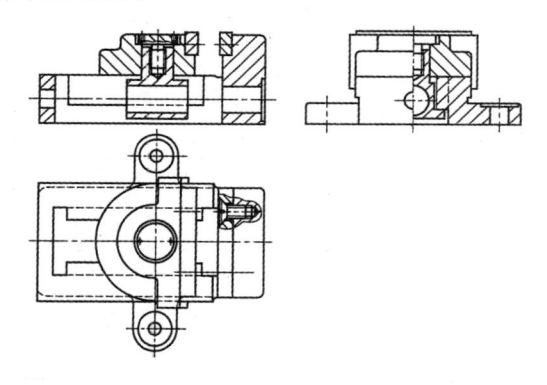

（a）拆去垫圈 5、挡圈 6、圆锥销 7、螺杆 9、垫圈 11

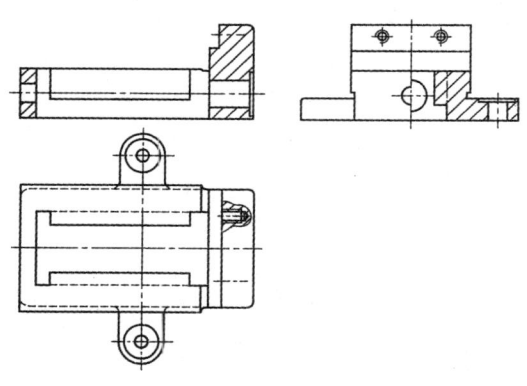

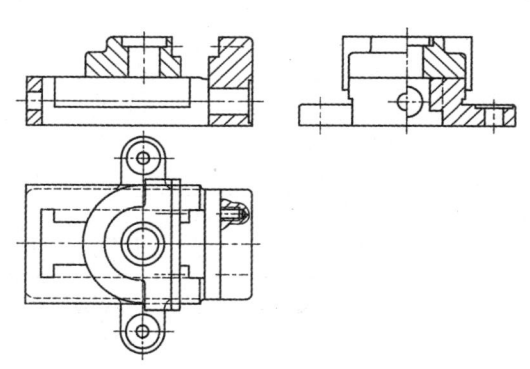

（b）拆去螺钉 10、钳口板 2、螺母 8

（c）拆去活动钳身 4，余下的即固定钳身

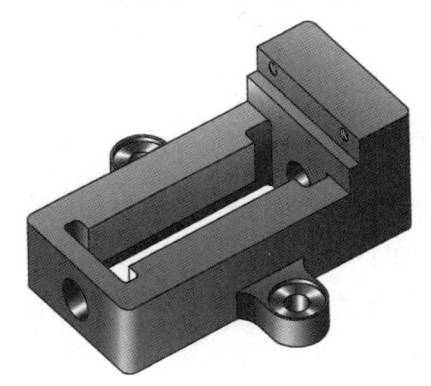

（d）固定钳身轴测图

图 10-31 分离零件的方法和步骤

（2）确定零件的视图表达方案。

在确定零件的视图表达方案时，不能简单照搬装配图，而应根据零件的结构形状，按照零件图的视图选择原则重新选定。

（3）确定零件图上的尺寸。

根据零件在装配体中的作用，从零件设计、加工工艺等方面来确定长，宽，高三个方向的主要基准，再根据加工和测量的需要，适当选择一些辅助基准。

（4）确定零件图上的技术要求。

零件上各表面粗糙度的要求，应根据表面的作用和两零件间的配合性质进行选择。

（5）填写标题栏。

（6）检查校对。

先看零件是否表达清楚，投影关系是否正确。然后校对尺寸是否有遗漏，相互配合的相关尺寸是否一致，以及技术要求与标题栏等内容是否完整。固定钳身零件图如图10-32所示。

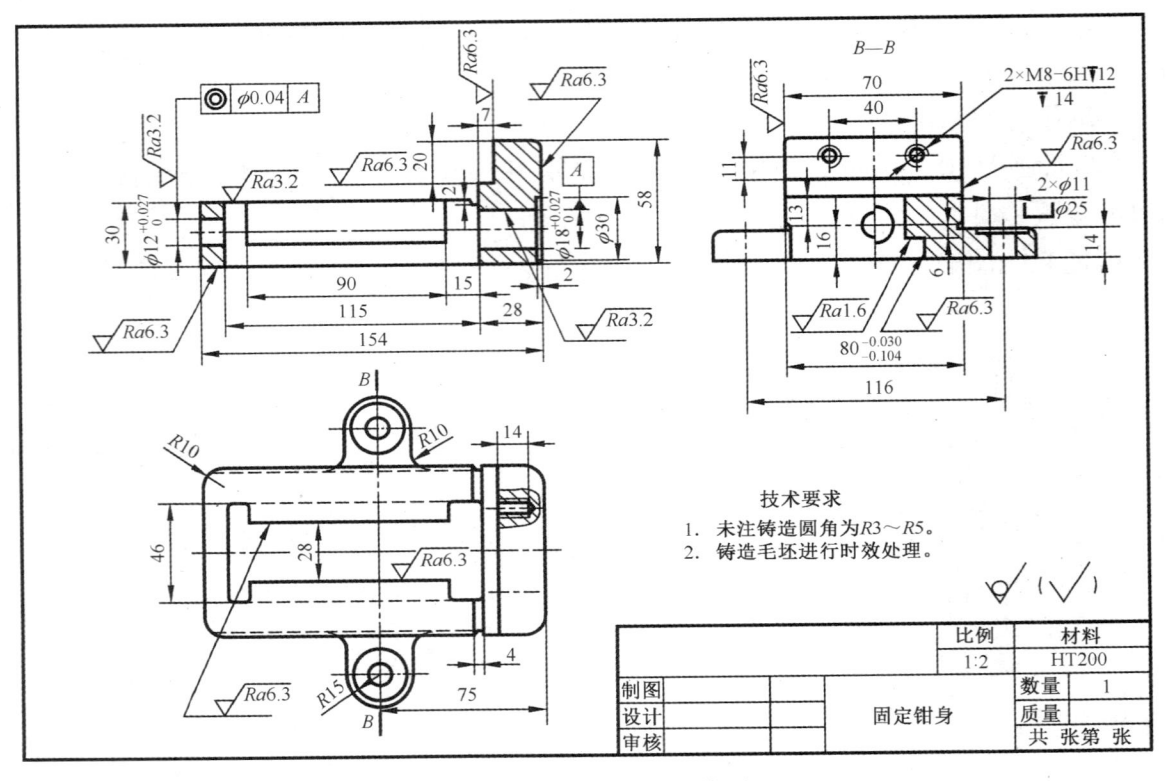

图10-32 固定钳身零件图

任务实施

训练 识读拆卸器装配图（见图10-33）。

1. 概括了解

读标题栏及明细栏：该体为拆卸器，用于拆卸紧固在轴上的零件。从比例和图中尺寸可知，这是一个小型的拆卸工具，共有8种零件，其中沉头螺钉和销轴是标准件。

2. 分析视图

主视图主要采用全剖视图表达整个拆卸器的结构外形，压紧螺杆1、把手2、爪子7等紧固件或实心件按规定均按不剖来绘制，为了表达它们与其相邻零件的装配关系，又作了三个局部剖视图。压紧垫 8 下方的轴和套不是拆卸器上的零件，故采用了假想画法，用细双点画线画出其轮廓，以体现其拆卸功能。为了节省图纸幅面，较长的把手 2 采用了折断画法。

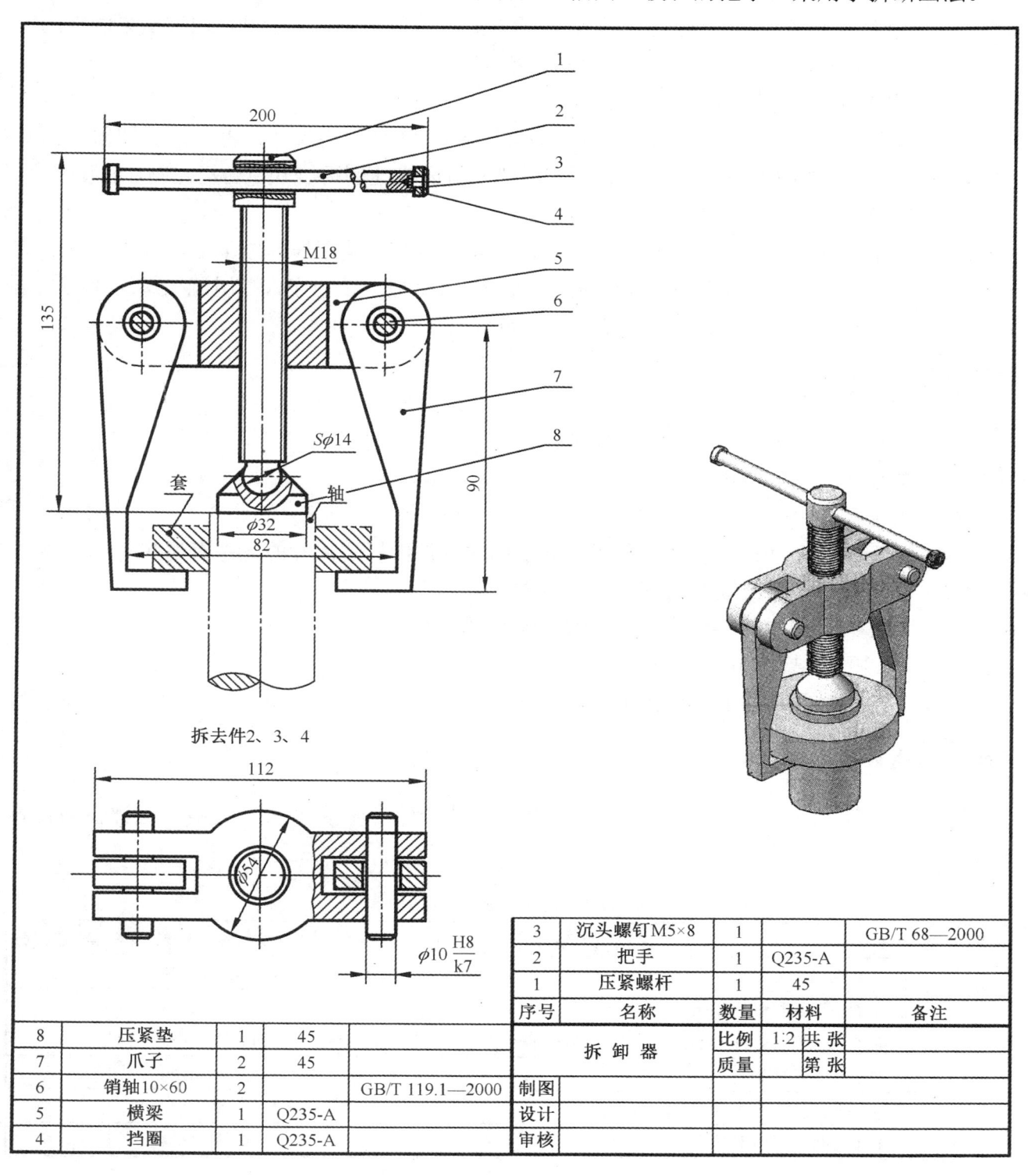

3	沉头螺钉M5×8	1		GB/T 68—2000
2	把手	1	Q235-A	
1	压紧螺杆	1	45	
序号	名称	数量	材料	备注
	拆卸器	比例	1:2	共 张
		质量		第 张
		制图		
		设计		
		审核		
8	压紧垫	1	45	
7	爪子	2	45	
6	销轴10×60	2		GB/T 119.1—2000
5	横梁	1	Q235-A	
4	挡圈	1	Q235-A	

图 10-33　拆卸器装配图

俯视图采用了拆卸画法：拆去了把手 2、沉头螺钉 3 和挡圈 4，并采用一个局部剖视图，以表达销轴 6 与横梁 5 的配合情况，以及爪子 7 与销轴 6 和横梁 5 的装配情况。同时，也将

253

主要零件的结构形状表达得更清楚。

3．分析工作原理和传动路线

工作时，把压紧垫 8 触至轴端，使爪子 7 钩住轴上要拆卸的轴承或套，顺时针转动把手 2，使压紧螺杆 1 转动，由于螺纹的作用，横梁 5 此时沿压紧螺杆 1 上升，通过横梁两端的销轴 6，带着两个爪子 7 上升，直至将其从轴上拆下。

4．分析尺寸和技术要求

拆卸器的外形尺寸是 112、200、135、ϕ54。尺寸 82 是规格尺寸，表示该拆卸器能拆卸最大外径不大于 82 的零件。尺寸 ϕ10H8/k7 是销轴与横梁孔的配合尺寸，基孔制，过渡配合。

5．分析装配顺序

先把压紧螺杆 1 拧过横梁 5，然后把压紧垫 8 固定在压紧螺杆的球头上，再在横梁 5 的两端用销轴 6 各穿上一个爪子 7，最后穿上把手 2，再将把手 2 的穿入端用沉头螺钉 3 将挡圈 4 拧紧，以防止使用时把手 2 从压紧螺杆 1 上脱落。

练习提高

（1）装配图在技术工作中有哪些作用？
（2）装配图包括哪些内容？
（3）装配图有哪些特殊表达方法？
（4）装配图的尺寸标注有哪些种类？装配图与零件图标注尺寸的区别有哪些？
（5）简述设计时常见装配工艺结构的合理性。
（6）标注装配图中的零件序号时应遵守哪些规定？
（7）试述阅读装配图的方法和步骤。
（8）试述由装配图拆画零件图的方法。

任务评价

评价方式采用工作过程考核评价、综合任务考核评价和教师点评。任务实施评价项目表如表 10-4 所示。

表 10-4　任务实施评价项目表

序 号	评 价 项 目	配 分 权 重	实 得 分
1	能否明确装配图的主要内容，能否概括了解装配体的名称、用途、零件组成等	10%	
2	能否说明装配图运用的画法规则	20%	
3	能否明确视图的表达方法和重点，能否明确装配体的工作原理和总体设计意图	30%	
4	能否识别各种装配工艺结构	10%	
5	能否识别各项尺寸和技术要求标注	10%	
6	能否正确拆画出主要零件	20%	

任务总结

识读和绘制装配图这一任务的实施，是对已有制图知识和技能及相关专业知识的综合运用。在任务实施过程中，应注重学生的能力培养，多看、多画，并要学习其他与机械有关的各种知识，这样才能较好地掌握画装配图和看装配图的知识技能。其中拆画零件图是个难点，要化解这个难点需把握住零件形状及表达方案的确定、尺寸的确定和技术要求三个方面，要在看懂装配图的基础上，确定装配体中主要零件的形状结构，重新考虑视图选择并画出其零件图，完成零件的结构设计及定形定位尺寸和技术要求的标注。拆画零件图，是设计过程的补充和继续，也是学生应具备的一种职业能力。

项目小结

本项目主要介绍了装配图的内容、装配结构、绘制装配图的方法和读装配图。

（1）装配图的内容包括：一组视图、必要的尺寸、技术要求、标题栏、明细栏等。

（2）装配图的表达方法除零件图的各种表达方法外，还有一些其他规定画法和特殊画法。

（3）绘制装配图时，要对已知的装配体零件图进行详细解读，在了解其装配顺序、选择合适的表达方案、确定绘图比例和图纸幅面后，按照装配顺序分步骤依次画出。

（4）读装配图时，要对其进行大概了解，看懂装配关系和工作原理，进而了解各零件的作用，分离零件并想象出零件的结构形状。逐个看懂所有零件的形状后，再想象部件的整体结构形状就较容易了。通过拆画零件图，提高读图和画图的能力。

（5）装配图中标注的尺寸主要是性能规格尺寸、装配尺寸、安装尺寸、外形尺寸等，不需要把所有零件的尺寸都标出来。

（6）在装配图中必须给每个零件编号，并填写明细栏，以便于工程技术管理和资料查阅。

（7）拆画零件图是在读懂装配图的基础上进行的一项综合训练，按零件图内容的要求，画出零件图。注意不能孤立地去阅读某个零件，应结合该零件的投影和作用，以及该零件与相邻零件的装配关系进行思考，想象出该零件的结构形状。

附录 A

1. 螺纹

附表 A-1 普通螺纹直径、螺距与公差带
（摘自 GB/T 192—2003、GB/T 193—2003、GB/T 196—2003、GB/T 197—2018）

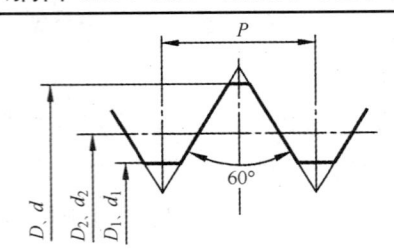

D——内螺纹大径；　　D_1——内螺纹小径；
d——外螺纹大径；　　d_1——外螺纹小径；
D_2——内螺纹中径；　　P——螺距
d_2——外螺纹中径；

标记示例：

M10-6g（粗牙普通外螺纹、公称直径 d = M10、右旋、中径及大径公差带均为 6g、中等旋合长度）；

M10×1-6H-LH（细牙普通内螺纹、公称直径 D = M10、螺距 P = 1、左旋、中径及小径公差带均为 6H、中等旋合长度）

公称直径 D、d			螺距 P	
第一系列	第二系列	第三系列	粗牙	细牙
4	—	—	0.7	0.5
5	—	—	0.8	0.5
6	—	—	1	0.75
—	7	—	1	0.75
8	—	—	1.25	1、0.75
10	—	—	1.5	1.25、1、0.75
12	—	—	1.75	1.25、1
—	14	—	2	1.5、1.25、1
—	—	15	—	1.5、1
16	—	—	2	1.5、1
—	18	—	2.5	2、1.5、1
20	—	—	2.5	2、1.5、1
—	22	—	2.5	2、1.5、1
24	—	—	3	2、1.5、1
—	—	25	—	2、1.5、1
—	27	—	3	2、1.5、1
30	—	—	3.5	(3)、2、1.5、1
—	33	—	3.5	(3)、2、1.5
—	—	35	—	1.5
36	—	—	4	3、2、1.5
—	39	—	4	3、2、1.5

续表

螺纹种类	精度	外螺纹公差带 S	外螺纹公差带 N	外螺纹公差带 L	内螺纹公差带 S	内螺纹公差带 N	内螺纹公差带 L
普通螺纹	中等	(5g6g) (5h6h)	*6g、*6e 6h、*6f	(7e6e) (7g6g) (7h6h)	*5H (5G)	*6H *6G	*7H (7G)
	粗糙	—	8g、(8e)	(9e8e) (9g8g)	—	7H、(7G)	8H (8G)

注：① 优先选用第一系列，其次是第二系列，第三系列尽可能不用；括号内尺寸尽可能不用。
② 大量生产的紧固件螺纹，推荐采用带方框的公差带；带*的公差带优先选用，括号内的公差带尽可能不用。
③ 两种精度选用原则：中等——一般用途；粗糙——对精度要求不高时采用。

附表 A-2 管螺纹

55°密封管螺纹（摘自 GB/T 7306.1—2000、GB/T 7306.2—2000）　　55°非密封管螺纹（摘自 GB/T 7307—2001）

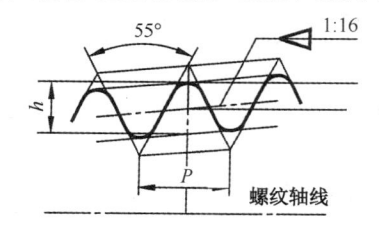

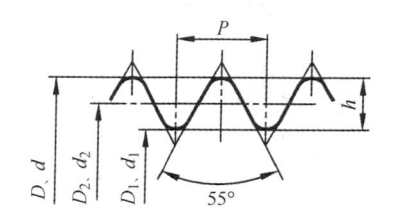

标记示例：
R1/2（尺寸代号 1/2，右旋圆锥外螺纹）；G1/2LH（尺寸代号 1/2，左旋内螺纹）；
Rc1/2LH（尺寸代号 1/2，左旋圆锥内螺纹）；G1/2A（尺寸代号 1/2，A 级右旋外螺纹）

尺寸代号	大径 d、D	中径 d_2、D_2	小径 d_1、D_1	螺距 P	牙高 h	每 25.4 内的牙数 n
1/4	13.157	12.301	11.445	1.337	0.856	19
3/8	16.662	15.806	14.950			
1/2	20.955	19.793	18.631	1.814	1.162	14
3/4	26.441	25.279	24.117			
1	33.249	31.770	30.291			
1¼	41.910	40.431	38.952			
1½	47.803	46.324	44.845	2.309	1.479	11
2	59.614	58.135	56.656			
2½	75.184	73.705	72.226			
3	87.884	86.405	84.926			

2．常用的标准件

附表 A-3 六角头螺栓

六角头螺栓　C 级（摘自 GB/T 5780—2016）六角头螺栓全螺纹　C 级（摘自 GB/T 5781—2016）

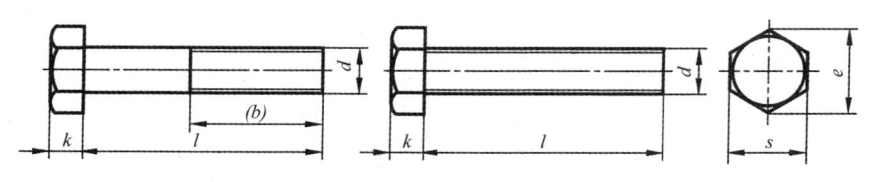

标记示例：
螺栓　GB/T 5780　M20×100（螺纹规格 d =20，公称长度 l = 100，性能等级为 4.8 级，不经表面处理，杆身半螺纹，产品等级为 C 级的六角头螺栓）

续表

螺纹规格 d		M5	M6	M8	M10	M12	M16	M20	M24	M30	M36	M42
b 参考	l 公称≤125	16	18	22	26	30	38	46	54	66	—	—
	125＜l 公称≤200	22	24	28	32	36	44	52	60	72	84	96
	l 公称＞200	35	37	41	45	49	57	65	73	85	97	109
k 公称		3.5	4.0	5.3	6.4	7.5	10	12.5	15	18.7	22.5	26
s max		8	10	13	16	18	24	30	36	46	55	65
e min		8.63	10.9	14.2	17.6	19.9	26.2	33.0	39.6	50.9	60.8	71.3
l 范围	GB/T 5780	25～50	30～60	35～80	40～100	45～120	55～160	65～200	80～240	90～300	110～300	160～420
	GB/T 5781	10～40	12～50	16～65	20～80	25～100	35～100	40～100	50～100	60～100	70～100	80～420
l 公称		10、12、16、20～50（5 进位）、(55)、60、(65)、70～160（10 进位）、180、220～500（20 进位）										

附表 A-4　1 型六角螺母　C 级（摘自 GB/T 41—2016）

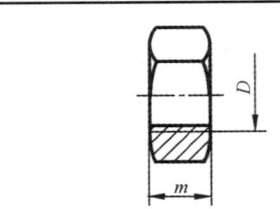

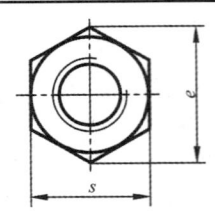

标记示例：

螺母　GB/T 41　M10

（螺纹规格 D＝10，性能等级为 5 级，不经表面处理、产品等级为 C 级的 1 型六角螺母）

螺纹规格 D	M5	M6	M8	M10	M12	M16	M20	M24	M30	M36	M42	M48	M56
s max	8	10	13	16	18	24	30	36	46	55	65	75	85
e min	8.63	10.89	14.20	17.59	19.85	26.17	32.95	39.55	50.85	60.79	72.3	82.6	93.56
m max	5.6	6.4	7.9	9.5	12.2	15.9	19	22.3	26.4	31.9	34.9	38.9	45.9

附表 A-5　平垫圈

平垫圈　A 级（GB/T 97.1—2002）平垫圈倒角型　A 级（GB/T 97.2—2002）平垫圈　C 级（GB/T 95—2002）

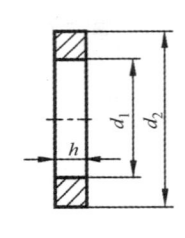

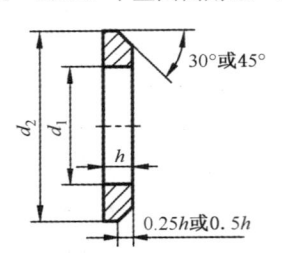

标记示例：

垫圈　GB/T 97.2　10（标准系列，公称规格 10，硬度等级为 140HV 级，倒角型，不经表面处理，产品等级为 A 级的平垫圈）；

垫圈　GB/T 95　8（标准系列，公称规格 8，硬度等级为 100HV 级，不经表面处理，产品等级为 C 级的平垫圈）

公称规格（螺纹大径 d）		4	5	6	8	10	12	16	20	24	30	36	42	48
GB/T 97.1 (A 级)	d_1	4.3	5.3	6.4	8.4	10.5	13.0	17	21	25	31	37	45	52
	d_2	9	10	12	16	20	24	30	37	44	56	66	78	92
	h	0.8	1	1.6	1.6	2	2.5	3	3	4	4	5	8	8
GB/T 97.2 (A 级)	d_1	—	5.3	6.4	8.4	10.5	13	17	21	25	31	37	45	52
	d_2	—	10	12	16	20	24	30	37	44	56	66	78	92
	h	—	1	1.6	1.6	2	2.5	3	3	4	4	5	8	8
GB/T 95 (C 级)	d_1	4.5	5.5	6.6	9	11	13.5	17.5	22	26	33	39	45	52
	d_2	9	10	12	16	20	24	30	37	44	56	66	78	92
	h	0.8	1	1.6	1.6	2	2.5	3	3	4	4	5	8	8

注：A 级适用于精装配系列，C 级适用于中等装配系列。

附表 A-6 平键及键槽各部尺寸（摘自 GB/T 1095—2003、GB/T 1096—2003）

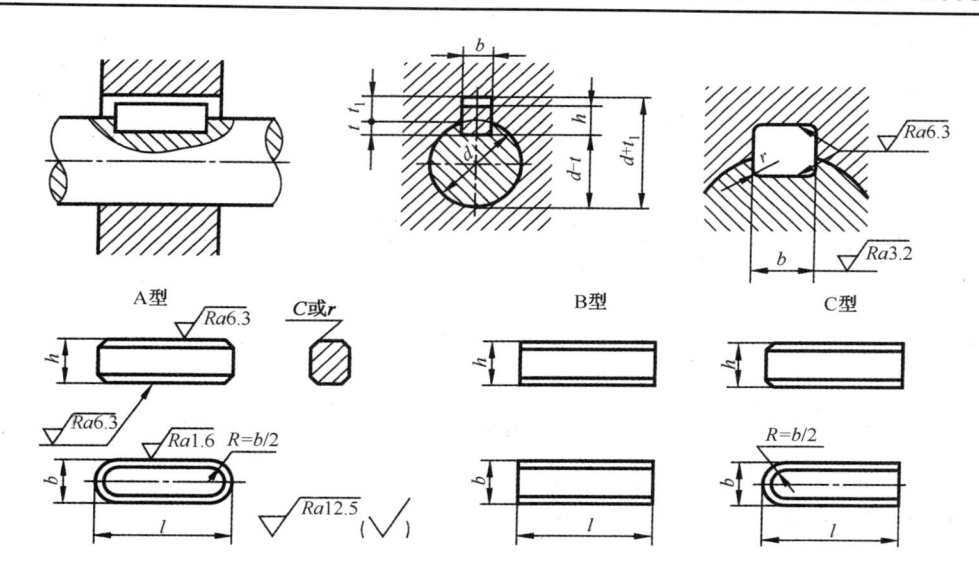

标记示例：

GB/T 1096 键 16×10×100（普通 A 型平键，$b=16$，$h=10$，$L=100$）；

GB/T 1096 键 B16×10×100（普通 B 型平键，$b=16$，$h=10$，$L=100$）；

GB/T 1096 键 C16×10×100（普通 C 型平键，$b=16$，$h=10$，$L=100$）

轴	键		键槽										
公称直径 d	基本尺寸 $b \times h$	长度 L	宽度 b					深度				半径 r	
			基本尺寸 b	极限偏差				轴 t		毂 t_1			
				松联连接		正常连接		紧密连接	基本尺寸	极限偏差	基本尺寸	极限偏差		
				轴 H9	毂 D10	轴 N9	毂 JS9	轴和毂 P9					最小	最大
>10~12	4×4	8~45	4	+0.030 0	+0.078 +0.030	0 -0.030	±0.015	-0.012 -0.042	2.5	+0.1 0	1.8	+0.1 0	0.08	0.16
>12~17	5×5	10~56	5						3.0		2.3			
>17~22	6×6	14~70	6						3.5		2.8		0.16	0.25
>22~30	8×7	18~90	8	+0.036 0	+0.098 +0.040	0 -0.036	±0.018	-0.015 -0.051	4.0		3.3			
>30~38	10×8	22~110	10						5.0		3.3			
>38~44	12×8	28~140	12	+0.043 0	+0.120 +0.050	0 -0.043	±0.0215	-0.018 -0.061	5.0	+0.2 0	3.3	+0.2 0	0.25	0.40
>44~50	14×9	36~160	14						5.5		3.8			
>50~58	16×10	45~180	16						6.0		4.3			
>58~65	18×11	50~200	18						7.0		4.4			
>65~75	20×12	56~220	20	+0.052 0	+0.149 +0.065	0 -0.052	±0.026	-0.022 -0.074	7.5		4.9		0.40	0.60
>75~85	22×14	63~250	22						9.0		5.4			
>85~95	25×14	70~280	25						9.0		5.4			
>95~110	28×16	80~320	28						10		6.4			
L 系列	6~22（2 进位）、25、28、32、36、40、45、50、56、63、70、80、90、100、110、125、140、160、180、200、220、250、280、320、360、400、450、500													

注：1.（$d-t$）和（$d+t_1$）两组组合尺寸的极限偏差按相应的 t 和 t_1 的极限偏差选取，但（$d-t$）极限偏差应取负号（-）。

2. 键 b 的极限偏差为 h8；键 h 的极限偏差截面是矩形为 h11，截面是方形为 h8；键长 L 的极限偏差为 h14。

附表 A-7　圆柱销不淬硬钢和奥氏体不锈钢（摘自 GB/T 119.1—2000）

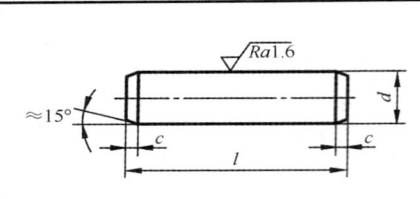

标记示例：

销　GB/T 119.1　10m6 × 90（公称直径 $d = 10$，公差为 m6，公称长度 $l = 90$，材料为钢，不经淬火，不经表面处理的圆柱销）；

销　GB/T 119.1　10m6 × 90-A1（公称直径 $d = 10$，公差为 m6，公称长度 $l = 90$，材料为 A1 组奥氏体不锈钢，表面简单处理的圆柱销）

d 公称	2	2.5	3	4	5	6	8	10	12	16	20	25
$c \approx$	0.35	0.4	0.5	0.63	0.8	1.2	1.6	2.0	2.5	3.0	3.5	4.0
l 范围	6~20	6~24	8~30	8~40	10~50	12~60	14~80	18~95	22~140	26~180	35~200	50~200
l 公称	2、3、4、5、6~32（2 进位）、35~100（5 进位）、120~200（20 进位）（公称长度大于 200，按 20 递增）											

附表 A-8　圆锥销（摘自 GB/T 117—2000）

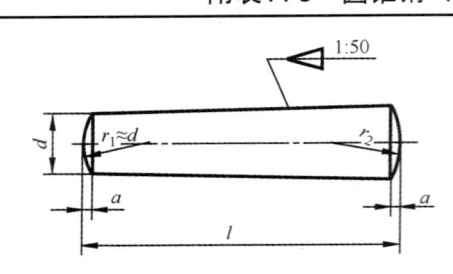

A 型（磨削）：锥面表面粗糙度 $Ra = 0.8\mu m$；
B 型（切削或冷镦）：锥面表面粗糙度 $Ra = 3.2\mu m$

$$r_2 \approx \frac{a}{2} + d + \frac{(0.02l)^2}{8a}$$

标记示例：

销　GB/T 117　6 × 30（公称直径 $d = 6$，公称长度 $l = 30$，材料为 35 钢，热处理硬度为 28~38HRC，表面氧化处理的 A 型圆锥销）

d 公称	2	2.5	3	4	5	6	8	10	12	16	20	25
$a \approx$	0.25	0.3	0.4	0.5	0.63	0.8	1.0	1.2	1.6	2.0	2.5	3.0
l 范围	10~35	10~35	12~45	14~55	18~60	22~90	22~120	26~160	32~180	40~200	45~200	50~200
l 公称	2、3、4、5、6~32（2 进位）、35~100（5 进位）、120~200（20 进位）（公称长度大于 200，按 20 递增）											

附表 A-9　深沟球轴承（摘自 GB/T 276—2013）

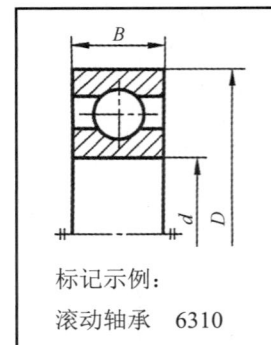

标记示例：
滚动轴承　6310　GB/T 276

轴承代号	d	D	B	轴承代号	d	D	B	轴承代号	d	D	B
尺寸系列〔0）2〕				尺寸系列〔（0）3〕				尺寸系列〔（0）4〕			
6202	15	35	11	6302	15	42	13	6403	17	62	17
6203	17	40	12	6303	17	47	14	6404	20	72	19
6204	20	47	14	6304	20	52	15	6405	25	80	21
6205	25	52	15	6305	25	62	17	6406	30	90	23
6206	30	62	16	6306	30	72	19	6407	35	100	25
6207	35	72	17	6307	35	80	21	6408	40	110	27
6208	40	80	18	6308	40	90	23	6409	45	120	29
6209	45	85	19	6309	45	100	25	6410	50	130	31
6210	50	90	20	6310	50	110	27	6411	55	140	33
6211	55	100	21	6311	55	120	29	6412	60	150	35
6212	60	110	22	6312	60	130	31	6413	65	160	37

注：圆括号中的尺寸系列代号在轴承型号中省略。

3. 极限与配合

附表 A-10 优先和常用轴公差带及其极限（摘自 GB/T 1800.2—2020、GB/T 1800.1—2020）

代号 基本尺寸		a	b	c	d	e	f		g		h						js	k		m	n	p	r	s	t	u	v	x	y	z
大于	至	11	11	*11	*9	8	*7	*6	5	*6	*7	8	*9	10	*11	12	6	*6	6	6	6	*6	6	6	6	*6	6	6	6	6
—	3	−270 −330	−140 −200	−60 −120	−20 −45	−14 −28	−6 −16	−2 −8	0 −4	0 −6	0 −10	0 −14	0 −25	0 −40	0 −60	0 −100	±3	+6 0	+8 +2	+10 +4	+12 +6	+16 +10	+20 +14	—	*6 +24 +18	—	+26 +20	—	+32 +26
3	6	−270 −345	−140 −215	−70 −145	−30 −60	−20 −38	−10 −22	−4 −12	0 −5	0 −8	0 −12	0 −18	0 −30	0 −48	0 −75	0 −120	±4	+9 +1	+12 +4	+16 +8	+20 +12	+23 +15	+27 +19	—	+31 +23	—	+36 +28	—	+43 +35
6	10	−280 −370	−150 −240	−80 −170	−40 −76	−25 −47	−13 −28	−5 −14	0 −6	0 −9	0 −15	0 −22	0 −36	0 −58	0 −90	0 −150	±4.5	+10 +1	+15 +6	+19 +10	+24 +15	+28 +19	+32 +23	—	+37 +28	—	+43 +34	—	+51 +42
10	14	−290 −400	−150 −260	−95 −205	−50 −93	−32 −59	−16 −34	−6 −17	0 −8	0 −11	0 −18	0 −27	0 −43	0 −70	0 −110	0 −180	±5.5	+12 +1	+18 +7	+23 +12	+29 +18	+34 +23	+39 +28	—	+44 +33	—	+51 +40	—	+61 +50
14	18																										+56 +45	—	+71 +60
18	24	−300 −430	−160 −290	−110 −240	−65 −117	−40 −73	−20 −41	−7 −20	0 −9	0 −13	0 −21	0 −33	0 −52	0 −84	0 −130	0 −210	±6.5	+15 +2	+21 +8	+28 +15	+35 +22	+41 +28	+48 +35	—	+54 +41	+60 +47	+67 +54	+76 +63	+86 +73
24	30																								+54 +41	+61 +48	+68 +55	+77 +64	+88 +75	+101 +88
30	40	−310 −470	−170 −330	−120 −280	−80 −142	−50 −89	−25 −50	−9 −25	0 −11	0 −16	0 −25	0 −39	0 −62	0 −100	0 −160	0 −250	±8	+18 +2	+25 +9	+33 +17	+42 +26	+50 +34	+59 +43	+64 +48	+76 +60	+84 +68	+96 +80	+110 +94	+128 +112
40	50	−320 −480	−180 −340	−130 −290																				+70 +54	+86 +70	+97 +81	+113 +97	+130 +114	+152 +136
50	65	−340 −530	−190 −380	−140 −330	−100 −174	−60 −106	−30 −60	−10 −29	0 −13	0 −19	0 −30	0 −46	0 −74	0 −120	0 −190	0 −300	±9.5	+21 +2	+30 +11	+39 +20	+51 +32	+60 +41	+72 +53	+85 +66	+106 +87	+121 +102	+141 +122	+163 +144	+191 +172
65	80	−360 −550	−200 −390	−150 −340																			+62 +43	+78 +59	+94 +75	+121 +102	+139 +120	+165 +146	+193 +174	+229 +210

续表

代号 基本尺寸		a	b	c	d	e	f	g	h					js	k	m	n	p	r	s	t	u	v	x	y	z
									公差等级/μm																
80	100	−380 −600	−220 −440	−170 −390	−120 −207	−72 −126	−36 −71	−12 −34	0 −15	0 −22	0 −35	0 −54	0 −87	0 −140	0 −220	0 −350	±11	+25 +3	+35 +13	+45 +23	+59 +37	+73 +51	+93 +71	+113 +91	+146 +124	+168 +146	+200 +178	+236 +214	+280 +258
100	120	−410 −630	−240 −460	−180 −400																		+76 +54	+101 +79	+126 +104	+166 +144	+194 +172	+232 +210	+276 +254	+332 +310
120	140	−460 −710	−260 −510	−200 −450	−145 −245	−85 −148	−43 −83	−14 −39	0 −18	0 −25	0 −40	0 −63	0 −100	0 −160	0 −250	0 −400	±12.5	+28 +3	+40 +15	+52 +27	+68 +43	+88 +63	+117 +92	+147 +122	+195 +170	+227 +202	+253 +228	+273 +248	+325 +300	+390 +365
140	160	−520 −770	−280 −530	−210 −460																		+90 +65	+125 +100	+159 +134	+215 +190	+253 +228	+305 +280	+365 +340	+440 +415
160	180	−580 −830	−310 −560	−230 −480																		+93 +68	+133 +108	+171 +146	+235 +210	+277 +252	+335 +310	+405 +380	+490 +465
180	200	−660 −950	−340 −630	−240 −530	−170 −285	−100 −172	−50 −96	−15 −44	0 −20	0 −29	0 −46	0 −72	0 −115	0 −185	0 −290	0 −460	±14.5	+33 +4	+46 +17	+60 +31	+79 +50	+106 +77	+151 +122	+195 +166	+265 +236	+313 +284	+379 +350	+454 +425	+549 +520
200	225	−740 −1030	−380 −670	−260 −550																		+109 +80	+159 +130	+209 +180	+287 +258	+339 +310	+414 +385	+499 +470	+604 +575
225	250	−820 −1110	−420 −710	−280 −570																		+113 +84	+169 +140	+225 +196	+313 +284	+369 +340	+454 +425	+549 +520	+669 +640
250	280	−920 −1240	−480 −800	−300 −620	−190 −320	−110 −191	−56 −108	−17 −49	0 −23	0 −32	0 −52	0 −81	0 −130	0 −210	0 −320	0 −520	±16	+36 +4	+52 +20	+66 +34	+88 +56	+126 +94	+190 +158	+250 +218	+347 +315	+417 +385	+507 +475	+612 +580	+742 +710
280	315	−1050 −1370	−540 −860	−330 −650																		+130 +98	+202 +170	+272 +240	+382 +350	+457 +425	+557 +525	+682 +650	+822 +790
315	355	−1200 −1560	−600 −960	−360 −720	−210 −350	−125 −214	−62 −119	−18 −54	0 −25	0 −36	0 −57	0 −89	0 −140	0 −230	0 −360	0 −570	±18	+40 +4	+57 +21	+73 +37	+98 +62	+144 +108	+226 +190	+304 +268	+426 +390	+511 +475	+626 +590	+766 +730	+936 +900
355	400	−1350 −1710	−680 −1040	−400 −760																		+150 +114	+244 +208	+330 +294	+471 +435	+566 +530	+696 +660	+856 +820	+1036 +1000

续表

代号	a	b	c	d	e	f	g	h	js	k	m	n	p	r	s	t	u	v	x	y	z
基本尺寸	公差等级/μm																				
400 450	−1500 −1900	−760 −1160	−440 −840	−230 −385	−135 −232	−68 −131	−20 −60	0 −155	±20	+45 +5	+63 +23	+80 +40	+108 +68	+166 +126	+272 +232	+370 +330	+530 +490	+635 +595	+780 +740	+960 +920	+1140 +1100
450 500	−1650 −2050	−840 −1240	−480 −880											+172 +132	+292 +252	+400 +360	+580 +540	+700 +660	+860 +820	+1040 +1000	+1290 +1250

注：带"*"者为优先选用的轴公差带。

附表 A-11　优先和常用孔公差带及其极限（摘自 GB/T 1800.2—2020、GB/T 1800.1—2020）

代号	A	B	C	D	E	F	G	H	JS	K	M	N	P	R	S	T	U
	11	11	*11	*9	8	*8	*7	6	*7	*8	*9	10	*11	12	6	7	6	*7	8	7	*6	7	*6	7	*6	7	6	*7	7	*7
基本尺寸	公差等级/μm																														
大于	至																														
−	3	+330 +270	+200 +140	+120 +60	+45 +20	+28 +14	+20 +6	+12 +2	+6 0	+10 0	+14 0	+25 0	+40 0	+60 0	+100 0	±3	±5	0 −6	0 −10	0 −14	−2 −8	−4 −10	−4 −14	−6 −12	−6 −16	−10 −20	−14 −24	−	−	*7 −18
3	6	+345 +270	+215 +140	+145 +70	+60 +30	+38 +20	+28 +10	+16 +4	+8 0	+12 0	+18 0	+30 0	+48 0	+75 0	+120 0	±4	±6	+2 −6	+3 −9	+5 −13	0 −9	−5 −13	−4 −16	−9 −17	−8 −20	−11 −23	−15 −27	−	−	−19 −31
6	10	+370 +280	+240 +150	+170 +80	+76 +40	+47 +25	+35 +13	+20 +5	+9 0	+15 0	+22 0	+36 0	+58 0	+90 0	+150 0	±4.5	±7	+2 −7	+5 −10	+6 −16	0 −15	−7 −16	−4 −19	−12 −21	−9 −24	−13 −28	−17 −32	−	−	−22 −37
10	14	+400 +290	+260 +150	+205 +95	+93 +50	+59 +32	+43 +16	+24 +6	+11 0	+18 0	+27 0	+43 0	+70 0	+110 0	+180 0	±5.5	±9	+2 −9	+6 −12	+8 −19	0 −18	−9 −20	−5 −23	−15 −26	−11 −29	−16 −34	−21 −39	−	−	−26 −44
14	18																													
18	24	+430 +300	+290 +160	+240 +110	+117 +65	+73 +40	+53 +20	+28 +7	+13 0	+21 0	+33 0	+52 0	+84 0	+130 0	+210 0	±6.5	±10	+2 −11	+6 −15	+10 −23	0 −21	−11 −24	−7 −28	−18 −31	−14 −35	−20 −41	−27 −48	−	−33 −54	−33 −54 −40 −61
24	30																													

263

续表

公差等级/μm

基本尺寸	代号	A	B	C	D	E	F	G	H	JS	K	M	N	P	R	S	T	U
>30	40	+470 / +310	+330 / +170	+280 / +120	+142 / +80	+89 / +50	+64 / +25	+34 / +9	+250 +160 +100 +62 +39 +25 +16 / 0 0 0 0 0 0 0	±12 / ±8	+7 / +3	0 / -25	-12 / -28	-17 / -33	-25 / -50	-34 / -59	-39 / -64	-51 / -76
>40	50	+480 / +320	+340 / +180	+290 / +130							+12 / -13		-8 / -33	-21 / -37			-45 / -70	-61 / -86
>50	65	+530 / +340	+380 / +190	+330 / +140	+174 / +100	+106 / +60	+76 / +30	+40 / +10	+300 +190 +120 +74 +46 +30 +19 / 0 0 0 0 0 0 0	±15 / ±9.5	+9 / +4	0 / -30	-14 / -33	-21 / -39	-30 / -60	-42 / -72	-55 / -85	-76 / -106
>65	80	+550 / +360	+390 / +200	+340 / +150							-15 / -32		-9 / -39	-26 / -45	-32 / -62	-48 / -78	-64 / -94	-91 / -121
>80	100	+600 / +380	+440 / +220	+390 / +170	+207 / +120	+125 / +72	+90 / +36	+47 / +12	+350 +220 +140 +87 +54 +35 +22 / 0 0 0 0 0 0 0	±17 / ±11	+10 / +4	0 / -35	-16 / -38	-24 / -45	-38 / -73	-58 / -93	-78 / -113	-111 / -146
>100	120	+630 / +410	+460 / +240	+400 / +180							+16 / -18		-10 / -45	-30 / -52	-41 / -76	-66 / -101	-91 / -126	-131 / -166
>120	140	+710 / +460	+510 / +260	+450 / +200	+245 / +145	+148 / +85	+106 / +43	+54 / +14	+400 +250 +160 +100 +63 +40 +25 / 0 0 0 0 0 0 0	±20 / ±12.5	+12 / +4	0 / -40	-20 / -45	-28 / -52	-48 / -88	-77 / -117	-107 / -147	-155 / -195
>140	160	+770 / +520	+530 / +280	+460 / +210							+20 / -21		-12 / -52	-36 / -61	-50 / -90	-85 / -125	-119 / -159	-175 / -215
>160	180	+830 / +580	+560 / +310	+480 / +230							-28 / -43				-53 / -93	-93 / -133	-131 / -171	-195 / -235
>180	200	+950 / +660	+630 / +340	+530 / +240	+285 / +170	+172 / +100	+122 / +50	+61 / +15	+460 +290 +185 +115 +72 +46 +29 / 0 0 0 0 0 0 0	±23 / ±14.5	+13 / +5	0 / -46	-22 / -51	-33 / -60	-60 / -106	-105 / -151	-149 / -195	-219 / -265
>200	225	+1030 / +740	+670 / +380	+550 / +260							+22 / -24		-14 / -60	-41 / -70	-63 / -109	-113 / -159	-163 / -209	-241 / -287
>225	250	+1110 / +820	+710 / +420	+570 / +280							-33 / -50				-67 / -113	-123 / -169	-179 / -225	-267 / -313

264

续表

代号		A	B	C	D	E	F	G	H					JS			K			M		N			P	R	S	T	U
基本尺寸									公差等级/μm																				
250	280	+1240 +920	+800 +480	+620 +300	+320 +190	+191 +110	+137 +56	+69 +17	+32 0	+52 0	+81 0	+130 0	+210 0	+320 0	+520 0	±16	±26	+5 −27	+16 −36	+25 −56	0 −52	−14 −66	−25 −57	−47 −79	−36 −88	−74 −126	−138 −190	−198 −250	−295 −347
280	315	+1370 +1050	+860 +540	+650 +330																						−78 −130	−150 −202	−220 −272	−330 −382
315	355	+1560 +1200	+960 +600	+720 +360	+350 +210	+214 +125	+151 +62	+75 +18	+36 0	+57 0	+89 0	+140 0	+230 0	+360 0	+570 0	±18	±28	+7 −29	+17 −40	+28 −61	0 −57	−16 −73	−26 −62	−51 −87	−41 −98	−87 −144	−169 −226	−247 −304	−369 −426
355	400	+1710 +1350	+1040 +680	+760 +400																						−93 −150	−187 −244	−273 −330	−414 −471
400	450	+1900 +1500	+1160 +760	+840 +440	+385 +230	+232 +135	+165 +68	+83 +20	+40 0	+63 0	+97 0	+155 0	+250 0	+400 0	+630 0	±20	±31	+8 −32	+18 −45	+29 −68	0 −63	−17 −80	−27 −67	−55 −95	−45 −108	−103 −166	−209 −272	−307 −370	−467 −530
450	500	+2050 +1650	+1240 +840	+880 +480																						−109 −172	−229 −292	−337 −400	−517 −580

注：带 "*" 者为优先选用的孔公差带。

参 考 文 献

[1] 全国技术产品文件标准化技术委员会，中国标准出版社第三编辑室．技术产品文件标准汇编机械制图卷[M]．2版．北京：中国标准出版社，2009．

[2] 成大先．机械设计手册[M]．5版．北京：化学工业出版社，2008．

[3] 邓小君，袁世先．机械制图与CAD[M]．北京：机械工业出版社，2011．

[4] 常明．画法几何及机械制图[M]．4版．武汉：华中科技大学出版社，2009．

[5] 金大鹰．机械制图[M]．2版．北京：机械工业出版社，2008．

[6] 郭红利．工程制图基础解题方法指导[M]．西安：陕西科学技术出版社，2004．

[7] 钱志芳．机械制图[M]．南京：江苏教育出版社，2010．

[8] 刘海兰，李小平．机械识图与制图[M]．北京：清华大学出版社，2010．

[9] 涂艳丽，郎平，张延敏．机械制图[M]．2版．北京：人民邮电出版社，2011．

[10] 蒋淑蓉，范志勇．机械制图[M]．成都：电子科技大学出版社，2009．